自然文化书系——地质公园系列

中国地质大学（北京）"双一流"建设专项资金资助

绿色发展下的 地质公园

——地质遗迹的保护与利用

总主编◎马俊杰

主　编◎刘晓鸿　刘大锰

U0318771

中南大学出版社
www.csupress.com.cn
·长沙·

图书在版编目(CIP)数据

绿色发展下的地质公园：地质遗迹的保护与利用／
刘晓鸿，刘大锰主编. —长沙：中南大学出版社，2021.12
  ISBN 978-7-5487-4489-4

Ⅰ. ①绿… Ⅱ. ①刘… Ⅲ. ①地质－资源保护－文集
Ⅳ. ①P5-53

中国版本图书馆 CIP 数据核字(2021)第 112729 号

绿色发展下的地质公园
——地质遗迹的保护与利用
LÜSE FAZHAN XIA DE DIZHI GONGYUAN
——DIZHI YIJI DE BAOHU YU LIYONG

主编　刘晓鸿　刘大锰

□责任编辑　刘石年
□封面设计　殷　健
□责任印制　唐　曦
□出版发行　中南大学出版社
　　　　　　社址：长沙市麓山南路　　　　邮编：410083
　　　　　　发行科电话：0731-88876770　传真：0731-88710482
□印　　装　湖南省汇昌印务有限公司

□开　　本　710 mm×1000 mm 1/16　□印张 26　□字数 510 千字
□版　　次　2021 年 12 月第 1 版　□印次 2021 年 12 月第 1 次印刷
□书　　号　ISBN 978-7-5487-4489-4
□定　　价　90.00 元

自然文化书系

编委会

《绿色发展下的地质公园——地质遗迹的保护与利用》

编委会

前言

Foreword

　　地质遗迹是在漫长的地球演化过程中形成的珍贵的自然资源，像一部部珍贵的地球史书，记载着亿万年的沧桑、演化，具有很高的科研价值和科学普及意义，也是生态文明建设的重要载体。对这些具有重大科学价值的地质遗迹区域进行保护、管理并合理地利用其价值一直是政府管理部门和科学界考虑和关注的问题。国内外有识之士经过长期思考和探索，认为地质公园是解决此问题的有效、合理方案。建立地质公园将地质遗迹作为一类特殊的资源加以保护、管理和合理开发，并使其成为区域可持续发展的一种方式，受到世界上许多国家和地区的热烈响应和大力支持。联合国教科文组织世界地质公园"颂造化之神奇、谋区域之常兴"的理念，在对资源实行有效保护的基础上，鼓励利用其资源价值以及不同资源之间的相互联系，促进地方经济可持续发展。

　　截至目前，我国拥有41家世界地质公园，总面积5.25余万平方千米，是全球世界地质公园数量最多的国家。世界地质公园的设立也是一次对地质遗迹魅力的全方位展示，中国的世界地质公园多与贫困地区重合，其中13家世界地质公园位于贫困地区，覆盖174万人口。经过十多年的实践和探索，我国世界地质公园高效高质量发展，探索出一条绿水青山转化为金山银山的现实路径，在保护地质遗迹与生态环境、发展地方经济与解决群众就业、助推脱贫攻坚、科学研究与知识普及、提升国际交流深度和建设美丽国土等方面都显现出巨大的综合效益。

　　本书作者及其团队一直从事地质遗迹保护和地质公园建设领域的人才培养、科学研究和应用实践工作，围绕地质遗迹调查与评价、地质公园建设与应用和旅游地学建设与发展等方面开展了系统深入研究。多年来，主持和参与制定了一系列相关的政府文件和管理制度，涵盖中国国家地质公园调查、规划、申报和建设规范指南，主持承担或指导18家联合国教科文组织世界地质公园和46家国家级、省级地质公园、国家矿山公园申报建设工作，成功举办了 6 届联合国教科文组织世界地质公园管理和发展国际培训班，为我国乃至全球的地质遗迹保护和地质公园发展做出了突出的贡献。

围绕地质遗迹、地质公园的研究及应用，根据学科及行业发展需要，作者汇集了十多年来在地质遗迹保护和地质公园建设领域系列研究成果，出版了此书。本书共分为四部分。"地质公园概念与动态"，系统介绍了地质公园的基本概念和最新发展状况，分析对比了国内外地质公园建设进展。"地质遗迹调查与评价"，重点介绍了地质遗迹资源调查评价技术流程和方法。"地质公园建设与应用"，重点介绍了地质公园的相关研究与应用。"旅游地学建设与发展"，重点介绍了旅游地学专业的特色与人才培养。

本书内容丰富，创新性强，反映了作者及其科研团队十多年来在地质遗迹保护和地质公园建设领域的学术成就和研究成果，是团队集体智慧的结晶。

全书由刘晓鸿负责组织，确定整体结构及内容范围。中国地质大学（北京）自然文化研究院张颖、王璐琳等作为重要人员参加了本书的资料收集和审核工作。地学院师生田明中、张建平、武法东、程捷、张绪教、孙洪艳、王同文、刘斯文、张国庆、李一飞、王丽丽、范小露、吴俊岭、韩术合、韩菲、王雷、王铠铭、郭婧、耿玉环、陈丽红、韩晋芳、王彦洁、储浩、于延龙等的论文研究成果为本书的成稿提供了充足的素材，对他们的贡献表示感谢。

由于作者水平有限，书中难免有疏漏和不妥之处，敬请读者批评指正。

编　者

2021 年 11 月

目录

Contents

1

三、地质公园建设与应用

四、旅游地学建设与发展

一、地质公园概念与动态

世界地质公园的前世今生

张建平

中国地质大学(北京)地质遗迹研究中心,北京,100083

摘要:本文从探讨人类对自然资源的认识、利用方式和属地管理的演变出发,叙述地质公园的发展历史,将其过程分成四个阶段:①萌芽阶段;②国家/欧洲地质公园阶段;③世界地质公园阶段;④联合国教科文组织世界地质公园阶段。不同阶段各具特征,反映了人类了解、保护和利用自然资源的意识和方法在不断进步,指出现在世界地质公园的理念、地质遗迹资源的保护和利用、发展模式是适合当今社会发展的新思路,展现出美好的前景。详细记述了国家/欧洲/世界/联合国教科文组织世界地质公园的历史和管理制度等内容,可供地质公园从业者、研究者和管理者参考。

关键词:联合国教科文组织世界地质公园;国家/欧洲地质公园;发展阶段;风光旅游;地学旅游

人类把珍贵的、不可再生的地质遗迹作为自然资源的一种特殊类型加以利用,走过了漫长的历史。从早期利用岩石制作各类石器,到利用矿石冶炼制成青铜器、铁器及大量的生产生活用具,直至现代科技中所需的大量原材料均来自地球演化过程中形成的各种矿产资源。因此,人类发展的历史就是一部利用地球资源的历史。以往人类利用地球资源的方式以开采为主,简单粗放,不仅消耗大、也破坏和浪费了大量地球资源,还对人类生存环境产生了巨大的负面影响。当今世界,人类社会面临巨大的资源和环境压力,迫使人们开始探索用更合理、更聪明的可持续利用方式取代以往不可持续的方式。

旅游是人类活动的重要内容之一。当人们去风景优美的名山大川观光游览时,可能并没有意识到这些景观实际上是亿万年地球演化的结果。风光旖旎、各具特色的自然景观皆由地质遗迹构成,有的气势磅礴、叹为观止;有的秀丽脱俗、赏心悦目;有的拟人似物、惟妙惟肖,有历代迁客骚人留下的大量诗词歌赋为据。至近代,随着风光旅游的发展,各类风景名胜区、旅游区等应运而生,吸引了大量游客。然而,以风光旅游为主的旅游业,将注意力集中在景观的外在形貌,注重悦目赏心,而疏于对风光美景成因之考究,实则缺乏自然科学支撑之结果也。

将自然科学引入景观旅游是近代的事。20世纪30年代,英国学者McMurry

本文发表于《地质论评》,2020,66(06):1710-1718。

提出将地理学引入到旅游地研究中,虽未进行研究论证,但将自然科学引入旅游之理念非常重要。至 20 世纪 60 年代,更多西方学者开始关注这个问题,才使自然科学研究渐入旅游业中。但作为自然科学的地理学,其研究重点偏重于地表形貌范畴,而对组成景观的物质基础——地质遗迹成因和机制的研究涉及不多。

随着喜爱自然的旅游者越来越多,单纯风光旅游已不能满足旅游者的需要,希望了解地球历史、探究自然奥秘的需求日益增长,将地质学引入旅游活动之中势在必行。地质学是关于"地球记忆"的科学(盖伊·马提尼等,2013)。当今的地质现象是地球 4.6 Ga 地质发展历史的产物,蕴含许多地球的故事。通过地质学的研究,地质遗迹不再仅仅是一幅美丽的静止画面(picture),而是一段精彩的、配有优美解说的动态画卷(movie),生动展示了我们赖以生存的地球的前世今生,并借此可预测未来。因此,将地质学引入旅游的重要意义是彻底改变了旅游的性质,使风光旅游变成科学旅游,产生了地学旅游(geotourism),也为日后地质公园的发展奠定了科学基础。从地学旅游诞生,到地质公园兴起,直到现在联合国教科文组织世界地质公园(UNESCO Global Geopark,UGGp)在全球的发展,经历了四个阶段,不同阶段各有特色,反映了地质公园从概念的萌发、起步、发展到进一步完善的历程。在此过程中,地质公园的诞生是一项创举,将人们从最初仅仅重视地质遗迹的美学价值(体现在风光旅游中)转变到关注其内在科学价值,主要贡献包括两方面:①对拥有重要地质遗迹的区域实行科学和有效的管理;②注重地质遗迹的科学价值并加以合理利用。而世界地质公园更进一步关注与其他自然资源和文化资源的相互关联性,以及区域内社区居民的积极参与并分享区域可持续发展的成果,成为一个区域可持续发展的有效机制。

1 地质公园发展阶段

1.1 萌芽阶段(1930—1996)

长期以来,人们往往满足于欣赏优美的自然景观,并乐此不疲。旅游研究主要涉及经济学、社会学、心理学、区域经济发展等人文领域,而自然科学鲜有涉足。自 20 世纪 30 年代起,自然科学领域的专家开始涉足旅游,开始以地理学家为主,从而导致旅游地理学的兴起(Robinson,1976;Asaka,1980)。

在此期间,国际上一批有识之士开始关注具有国际意义和重大科学价值的地质遗迹区域如何保护、管理并合理利用。1972 年,随着《保护世界文化和自然遗产公约》的签署(UNESCO,1972),联合国教科文组织(UNESCO)设立了世界遗产中心,建立了全球文化和自然遗产地的保护和管理体系,但在这个体系中,只有极少的地质遗产地被纳入其中,地质遗产(遗迹)未获得足够重视。

　　1981年召开的第24届国际地理学大会将旅游地理学作为地理学的一个分支学科看待(陈安泽,2013)。不足的是,旅游地理学主要研究地貌景观的形成过程及美学解读,对构成景观的物质基础内在成因的解析涉及不多。

　　陈安泽等(1991)提出了旅游地质学(tourism earth sciences)的概念,引发了人们对如何将地质学研究与旅游相结合的热烈讨论。1991年,UNESCO在法国迪涅召开了第一届地质遗迹保护国际研讨会,并发表了"地球记忆的权益国际宣言",引起国际社会对重要地质遗迹分布区域保护和管理的关注。1996年,在北京召开的第30届国际地质大会上,部分与会专家对此议题进行了深入讨论,其中一些专家在会后考察北京周口店猿人遗址时触发了在全球范围内建立世界地质公园网络的灵感(N. Zourosand G. Martini,私人通信,2016),现代地质公园的萌芽自此诞生:在保护的前提下,充分利用地质遗迹的科学价值及与之相关的自然和文化遗产,为区域社会经济可持续发展服务。

1.2　国家/欧洲地质公园阶段(1997—2003)

　　国际上,首先对此做出反应和付诸行动的是中国和欧洲。

　　在中国,地质遗迹(尤其是重要的地质遗迹)保护是各级政府的职责之一。自20世纪80年代起,中国陆续建立了一批以重要地质遗迹为主要保护对象的地质遗迹保护区,并设立了管理机构,如山东山旺和新疆奇台等,随后出台了一些管理办法和相关政府文件,对地质遗迹保护起到了一定的作用。但这种单纯以保护为主的方法,并没有考虑将这些地质遗迹的价值充分利用起来,在执行的过程中普遍遇到缺乏资金、管理机构和设施、专业人才等问题,地质遗迹保护和管理举步维艰,面临严峻的局面。在此形势下,1999年,国土资源部在山东威海召开了"全国地质地貌景观保护工作会议",经广泛研讨,接受专家提出建立国家地质公园的建议(陈安泽,2013),地质遗迹保护和管理迎来了新的机遇。

　　地质公园是一个全新的地质遗迹保护、管理和利用的解决方案。从成立之初,就明确其地质遗迹保护、科学普及和地方经济发展三大任务。为此,1999年底,国土资源部设立了"国家地质遗迹(地质公园)领导小组",同时成立了由多部委地学专家和相关主管部门管理人员组成的"国家地质遗迹(地质公园)评审专家委员会",出台了相应的申报、评估和管理等一系列规定和文件,并设计了标徽[图1(a)],国家地质公园进入实施阶段。此方案一出,立刻受到各地方政府的积极响应。从2000年批准成立首批11家国家地质公园起,在3年时间里,连续批准了3批共85家,遍及全国。在国家地质公园中,引入地学旅游的概念,通过科学普及,让地质遗迹的价值充分发挥出来,成为地质学为社会经济发展服务的平台(李明路,姜建军,2000;姜建军,王文,2001;赵逊,赵汀,2003)。

　　国家地质公园的设立,以保护珍贵的地质遗迹为首要任务,其性质上属保护区，所颁布的一系列管理方法和措施与之相对应。所以，严格地说，国家地质公园还不是现代意义上的地质公园（geopark①），而是地质的公园（geological park），其关心的重点是地质遗迹（石头），并非是生活在区域内的老百姓（人）。因此，为使其中的地质遗迹资源得到更好的保护和管理，在国家地质公园建设初期阶段，还有将居住在地质公园内的居民迁出园区的情况。

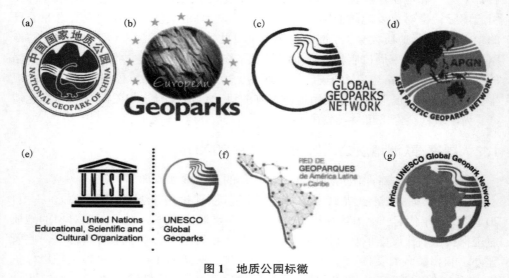

图 1　地质公园标徽

(a)中国国家地质公园标徽；(b)欧洲地质公园网络标徽；(c)世界地质公园网络标徽；
(d)亚太地质公园网络标徽；(e)联合国教科文组织世界地质公园标徽；
(f)拉丁美洲与加勒比海地质公园网络标徽；(g)非洲地质公园网络标徽

　　1996 年第 30 届国际地质大会之后，1997 年，联合国教科文组织提出"创建具有独特地质特征的地质遗址全球网络，将重要地质环境作为各地区可持续发展战略不可分割的一部分"的地质公园构想，并在 1998—1999 年的联合国教科文组织的计划和预算中首次引用"geopark"这一地质公园术语（UNESCO programme and budget for 1998—1999 29 C/5）。

　　1999 年 4 月 15 日，联合国教科文组织执行局会在巴黎召开第 156 次会议，提出了创建世界地质公园计划的动议。至 2001 年 6 月召开的 161 届教科文组织执行局会议上，多数国家拒绝支持建立正式的地质公园计划，而是选择支持其成员国提出的创建独特地质特征区域的地质公园，并推动建设联系这些特征区域的

---

　　①　geopark 确切含义为地球公园，此处的"geo"指的是地球（Earth），而不是地质学（Geology），以后很可能会用"地球公园"取代词不达意的"地质公园"。

全球网络(161Ex/Decision 3.3.1)。

部分欧洲国家的一些有识之士也在不断探索地质遗迹产地保护和弘扬的方法与思路(Eder，1999)。殊途同归，通过广泛的酝酿和协商，达成共识：倡议建立欧洲地质公园，来实现地质遗迹所在地的保护和可持续发展。2000年，由法国的 Reserve Geologique de Haute-Provence、希腊的 Lesvos Petrified Forest、德国的 Geopark Gerolstein/Vulkaneifel 和西班牙的 Maestrazgo Cultural Park 发起，在希腊莱斯沃斯岛建立了欧洲地质公园网络(European Geoparks Network，EGN)[图1(b)]，这4家机构成为 EGN 首批成员(EGN，2020)。至2003年，EGN 成员增加到17个，该计划一开始就得到 UNESCO 地学部的支持和帮助。与中国国家地质公园以政府为主导不同的是，欧洲地质公园主要采取由地质遗迹所在区域的基层社区发起、所在地政府参与并大力支持的模式(Zouros et al.，2003)。其理念也是以地质遗迹保护为主，但更注重其价值的充分利用，并考虑到与其他自然和文化资源的关联，更多关心当地居民，目的在于推动区域经济可持续发展，是现代地质公园(地球公园)的概念，这也是为何用 geopark 一词的缘由。

与此同时，欧洲地质公园和中国地质公园与 UNESCO 合作，倡议建立世界地质公园网络(Global Geoparks Network，GGN)。2002年，在中国赵逊研究员、马来西亚 I. Komoo 教授等参与下，EGN 和 UNESCO 发布了 GGN 的操作指南和标准，首次对世界地质公园的申请、评估及管理等提出了初步的要求和标准，为世界地质公园的诞生奠定了基础。

1.3 世界地质公园阶段(2004—2015.10)

在中国和欧洲地质公园获得初步发展的基础上，2004年2月，在 UNESCO 和国际地质科学联合会(International Union of Geological Sciences，IUGS)的支持下，来自中国8家和欧洲17家地质公园在法国巴黎 UNESCO 总部，成为首批世界地质公园，宣告 GGN 的诞生[图1(c)]①。GGN 组建执行局(Bureau)，由国际地学、地质遗迹保护管理、科研教学等的著名专家和教科文组织代表组成，负责世界地质公园的申请、评审和实地评估及推广。中国地质公园事业的积极推动者中国地质科学院的赵逊研究员为执行局成员。2010年，中国地质科学院地质力学研究所龙长兴研究员成为执行局成员。2012年，赵逊研究员不幸去世，中国地质科学院地质研究所金小赤研究员于2013年进入执行局，他们为世界地质公园的发展做出了卓越的贡献。

GGN 成立伊始，就与 UNESCO 地学部紧密合作，制定和完善了一系列 GGN

---

① GGN 曾短暂地用过标徽 GEOPARK，但很快被取代。

运行、操作、管理等规定。之后，根据世界地质公园在全球发展趋势和实际运行过程中出现的问题，这些规定不断修改、补充和完善。如：针对世界地质公园全球分布不平衡（初始阶段仅分布在欧洲和中国）的问题，在 2006 年的执行局会议上，一致同意自 2007 年起，对每个 UNESCO 成员国每年世界地质公园候选地名额限定为 2 个。如成员国首次提出申请，则允许申报 3 个候选地。从历史上看，此项规定只有日本使用过，在 2009 年首次申报了 3 个候选地（Watanabe，2018），并被批准。2010 年之后，统一规定每个成员国每年申请名额不得超过 2 个，此规定一直沿用至今。在此期间，有关世界地质公园的标准、要求、标徽、范围、边界、申报、评估/再评估及各项活动，根据实际情况，进行了不同程度的修改、明确和完善。

最初，GGN 的区域性组织只有 EGN 和中国地质公园网络（Chinese Geoparks Network，CGN）。随着更多的亚太地区的国家进入到世界地质公园大家庭中，2007 年，在马来西亚 Langkawi 召开的第一届亚太地区地质公园研讨会上，与会的亚太地区世界地质公园共同发起，建议成立亚太地质公园网络（Asia Pacific Geoparks Network，APGN）[图 1（d）]。次年，GGN 正式接受 APGN 为一个区域地质公园网络（I. Komoo，2020，私人通信），马来西亚的 I. Komoo 教授和中国的赵逊研究员成为 APGN 首任共同协调人（2012 年，龙长兴研究员接棒赵逊，成为共同协调人之一）。

世界地质公园以地质遗迹保护、科学研究和普及、地方社会经济可持续发展为宗旨，崇尚网络交流、合作共赢的理念，在全球范围内得到广泛的响应和支持。2004 年 7 月，在中国北京召开了第一届国际世界地质公园大会（International Conference on Global Geoparks），发布了关于推广世界地质公园的北京宣言，取得极大成功。大会决定，今后每两年举办一次国际世界地质公园大会。此后，该大会分别在英国北爱尔兰的首府 Belfast（2006）、德国 TerraVita 世界地质公园（2008）、马来西亚 Langkawi 世界地质公园（2010）、日本 Unzen 世界地质公园（2012）和加拿大 Stonehammer 世界地质公园（2014）召开。在中国，2005 年于云台山世界地质公园、2007 年于庐山世界地质公园、2009 年于泰山世界地质公园相继组织了 3 届国际世界地质公园发展研讨会。在亚太地质公园网络成立之后，该会议被"亚太世界地质公园研讨会"所取代，在国际世界地质公园大会间隔之年召开。至此，国际世界地质公园大会和亚太地质公园研讨会是国际上两大世界地质公园的主要活动，每年世界地质公园申报和再评估评审会一般都在这两个会议期间进行。

在欧洲，自 2000 年 EGN 成立起，基本每年召开一次欧洲地质公园大会和两次欧洲地质公园协调委员会会议，讨论欧洲地质公园的发展和推广。至 2020 年，EGN 已召开 15 届欧洲地质公园大会和 45 届协调委员会会议（EGN，2020）。

自 2004 年开始，世界地质公园通过强调地质遗迹与自然、生态、生物多样性和文化遗产等的关联性，秉承"颂造化之神奇、谋区域之常兴"的可持续发展的理念，对具有国际意义的重要地质遗迹产地实施科学和有效的管理，成为世界上许多国家，尤其是广大发展中国家区域可持续发展的新手段（赵汀，2005），得到了国际社会的广泛关注和积极响应。至 2015 年 10 月，世界地质公园已发展到 120家，分布在全球 34 个国家，其中国 33 家，是世界上拥有世界地质公园数量最多的国家。

1.4 联合国教科文组织世界地质公园阶段（2015.11—）

诞生于 2004 年的 GGN，是一个由国际上一批志同道合的学者和若干拥有国际意义地质遗迹的地质公园组成的志愿性质的国际组织，虽有 UNESCO 的大力支持，但尚不具备法律地位，一定程度上影响了世界地质公园的全球发展。为使世界地质公园在全球可持续发展进程中发挥更大作用，国际社会将世界地质公园发展成为一个 UNESCO 计划的呼吁被提到议事日程。为此，2014 年，GGN 在法国按相关法律注册成为一个具备法律地位的非营利性国际组织，名称为世界地质公园网络协会（Global Geoparks Network Association），仍简称 GGN，并颁布了章程和随后的一系列相关文件（Global Geoparks Network，2016）。与此同时，GGN 与UNESCO 相关机构携手合作，成立了"世界地质公园加入联合国教科文组织工作组"，在广泛征求 UNESCO 成员国意见的基础上，经过多次修改完善，完成了教科文组织国际地球科学与地质公园计划章程、教科文组织世界地质公园操作指南等文件，并提交给 UNESCO 大会。

2015 年 11 月 17 日，在第 38 届 UNESCO 大会上，195 个成员国一致同意，UNESCO 设立"国际地球科学和地质公园计划"（International Geoscience and Geoparks Programme，IGGP），批准了教科文组织国际地球科学与地质公园计划章程、教科文组织世界地质公园操作指南等相关文件（UNESCO，2015a、b、c）。与UNESCO 其他计划有别的是，该计划属于"专家驱动型（expert-driven）"，且有其他国际组织作为官方合作伙伴。该计划有地球科学和地质公园两大支柱，地球科学的官方合作伙伴是 IUGS，而世界地质公园的官方合作伙伴是 GGN。至此，联合国教科文组织世界地质公园（UNESCO Global Geoparks，UGGp）正式诞生，设计了 UNESCO 世界地质公园的标徽，并颁布了相应的使用规定（UNESCO，2015c）［图 1（e）］。同时，按章程设立了 UGGp 理事会和秘书处，将当时全部 120 家世界地质公园网络成员纳入 UNESCO 世界地质公园名录（张建平，2020）。世界地质公园成为继人与生物圈计划和世界遗产之后又一个 UNESCO 品牌，为在全球更好、更广泛地推动世界地质公园的发展注入了新的动力。

作为 UNESCO 在世界地质公园领域的官方合作伙伴，GGN 按其章程设立管理制度和组织机构。GGN 的会员包括：①机构会员（institutional member，联合国教科文组织世界地质公园专员）；②个人会员（individual member，世界地质公园著名专家）；③荣誉会员（honorary member，为世界地质公园做出突出贡献的个人）和合作会员（cooperating member，帮助和支持世界地质公园的非营利性机构）。GGN 的权力机构为全体大会（General Assembly）；决策机构是执行局（Executive Board），包括一名主席、两名副主席、一名秘书长、一名司库和八至九名区域代表和个人专家成员。GGN 设立顾问委员会（Advisory Committee），顾问委员会主席和 UNESCO 世界地质公园秘书处代表列席执行局会议，无投票权。执行局成员由全体大会选举产生，任期 4 年。此外，GGN 还包括顾问委员会、区域地质公园网络、国家地质公园网络（论坛）、专业委员会/工作组、秘书处等。2016 年，在英国召开的 GGN 全体大会，按章程选举产生了新的执行局，希腊的 N. Zouros 教授当选为主席、中国的金小赤研究员和马来西亚的 I. Komoo 教授为副主席、法国的 G. Martini 博士为秘书长、挪威的 K. Rangnes 博士为司库，本文作者张建平和其他 7 位来自意大利、英国、德国、加拿大、巴西、摩洛哥、日本的专业人员为成员。顾问委员会选举日本的中田節也（Setsuya Nakada）教授为第一届 GGN 顾问委员会主席。

依据 IGGP 章程，UNESCO 设立世界地质公园理事会（Council），由 12 位具投票权的理事和 4 位不具投票权的理事组成。具投票权的理事由 UNESCO 总干事根据 GGN 和成员国推荐，依据候选人的专业水平、国际知名度、地域分布和性别平衡等原则而任命；而不具投票权的理事是 UNESCO 总干事、GGN 主席、IUGS 秘书长和国际自然保护联盟（IUCN）总干事或他们的代表。理事会理事任期 4 年，可连任一次。理事会每两年遴选任命一半理事（6 位），在任命理事会初始理事时，总干事指定 6 名在 2 年后届满理事和 6 名 4 年后届满理事。中国地质科学院金小赤研究员被任命为第一届理事会理事（2016—2017）。在每次理事会任命新理事后的全体会议开幕式上，理事会选举一名主席、副主席和报告员，任期 2 年。2018 年理事会首次更新，第二届理事会替换了 5 位届满理事（1 位非洲理事连任），张建平被任命为理事会理事，并在当年的理事会会议开幕式上被选举为副主席。

理事会的职责如下：①负责向联合国教科文组织总干事就教科文组织世界地质公园的战略、规划和实施问题提出建议，特别是筹集和分配资金，以及教科文组织世界地质公园与其他相关计划之间的合作。②负责每年 UGGp 再评估的审核和新申请的评审，并决定是否将新申请提交 UNESCO 执行局核定（UNESCO，2015a）。③负责审核地质公园扩园申请，面积变动小于 10% 的申请按再评估处理（但需单独提交扩园申请报告）；面积变动大于 10% 的地质公园，按新申请处理，但不受每年名额限制。

理事会每年召开一次全体会议，对当年新 UGGp 申请和再评估进行评审和审核，并做出决定，新 UGGp 申请的决定需提交 UNESCO 执行局下一年度会议上核准；同时，讨论和决定世界地质公园的其他相关事宜。

另外，教科文组织还设立世界地质公园主席团（UNESCO Global Geoparks Bureau），任期 2 年。主席团由 5 名成员构成：理事会主席、副主席、报告员，具投票权；UNESCO 总干事和 GGN 主席或其代表为当然成员，不具投票权。

主席团的职责：①主持年度理事会会议；②与 UNESCO 世界地质公园秘书处共同起草理事会会议报告，经理事会理事讨论审定后提交 UNESCO 执行局；③按需与 IGCP 主席团召开协调会议；④为每项评估和再评估活动挑选评估专家。

此外，教科文组织世界地质公园还设立评估员团队（Roster of Evaluators），由国际上熟悉世界地质公园章程和标准、具备相关专业背景、拥有较丰富的世界地质公园建设管理经验的专业人士担任。评估团队由 UNESCO 世界地质公园秘书处和 GGN 执行局负责组建和管理。评估员属于志愿者性质，采取自愿申请，由 UNESCO 世界地质公园秘书处和 GGN 执行局按相关标准进行遴选，其中，来自世界地质公园的候选人要求至少经历一次所在地质公园再评估并获绿牌。评估员由 UNESCO 世界地质公园主席团选派，执行世界地质公园的实地评估和再评估任务。目前，评估团队由来自全球从事世界地质公园相关研究和管理的 150 多名专业成员组成。

自 2016 年以来，UNESCO 与 GGN 紧密合作，在全球范围内推广世界地质公园的理念，鼓励和帮助许多国家，特别是拉丁美洲、非洲、东欧和东南亚等许多发展中国家积极开展世界地质公园的申请和建设工作，越来越多的国家和地区加入世界地质公园大家庭。2016 年和 2018 年，分别在英国 English Riviera 和意大利 Ademello-Brenta UGGps 召开了第七、八届联合国教科文组织世界地质公园大会，进一步推动了全球 UGGp 的发展。

在亚太地区，继中国、马来西亚、日本和韩国之后，伊朗、越南、印度尼西亚和泰国等更多国家加入世界地质公园大家庭，APGN 不断壮大。在 2017 年于中国的织金洞世界地质公园召开的第五届 APGN 研讨会期间，中国地质科学院的何庆成研究员当选为 APGN 的协调人。两年后的 2019 年在印度尼西亚的龙目岛世界地质公园（Rinjani-Lombok UGGp）举行的第六届 APGN 研讨会期间，中国地质科学院的金小赤研究员当选为 APGN 的协调人。

2018 年，随着拉丁美洲和加勒比海地区世界地质公园数量的持续增加，成立了拉丁美洲和加勒比海地区地质公园网络（Latin America and the Caribbean Geoparks Network，Geo-LAC）［图 1（f）］，成为 GGN 新的区域性地质公园网络；近年来，非洲多个国家表达了对世界地质公园的高度兴趣，在 UNESCO、GGN 和一些国家的支持和帮助下，准备申报世界地质公园的国家日益增多。2019 年，在

UNESCO 和 GGN 的支持下，非洲建立了非洲地质公园网络(African UNESCO Global Geoaprks Network，AUGGN)[图 1(g)]，并计划于 2020 年召开第一届非洲世界地质公园大会(因新冠病毒疫情而延迟)。至 2020 年，全球已拥有 161 家世界地质公园，分布在 44 个国家，其中中国 41 家(图 2)。

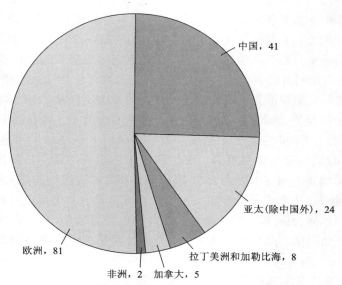

图 2　联合国教科文组织世界地质公园分布饼图

2　发展趋势

自 2015 年起，UNESCO 与 GGN 合作，按 IGGP 章程和 UGGp 操作指南，规范了申报、评估、再评估的程序和要求；公布了 UGGp 评估员遴选标准及工作流程；建立了 UGGp 评估/再评估数据库等，为 UGGp 在全球更好、更健康发展奠定了基础。

目前，UGGp 各项标准已非常明确并在操作过程中严格执行，地质公园的能力建设愈显重要。GGN 一直将地质公园的能力建设作为一项重要活动，自 2007 年起，在希腊莱斯沃斯岛世界地质公园每年组织国际培训班，其他类似的区域性国际培训班、研讨班等也经常举办，为世界地质公园的能力建设做出了很大的贡献。在中国，以往在年度国家地质公园培训班期间也有世界地质公园的内容，但参与的学员以国家地质公园管理人员为主体，效果有限。2015 年 11 月 UNESCO 世界地质公园诞生后，在 UNESCO、GGN 和国家主管部门的支持下，中国地质大学(北京)会同国家地质公园网络中心等,在 2016 年 1 月,举办了第一届国际 UGGp 管理和发展培训班,邀请 UGGp 理事会理事、UNESCO 秘书处和区域代表处、GGN 执行局成员和中外部分著名世界地质公园专家作为授课讲师,全面、系统而且有针对性地对世界地质公园理念、标准、活动等进行了培训。同时也为世界地质公园搭建了一个经验分享、合作交流的国际平台,不仅受到 UNESCO 和 GGN 的高度关注和大力支持,而且受到中国乃至亚太地区世界地质公园同仁的一致好评。除中国的世界地质公园代表外,还有日本、俄罗斯、越南、朝鲜、缅甸、沙特阿拉伯、吉尔吉斯斯坦等国代表参与。该培训班与希腊的培训班一起,现已被 UNESCO 和 GGN 认定为国际上两大 UGGp 能力建设活动。此项培训活动内容除阐述基本的 UGGp 的章程、操作指南、理念等以外,另针对地质公园建设中面临的一些普遍问题,与世界地质公园合作开展专题讲座和实地考察(延庆,2016;房山,2017;泰山,2018;嵩山,2019),至今已成功举办 5 届,今后仍将继续。

UNESCO 世界地质公园的现场评估/再评估(以下简称评估)工作是质量控制的主要手段。作为专家驱动型的 UNESCO 计划,对评估员的要求不仅需要较高的专业水准,而且要熟悉世界地质公园的标准、管理和运作,并能在评估活动中给出有针对性、建设性的建议。从以往的实践来看,评估工作总体状况良好,但随着评估员队伍的不断扩大,也出现了少数评估员在执行任务时不能很好履行其职责、或能力不足的现象。为此,自 2018 年起,UNESCO 和 GGN 在遴选新评估员过程中,加强了资料核实和实际能力的考察。在管理上,采取新的办法,将评估员分为资深评估员(senior evaluator)和评估员两类。资深评估员需要有更高的专业水平,熟悉世界地质公园事务且经验丰富,并需已执行过 6 次或以上评估任务,且完成任务优秀。中国目前有 5 位资深评估员。为保证质量,今后每次评估任务由一个资深评估员和一个评估员担任。同时,加强和完善对评估员的评价,对每次执行评估任务进行评估,不仅要求被评估的地质公园对每个评估员打分,而且资深评估员也要为评估员打分;评估员所完成的评估报告也是衡量其水平的一项指标。另外,2018 年起,UNESCO 和 GGN 设立了评估员培训制度,要求所有的评估员在 4 年之内必须参加至少一次专门的评估员培训班(evaluator's seminar),并需通过考试,合格者方可执行评估任务。2018 年,在中国地质大学(北京)举办的国际世界地质公园培训班期间,举办了首次评估员培训班,包括中国在内的 20 多位评估员参加了培训。在此基础上,建立每个评估员的档案,并纳入 UGGps 数据库,规范和完善了评估员的管理,确保 UGGps 评估工作的高质量。

3　结语

人类探索利用自然资源的历史实际上是一部人类生存、发展的历史。在这漫长的过程中,既有辉煌的纪录,又有惨痛的教训。当今世界面临越来越严峻的生存环境、气候变化、自然灾害和资源短缺等问题,人们在不断探索、寻找更合理、更有效的方式来实现社会经济可持续发展。近二十年来,世界地质公园的兴起给许多国家和地区带来了新的契机,在保护好地质资源(自然环境之基础)的前提下,以全新的理念利用这些资源的价值,实现社会经济的可持续发展。

作为 UNESCO 一个新品牌,UGGp 还很年轻,虽然已具备良好的基础,发展潜力巨大,但毋庸置疑,UGGp 在今后的发展过程中还会遇到许多困难和挑战,需要地质公园从业人员、专家和政府管理人员共同努力。

解析联合国教科文组织世界地质公园标准

张建平

中国地质大学(北京)地质遗迹研究中心，北京，100083

摘要：2015 年 11 月，世界地质公园正式成为联合国教科文组织的一个品牌，同时颁布了《国际地球科学和地质公园计划章程》(UNESCO，2015a)和《联合国教科文组织世界地质公园操作指南》(UNESCO，2015b)，对世界地质公园的管理、组织架构、标准、申报、评估和再评估及活动等提出了明确的要求。中国是世界地质公园的创始国之一，拥有教科文组织世界地质公园的数量居各国之首。几年来的实践表明，一些地质公园和地方政府管理机构对世界地质公园的概念和标准的理解尚存在偏差，造成了工作上的被动局面。本文基于中国世界地质公园的实际状况，针对当前存在的现实问题，对教科文组织世界地质公园的标准进行解析，尤其对其范围、边界、品牌叠加等方面进行详细解读，以期对我国今后教科文组织地质公园的健康发展有所裨益。

关键词：联合国教科文组织世界地质公园；国家地质公园；标准；解读

现代世界地质公园概念提出于 20 世纪末(世界地质公园发展历史将另文叙述)。21 世纪初，中国和欧洲分别开始实施国家/欧洲地质公园计划，受到广泛关注。2004 年初，在联合国教科文组织支持下，由 8 个中国国家地质公园和 17 个欧洲地质公园在巴黎联合国教科文组织总部正式成立世界地质公园网络(Global Geoparks Network，GGN)，世界地质公园建设拉开了序幕。那时起，世界地质公园在联合国教科文组织的支持下，由 GGN 这个国际组织负责全球世界地质公园事务，在此期间，教科文组织与 GGN 紧密合作并提供部分管理和技术支持。世界地质公园一贯秉承"颂造化之神奇、谋区域之常兴"的理念，以保护珍贵的地质遗迹、促进科学普及和区域可持续发展为宗旨，成为区域经济发展、提高当地民众生活水准的有效手段，受到国际社会的广泛关注和高度赞誉。越来越多的国家和地区希望加入世界地质公园大家庭，世界地质公园在全球内得到了长足的发展。

随着世界各国加入世界地质公园的热情日益高涨，为使世界地质公园发挥更大的作用，国际社会将世界地质公园纳入联合国教科文组织正式品牌的呼吁被提到议事日程。为此，2014 年，GGN 在法国按相关法律注册成为一个具有正式法律地位的国际组织(Global Geoparks Network，2016)，同时与联合国教科文组织相

本文发表于《地质论评》，2020，66(4)：874-880。

关机构密切合作，成立了"世界地质公园加入联合国教科文组织工作组"，在广泛征求联合国教科文组织成员国意见的前提下，经过不懈努力，完成了一系列联合国教科文组织世界地质公园计划的章程、操作指南等相关文件，并提交给联合国教科文组织大会，为世界地质公园加入联合国教科文组织做好了技术准备。

2015 年 11 月 17 日，在第 38 届联合国教科文组织大会上，195 个成员国一致同意"工作组"提议，将世界地质公园纳入联合国教科文组织，设立新的"国际地球科学和地质公园计划"（International Geoscience and Geoparks Programme，IGGP）。与教科文组织其他计划有别的是，该计划属于"专家驱动型（expert-driven）"，且有其他国际组织作为官方合作伙伴。该计划由地球科学和地质公园两大支柱组成（表 1），地球科学的官方合作伙伴是国际地质科学联合会（International Union of Geological Sciences，IUGS），而世界地质公园的官方合作伙伴是世界地质公园网络。至此，联合国教科文组织世界地质公园正式诞生，并出台了相应的章程和操作指南等相关文件，设立了联合国教科文组织世界地质公园理事会和秘书处，将当时分布在全球 34 个国家的 120 家世界地质公园全部纳入联合国教科文组织世界地质公园。

表 1   国际地球科学和世界地质公园计划构架

国际地球科学和地质公园计划（IGGP）	
协调委员会	
国际地球科学计划（IGCP）	世界地质公园（UGGp）
主席团	主席团
理事会	理事会
科学执行局	评估团队
官方合作伙伴：国际地质科学联合会	官方合作伙伴：世界地质公园网络

1   问题

中国国家地质公园设立的主要目的是保护珍贵的地质遗迹，在保护的前提下合理开发利用（国土资源部地质环境司，2016）。在当前我国以国家公园为主体的自然地保护体系中，国家地质公园属于自然公园类，称国家地质自然公园，作为保护地的一种类型实施管理。对其边界、范围、园区数量、保护等级划分、矿权设置、工程建设项目和服务设施布局等方面有非常严格和明确的限定，形成了一套相对完善的管理办法，是一类保护目标明确、管理措施到位的保护地。

而我国的教科文组织世界地质公园是以国家地质公园为基础来建设的，虽然我国是世界地质公园的创始国，地质公园在过去20年间取得了巨大的进步，为我国许多地区社会经济的发展做出了突出的贡献，但是，由于我国实施的国家地质公园计划和世界地质公园在理念上存在较大的区别，管理措施和方法不尽相同，因而产生了一系列问题，具体分析如下：

（1）性质：作为联合国教科文组织的品牌，世界地质公园被设定为一个可持续发展区域，是一个包容、开放、合作和发展的国际合作机制和平台，关心的不仅仅是其中重要的地质遗迹（石头），更关注的是生活在本区域里的老百姓（人），将更多社区纳入世界地质公园范围之中非常关键。所以，世界地质公园是geopark，是人与自然和谐共存的场所；而中国国家地质公园实际上是geological park（地质的公园），属保护地的一种类型，较少考虑人的因素。

（2）范围：世界地质公园除局部区域因具有国际意义的地质遗迹和重要的文化遗产而需要特别保护外，其他广大范围内（尤其是广大民众生活的区域）是可持续发展区域，不仅对一切有利于当地社会经济发展的项目没有限制，反而鼓励地质公园开展此类项目，以实现地方社会经济的发展，改善当地居民的生活水准。按此标准，我国在以国家地质公园为基础申报联合国教科文组织世界地质公园之时，一般都会将园区范围扩大（图1），以符合联合国教科文组织对世界地质公园的要求，但这会在我国一些地方政府管理部门被误认为保护区域的范围扩大了。

（3）边界：最初，我国国家地质公园可以允许多个独立园区存在，形成由许多孤立园区构成的地质公园（geopark with several isolated areas），而且，在园区内还按照地质遗迹的分布和功能分成不同的景区，因此，一个国家地质公园拥有多个边界（界线）。随着管理方法的不断改进，目前，我国国家地质公园虽然将独立园区数限定在2个（也有个别特殊的、超过2个园区的国家地质公园存在），但仍不符合联合国教科文组织世界地质公园的标准：一个地质公园只能拥有单一、统一的园区。另外，我国国家地质公园以保护重要的地质遗迹为首要任务，在边界划定时主要依据地质遗迹的分布范围，也尽量避免将人口比较集中的村镇划入国家地质公园内，并且要将不能纳入国家地质公园范围的矿山等区域划出去，造成其边界人为性较强。而世界地质公园要求在单一、统一的区域范围内，依照整体的保护、教育、研究和可持续发展的理念对所有资源（包括自然和文化）进行管理。自然资源（包括地质遗迹）是人类赖以生存发展的物质基础，而人类的文化遗产与自然密切相关，这是我们常说的"一方水土养一方人"的概念。因此，世界地质公园内人是关键因素，也是可持续发展的核心，所以，世界地质公园的边界一般以行政管辖的范围为界，以期包括尽可能多的社区，共同发展。在世界地质公园发展过程中，特别是加入联合国教科文组织以来，我国的世界地质公园通过不断改进和公园范围的调整，多个园区组成的世界地质公园的情况已基本消除，但

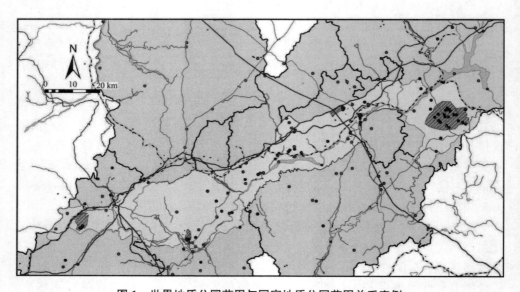

图 1　世界地质公园范围与国家地质公园范围关系实例

浅灰色：国家地质公园范围；深灰色：世界地质公园范围

资料来源：张建平等，2016，拟建朝阳世界地质公园综合考察报告，内部资料，茅磊修改

在边界划定上不合理的情况依然存在。

（4）品牌叠加（overlap）：我国在选择世界地质公园候选地时，优先选取地质遗迹重要、风景秀丽、知名度高的区域，而这些地方往往在地质公园之前就已经具有多种品牌，相当一部分还是联合国教科文组织其他品牌（世界遗产和人与生物圈保护区）的所在地，如泰山、黄山、张家界、五大连池等（吴亮君等，2019）。教科文组织世界地质公园操作指南明确指出，如果世界地质公园范围内还拥有教科文组织其他品牌，是允许共存，但必须给出明确的理由，并提供证据，证明无论作为独立的品牌还是与其他品牌共存，都能增强世界地质公园的价值，不同品牌之间还可以相互促进。由此产生的问题是：拥有多个品牌是否等于范围的重合？这在一些地方存在理解上的偏差。

2　标准解析

在 2015 年批准实施的《联合国教科文组织世界地质公园操作指南》（UNESCO，2015b）中，对世界地质公园的标准做了明确的规定，现将标准逐条解析如下，同时也回答前面提出的问题。

2.1　标准 1

教科文组织世界地质公园必须为单一、统一的地理区域，采取整体的保护、教育、研究和可持续发展的理念对其范围内具有国际地学意义的遗迹和景观进行管理。教科文组织世界地质公园必须具有一个明确界定的边界、具备足以发挥其职能的适当面积，并拥有经地学专家独立核实具有国际意义的地质遗迹（标准依据《联合国教科文组织世界地质公园操作指南》中文版，并参照英文版修订，下同）（UNESCO，2015b）。

解读：这里说的教科文组织世界地质公园必须是单一、统一的地理区域，具有明确界定的边界，意味着世界地质公园只能有一个封闭的边界，只有在边界里的范围属于世界地质公园，边界之外的区域不属于地质公园。同时指出世界地质公园是以可持续发展的理念进行管理，而不是一个保护区的概念，所以，要求"具备足以发挥其职能的适当面积"。为实现更有效的整体管理，以行政管辖范围确定边界是最理想的选择，这也最大程度上包括了当地的民众，体现世界地质公园以人为本的概念。另外，标准明确指出必须拥有国际意义的地质遗迹，这是世界地质公园与其他品牌的根本区别，而国际意义的地质遗迹的认定由教科文组织地球科学方面的合作伙伴国际地质科学联合会负责。

2.2　标准 2

教科文组织世界地质公园应利用其地质遗迹资源，并与该区域与之相关联的自然和文化遗产资源等相结合，提高对我们所居住的、不断变化的星球上社会所面临重大问题的认识，包括但不限于增加对以下方面知识的了解：地质作用过程、地质灾害、气候变化、可持续利用地球自然资源的必要性、生命演化、以及当地居民权益的增强。

解读：这一标准指出地质遗迹与该区域内自然和文化遗产有着密切关系。在地质公园建设和管理过程中，必须清楚认识它们之间的相互关系，从而提高人们（包括当地居民和地质公园游客）对地质过程、地质灾害、气候变化等当今社会面临的重大问题的认识，了解可持续发展的重要性和必要性，其手段是以科学研究为基础的科学普及。同时，在世界地质公园建设过程中，还必须考虑当地居民的生存和发展需求，使地质公园真正成为区域可持续发展的有效手段。

2.3　标准 3

教科文组织世界地质公园应设立法律地位受国家立法承认的管理机构。管理机构应适当配备，以便从整体上充分管理教科文组织世界地质公园。

解读：这条是对世界地质公园管理机构的要求，各世界地质公园所在地政府可以参考这一标准，考虑地方实际情况，设立相应的具有法律地位的管理机构。"管理机构应适当配备"应当理解为软硬件两个方面：即管理架构和管理人员。从近几年来世界地质公园的评估和再评估来看，地质公园管理团队中，地学专家和外语人才是评估/再评估关注的一项内容，特别注意，这里指的地质专家必须是日常在岗的地质公园从业人员，而不是外聘专家(外聘专家必要时可纳入世界地质公园专家委员会)。

2.4　标准4

如所申请区域里与其他教科文组织的指定地有重叠，如世界遗产或生物圈保护区，必须在申请中给出明确理由，并提供证据，证明无论作为单独品牌还是与其他品牌共存，都能增添教科文组织世界地质公园品牌的价值。

解读：这条标准很重要，相关世界地质公园应给予重视，以免影响对地质公园的认可。在其英文版中，重叠用的是 overlap，指所申请的世界地质公园在地域上与其他指定地(世界遗产、生物圈保护区)有交集。也就是说，拥有一个以上的品牌是可以的，范围上可以有交集，但不能重合。理由如下：虽然同属教科文组织的品牌，但不同品牌理念不同，目标不同，管理和标准也有差异。世界遗产侧重对于具有突出普遍价值的遗产进行保护、保存、展示和传承，保护是其核心任务(UNESCO，1972)；生物圈保护区更强调保护生物多样性(UNESCO，2020)，都是保护区的概念；而世界地质公园是利用其范围内世界级的地质遗迹，整合相关的自然、生物多样性资源和与之密切相关的文化遗产等，以可持续发展的理念发展当地经济，提高所在地居民的生活水准，其核心是所在地生活的老百姓，是区域可持续发展的概念。因此，世界地质公园除少量需要严格保护的区域以外，还要有适当的面积来满足可持续发展的需要。如果世界地质公园范围与世界遗产或生物圈保护区重合，势必造成世界地质公园只有保护区域而没有足够的发展区域，这与世界地质公园设立的理念不符，也达不到世界地质公园的标准，因而是不合格的。

目前，联合国教科文组织世界地质公园理事会在处理拥有世界地质公园与世界遗产或人与生物圈保护区多个品牌共存时，一般方法是，世界地质公园范围必须大于其他品牌的范围，以留出足够的空间来实现区域的可持续发展，否则难以同时拥有世界地质公园品牌和其他品牌。举例来说，2016年，三清山世界地质公园接受再评估，因与世界自然遗产范围重合而得到黄牌，要求两年内调整好边界。2018年该公园接受再评估，由于合理扩园，符合要求而绿牌通过。泰山世界地质公园也在2018年通过主动扩大园区而符合了联合国教科文组织世界地质公园的要求而顺利通过再评估(图2)。

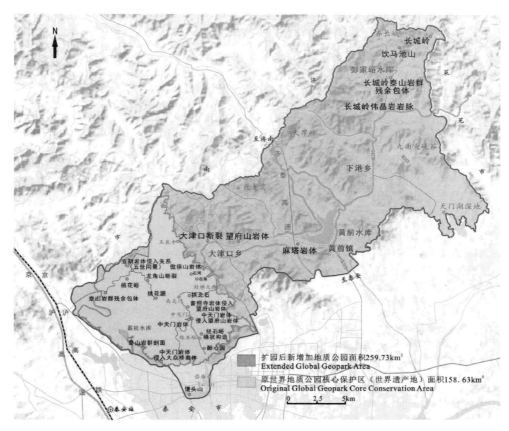

图2 泰山联合国教科文组织世界地质公园扩园示意图
资料来源：田明中等，2017，泰山教科文组织世界地质公园扩园报告，内部资料，王璐琳修改

2.5 标准5

教科文组织世界地质公园应积极将当地社区和居民作为利益相关者纳入地质公园。必须与当地社区结成合作伙伴，一起拟定和实施共同管理计划，并在计划中考虑当地民众社会和经济方面的需求，保护他们生活在其中的景观和文化特性。建议所有相关的地方和区域的机构和政府部门派代表参与教科文组织世界地质公园的管理。在规划和管理该区域时，应考虑除科学因素之外，还应包括当地民俗文化、习惯和管理系统。

解读：这条标准明确了世界地质公园的性质，它更关注在其区域范围内生活的老百姓。当地居民应该是地质公园的主人，地质公园的管理和发展应当有当地民众参与，他们应当参与到地质公园规划的制定、重要事项的决策和执行等。也就是教科文组织世界地质公园"自下而上"的理念。国外的世界地质公园多实行地方社区和团体发起并实施管理、政府支持和参与的模式。而我国的国家地质公园由政府主导，实际上是"自上而下"的理念，这也可以理解，因为地质遗迹保护是各级政府的职责之一。随着对世界地质公园的理解不断深入，我国多数世界地质公园也开始关注当地居民参与地质公园的管理，并为他们提供平台，大量农（牧）家乐、合作伙伴、当地旅游服务机构（包括旅行社、宾馆饭店等）、农副产品、特色手工艺产品、企业和个人等参与到世界地质公园中来，共享地质公园的发展成果，弥补了"自上而下"模式的不足，也满足了世界地质公园对民众参与的要求。从这一点上看，扩大世界地质公园范围，将更多的社区和人口包括在内，不仅是世界地质公园的要求，更是地方社会经济可持续发展的需要。近年来，我国地质公园在消除贫困、引导居民脱贫致富过程中发挥了独特的作用，与正确理解世界地质公园的理念有密切的关系。

2.6 标准6

鼓励教科文组织世界地质公园成员分享经验，交流意见，并在世界地质公园网络中开展合作项目。世界地质公园网络实行强制会员制。

解读：教科文组织世界地质公园是一个国际网络，一个大家庭，其成员拥有共同的理念、同样的目标。世界地质公园不提倡竞争，而鼓励合作创新，经验分享，共同提高，GGN每两年评选的"世界地质公园最佳实践奖"正是基于此。在已经评出的6个"世界地质公园最佳实践奖"中，有3个来自中国，中国的地质公园为世界地质公园的建设和发展做出了积极贡献。成为联合国教科文组织世界地质公园之后，就要加入世界地质公园网络，成为其成员，承担相应的责任和义务，并要求积极参与其中的活动，这是强制性的。如不参与，不履行其责任和义务，将会失去联合国教科文组织世界地质公园资格。

2.7 标准7

教科文组织世界地质公园必须尊重与地质遗迹保护有关的地方和国家法律。在提交任何申请前，对教科文组织世界地质公园之内核定的地质遗迹点必须得到合法的保护。与此同时，教科文组织世界地质公园应利用其品牌促进地方和国家对地质遗迹的保护。管理机构不得直接参与地质物品的售卖活动，例如在教科文组织世界地质公园的所谓岩石商店中出售的化石、矿物、抛光岩石（奇石）以及装饰类岩石（无论何种来源），并应积极阻止从整体上不可持续的地质材料交易。在教科文组织世界地质公园范围内，允许以可持续的方式从自然可再生的地点采集地质材料，用于科学研究和教育目的，但必须明确证明是负责任的行为，并且是作为遗产点最有效和可持续管理的组成部分。在特殊情况下，可以允许地质材料的交易行为，但前提是，应明确、公开地解释该交易，证明该交易是该世界地质公园就当前状况下的最佳选择，并进行监督。此类特殊情况应当由教科文组织世界地质公园理事会逐案核准。解读：本标准声明，联合国教科文组织世界地质公园必须尊重所在国的法律(法规)。国际上有一些国家，在世界地质公园之前并没有专门针对地质遗迹保护管理的相关法律规定，但要成为世界地质公园，又必须做到这一点。因此，一些国家根据本标准要求，在申报世界地质公园中或申报成功之后，敦促所在地政府(或国家)颁布了相关的地质遗迹保护规定(如：加拿大)，从而促进了全球对地质遗迹的保护。

同时，本标准明确规定地质公园管理机构不得直接参与地质物品的售卖，无论这些物品来源何处，也就是说即使这些物品不是当地地质公园的，也不允许。因为地质物品售卖行为有悖于联合国教科文组织世界地质公园保护地质遗迹的宗旨。因历史原因，我们国家许多地方有售卖地质物品(包括法律允许的化石、矿物、宝石、观赏石、饰品等)的市场(商店)，但作为世界地质公园的管理部门，不能参与其中，否则，将被警告或取消资格，在之前世界地质公园的再评估过程中发生过此类实例(如意大利)。在我们国家，也有世界地质公园候选地因当地政府难于取消当地法律允许的化石交易市场而放弃申报资格。

还有一点也需要引起我们重视，在我国许多世界地质公园博物馆(陈列室)中，展陈了大量购置的非本区域的地质物品，如化石、矿物、岩石标本，甚至宝玉石等，这种情况原则上是不允许的。因为这种情况必将鼓励对这些地质物品的开采和交易(即使这些行为在某些地区是合法的)，从全球来看，也不利于地质遗迹的保护。

在特殊情况下，如对之前采矿、采石留下了的废料的利用，可以进行加工，制成纪念品之类出售，但需要充分比选，并向教科文组织世界地质公园理事会提交申请，经核准后方可进行。

在世界地质公园中，因科学研究和教育的需要，可以允许采集地质样品(标本)，但必须以不破坏地质遗迹为原则。

2.8 标准8

上列标准在评估和再评估过程中逐条核验。

解读：任何一个区域，在申请教科文组织世界地质公园时，必须通过评估专家的现场考察、核实各项标准。对已成为教科文组织世界地质公园的成员来说，它不是一个永久的品牌，必须每4年接受一次再评估，以上标准将通过再评估逐项核实，由教科文组织世界地质公园理事会根据评估组再评估报告及相关资料做出最终决定。

3 结论

联合国教科文组织世界地质公园是在近十多年世界地质公园网络发展过程中产生的教科文组织品牌，至今仅5年的历史。其保护珍贵的地质遗迹资源、并利用这些资源的价值，结合区域内自然、生态和文化资源来促进社会经济可持续发展的理念已在国际社会产生了深远的影响。世界地质公园的理念也与当前中国正在开展生态环境保护和治理恢复的实践高度契合，也是地学服务社会经济发展的很好平台。本文通过对教科文世界地质公园标准的详细解析，结合我国在世界地质公园申报和建设中存在的实际问题，给出了有针对性的说明。尤其通过分析世界地质公园与教科文组织其他品牌和国家地质公园在理念、管理方法的异同点，相信会对地质公园技术支撑单位、政府主管部门和公园从业人员有所裨益，有利于世界地质公园的健康发展。

二、地质遗迹调查与评价

阿拉善沙漠地质遗迹全球对比及保护行动规划

张国庆[1,2]　田明中[1]　刘斯文[1]　耿玉环[1]　郭娟[1]

1. 中国地质大学(北京)地球科学与资源学院, 北京, 100083;
2. 东华理工大学地球科学与测绘工程学院, 江西抚州, 344000

摘要: 特殊的地理位置、区域地质背景及气候条件形成了阿拉善丰富的地质遗迹资源, 主要地质遗迹有沙丘(沙山)、沙波纹, 沙漠湖泊、戈壁、峡谷、花岗岩风蚀地貌、阿拉善奇石等, 阿拉善沙漠地质公园是目前国内外唯一以沙漠地质遗迹为主的国家地质公园。文中对阿拉善沙漠地质遗迹资源进行了全球对比分析, 结果表明: 阿拉善地质遗迹主要有沙漠分布面积大、景观丰富, 沙漠湖泊多、水源条件好, 鸣沙区面积广, 高大沙山分布密集, 与文化遗产关系密切等主要特征。在全球对比分析的基础上, 提出了地质遗迹保护行动规划, 认为主要应从沙漠形成演化与全球变化、沙漠地质遗迹与景观、保护与开发利用研究等方面开展科学研究, 从乡土科普、教学实习等方面开展科普教育活动。提出了建立世界地质公园的构想, 对其拟建地质公园概况、地质遗迹分级保护开发等进行了总体规划。

关键词: 阿拉善沙漠; 地质遗迹; 全球对比; 保护行动规划; 地质公园

　　地质遗迹是在地球漫长演化的地质历史时期由各种内外动力的地质作用形成、发展并保存下来的珍贵的不可再生的地质自然遗产。为了能更好地保护地球地质遗迹资源, 联合国教科文组织于 1999 年提出创建世界地质公园计划。我国在地质遗迹保护和地质公园建设方面走在了世界前列, 到目前为止, 已批准建立国家地质公园 138 个, 世界地质公园 20 个。地质公园的建立对促进地质遗迹资源的保护与开发、地球科学知识的普及、地方经济的发展起到了极大的推动作用。地质遗迹资源的全球对比分析是其开展科学研究、评价及保护开发规划, 体现地质遗迹资源独特价值的一项重要内容, 同时也是世界地质公园建立的核心要素之一。2005 年阿拉善沙漠地质公园被国土资源部批准为国家地质公园, 成为目前我国唯一的国家级沙漠地质公园。对阿拉善沙漠地质遗迹的全球对比分析, 对其进一步建立世界地质公园、开展科学研究、促进阿拉善沙漠地质遗迹资源的保护与利用等具有重要意义。

1　阿拉善沙漠地质遗迹资源

　　阿拉善位于内蒙古自治区最西部, 地理坐标为 97°10′E ~ 106°53′E, 37°24′N ~

本文发表于《干旱区资源与环境》, 2010, 24(06): 45-50。

42°47′N。阿拉善地处阴山西段，地层区划分属陕、甘、宁盆缘阿拉善分区，区内地层发育，从太古界到新生界均有出露。在大地构造位置上，北缘内蒙华力西槽皱带，东接内蒙地轴，东南为桌子山、贺兰山台陷带，南段与祁连加里东褶皱带毗连。区内构造活动强烈，槽皱发育，具多期次间歇性活动的特点。岩浆岩发育，从超基性岩到酸性岩、碱性岩均有出露，且呈现多期活动的特点。同时，阿拉善由于周围受高山阻隔，降水稀少，境内多沙漠，为干旱和极干旱地区。特殊的地理位置，区域地质背景及气候条件形成了区内丰富的地质遗迹资源，主要地质遗迹类型有沙丘(沙山)、沙波纹，沙漠湖泊、戈壁、峡谷、花岗岩风蚀地貌、阿拉善奇石等(表1，图1)，极具典型性、代表性及美学观赏价值，长期受到国内外科学家和探险家的关注，是地球科学研究的天然实验室和旅游观光的胜地。

表 1　阿拉善沙漠地质遗迹资源类型

分类			主要景点	所在区域
景型	景域	景元		
沙漠与戈壁遗迹	沙漠类	沙丘(沙山)	新月形沙丘及沙丘链，格状沙丘链，新月形沙垄，复合型沙丘链，链状沙山(沙丘)，叠置型沙山，复合型链状沙山，金字塔沙山(沙山)，沙垄，梁窝状沙丘，灌丛沙丘	巴丹吉林沙漠
			新月形沙丘及沙丘链，格状沙丘链，新月形沙垄，复合型沙丘链，金字塔沙漠与沙漠类沙丘(沙山)，复合型链状沙山，梁窝状沙丘，灌丛沙丘	腾格里沙漠
			新月形沙垄，灌丛沙丘，梁窝状沙丘，新月形沙丘及沙丘链，复合型沙丘链，格状沙丘链，复合型沙垄	乌兰布和沙漠
		沙波纹	直线状沙波纹，弯曲状沙波纹，链状沙波纹，舌状沙波纹，新月状沙波纹	腾格里沙漠
		鸣沙	鸣沙山	巴丹吉林沙漠

续表1

分类			主要景点	所在区域
景型	景域	景元		
水文地质遗迹	戈壁类	额济纳戈壁	黑戈壁，荒漠漆，戈壁滩	额济纳旗
		居延海	东居延海，西居延海	额济纳旗
	湖泊	沙漠湖泊	诺尔图，南苏木吉林，呼和吉林，印德尔图等	巴丹吉林沙漠
			月亮湖，天鹅湖，通湖等	腾格里沙漠
	峡谷	敖伦布拉格峡谷	风蚀龛，象形石	阿拉善左旗
		额日布盖峡谷	红色崖壁	阿拉善右旗
地质地貌	花岗岩风蚀地貌		海森楚鲁花岗岩风蚀地貌	阿拉善右旗
	瀑布		骆驼瀑	阿拉善左旗
矿产遗迹	盐矿		吉兰泰盐湖	阿拉善左旗
			贺兰山山前构造台地	阿拉善左旗
矿产遗迹		砂砾岩风蚀石柱	石柱(神根)	阿拉善左旗
构造遗迹		构造裂隙渗流水	神水洞	阿拉善左旗
岩石遗迹		阿拉善奇石	水晶，玛瑙，碧石	阿拉善左旗

2 阿拉善沙漠地质遗迹资源全球对比

沙漠在威胁人类生存环境的同时，也是一种可利用的宝贵自然资源，沙漠探险、科学考察、休闲观光、体育娱乐、康疗保健等，都给人类生活带来了极大的刺激和快乐。阿拉善沙漠地质遗迹资源与其他地方相比，区域独有性和景观异质性显著。

2.1 沙漠面积大、景观丰富

巴丹吉林沙漠、腾格里沙漠和乌兰布和沙漠，统称为阿拉善沙漠。其中巴丹吉林沙漠面积 4.92 万 km^2，为我国第二大流动沙漠，世界第三大沙漠；腾格里沙漠面积 3.67 万 km^2，是我国第四大沙漠。同时，阿拉善沙漠与国内外旅游资源开发较著名的沙漠相比，如国内的塔克拉玛干沙漠、古尔班通古特沙漠、库姆塔格沙漠、库布齐沙漠等；国外北非的撒哈拉沙漠、美国国家公园的 Painted 沙漠、

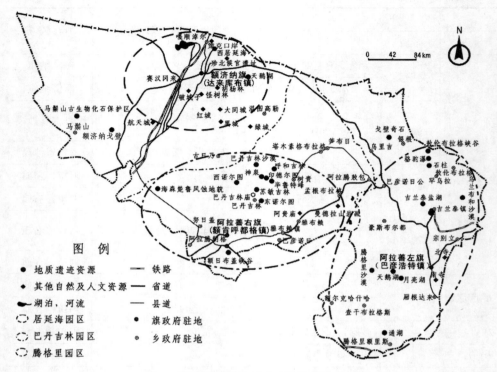

图1 阿拉善沙漠地质遗迹资源分布格局

Chihuahuan 沙漠、California 沙漠、Mojave 沙漠等，不仅面积大，而且景观资源丰富，类型齐全。众多湖泊(湖盆)与沙山相间分布，世界罕见；景观优美，2005 年巴丹吉林沙漠被《中国国家地理》评为"中国最美丽的五大沙漠"之首，专家称其为"上帝划下的曲线"。

2.2 沙漠湖泊多、水源条件好

阿拉善沙漠是世界上拥有湖泊数量最多的沙漠，其中巴丹吉林沙漠分布有大小湖泊多达 144 个，最大湖泊(诺尔图)面积 1.5 km²，水深 16m，这种高大沙山与湖泊交错发育的地貌景观世界罕见。同时巴丹吉林沙漠中分布的永久性湖泊和其他沙漠中常出现的海子明显不同，例如：在毛乌素沙地、塔克拉玛干沙漠及撒哈拉沙漠等都有较浅的海子，多数为季节性，在澳大利亚的荒漠中，湖盆是主要的地理单元之一。腾格里沙漠多处发现自流水，且广泛分布着大小绿色湖泊，是我国沙漠中湖泊最多的沙漠，大小湖盆 400 多个。著名的月亮湖水域面积近 3 km²，是目前国内距大都市距离最近、服务功能最齐全、旅游内容最丰富的沙漠探险营地和沙漠生态旅游区，2005 年被国家旅游局评为国家 AAAA 级旅游景区。

2.3 鸣沙区面积广

鸣沙又称为响沙、哨沙或音乐沙，主要分布在海滩和沙漠中，尤以沙漠鸣沙最为罕见，现已成为一种重要的旅游资源。中国科学院专家对巴丹吉林沙漠的考察发现，巴丹吉林沙漠为一特大鸣沙区，在世界上绝无仅有。同时，巴丹吉林沙漠鸣沙与美国鸣沙、敦煌鸣沙山和鄂尔多斯响沙湾的鸣沙相比，沙丘高、污染少、保护好，是世界上最大的鸣沙山及世界唯一高大沙山群密集的鸣沙区，有"世界鸣沙王国"之美称，是观察鸣沙现象的典型地区，也是沙漠探险者的理想去处。

2.4 高大沙山分布密集

巴丹吉林沙漠高大沙山分布密集，其面积约占沙漠总面积的 55.3%，一般高度为 200~300 m，最高可达到 500 m 左右，是我国乃至世界最高大的沙山系统。毕鲁图沙峰海拔 1609.5 m，超过了世界上最大的撒哈拉沙漠中最高沙丘的高度，堪称"沙漠珠穆朗玛峰"，沙山相对高差达 426 m，为世界沙漠之最，美国宇航局称其为"全球最奇特的地貌"之一。其他地区沙漠的沙丘均较低，高度多集中在 10~50 m，平均高度最高的塔克拉玛干沙漠，也只有 100~150 m。

2.5 与文化遗产的关系密切

位于巴丹吉林沙漠腹地的巴丹吉林庙，已有 200 多年历史，是我国唯一坐落于沙漠腹地的佛教寺院。曼德拉山保存有 4000 余幅数千年前的古代岩画，堪称我国西北古代艺术画廊，同时还有南寺（广宗寺）、北寺（福音寺）、延福寺、黑城、红城等多处重点文物保护单位。组建于 1958 年的东风航天城，位于阿拉善额济纳旗境内的弱水河畔，以酒泉卫星发射基地而闻名，是我国建立最早、规模最大的卫星发射中心，也是我国唯一的载人航天发射场，世界大型航天发射场之一。阿拉善沙漠腹地分布的众多古代历史文化遗产，丰富了沙漠景观，提高了沙漠的文化内涵和历史价值，也为沙漠旅游者和探险者提供了重要的休息场所。

3 保护行动规划

3.1 科学研究规划

坚持将保护放在首位、突出特色和优势、分区分阶段进行作为选题原则。以紧紧围绕地质遗迹价值、保护、科学解说、高科学含量旅游产品开发，提高旅游效益、保障游客安全及可持续利用发展等作为选题依据。

3.1.1　科学研究内容规划

（1）沙漠形成演化与全球变化。主要内容包括：不同时空尺度沙漠形成演化的过程和成因机制，沙漠形成演化与全球变化的关系及其对全球变化的响应，最近 5000 a 以来沙漠形成演化的时空序列，自然因素和人为因素在沙漠化环境过程中的贡献率，预测未来 50~100 a 沙漠可能的变化趋势及其对策，沙漠化过程中景观结构特征的演变规律。

（2）沙漠地质遗迹与景观。包括有阿拉善沙漠地质遗迹形成演化规律及国内外对比研究，巴丹吉林沙漠鸣沙成因研究，沙漠地质遗迹分类、特色、价值评价及主要人文、生物资源研究。

（3）开发与保护研究。包括有科学解说系统研究，旅游产品开发研究，地质遗迹保护与开发模式研究，游客营救与安全保障研究，数字地质公园建设等。

3.1.2　科学研究项目实施规划

积极鼓励科研院所、大专院校（中国科学院寒区旱区环境与工程研究所，中国科学院地质与地球物理研究所，兰州大学，中国地质大学等）专家到阿拉善地区开展科学研究，并尽可能地为他们提供帮助。同时在科研经费上给予保障，除国家和自治区下拨的地质遗迹科学研究经费、地方政府提供的配套经费外，将每年门票收入的 2% 作为科研基金。并要及时地将科研成果转化为地区建设和管理服务，出版科普读物和宣传画册。

3.2　科学普及行动计划

3.2.1　乡土科普活动

阿拉善右旗现已建有国内一流的沙漠地质博物馆，同时月亮湖等旅游区都为开展科普活动提供了理想场所。可组织青少年春秋游、夏令营、冬令营及其他专题性科学普及活动，向青少年介绍沙漠的成因及其演化过程、沙尘暴的形成机制、沙漠对人类环境的威胁、阿拉善生态环境的脆弱性、如何来保护人类的生活环境等科普知识，使他们在游玩的同时学习地球科普知识，增强环境保护意识。

3.2.2　教学实习活动

迄今为止，国内外已有很多科学家来阿拉善沙漠科学考察，已出版大量科学论著，并已完成几十篇硕博士论文。阿拉善独特的沙漠、戈壁、峡谷、风蚀地貌等地质地貌景观，沙漠湖泊、居延海等水体景观，阿拉善奇石等地质遗迹，还有其他自然景观、人文景观是科研院所，大专院校地质学、地理学、气象学等专业学生开展教学实习、科学研究的理想基地。可与相关大专院校建立合作关系，支持他们在阿拉善建立教学实习基地，开展教学实习活动，并尽可能地提供帮助。

3.3 世界地质公园建立构想

为了使更多的人认识、了解沙漠这种特殊的景观,普及沙漠基础知识,提高环境保护意识,同时发展地方旅游,改变其原始落后面貌,加快地方经济的发展,建立阿拉善沙漠世界地质公园是唯一良策。

3.3.1 地质公园概况

拟建的阿拉善沙漠世界地质公园主体规划区地理坐标为:101°06′54″~106°15′00″E,38°26′08″~42°20′00″N,规划总面积 630.37 km²。按照特色突出,主题鲜明的原则,同时根据阿拉善地区地质遗迹类型及其特征,将阿拉善沙漠地质公园定位为以沙漠、戈壁等风成地貌为主,集沙漠湖泊、峡谷、花岗岩风蚀地貌等多种地质遗迹类型和沙漠古文明为一体的特大型沙漠地质公园。

3.3.2 地质公园分级保护开发规划

根据主导性、完整性、共轭性等原则,将阿拉善沙漠地质公园划分为 3 个园区,分别为:巴丹吉林园区,腾格里园区,居延海园区(图 1)。同时考虑到地质遗迹类型、区域分布特点、生态环境的脆弱性、保护分级性等,又将其划分为若干子区(表 2)。各园区(景区)再根据地质遗迹资源类型、特色、开发条件、区位特点等制定相应的开发规划。

表 2　阿拉善沙漠地质公园分级保护开发规划

园区名称	景区名称	保护区分级	保护区面积/km²	景区面积/km²	开发规划
腾格里园区(131.5 km²)	月亮湖景区	核心保护区	5.80	72.51	沙漠绿洲生态旅游度假区
		一般保护区	66.71		
	通湖景区	核心保护区	1.36	8.05	沙漠、草原、绿洲为一体的旅游度假区
		一般保护区	4.54		
		发展控制区	2.15		
	敖伦布拉格峡谷景区	核心保护区	4.27	50.94	生态科普观光旅游区
		一般保护区	46.67		

续表2

园区名称	景区名称	保护区分级	保护区面积 /km²	景区面积 /km²	开发规划
居延海园区 (88.2 km²)	居延海景区	核心保护区	29.00	36.00	生态观光休闲游,科普游
		一般保护区	7.00		
	黑城文化遗址景区	核心保护区	0.22	15.40	文化科普游
		一般保护区	15.18		
	胡杨林景区	核心保护区	36.80	36.80	生态观光游,摄影、写生等主题游
巴丹吉林园区 (410.67 km²)	曼德拉山岩画景区	核心保护区	1.60	28.79	文化科考游
		一般保护区	27.19		
	巴丹吉林沙漠景区	核心保护区	144.00	340.60	沙漠探险,科学考察,科普休闲游
		一般保护区	196.60		
	额日布盖峡谷景区	核心保护区	2.68	10.12	观光休闲游
		一般保护区	7.44		
	海森楚鲁风蚀地貌景区	核心保护区	2.61	31.16	科普、观光游
		一般保护区	28.55		

4 总结

阿拉善沙漠地质遗迹资源特色明显,类型丰富,景观优美,代表性强,保护开发意义深远,在世界上都具有无可比拟的资源优势。同时,沙漠面积大,景观丰富,沙湖多,水源条件好,湖水补给神秘,鸣沙分布广,高大沙山分布密集,与文化遗迹关系密切,这些在世界上都具有重要的地位和研究价值。为了能更好地保护利用沙漠地质遗迹资源、普及宣传沙漠及沙漠化地质知识、发展地方旅游业、提高当地百姓的生活水平,建立阿拉善沙漠世界地质公园,开展系统的科学研究、丰富多样的科普教育活动,制定合理的保护开发规划是保证其资源可持续开发利用的关键。但是,阿拉善沙漠地质公园应在科学考察路线制定、景区标识系统更新、沙漠旅游急救等方面加快建设,确保达到世界地质公园考核的各项要求。

北京延庆地质公园主要地质遗迹评价

王铠铭[1, 2]　　武法东[1]　　张建平[1]

1. 中国地质大学(北京)地球科学与资源学院, 北京, 100083;
2. 黑龙江省水文地质工程地质勘察院, 哈尔滨, 150030

摘要：地质遗迹是地质公园的核心, 是旅游资源的重要类型。本文对北京延庆地质公园的地质遗迹类型进行了划分, 对地质遗迹的价值进行了定性评价和定量评价。定性评价从地质遗迹的科学价值、美学价值和旅游开发价值进行分析。定量评价选取综合评价方法, 将层次分析法(AHP)和专家打分法等评价算法相结合, 最后进行加权处理, 计算出北京延庆地质公园主要地质遗迹的综合得分。通过对北京延庆地质公园内地质遗迹的评价, 为地质公园内地质遗迹的开发与规划提供了理论保证, 使北京延庆地质公园得到永续的发展。

关键词：地质公园；地质遗迹；定性评价；定量评价；北京延庆

北京延庆地质公园位于北京市延庆县西北部。地理坐标为东经 115°49′~116°29′, 北纬 40°28′~40°45′。1996 年经延庆县政府批准, 建立县级木化石群地质遗迹自然保护区。2002 年被评为全国唯一以木化石群为主体的国家地质公园。2011 年 8 月, 启动中国延庆世界地质公园的申报工作, 拟申报的世界地质公园是以硅化木国家地质公园为基础, 根据地质遗迹的科学意义和完整性扩大面积建立的, 包括千家店园区和龙庆峡园区(图 1)。北京延庆地质公园内包含了燕山运动相关的地质遗迹、硅化木化石群、恐龙足迹遗迹、北方岩溶地貌和峡谷等丰富的地质遗迹。

延庆县地处延怀盆地东部, 燕山沉降带西端, 地势东高西低, 县域形态为东北—西南延伸的椭圆形板块(延庆县志编纂委员会, 2006)。

延庆县境内出露的地层有：太古界变质岩, 中、上元古界长城系、蓟县系和青白口系, 中生界中侏罗统窑坡组、上侏罗统髫髻山组、土城子组和下白垩统东岭台组, 新生界中更新统和上更新统(北京市地质矿产局, 1991)。

延庆地区区域构造演化主要经历了稳定的盖层沉积——准地台发展阶段和强烈构造活动阶段。第一阶段时限为前寒武纪时期, 该阶段延庆地区没有发生强烈的构造变形, 只在局部地区发生断裂活动继而形成裂陷槽接受沉积。第二阶段时限为晚三叠世晚期到新生代, 包括燕山期和喜山期。燕山期发生的燕山构造运动

本文发表于《地球学报》, 2013, 34(03)：361-369。

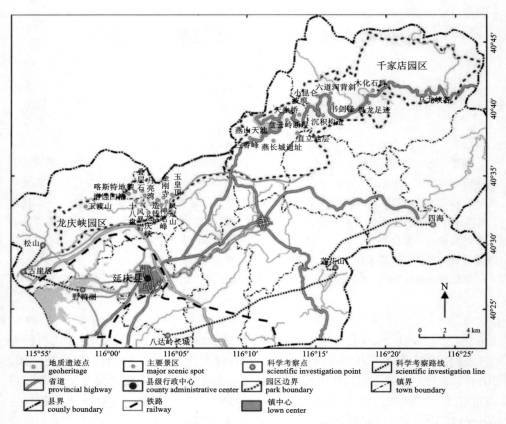

图1 北京延庆地质公园主要地质遗迹分布图

（本书收录此文时对原图审查后略有修改）

奠定了延庆地区地质构造的基础，岩溶地貌景观就是在该期形成的。

1 地质遗迹类型

地质公园是以地质遗产为基础，并以保护地学遗产向公众展示地质遗迹的科学意义为目的建立的（赵汀等，2009）。地质遗迹的划分是地质遗迹保护和开发的重要环节，但地质遗迹的分类方案较多，且存在分类方案标准不统一，方案中多有重叠现象（丁季华，1999；陈安泽等，1991；陈安泽，2003；齐岩辛等，2004）。因此，本文以前人的划分为基础，借鉴《国家地质公园规划编制技术要求》（国土资源部，2010）中的地质遗迹类型划分标准，结合野外地质遗迹调查实际情况，将北京延庆地质公园内的地质遗迹分为6个大类、12类、18亚类和26个小类（表1）。

表1 北京延庆地质公园主要地质遗迹分类

分类				地质遗迹
大类	类	亚类	小类	
古生物大类	古生物遗迹	古生物活动遗迹	遗迹化石	恐龙足迹化石层面
			实体化石	叠层石
	古植物	古植物	古植物化石	硅化木
地质(体、层)剖面大类	地层剖面	区域性标准剖面		土城子组剖面、髫髻山组剖面、高于庄组剖面
	岩浆岩体	典型超基性岩体	侵入岩	辉绿岩侵入体
		典型中性岩体	火山岩	燕山晚期角闪正长斑岩露头、侏罗纪角砾熔结凝灰岩露头、粗安岩、安山岩夹层、闪长岩似斑状结构
		典型酸性岩体	侵入岩	二长花岗岩、伟晶岩脉、前山景区花岗岩特征、八达岭花岗岩
	沉积岩相剖面	典型沉积岩相剖面	沉积岩	前寒武纪蓟县系铁岭组沉积层序、白云岩露头、中元古界长城系石英砂岩、上侏罗统土城子组底砾岩、雾迷山组白云岩、燧石团块、风暴岩、菊花状风暴岩、藻灰岩、底砾岩特征、溶洞角砾岩
地质构造大类	构造形迹	全球(巨型)构造	构造运动	燕山构造运动
		区域构造	不整合接触关系	土城子组与安山岩接触关系、雾迷山组与土城子组接触关系、底砾岩与土城子组二段接触关系、松山花岗岩体与前寒武纪石英砂岩侵蚀接触关系
			单斜构造	书剑峰(排子岭单斜)、雾迷山组近直立地层
			褶皱构造	六道河背斜、红石湾穹隆
			断层构造	盘云岭断层、派生断层、小型地堑构造

续表1

分类				地质遗迹
大类	类	亚类	小类	
地质构造大类	构造形迹	中小型构造	流动构造	侏罗纪角砾熔结凝灰岩中似流动构造、熔结角砾凝灰岩中似流动构造
			节理构造	X型构造节理、水上屏风、棋盘格式节理(玉皇阁)、一线天、节理断面、花岗岩中三组节理
			层理构造	平行层理、交错层理、水平层理
			层面构造	海相波痕
			暴露构造	泥裂
			同生变形构造	重荷模
地貌景观大类	岩石地貌景观	花岗岩地貌景观		古崖居全貌、花岗岩球形风化
		可熔岩地貌(喀斯特地貌)景观	地表岩溶	白河峡谷、三香峰、天生桥、岩溶地貌、月亮湾、白云岩表面溶蚀现象
			钙华	钙华
	流水地貌景观	流水侵蚀地貌景观		侵蚀地貌(三级夷平面)、乌龙峡谷地貌景观、白云岩表面溶蚀和差异风化现象、侧蚀凹槽
		流水堆积地貌景观		古溶洞堆积、溶洞角砾岩
	构造地貌景观	构造地貌景观		龙庆峡、远眺燕山山脉、小昆仑、花岗岩峡谷
水体景观大类	湖沼景观	湖泊景观		燕山天池、湿地景观(环湖路观察台)
	河流景观	风景河段		三河汇流处
环境地质构造遗迹景观大类	矿产遗迹景观	矿产遗迹景观		红石湾铂(钯)矿、石青硐彩(玉)石观赏点

2　地质遗迹定性评价

常用的定性评价体系有卢云亭采用的"三三六"评价法、黄辉实的"六字七标准""旅游资源评价法"和"吸引力""开发条件""效益"三项评价方案等(庞桂珍等,2006),但这些方法大多是针对旅游资源进行评价。而地质公园是由具有特殊科学意义、一定规模和分布范围的地质遗迹景观构成的(赵逊等,2009),因此对于地质遗迹的定性评价,应根据地质公园地质遗迹的特殊性,借鉴以上定性评价体系中地质遗迹资源的评价方法,进行地质公园地质遗迹评价。

2.1　科学价值

北京延庆地质公园内存在大量的古生物化石遗迹资源。在本次野外调查中首次发现的恐龙足迹化石(图版Ⅰ-A),极大地丰富了土城子组时期恐龙的种类,其中 *Deltapodus* 类型的恐龙足迹为中国首次发现(张建平等,2012)。这些稀有的足迹化石为分析晚侏罗世-早白垩世华北地区恐龙动物群的构成和习性有重要的科学价值,为承接热河动物群提供了绝好的演化样本。

燕山运动对中国大地构造的发展和地貌轮廓的奠定有着重要的意义,并以北京附近的燕山为标准地区而得名(图版Ⅰ-B)。在北京延庆地质公园内,保存有大量燕山运动时期形成的侵入岩和火山岩,并完好地展示了因燕山运动而使得中上元古界地层发生强烈槽皱、变形和断裂形成的相关地质遗迹,包括单斜构造(图版Ⅰ-C)、褶皱构造、沉积构造、断层构造等构造遗迹。这些地质遗迹为研究延庆地区以至北京地区的地质构造有着重要的科学研究价值。

千家店园区的硅化木,属于燕山运动中晚期侏罗系土城子组的木化石,是华北地区规模最大、保存完整的木化石林(图版Ⅰ-D),与首次发现的恐龙足迹位于同一层位。其中以苏格兰木(*Scotoxylon yanqingense* Zhang et Zheng)为代表,是苏格兰属(*Scotoxylon*)在中国的首次发现,它的发现对木化石的系统分类与命名具有很重要的意义(张武等,2000)。

龙庆峡为典型的北方碳酸盐岩岩溶地貌,以独特的深切峡谷为主。龙庆峡原为一条狭长山谷,由于燕山期形成的垂直节理十分发育,经过侵蚀作用、溶蚀作用和崩塌作用共同形成了秀美的喀斯特(岩溶)地貌(图版Ⅰ-E)。为北方岩溶地貌遗迹景观的研究提供了极好的场所。

延庆县境内的古崖居(图版Ⅰ-F)、莲花山(图版Ⅰ-G)、松山、玉渡山等地区,都有大量的花岗岩体出露。花岗岩由于石质坚硬、节理发育和具有球形风化等特点,易形成造型雄伟的奇峰峭壁和各种形态的怪石,是了解地表构造抬升、剥蚀过程的一把钥匙。

图版 I

A—覆盾甲龙类、鸟脚类和兽脚类足迹；B—燕山构造地貌；C—单斜；D—硅化木化石；
E—典型的北方岩溶地貌——龙庆峡；F—修建于燕山期花岗岩体中的古崖居；
G—莲花山花岗岩峰丛；H—修建于燕山期八达岭杂岩体上雄伟的八达岭长城

2.2　美学价值

　　有"燕山之魂"美誉的北京延庆地质公园，是燕山运动的典型代表；北京延庆地质公园内，山、泉、溪流、峡谷等自然景观资源丰富多样。有北京首次发现的恐龙足迹，为古老的北京城又增加了一层神秘的"面纱"；有华北地区规模最大的原生硅化木群，兼具奇石之秀、玉石之润、化石之美；有蜿蜒曲折的乌龙峡谷；有蔚为壮观的沉积波痕以及形态秀丽的白河峡谷和燕山天池；有"塞外小漓江"美称的龙庆峡，犹如一幅优美的山水画卷，既有南国山水的柔媚与婉约，又不失北方山水的雄健与阳刚。北京延庆地质公园向我们展示着大自然的秀丽景色，有着极高的美学价值。

2.3　旅游开发价值

　　园区内的旅游资源得天独厚，地质遗迹典型独特，是北京郊区重要的旅游目的地。北京延庆地质公园所保存的主要地质遗迹，具有独特性和稀有性，具有国际对比意义。燕山运动造就延庆地区多样的褶皱断裂山和大量小型断陷盆地，以及各种构造遗迹，吸引了众多探险好奇的游客。园区内首次发现的恐龙足迹和风光秀美的龙庆峡也将吸引众多的观光游客。同时，延庆县地处北京的西北部，有着区别于其他地质公园的独特地理位置，北京有着悠久的历史，荟萃了元、明、清以来的中华文化，有着众多的名胜古迹和人文景观，驰名中外的八达岭长城（图版Ⅰ-H）就修建于燕山运动晚期形成的八达岭杂岩体之上，使地质遗迹与历史文化完美地结合在一起。延庆地区也是京郊有名的避暑山庄，具有良好的生态环境和种类繁多的动植物资源。

　　北京延庆集美学、文化、历史价值于一体，并具有较高的地质科学研究价值，使北京延庆地质公园具有极高的旅游开发价值。

3　地质遗迹定量评价

3.1　评价指标体系

　　定量评价分为单项评价和综合评价两种（陈安泽等，1991）。因资源评价系统中存在复杂性、交互性以及不确定性等因素，本文选用综合评价方法，将层次分析法（AHP）和专家打分法等评价算法相结合，采用数据挖掘技术中的"维规约"方法，去掉地质遗迹中的不相关或弱相关或冗余属性，通过对数据的检测和清理，选取能体现地质遗迹特征的较高层次的评价因子，进行定量评价（许涛等，2011；张国庆等，2009；方世明等，2008；周孝华等，1999）。根据北京延庆地质公园地质遗迹特点，将公园内地质遗迹划分为地质遗迹价值、地质遗迹规模与组合和地质遗迹外部因素 3 个评价综合层，观赏价值、科学价值、文化价值、景点价值、地质遗迹地域组合、资源影响力和环境状况 7 个评价项目层，各评价项目层再按其表现特征不同，细分了 16 个因子（表 2）。

表 2　北京延庆地质公园地质遗迹评价指标、权重及因子含义

评价综合层	权重	评价项目层	权重	评价因子层	权重	因子含义
地质遗迹价值	0.587	观赏价值	0.155	稀有性	0.063	地质遗迹在国内外出现的概率
				奇特性	0.035	形态特征
				完整性	0.029	自然状态、保存状况
				愉悦度	0.028	艺术、造型的美观程度
		科学价值	0.294	科学研究	0.176	科学研究程度
				科普教育	0.118	科普教育程度
		文化价值	0.138	历史文化	0.054	景区历史文化价值
				宗教传说	0.084	宗教民俗价值
地质遗迹规模与组合	0.252	遗迹规模	0.126	遗迹面积	0.054	遗迹面积大小
				遗迹宏伟度	0.072	遗迹的数量或长、宽、高
		遗迹地域组合	0.126	多样性	0.081	园区内地质遗迹的丰富程度
				协调性	0.045	不同遗迹之间的配合程度
地质遗迹外部因素	0.161	资源影响力	0.102	社会认知度	0.056	社会对园区内地质遗迹的认知程度
				社会影响力	0.046	园区内地质遗迹对人们的影响程度
		环境状况	0.059	环境地质适宜性	0.035	园区内地质遗迹与周围环境的适应程度
				地质稳定性	0.024	地质遗迹的稳定状况

3.2　评价方法及评价模型

本文采用层次分析法进行评价指标体系中各评价因子权重系数的确定（彭和求，2011；龚明权等，2009）。层次分析法（AHP）是通过每位参加评价的人员对

从属于上一个层每个因素的同一层诸因素，采用成对比较法进行评价，给出相对重要性的定量指标，构造判断矩阵，直至最下层；然后，将每个判断矩阵计算权向量并做一致性检验；最后计算组合权向量并做组合一致性检验（程道品等，2001）。运用 AHP 法，得出北京延庆地质公园地质遗迹评价指标的权重如表 2 所示。

从表 2 中的评价项目层中可以看出科学价值所占的权重最高，为 0.294，是评价中最重要的因素。由于地质遗迹的价值不仅仅是遗迹本身的价值，所以表 2 中的观赏价值和文化价值也占了很大的权重；之后为遗迹规模、遗迹地域组合、资源影响力和环境状况。

在确定指标体系中各因子权重后，邀请专家对延庆地质公园内的主要地质遗迹进行打分。评分标准采用模糊数学百分制计分法（满分 100 分），每 15 分为一个极差，划分为Ⅰ：极好（100~85）、Ⅱ：很好（85~70）、Ⅲ：较好（70~55）、Ⅳ：一般（55~40）、Ⅴ：低（<40）共 5 个档次。每位评分专家依据评价因子相关的评价内容，进行打分，所得的每项分值通过比较之后，选取一个集中程度较高的分值来确定每个因子的模糊得分。将各因子得分乘以各自的权重，得出各因子的最终得分，把各因子的最终得分相加，计算出不同地质遗迹的总分。总分越高，地质遗迹价值越大，其公式为（武红梅等，2011；楼锦花，2008）：

$$F = \sum_{i=1}^{n} S_i \times W_i$$

式中：F 为地质遗迹单体或类型综合评价结果值；S_i 为第 i 个评价因子的模糊得分值；W_i 为第 i 个评价因子的权重值；n 为评价因子的数目。

3.3 评价结果

通过上述方法，依据表 3 对主要地质遗迹的综合评价结果值进行等级划分得出北京延庆地质公园主要地质遗迹综合评价一览表（表 4）。

从表 4 中可看出，在北京延庆地质公园的 21 个主要地质遗迹中，世界级地质遗迹共 2 处，占 9.52%，为恐龙足迹化石层面遗迹和燕山构造运动地貌遗迹，这两处地质遗迹的稀有性和奇特性是今后该地质公园发展的重点，也是打造北京延庆地质公园旅游品牌的出发点。国家级地质遗迹共 2 处，占 9.52%，为硅化木遗迹和龙庆峡地貌遗迹，说明这两处地质遗迹在园区内也是具有较高的品位的。世界级和国家级的地质遗迹对国际、国内都有极高吸引力，具备极好的发展国际和国内的旅游资源基础，又因北京延庆地质公园位于中华人民共和国的首都，其地质遗迹级别和地理位置在全国绝无仅有，必将带动延庆地质公园跨入世界级的巨型景点，形成一个超级旅游区。

省级地质遗迹共有 15 处占主要地质遗迹景观的 71.44%，从各评价综合层的得分上看，省级地质遗迹有着很好的资源质量，其不足之处在于地质遗迹价值和规模相对较小，可以通过小规模的投资提高其级别，同时随着延庆地区旅游业的兴起，这些方面也会得到改善。地方级地质遗迹占9.52%，共2处，为褶皱构造和燕山天池。这两处遗迹都有着很好的观赏价值，但因遗迹规模不大，而使其综合得分偏低，可相应地改善配套设施，进一步做出科学的开发计划。

表3 地质遗迹等级划分

等级	分数	综合评价
世界级	85～100	极高的遗迹价值，为世界级地质遗迹
国家级	75～84	很高的遗迹价值，为国家级地质遗迹
省级	65～74	较好的遗迹价值，为省级地质遗迹
地方级	<65	一般的遗迹价值，为地方级地质遗迹

表4 北京延庆地质公园主要地质遗迹综合评价结果一览表

主要地质遗迹		地质遗迹价值	地质遗迹规模与组合	地质遗迹外部因素	综合得分（F）	级别
古生物	硅化木	45.780	17.505	11.875	75.160	国家级
	恐龙足迹	50.825	20.880	13.620	83.325	世界级
地层剖面	高于庄组	39.230	15.120	10.250	64.600	省级
	雾迷山组	38.475	16.785	11.795	67.055	省级
	髫髻山组	38.802	16.650	10.130	65.582	省级
	土城子组	42.992	19.638	12.210	74.840	省级
岩体	沉积岩	43.405	19.890	11.435	74.730	省级
	火山岩	42.227	19.305	11.656	73.188	省级
	侵入岩	42.559	14.166	9.863	66.588	省级
构造形迹	不整合接触关系	43.601	19.170	11.580	74.351	省级
	褶皱构造	34.280	15.570	9.220	59.120	地方级
	单斜构造	37.894	17.955	10.990	66.839	省级
	沉积构造	41.468	20.520	11.220	73.208	省级
	断层构造	43.389	15.120	10.075	68.584	省级

续表4

主要地质遗迹		地质遗迹价值	地质遗迹规模与组合	地质遗迹外部因素	综合得分（F）	级别
地貌景观	燕山构造运动地貌	51.605	22.455	13.862	87.922	世界级
	龙庆峡地貌	48.420	21.366	13.390	83.176	国家级
	乌龙峡谷	42.895	16.020	10.786	69.701	省级
	燕山天池	36.470	15.390	10.745	62.605	地方级
	白河峡谷	43.045	18.513	12.075	73.633	省级
	花岗岩地貌	45.013	18.135	11.685	74.833	省级
	湿地地貌	39.255	15.345	10.920	65.520	省级

4 结论

本文针对北京延庆地质公园主要地质遗迹进行分类研究，选用定性评价和定量评价，进行北京延庆地质公园主要地质遗迹的评价。从定性评价分析中可看出，公园内的地质遗迹，具有极高的科学价值、美学价值和旅游开发价值。从定量评价的结果得出，北京延庆地质公园的主要地质遗迹大部分都在省级水平以上，地质遗迹价值较高，具有较大的旅游开发潜力。

通过两种评价方法的结合，可正确认识北京延庆地质公园地质遗迹的状况，确定地质遗迹规划的发展方向，对进一步提高地质遗迹的综合水平，认识地质遗迹中存在的问题具有一定的参考价值，使当地的地质遗迹能持续地发展。

古生物类地质公园地质遗迹资源定量分析
——以内蒙古宁城国家地质公园为例

郭婧　　田明中　　刘斯文

中国地质大学(北京)地球科学与资源学院,北京,100083

摘要: 目前,以古生物化石遗迹为主要保护对象的古生物类地质公园,国内已拥有20多座,该类地质公园由于资源的特殊性和稀有性使其具有极高的价值。与其他地貌景观为主要地质遗迹类型的地质公园相比,古生物类地质公园虽然缺少景观美,但是其自身的价值也吸引了广大的游客。对古生物类地质公园进行科学的资源评价,对该类地质公园的保护和开发具有重要的指导意义。内蒙古宁城国家地质公园以道虎沟古生物化石、热水温泉、第四纪冰川遗迹、花岗岩地貌和其他辅助类旅游资源等为主要地质遗迹类型,是国内典型的古生物类地质公园。以内蒙古宁城国家地质公园为例,采用多级模糊综合评价法,建立多层次模糊评价模型,对各种地质遗迹资源进行具体的计算,得出宁城国家地质公园地质遗迹资源的定量评价结果。从评价结果分析,该地地质遗迹资源可分为3个级别,并且依照该评价结果,可为宁城国家地质公园的保护、开发与建设提供参考依据。

关键词: 地质遗迹;多级模糊评价;古生物类地质公园;宁城国家地质公园

1996年,联合国教科文组织正式提出创建地质公园计划,地质公园作为地质遗迹保护与合理开发的最有效方式,在我国得到了迅速发展。2010年年底,我国已建立24个世界级地质公园。我国共有国家级地质公园182处,其中,第五批评审批准44座国家级地质公园已在建设阶段。古生物类地质公园有21座,占公园总数的11.5%。在迅速发展的过程中,地质遗迹资源评价是公园发展和保护的焦点。由于地质遗迹类型的不同,不能将所有地质公园都以一个评价模式评价,应根据实际情况,运用合理的评价指标和方法进行评价,本文主要以古生物类地质公园为依托进行资源评价。

古生物化石是地质形成并赋存于地层中的生物遗体和活动遗迹,包括植物、无脊椎动物、脊椎动物等化石及其遗迹化石。古生物化石是地球历史的见证,是地球生命演化史的一部分,是研究地球发展历史和生命演化过程中重要的科学依据。为了加强古生物类地质公园地质遗迹的保护和地质公园建设,科学合理的地质遗迹资源评价是十分必要的。

地质遗迹资源评价是对研究区内各种重要地质遗迹资源的数量与质量、结构

本文发表于《资源与产业》,2011,13(06):51-56。

与分布以及开发潜力等方面的评价，明确所规划的地域内各种地质遗迹资源地域组合特征、结构和空间配置状况，掌握各种地质遗迹资源，特别是重要地质遗迹资源的开发潜力，为制定人地协调发展与强化地域系统功能的国土规划和地质遗迹资源保护与合理开发规划提供全面的科学依据。本文选取内蒙古宁城国家地质公园为研究区域。

1 研究区概况

内蒙古宁城国家地质公园位于内蒙古自治区赤峰市，处于蒙、冀、辽三省交界地带，地理位置优越，交通便利(图1)。宁城国家地质公园特殊的地理位置、地质构造和气候环境条件，造就了该地区地质旅游资源类型多样，主要类型有古生物化石遗迹、热水温泉及第四纪冰川遗迹、花岗岩地貌景观和辽中京特色文化遗址等其他辅助类旅游资源(图2)。

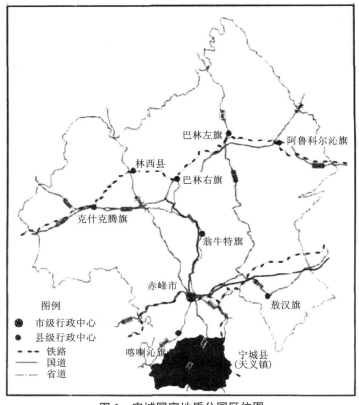

图1 宁城国家地质公园区位图
(本书收录此文时对原图审查后略有修改)

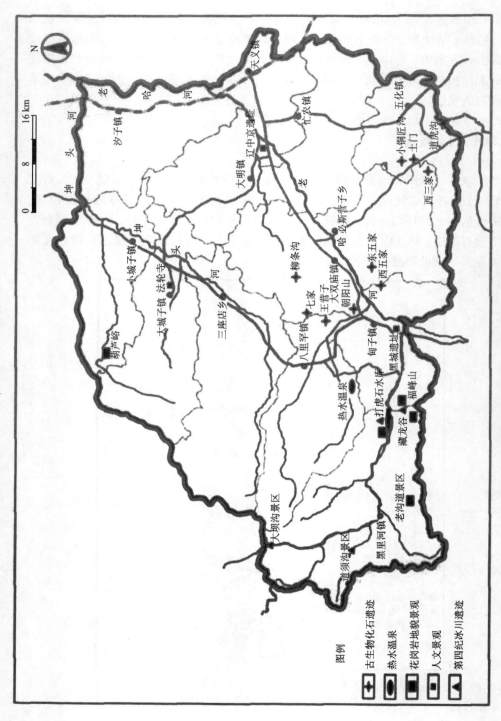

图2 宁城国家地质公园地质遗迹及其他景观分布图

（本书收录此文时对原图审图后略有修改）

图例

古生物化石遗迹

热水温泉

花岗岩地貌景观

人文景观

第四纪冰川遗迹

公园范围内广泛发育中生代地层，所产化石主要以中晚侏罗世哺乳动物为主，道虎沟生物群已经被古生物学家认可，并且是研究热河生物群和燕辽生物群的重要衔接生物群，开辟了哺乳动物研究的新纪元。分布范围广、数量大、种类多、代表性强、保存完整、科研价值极高是该区古生物化石遗迹的主要特点。到目前为止，该地区已发现20多个门类的古生物化石，尤其是季强等发现的獭形狸尾兽化石群、孟津等发现的远古翔兽化石、张弥曼等发现的孟氏中生鳗化石、高克勤等发现的天义初螈化石等，使古生物的研究特别是哺乳动物的研究取得了举世瞩目的成就。

2 评价模型——多级模糊综合评价法

目前，国内外对旅游资源的定量评价多采用层次分析法（AHP），本文采取模糊综合评价方法分析。模糊综合评价方法是运用模糊变换原理分析和评价模糊系统的方法，它是以模糊推理为主的定性和定量相结合，精确和非精确相统一的一种评价方法。这种方法通常用于资源与环境条件评价、生态评价、区域可持续发展等各个方面的评价。刘传华等根据模糊数学的评价方法，对我国西南、华中、华北、东南、东北这5个地区中最有典型意义的30个岩溶洞穴进行评价和划分等级；胡丽阳从影响区域旅游资源评价因素间相互作用的复杂性和不同旅游者感官的差异性出发，采用模糊数学评价方法，得出了三峡库区旅游资源等级质量综合评价结果；史文斌采用了模糊方法对旅游产业集群竞争力做出了合理的评价等。本文以综合考虑影响地质旅游资源的各种因素，运用模糊综合评价方法对宁城县地质旅游资源进行评价，为该地旅游资源的进一步开发与发展提供科学依据。

2.1 建立地质旅游资源评价因子体系和评语集

建立因子体系是对地质遗迹资源进行评价的前提和基础，本文主要参考保继刚、陈诗才的评价指标体系，并且结合宁城地质遗迹资源本身的特点来设立评价因子体系。宁城地质遗迹资源评价影响因素采用资源价值（包括辅助类景观价值）、地理环境条件、客源区域条件、社会经济条件4个因子。结合宁城县地质遗迹资源的实际情况，按照园区、景区和景点标准建立宁城地质遗迹资源开发的评价因子体系，并将这些因子按照隶属关系分为3级，见表1。

表 1　宁城地质遗迹资源综合评价指标体系集

指标	一级	二级	三级
地质遗迹资源综合评价指标体系	资源价值(A_1)	观赏价值(U_1)	美感度(u_{11})
			珍稀度(u_{12})
			丰富度(u_{13})
		科学价值(U_2)	科研度(u_{21})
			典型度(u_{22})
			奇特度(u_{23})
		文化价值(U_3)	保护度(u_{31})
			完好度(u_{32})
	地理环境条件(A_2)	空间容量(U_4)	—
		舒适性与安全性(U_5)	—
	客源区域条件(A_3)	客源地区位条件(U_6)	—
		区域人口与水平(U_7)	—
		与相邻旅游地关系(U_8)	—
	社会经济条件(A_4)	区域发展整体水平(U_9)	—
		交通设施条件(U_{10})	—
		物产物资供应条件(U_{11})	—
		开放意识与社会承受力(U_{12})	—

具体的指标集 $U = \{u_1, u_2, u_3, \cdots, u_n\}$，其中，$U = \{A_1, A_2, A_3, A_4\}$；$A_1 = \{U_1, U_2, U_3\}$；$A_2 = \{U_4, U_5\}$；$A_3 = \{U_6, U_7, U_8\}$；$A_4 = \{U_9, U_{10}, U_{11}, U_{12}\}$；$U_1 = \{u_{11}, u_{12}, u_{13}\}$；$U_2 = \{u_{21}, u_{22}, u_{23}\}$；$U_3 = \{u_{31}, u_{32}\}$。

具体的评语集 $V = \{v_1, v_2, v_3, v_4, v_5\} = \{$优异，良好，一般，较差，很差$\}$。

被评价的对象集 $X = \{x_1, x_2, \cdots, x_n\}$，其中 $x_1, x_2, \cdots, x_n$ 表示各个景点（区）。

2.2　评价因子权重子集的确定

采用主观判断法和专家征询法相结合来确定评价因子指标的权重系数。根据专家咨询意见，对 n 个指标中任意两个指标之间的重要性进行两两对比，给出比值 $\{i, j\} = \{1, 2, 3, \cdots, n\}$，得到判断矩阵。

$$E = \begin{pmatrix} e_{11} & \cdots & e_{1n} \\ \vdots & & \vdots \\ e_{n1} & \cdots & e_{nn} \end{pmatrix}$$

对矩阵的每一行元素 e_{ij} 相乘，再求 n 次方根，得一向量 $\boldsymbol{e} = (e_1, e_2, \cdots, e_n)^{\mathrm{T}}$，其中，$e_i = \left(\prod\limits_{j=1}^{n} e_{ij}\right)^{\frac{1}{n}}$ $(i = 1, 2, \cdots, n)$，$w_{ij} = e_i / \sum\limits_{i=1}^{n} e_i$ 作归一化处理，从而得到权重数集 $\boldsymbol{W} = (w_1, w_2, \cdots, w_n)^{\mathrm{T}}$，并且满足 $\sum\limits_{i=1}^{n} w_i = 1$ 得出各级因子权重如表2。

表2　各级因子权重表

W	W_i	W_{ij}	
$W = \{0.45, 0.18, 0.19, 0.18\}$	$W_1 = \{0.32, 0.42, 0.26\}$	$W_{11} = \{0.25, 0.45, 0.30\}$	
		$W_{12} = \{0.40, 0.30, 0.30\}$	
		$W_{13} = \{0.75, 0.25\}$	
	$W_2 = \{0.51, 0.49\}$	—	
	$W_3 = \{0.42, 0.28, 0.30\}$	—	
	$W_4 = \{0.30, 0.25, 0.25, 0.20\}$	—	

2.3　单因素综合评价

单因素综合评价如下式所示：

$$B_i = W_i \times E_i \quad (i = 1, 2, 3)$$

2.4　多因子评价得出评价结果

由 B_i 构成更高一级的矩阵 $\boldsymbol{E}$，最后求得综合评价结果 $\boldsymbol{B}$，即 $\boldsymbol{E} = \begin{pmatrix} W_1 & E_1 \\ W_2 & E_2 \end{pmatrix}$，$\boldsymbol{B} = \boldsymbol{W} \times \boldsymbol{E}$。

最后，计算综合评价值，$\boldsymbol{H} = \boldsymbol{B} \times \boldsymbol{V}^{\mathrm{T}}$。$\boldsymbol{H}$ 的大小反映了评价因子的优劣，从而为资源评估提供了科学依据。

3　评价结果

3.1　一级评价

主要对景点的观赏价值、科学价值和文化价值各单因子进行评价，一级评价的计算公式为：$B_{ij}^{(1)} = W_{ij}^{(1)} \times E_{ij}^{(1)}$。

另外，采用专家评分法确定指标因子的隶属度向量。表3为20位专家对古生物化石遗迹景观的科学价值评价。

表3　古生物化石遗迹景观的科学价值

科学价值	优异	良好	一般	较差	很差
科研度	20	0	0	0	0
典型度	15	5	0	0	0
奇特度	15	5	0	0	0

据此计算隶属度，

$$E_{12} = \begin{pmatrix} 1 & 0 & 0 & 0 & 0 \\ 0.75 & 0.25 & 0 & 0 & 0 \\ 0.75 & 0.25 & 0 & 0 & 0 \end{pmatrix}$$

$$B_{12} = W_{12} \times E_{12} = \{0.4, 0.3, 0.3\} \times E_{12} = \{0.85, 0.15, 0, 0, 0\}$$

即为古生物化石遗迹的科学价值评价结果。同理得到 E_{11}，E_{13} 的隶属度矩阵，计算出 B_{11}，B_{13} 的值。

3.2　二级评价

二级评价主要是对各景点资源价值、景区资源质量等因素进行综合评价。它是由一级模糊综合评价结果 B_{ij} 构造矩阵 $E_i^{(2)}$。对矩阵 $E_i^{(2)}$ 及评价因子权重子集 W_i，运用 $B_i = W_i \times E_i^{(2)}$，计算二级模糊综合评价结果。以古生物化石遗迹为例，根据上面 B_{11}、B_{12}、B_{13} 的评价结果，得出二级评价矩阵（资源价值），

$$B_1 = \begin{pmatrix} 0.85 & 0.15 & 0 & 0 & 0 \\ 0.7375 & 0.2 & 0.0625 & 0 & 0 \\ 0.75 & 0.25 & 0 & 0 & 0 \end{pmatrix} \times W_1$$

$$= \{0.77675, 0.197, 0.02625, 0, 0\}$$

依照此方法构造各隶属度矩阵，根据评价计算公式及权重，得出古生物 B_2，B_3，B_4 的评价值。特别要注意，古生物化石遗迹的资源价值评价指标体系分为三级，故计算强度略大，其他各地质旅游资源指标体系分为二级，但是方法如上所述。

3.3　三级评价

主要对景区旅游资源进行评价，主要有4个参数作为评价因子，即资源价值、

地理环境条件、客源区域条件和社会经济条件。计算公式为 $B = W \times E$，三级评价矩阵是由二级评价结果并列构成。本级评价还是以古生物化石遗迹为例，参照上面的结果列出构造矩阵，可得出古生物化石的三级评价值，其他各地质遗迹评价方法同。

$$B = \begin{pmatrix} 0.77675 & 0.197 & 0.02625 & 0 & 0 \\ 0.5 & 0.3775 & 0.1225 & 0 & 0 \\ 0.72 & 0.175 & 0.105 & 0 & 0 \\ 0.2375 & 0.375 & 0.325 & 0.0625 & 0 \end{pmatrix} \times W$$

$$= \{0.6190875, 0.25735, 0.1123125, 0.01125\}$$

并且根据三级评价结果数据，参照各项等级数值来划定评价结果，但是总体参照优异值，其具体为，大于 0.55 为一级景区，0.43 ~ 0.55 为二级景区，0.40 ~ 0.43 为三级景区，0.38 ~ 0.40 为四级景区，小于 0.38 不做评价。根据标准，古生物化石遗迹景区可评为一级景区。

3.4 宁城县地质遗迹资源的综合评价结果

地质遗迹资源定量评价结果（表4）表明，宁城古生物化石遗迹资源、热水温泉和其他辅助旅游资源为主的景区评分最高，为一级景区。这三处景区旅游资源价值和区位条件都极佳，古生物化石遗迹资源、热水温泉和其他辅助类旅游资源包括的辽文化遗产在全国范围内都极具代表性，他们资源组合条件好，经济、交通等方面条件优越。

表 4　宁城地区遗迹资源综合评价表

名称	等级	B_1	B_2	B_3	B_4	B	评价结果
古生物化石遗迹	优异	0.77675	0.5	0.72	0.2375	0.6190755	一级
	良好	0.197	0.3775	0.175	0.375	0.25735	
	一般	0.02625	0.1225	0.105	0.325	0.1123125	
	较差	0	0	0	0.0625	0.01125	
	差	0	0	0	0	0	
花岗岩地貌	优异	0.563	0.6325	0.325	0.1875	0.4627	二级
	良好	0.294	0.245	0.25	0.25	0.2689	
	一般	0.143	0.1225	0.425	0.5	0.25715	
	较差	0	0	0	0.0625	0.01125	
	差	0	0	0	0	0	

续表4

名称	等级	B_1	B_2	B_3	B_4	B	评价结果
热水温泉	优异	0.5690	0.7450	0.3950	0.5500	0.5642	一级
	良好	0.3015	0.2550	0.4300	0.4500	0.3443	
	一般	0.1295	0	0.1750	0	0.0915	
	较差	0	0	0	0	0	
	差	0	0	0	0	0	
第四纪冰川地貌	优异	0.42775	0.6325	0.3550	0.2375	0.4165	三级
	良好	0.3235	0.3675	0.3950	0.2500	0.3318	
	一般	0.24875	0	0.2500	0.3750	0.2269	
	较差	0	0	0	0.1375	0.0248	
	差	0	0	0	0	0	
其他	优异	0.5915	0.6275	0.5750	0.6750	0.6099	一级
	良好	0.2845	0.3725	0.3200	0.2500	0.3009	
	一般	0.1240	0	0.1050	0.0750	0.0892	
	较差	0	0	0	0	0	
	差	0	0	0	0	0	

花岗岩地貌景区花岗岩地貌资源丰富，形态多样，具有很高的科学价值，并且分布处林木茂盛，环境宜人，可发展成为集科普、生态旅游、休闲度假的旅游胜地，但由于分布多在山区，区位条件稍弱，被评为二级。

第四纪冰川地貌景观为主的景区被评价为三级景区。该地区第四纪冰川地貌典型多样，但是由于分布分散、基础设施等相对较不完善，被评为三级景区。该区域可以发展旅游观光、科普旅游等旅游活动。

4 结论

本文将宁城地质遗迹资源评价因素分为3个层次，对每个层次确定其评价因子，根据分别确定的权重，利用多级模糊综合评价法构造出若干矩阵求得评价结果。根据求得的数据评价分析，将宁城地质遗迹资源评价分为3个级别。

这表明，宁城国家地质公园部分园区和资源开发存在着一定的优势，但是有些珍贵的地质遗迹资源和市场条件存在着一定的差距。所以，在今后宁城国家地质公园的开发和建设中，管理当局要依托其明显的资源优势，对比较优异的景区和景点加强品牌建设，提高其旅游竞争力；对于优势不强的景区则需要加强、健全和完善旅游服务设施，均衡开发旅游资源和改善旅游景区交通可达性等因素，不断推进宁城旅游事业的发展。

河北承德丹霞地貌国家地质公园地质遗迹景观及其旅游地学意义

陈丽红[1,2]　张瑛[2]　武法东[1]　高国明[2]

1. 中国地质大学(北京)，北京，100083；

2. 石家庄经济学院，石家庄，050031

摘要：地质遗迹的保护和利用是地质公园建设与发展的核心。河北省承德丹霞地貌国家地质公园是以丹霞地貌景观为主，集地质构造、古生物、河流、热泉景观为一体的综合性地质公园。漫长的地质演化及承德盆地特殊的构造和自然地理位置使公园内地质遗迹类型多样，发育典型，多重要构造、地貌及地层记录。丹霞地貌是由中国学者提出来的一种独立地貌类型，公园内以承德砾岩为主要构景层的丹霞地貌演化阶段完整，露头规模较大，形态多样奇特，在我国北方罕见且较典型，在地学研究、科普教育方面有着重要科学内涵。公园的建立及园内丹霞地貌区特有小环境形成的沟谷效应为生态研究与保护提供了条件。同时，研究区内众多地质遗迹所形成的自然景观极具观赏与美学价值，对承德旅游开发与规划独具意义。

关键词：丹霞地貌，国家地质公园，地质遗迹；科学意义；承德

承德丹霞地貌国家地质公园 2011 年 11 月由国土资源部批准建立，景观以丹霞地貌为主，热河古生物群和清代皇家园林为辅，集自然、生态、人文于一体。地质公园位于河北省东北部燕山腹地，地理坐标为东经 117°45′~118°15′，北纬 40°51′~41°03′，总面积 48.76 km²，核心区面积 24.03 km²。公园范围主要覆盖河北省承德市的双滦区、双桥区及承德县、滦平县的部分区域，由磐锤峰、双塔山、鸡冠山三个园区组成，包括磐锤峰、夹墙沟、朝阳洞、唐家湾、双塔山、鸡冠山六个景区。

1 地质公园自然概况

1.1 自然地理条件

公园所在的河北省承德市地处暖温带向寒温带过渡地带，属半湿润半干旱区大陆性季风气候。年均气温 7.8℃，年均降水量 587.1 mm，年均风速 1.7 m/s，风力资源丰富。地形上位于内蒙古高原向华北平原的过渡区，以大马群山脉尾间的

本文发表于《地球学报》，2015，36(04)：500-506。

东猴顶山至塞罕坝延伸一线为界，全市分为坝上高原和冀北山地两大地貌单元。地质公园所处坝下山区属侵蚀构造山地，地形复杂，河流纵横，流水侵蚀强烈，地貌形态多变，景区主要由中山、低山及河流谷地等组成。

1.2 区域地质背景

1.2.1 地质发育简史

据中国大地构造单元划分，承德市地处华北地台北缘，属内蒙地轴和燕山褶断带。太古代地壳大幅度下沉，处于地槽发展阶段，接受了巨厚的铁镁质、砂质、粉砂质、泥质和泥砂质沉积，并伴有基性岩浆活动，遭受不同程度的变质和混合岩化作用。前震旦纪构造运动之后，进入准地台发展阶段。中元古代至古生代早二叠纪主要发育海相沉积盖层。之后，进入强烈活动阶段，发育陆相火山沉积盖层。侏罗纪—早白垩世由于燕山运动，本区构造剧烈变动，新生代以来平稳抬升（刘健，2006）。

1.2.2 地层与古生物

地质公园所在区域自太古宇至新生代地层出露较全，平泉—古北口断裂以北广泛出露太古宇片麻岩，以南主要是中、新元古界，古生界和中生界地层。太古宇包括遵化岩群、迁安岩群，主要分布在北部及西南部；元古界主要发育长城系的团山子组、大红峪组和高于庄组，广泛分布于平泉—古北口断裂以南；古生界寒武系、奥陶系地层主要分布在承德盆地与古北口盆地中间，与元古宇地层一起把两个盆地分割开来；中生界发育三叠系石千峰群、侏罗系门头沟群、后城群和白垩系热河群地层，几乎遍布承德盆地，公园内以中生界中、上侏罗统地层发育较好（图1）。

中生界侏罗系后城群地层包括九龙山组、髫髻山组和土城子组，为一套红色砾岩、砂岩、粉砂岩和泥岩夹中性为主的熔岩及火山碎屑岩，是构成公园丹霞地貌的地层基础。该套岩层均呈南北向带状分布，地层产状总体走向南北，倾角12°~45°。其中土城子组被称为"承德砾岩""热河红层"（赵佩心，1988）。

其地层多形成奇峰、怪石、陡崖等丹霞地貌，是地质公园最主要构景层（表1）。

白垩系热河群地层是一套陆相酸性火山碎屑岩系，以富含热河生物群化石为特征，主要产叶肢介：*Nestoria pissov*，*N. caraica*，*N. luanping ensis*；双壳类：*Fergano-concha yanshanensis*；植物：*Equisetites*，*Cladop hlebis sp*；鱼类：*Peipiaosteus Pani*；昆虫：*Epheneropsis trisetalis* 等（王恩恩，1999；河北省地质矿产局，1996）。

1.2.3 岩浆活动

地质公园区域内岩浆活动比较强烈，以侵入为主，主要发生于中生代燕山期。火山活动集中在元古宙和中生代，以中、晚侏罗世最为强烈。岩石类型包括超基性、基性、中性、酸性到碱性岩各类，产状多样。

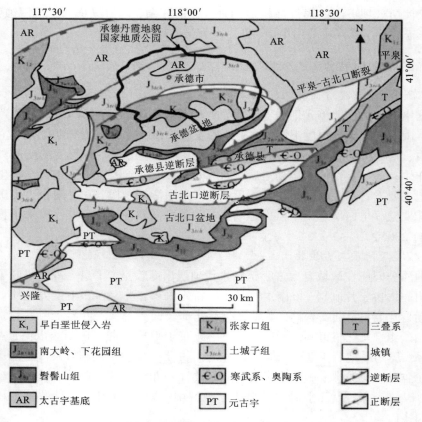

图1　承德地区地层与构造略图

（据渠洪杰等，2005修改，本书收录此文时对原图审查后略有修改）

表1　承德盆地丹霞地貌主要构景层及其特征

统	群	组	岩性特征	沉积相	成景类型
下白垩统	热河群	九佛堂组	灰绿色砂砾岩及含砾砂岩、灰褐色及紫红色砾岩	冲积扇、扇三角洲、滨浅湖	孤峰、缓丘、馒头山
		大北沟组	灰绿色块状粗安岩、杏仁状粗安岩，夹粗安质集块岩	火山	
		张家口组	灰绿色、灰紫、灰白色流纹岩夹粗安岩、粗面岩，凝灰质砂岩	火山	

续表1

统	群	组	岩性特征	沉积相	成景类型
上侏罗统	后城群	土城子组	紫红、灰紫色块状复成分砾岩、砂质砾岩、含砾砂岩、粉砂岩和泥岩	冲积扇、扇三角洲、滨浅湖	奇峰、怪石、陡崖
中侏罗统		髻髻山组	灰、深灰、灰紫色玄武粗安岩、粗面岩	火山	峻岭
		九龙山组	紫红色泥质粉砂岩、泥岩,灰白、灰紫和灰绿色流纹质凝灰岩	滨浅湖、火山	
下侏罗统	门头沟群	下花园组	黄褐、灰色砾岩、灰绿、灰黑色含砾粗砂岩、砂岩、黄褐、灰黑色泥岩、页岩、粉砂岩,含煤层	三角洲、湖沼	山岭、陡崖、孤峰
		南大岭组	土黄色厚层复成分砾岩、灰、暗灰色砂岩、泥岩,夹煤线,灰色、灰紫色粗安岩、安山岩、安山质凝灰岩	冲积扇、火山	

1.2.4 地质构造

承德丹霞地貌国家地质公园主要分布在滦平断陷盆地东部和承德断陷盆地的侏罗系白垩系地层分布区。区内构造形态以复式褶皱和断裂为主,构造线方向为 NE 和 NNE(图1)。控制本区盆地及地貌的主要为燕山期构造运动(河北省地质矿产局,1996)。盆地中堆积的巨厚粗碎屑物,在成岩过程中由于受到新华夏系构造活动的作用产生了两组垂直的共轭剪节理,它制约、引导着承德丹霞地貌的发展进程和形态特征。

2 地质公园的主要地质遗迹景观

地质遗迹资源类型是科学研究及旅游开发的重要资源基础。参考中国国土资源部下发的《国家地质公园规划编制技术要求》(国土资发〔2010〕89号)的分类方法,承德丹霞地貌地质公园地质遗迹类型丰富,主要包括地貌景观、水体景观、地层剖面和古生物遗迹4大类(表2)。

表2　承德丹霞地貌国家地质公园主要地质遗迹类型与景观

大类	类	亚类	主要景观
地貌景观	丹霞地貌	象形山石	磬锤峰、元宝山、鸡冠山、僧冠峰、骆驼峰、蛋糕山、椅子山、酒篓山、棺材山、蛤蟆石、母子岩、鸳鸯石、卧象石、猿人石、鳄鱼石、情侣石、猴石、野猪岭、帽盔石、罗汉山、杵峰倒立
		风化洞穴	朝阳洞、蛤蟆石洞穴、雕洞、望月洞、天桥双拱、滴水姻缘洞、仙草洞、夕照洞
		丹崖沟谷	半壁山、三道墙、天幕、西横山、天门、石屏山、搓板崖、雕沟、情人崖、夹沟墙、回音谷
	火山地貌	火山岩	气孔构造、厚层状安山岩
	构造地貌	断裂构造	双塔山、试剑石、飞来峰
		沉积构造	叠瓦构造、层理构造、波痕、雨痕、泥裂
	流水地貌	流水堆积	冲积扇相、曲流河相、辫状河相、心滩、决口扇河道沉积
地质剖面	地层剖面	区域性标准剖面	侏罗系—白垩系地层角度不整合
			上侏罗统—中、下侏罗统地层角度不整合
水体景观	河流景观	风景河段	武烈河市区段、热河
	泉水景观	温(热)泉	热河泉、头沟汤泉
古生物遗迹	古生物遗迹	古生物活动遗迹	恐龙足迹化石、热河生物群动植物化石

2.1　丹霞地貌景观

丹霞地貌由我国的陈国达、冯景兰两位院士提出,以赤壁丹山、峰林峡谷为特征,它颜色丹红,奇险秀美,高耸难攀,是我国最有特色的一种地貌类型(彭华等,2013)。其常形成于内陆拗陷或断陷盆地内的巨厚层红色砂岩和砾岩沉积岩,反映干热气候条件下的氧化陆相河湖沉积环境(李霞等,2013)。丹霞地貌区奇特的风景地貌往往具有很高的旅游开发价值,丹霞地貌是承德国家地质公园自然景观的主体与基础,其发育典型,造型丰富,类型齐全,风景优美,发育阶段保留完整,有"中国塞北丹霞地貌"之称。受构造运动、气候条件、岩石成分等影响,承德丹霞地貌以石峰、石堡、石墙、石柱等景观为主,象形山、石,穿山洞穴也很发育(表2)。

2.1.1 峡谷陡崖、石墙景观

"有陡崖的陆相红层地貌"是丹霞地貌的基本特征，公园中产状平缓的紫红色砾岩夹透镜状砂岩地层，由于新构造抬升运动，河谷深切，形成网状峡谷与两侧的陡壁景观，峡谷之间山岗上保留的平缓台面形成高台地貌。高台四周若为悬崖陡壁则称为城堡山，陡壁之间延伸较远的平缓山梁则为跑马梁，如东、西龙脊，野猪岭等。随着侵蚀作用进行，山谷之间的平缓台地继续发展则形成狭窄陡峭的夹沟墙。梓萝树村的沟头横排三堵南北向的岩墙，墙谷相间。第一道岩墙宽 1～10 m，高 80～100 m，长 566.69 m，墙上有 5 个自然形成的石窗，被称为"中国丹霞第一墙"。

2.1.2 奇峰、怪石景观

在风化、风蚀、崩塌的外力雕琢作用下，地质公园内形成了众多造型奇特的石峰，大多为单体出现。著名景点磬锤峰俗名"棒槌山"，古称"石挺"，由侏罗系土城子组紫红色巨厚层砾岩构成，为四条沟谷流水溯源侵蚀的中心。由于根部风蚀作用强烈，形成上粗下细的奇异景观，峰体下部直径 10.7 m，上部直径 15.04 m，柱高 38.29 m，若包括底部突起的基座在内，通高 59.42 m。双塔山是土城子组紫红色砂砾岩岩墙风化崩塌的结果，仅存山体为沿垂直节理风化剥落而成，海拔 488 m，南北两峰陡直并立，峰上各有一座四方砖塔。南峰略小，呈圆形，高约 30 m，直径 8 m，周长 34 m；北峰较大，上粗下细，呈倒圆锥状，高约 35 m，周长 74 m。区域内由于长期外力作用形成了众多象形山石，大多体态娇小，造型生动。蛤蟆石位于磬锤峰正南 1000 m 的山梁上，同为土城子组紫红色巨厚层砂砾岩的风化残余体，长约 20 m，高约 14 m，神似金蟾，昂首面南。

2.1.3 洞穴、石拱景观

公园内的红色砂砾岩夹泥岩、页岩，因为结构、构造与矿物的差异性，山体被侵蚀成石龛、岩槽、蜂窝穴、扁平洞、穿山洞等地貌景观，进一步风化侵蚀则发展为石桥、石拱。蛤蟆石底部的风蚀岩洞，高约 0.8 m，宽 3 m，纵深 12 m，南北贯通。朝阳洞是承德红色砂砾岩层中的空中巨型穿山岩洞，发育在陡崖上，海拔 720 m，洞长 65 m，宽 17 m。岩层大致水平，约三百万年以来，流水、风力对砾岩中钙质砂岩不断侵蚀、崩塌而成。与朝阳洞一沟之隔的天桥山，桥长 180 m，有"中国丹霞第一桥"之称。下有两个穿山洞，南拱跨长 5.8 m，高 2.8 m；北拱跨长 25.5 m，高 4.7 m，也称"天桥双拱"。

2.2 水体景观

公园内的水体景观以风景河段和热泉水为主，其他水景有唐家湾景区的天门湖、天龙潭等。

河流 武烈河古称武烈水，是滦河流域的一条支流。不仅河水清澈，风景秀丽，而且流域内发育了典型的丹霞地貌景观。热水溪由避暑山庄德汇门东侧流出，沿迎水坝向南汇入武烈河，全程仅 500 m，《大英百科全书》称其为世界最短的河流。溪流细小窄浅，清澈温热，冬无结冰，承德旧称"热河"得名于此。

热泉　武烈河上游多热水泉，其成因在于岩层古老、地层破碎。位于承德县头沟镇的汤泉水温高达 41~44℃，直径 1 m，涌水量 5 t/h，在清朝时就被开辟为皇家行宫。避暑山庄内的热河泉水温常年保持在 8℃，属花岗岩断裂上升泉，曾是火山喷发点，是研究构造运动与岩浆作用的理想地点。

2.3　地层剖面

公园内发育有两个区域性角度不整合面，即上侏罗统髫髻山组火山岩与中、下侏罗统角度不整合，下白垩统张家口组火山岩与上侏罗统土城子组角度不整合。其中白垩一侏罗系地层剖面出露于承德县孟家院乡一条北北西走向的沟谷中，剖面直线长约 1200 m，为一背斜构造。

2.4　古生物

"热河生物群"是近百年来国际古生物科学家对热河地域考察、研究并命名的一亿两千万年前的古生物化石带，河北承德地区也有广泛分布，化石丰富，保存完美。动物化石有双壳类、腹足类、叶肢介、介形虫、狼鳍鱼等，植物化石多为似木贼属(姬书安，2001)。鸡冠山盆地孟家院一带张家口组下部，火山岩夹层中的紫灰色凝灰质砂岩中成对出现鸡爪状恐龙脚印遗迹，印模直径为 8~10 cm，经鉴定为鸟脚亚目中的鹦鹉嘴龙。

3　地质公园的旅游地学意义

燕山地区位于古亚洲和太平洋两大全球性构造域的交叠部位，燕山运动是全球中生代构造演变的重大事件。承德地质公园所处承德盆地属于燕山褶断带构造走向由东西向到北东向转折的部位，是我国一个重要而具特殊构造演化历史的强变形带(赵越等，2004)。保存于公园内的地层沉积特征、生物化石、丹霞地貌都体现了对中生代以来构造运动的响应，从不同的角度指示了沉积时的条件。地质遗迹的保护和应用是地质公园可持续发展的核心，因此，公园地质现象及其演化过程是恢复古环境的重要依据，对地质地貌基础理论研究(朱志军等，2012)、区域旅游开发与规划、生态环境保护等方面都有不可替代的科学价值。

3.1　地质学意义

自从燕山运动的概念提出以来，中国东部中生代一直是学术界关注的焦点。

燕山运动塑造了承德红层丹霞地貌的雏形，承德丹霞地貌的形成阶段作为燕山运动的例证，代表了地球演化的一个重要阶段。承德盆地在燕山地区具代表性，为本区中生代发育最长久的一个陆相盆地，研究盆地的发生、发展和消亡，能确定燕山板内变形的形成过程。盆地内下侏罗统—下白垩统层序齐全，堆积总厚度达到 6600 m 以上，岩性、岩相复杂，生物丰富，是研究陆相侏罗系—白垩系地层的理想地区。其中髫髻山组火山岩代表了燕山期大规模火山喷发的开始（刘健，2006），土城子组主要发育一套冲积体系的粗碎屑沉积物，可作为重要标志层进行区域地层对比（贾建称等，2003）。组内沉积相分布明显，分析其盆地沉积特征、物源对于探讨盆地周缘构造作用对盆地充填过程的响应关系以及恢复原型盆地格架具有重要的意义（渠洪杰等，2005）。

承德—平泉地区是燕山褶断带中构造最为复杂的区段之一（张长厚等，2004），不同学者对本区中生代主要推覆构造认识不同，对这些断裂构造变形的时代、构造指向、发展特征和不同期次逆冲作用的构造叠加关系等研究直接影响到对承德地区的构造演化、构造特征的认识，对侏罗纪构造变革与燕山运动的诠释，在我国甚至在东亚地区具有特殊的地质意义。

冀北、辽西地区是热河动物群的发源地，其早期鸟类、带毛恐龙、原始哺乳动物和早期被子植物的发现为 20 世纪古生物学界最重大发现之一。大北沟组、九佛堂组陆相沉积地层中保存的晚侏罗世—早白垩世动植物化石，数量丰富，动、植物各门类齐全，层位清楚，演化特征明显，是研究中生代生物群落的理想地区，涉及现代生物界许多重要生物门类的起源和早期演化问题。

3.2 地貌学意义

由于公园所处的特殊大地构造和自然地理位置，发育了独具特色的丹霞地貌。其主要成景层承德砾岩为河卵石与角砾混杂，胶结物为铁质和泥砂质，夹有钙质胶结的砂岩透镜体。承德砾岩为中侏罗世陆相洪积扇堆积物，后经过喜马拉雅构造运动，被抬升成为低山丘陵区。新生代以来经水、风等外营力的作用，垂直和横向雕塑发育，所形成丹霞地貌具备鲜明的独特性，与南方丹霞地貌相比，在景观特征、物质成分、发育阶段和形成时代与原因上均有所不同（张瑁等，2011；赵汀等，2014），是中国丹霞地貌的一个重要组成部分和类型。中国是世界上丹霞地貌分布最广、数量最多的国家（欧阳杰等，2011；Zhu, et al., 2010），国内丹霞地貌研究以南方为多，承德丹霞地貌作为北方丹霞地貌的典型代表，具有重要的科学意义和全球对比意义。

承德盆地丹霞地貌发育演化已进入第三阶段的末期，从平台跑马梁、丹崖赤壁、山梁岩墙、夹墙沟、断墙残壁、孤峰棒槌到风化残余基石，各个演化阶段的地貌类型均可见到（张瑁等，2011），可以充分发挥其研究的地学价值，成为丹霞地貌研究及科普教育与教学实习基地。

3.3 旅游学意义

地质公园内丹霞地貌以其鲜明的红色和奇特的造型具有很高的旅游观赏和美学价值(周学军,2003),奇峰、怪石、陡崖、洞穴、热泉等地貌奇观既有北国的雄浑,又有南国的秀丽。园内的磬锤峰、天桥山、朝阳洞、夹墙沟、热河等一流景观(图版Ⅰ),与闻名世界的避暑山庄、外八庙皇家建筑组群,以及当地满蒙风情的民俗文化等人文景观相互映衬,实现了自然美景、建筑与园林艺术、佛教文化的完美融合,共同造就了承德得天独厚的旅游资源优势。承德素有"紫塞明珠"之称,为首批24个国家历史文化名城之一,1994年又入选世界文化名城。深入开发和挖掘丹霞地貌的造景功能,以森林、草原地貌景观为背景,以历史文化为灵魂,以皇家园林为载体,承德这座塞外古城的旅游价值有待于更深层次开发。

3.4 生态学意义

燕山运动引发的生态环境改变可能导致燕辽生物群灭绝和热河生物群的更替(董树文等,2007),可为探讨地球陆相生态系统的演变提供重要例证。公园所属区域水资源短缺,多裸地、荒山等难以利用的土地类型,崩塌、滑坡等地质灾害多见,属于生态环境脆弱和敏感地带。承德丹霞地貌的演化已进入第三阶段的末期(消亡期),是生态保护的重要景观。而地质公园的建立与开发可以保护地质遗迹,恢复地质生态环境。此外,公园内丹霞地貌形成的深沟峡谷中水、热等生态因子与其他开阔地带不同,存在复杂多变的小环境和生态灶,这种特殊的丹霞地貌沟谷效应会影响植物物种的分布范围和演替顶级群落类型,对于生态学研究提供了自然条件(吴瑾等,2008;Hou et al.,2008)。

河北承德丹霞地貌国家地质公园处于燕山运动研究的典型盆地,地质背景复杂。在漫长的地质演化中形成了众多高品位的地质遗迹景观,其中以丹霞地貌景观为最,并且发育完整、现存真实、特征典型,是研究中生代构造运动、盆地发育演化、华北丹霞地貌及其形成机制与过程、外动力地质作用、生态研究与保护的最佳场所,对地学研究及旅游开发意义重大。

图版 I

A—蛤蟆石；B—丹霞第一墙；C—磬锤峰；D—夹墙沟；E—双塔山；
F—鸡冠山上的恐龙足迹化石；G—酒菱山；H—天桥山

河北迁安—迁西国家地质公园地质遗迹资源类型划分及评价

武红梅　武法东

中国地质大学(北京)地球科学与资源学院，北京，100083

摘要：迁安—迁西国家地质公园拥有古老地层、峡谷、溶洞、断层、褶皱等丰富的地质遗迹资源，其中以古老地层剖面为其主体内容。本文是在地质遗迹资源调查研究的基础上将该公园地质遗迹类型划分为地层学遗迹、地貌类遗迹、构造地质遗迹和古生物化石遗迹4大类。然后以地质遗迹资源单体或类型为评价对象，运用层次分析法(AHP)，对地质遗迹资源自身价值要素进行定量评价，得出迁安—迁西国家地质公园内的主要地质遗迹资源达到世界级1处，国家级10处，省级15处，地方级17处。该评价结果是深入分析迁安迁西国家地质公园内地质遗迹资源状况的基础，对公园地质遗迹的保护、开发利用和规划管理等工作具有一定的参考价值。

关键词：国家地质公园；地质遗迹；资源类型；资源评价；层次分析法

迁安—迁西国家地质公园位于河北省东北部，唐山市境内。地理位置为东经118°11′04″~118°38′22″，北纬39°57′47″~40°26′01″。由迁安、迁西两个园区，共6个景区构成，总面积55.21 km²。它是一个以优美自然风光为依托，以古老地层剖面为主体，蕴含丰富的地质地貌遗迹、构造地质遗迹、古生物化石遗迹等地质遗迹资源和人文旅游资源的国家级地质公园。

1　区域地质背景

1.1　地层与岩石

公园所在区域内出露的地层较为完整，自太古界至新生界均有分布(图1)。主要地层有：太古宇迁西群，被公认为华北地区乃至中国最古老的地层(兰玉琦等，1990)，主要岩性是中、高级变质的强烈混合岩化的片麻岩、斜长角闪岩及辉石麻粒岩；元古宇包括长城系、蓟县系和青白口系，岩性以粗碎屑岩、砂泥岩和碳酸盐岩为主；古生界主要出露的是奥陶系，主要岩性是一套富含三叶虫化石的

本文发表于《地球学报》，2011，32(05)：632-640。

浅海沉积环境形成的碳酸盐岩沉积；中生界主要是侏罗系的髫髻山组和后城组，属于复杂的陆相火山—沉积岩系，主要由陆源碎屑岩及中酸性火山岩夹煤层及油页岩组成，含丰富的动物化石；新生界仅发育第四系，是一套河流湖泊相的灰绿、酱紫色泥质粉砂及黏土层、砂砾石透镜体，生物化石丰富。

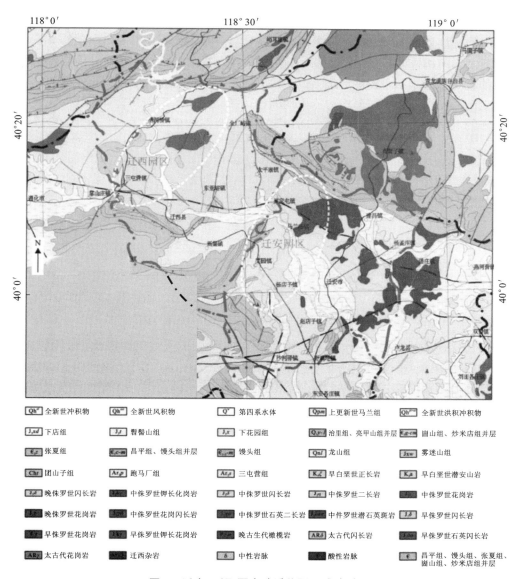

图1 迁安–迁西国家地质公园区域地质图

（本书收录此文时对原图审查后略有修改）

1.2　地质构造

地质公园在大地构造位置上处于阴山纬向构造带东段与东亚新华夏构造体系的隆起与沉降带的复合地段，构造甚为复杂。经历了吕梁运动、蓟县运动、加里东运动、燕山运动、喜马拉雅运动等构造运动的多次叠加形变，形成了断层、褶皱及不整合等复杂的构造地质遗迹。

区域的构造形迹可以分属于两个构造体系，即纬向构造体系和新华夏系构造体系。纬向构造体系是一个活动时间最长、展布范围最广、具有基础构造骨架性质的重要构造体系。构造形迹为近东西向展布，分布在北部地区，此外南部亦有零星东西向褶皱和断层分布。燕山期的构造活动强化了纬向构造体系，使长城纪以来的沉积层形成了壮观的东西向褶皱。新华夏系构造体系是一套南北向或北东向展布的压扭性断裂带，分布在区域的中部和东部地区。断裂规模一般较大，结构面上有多次活动性质，构造线方向变化较大。

1.3　岩浆活动

区内岩浆岩十分发育，太古代、晚古生代、中生代和新生代都有岩浆活动，但以中生代和新生代最为发育。主要的岩性为中酸性的安山岩、流纹岩，分布在东部及北部地区。

2　地质遗迹类型

地质遗迹资源类型是地学科学研究及旅游开发的重要的资源基础（唐勇等，2010）。但是，目前尚未存在一个统一的地质遗迹的分类方案（郭建强，2005）。为使该公园地质遗迹类型划分更加合理，作者结合实际情况，根据公园内地质遗迹资源的成因、现存状况、形态、特性等（余菌，2006；方世明等，2010；田毓仁等，2010），并参考了赵逊、赵汀的地质遗迹类型分类方案（赵逊等，2003；赵汀等，2009），将迁安—迁西国家地质公园的地质遗迹资源划分为4大类：地层学遗迹、地貌类遗迹、构造地质遗迹和古生物化石遗迹。

2.1　地层学遗迹

2.1.1　迁西群标准地层剖面

公园内出露的太古宇迁西群标准地层剖面，以含辉石为特点，主要由各种麻粒岩、片麻岩和斜长角闪岩组成（图版Ⅰ-1）。它不仅是中国最古老的陆核，也是世界上仅有的6处最古老陆核之一。据伍家善、刘敦一等（1991）测年资料，该地层年龄值为3650~3720 Ma。迁西群的重要组成单位上川组和三屯营组的建组剖面均位于公园内,可用于地层的划分和对比。

2.1.2　长城系地层剖面

公园内长城系地层极为发育,出露有常州沟组、串岭沟组、团山子组、大红峪组和高于庄组地层。常州沟组以粗碎屑岩为主,发育大型交错层理,在迁安园区内构成了峰林地貌,并发育有峡谷(图版Ⅰ-3、Ⅰ-4)。

2.1.3　奥陶系地层剖面

地质公园附近发育有完整的奥陶系地层剖面,其中主要发育于早奥陶世的冶里组。该区奥陶系地层的沉积层序代表了中朝地台奥陶纪的总体沉积特征,是华北地区乃至中国和国际上奥陶纪地层划分和对比的唯一标准。

2.1.4　第四系迁安组标准地层剖面

公园内,迁安组分布面积较大,连续性较好,它的发育层位与马兰组中段层位相当,是以河流湖泊相为主的地层。该地层剖面的命名地是公园迁安园区所在地,它是华北地区典型的对比剖面之一。

2.2　地貌类遗迹

公园内的地质地貌遗迹主要有分布于挂云山景区的石河、石海、峰林、常州沟组砾岩滚石、云山峡谷、塔寺峪峡谷,山叶口景区的大型构造节理作用形成的砾岩滚石群,红峪口景区的溶洞,青山关景区的八面峰,景忠山景区的峡谷、洞穴等。其中,挂云山景区的塔寺峪峡谷是构造运动和河流侵蚀共同作用的结果,它现处于发育的中期,生态环境良好;红峪口景区的溶洞是发育在下元古界长城系高于庄组的碳酸盐岩地层中,洞内石笋、石钟乳、石柱等发育较好,且有含金石英脉(图版Ⅰ-5)。

2.3　构造地质遗迹

公园内地质构造复杂,保留有各种构造遗迹。其中,挂云山景区有长城系常州沟组与迁西群三屯营组地层的角度不整合,喜峰口景区有长城系砂岩与太古界片麻岩的不整合接触(图版Ⅰ-6)。公园内发育有各种规模的断层、褶皱及构造节理,如喜峰口景区的断层、大型的槽皱及倒转褶皱地质遗迹,红峪口景区连续的小型褶皱、小断层及红山谷山庄白云岩中密集的大型节理,挂云山景区的巨型滚石上发育平整的剪切面,云山峡谷中节理组及伴生断层(图版Ⅰ-7)。

除此之外,公园内还发育有大型交错层理、波痕等沉积构造地质遗迹。如挂云山景区内发育在长城系常州沟组中的交错层理和山叶口景区的褐红色粗砂岩中交错层理;青山关景区的板状交错层理。

2.4 古生物化石遗迹

迁安园区内有许多古生物化石，其中最有代表性的古剑齿象化石是国内保存较完整三具古剑齿象化石之一，是研究该区域古地理环境变化的重要证据（图版Ⅰ-2）。另外，迁安组中所包含两种生物组合，分别代表了早期温暖、晚期寒冷两种气候环境，也可用于研究该区域自然环境的演化。

3 地质遗迹资源评价

地质遗迹资源评价是地质公园规划建设的理论依据，是提高地质遗迹资源开发利用科学性，避免地质遗迹保护规划建设盲目性的重要手段（李烈荣 等，2002）。地质遗迹资源评价的科学性和合理性直接影响着地质公园的建设和长远发展（董婷婷等，2011；肖景义等，2011）。但是，目前一些对地质遗迹资源评价的研究存在一个误区，就是将地质遗迹资源评价与地质遗迹资源开发评价混淆在一起，将地质遗迹资源附生环境和开发条件要素列为评价因子。实际上，这两种评价的对象是不同的，地质遗迹资源评价是针对地质遗迹资源单体或其基本类型性状的评价，包括它的资源要素价值、资源影响力等的评价。而地质遗迹资源开发评价则是对若干地质遗迹资源单体或基本类型所在的公园开发前景的评价，包括地质遗迹资源系统，公园的服务、设施、管理，市场效益等的评价（尹泽生，2006）。

本文主要是以地质遗迹资源单体或类型为评价对象，对地质遗迹资源自身价值要素进行评价。

3.1 评价方法

地质遗迹资源评价方法有定性和定量两种。定性评价是研究者的主观判断，其评价结果受研究者主观因素的影响较大。而定量评价是采用数量化的模型或方法对评价对象的主要因子进行数量化的分析与预测，其评价结果是客观的数据指标。现常用的定量评价方法有层次分析法（AHP）、模糊综合评价法、主成分分析法。本文采用的是目前国内外定量评价中采用最多的一种方法——层次分析法（AHP）（陈安泽等，1991；程道品等，2001）。层次分析法又简称为 AHP 法，它的基本思路是先按问题要求建立起一个递阶层次的模型树，再由专家和决策者对所列指标通过两两比较重要程度而逐层进行判断评分，确定评价因子的权重，进而利用计算判断矩阵的特征向量确定下层指标对上层指标的贡献程度，以确定相关因素对上层因素的相对重要序列。

3.1.1 评价指标

评价指标的选择是评价体系中重要的一环，评价指标的合理与否关系着评价结果的好坏。地质遗迹资源评价要选取能充分体现地质遗迹重要性的指标因素。

地质遗迹资源的价值表现为多方面，如科学价值、美学价值、科普教育价值、旅游开发价值等。此外，还表现在地质遗迹资源的珍稀与奇特程度、脆弱性、规模、丰度、完整程度上，它们都是描述地质遗迹资源价值不能忽略的因素，可将这些价值转化为量化的评价因子。外界对地质遗迹资源的认知程度和其社会影响力也是体现其价值的重要内容。生态、地质环境状况，可以作为评价地质遗迹资源的辅助因子(陈英玉等，2009)。

由于地质遗迹资源不同于其他的旅游资源，它的开发要以保护为前提，重点是保护，开发为其次。所以综合考虑地质遗迹资源自身特点，并结合前人的研究成果(方世明等，2008；杨剑等，2008；张国庆等，2009；龚明权等，2009)，将地质遗迹资源评价综合层定为资源要素价值、资源外部因素；评价综合层次下的评价项目层定为资源价值、资源特性、资源影响力、环境要素；评价项目层下再按不同特性细化为 13 个评价因子：科学研究价值、科普教育价值、旅游开发价值、美学价值、稀有性与奇特性、脆弱性、规模、丰度、完整；社会认知度、社会影响力、生态环境、地质环境。地质遗迹资源评价指标体系详见表 1。其中，由于脆弱性是地质遗迹资源评价的负向影响因子，所以在评价的过程中对其权重取负值。

3.1.2 指标权重

邀请地质、旅游、环境、国土等方面的专家 30 人，深入了解迁安—迁西国家地质公园资源情况后，对评价体系中同一层次的因素相对于上一层次的因素相对重要性给出判断值(1，3，5，7，9)，然后根据这些判断值构造出判断矩阵，运用层次分析法软件 Yaahp，求出各因素的权重值(表 1)。

3.1.3 评价模型

对迁安—迁西国家地质公园的地质遗迹资源的资源要素价值、资源影响力、环境要素三个方面进行综合定量评价。其评价模型(余珍风等，2009；李翠林等，2011)为

$$X = \sum_{i=1}^{n} a_i w_i$$

式中：X 为地质遗迹资源单体或类型综合评价结果值；a_i 为第 i 个评价因子的权重；w_i 为第 i 个评价因子的评价值；n 为评价因子的数目。专家对地质遗迹资源单体或类型的各评价因子进行打分，满分为 100 分，然后根据评价模型计算出地质遗迹资源所有评价因子综合得分值。

依据地质遗迹资源评价因子总分，将其分为四个等级，从高级到低级为：世

界级地质遗迹资源(得分值大于 90 分)、国家级地质遗迹资源(得分值: 80～90 分)、省级地质遗迹资源(得分值: 70～79 分)、地方级地质遗迹资源(得分值: 60～69 分)。

表 1　地质遗迹资源评价指标

评价综合层	权重	评价项目层	权重	评价因子层	权重
资源要素价值	0.72	资源价值	0.43	科学研究价值	0.14
				科普教育价值	0.12
				旅游开发价值	0.09
				美学价值	0.08
		资源特性	0.29	稀有性与奇特性	0.10
				脆弱性	−0.04
				规模	0.08
				丰度	0.07
				完整程度	0.08
资源外部因素	0.28	资源影响力	0.15	社会认知度	0.08
				社会影响力	0.07
		环境要素	0.13	生态环境	0.06
				地质环境	0.07

3.2　评价过程及评价结果

　　根据陈安泽(2003)对地质地貌景观资源综合分类,将本文地质遗迹资源定位在亚类级别上进行评价,依据上述确立的评价方法、评分指标及评价模型,借鉴已有的国家地质公园定量评价表、地质遗迹资源评价专家咨询表(薛滨瑞等, 2011),进行专家打分,然后对各位专家给出的分值统计计算后,得出迁安—迁西国家地质公园主要地质遗迹资源等级(表2)。从表中可以看出迁安—迁西国家地质公园主要地质遗迹资源世界级 1 处,国家级 10 处,省级 15 处,地方级 17 处。

表 2　迁安—迁西国家地质公园主要地质遗迹资源评价结果

编号	主要地质遗迹资源	地质遗迹类型	评价因子综合得分	级别
1	迁西群标准剖面	地层类	93	世界级
2	奥陶系剖面	地层类	86.2	国家级
3	长城系剖面	地层类	81.5	国家级
4	第四系迁安组标准剖面	地层类	78.1	省级
5	上川组建组剖面	地层类	85.5	国家级
6	三屯营组建组剖面	地层类	86.0	国家级
7	常州沟组剖面	地层类	77.4	省级
8	红峪口雾迷山组剖面	地层类	81.1	国家级
9	山叶口砾岩滚石群	山石景观类	79.3	省级
10	挂云山石海、石河	山石景观类	65.8	地方级
11	挂云山常州沟组滚石	山石景观类	78.9	省级
12	挂云山山峰	山石景观类	78.6	省级
13	喜峰口长城系砂岩	山石景观类	75.7	省级
14	景忠山象形石(棒槌岩)	山石景观类	64.2	地方级
15	景忠山象形石(鸽子窝)	山石景观类	64.0	地方级
16	青山关八面峰	山石景观类	71.5	省级
17	山叶口千尺瀑	水景类	63.6	地方级
18	挂云山瀑布	水景类	61.2	地方级
19	挂云山玉女潭	水景类	63.5	地方级
20	挂云山塔寺峪峡谷	峡谷类	77.9	省级
21	挂云山云山峡谷	峡谷类	78.6	省级
22	景忠山鹰师谷	峡谷类	66.3	地方级
23	景忠山一线天	峡谷类	64.0	地方级
24	红峪口褶皱、断层	构造类	77.5	省级
25	红峪山庄大型节理	构造类	75.8	省级
26	山叶口板状交错层理	构造类	76.0	省级
27	挂云山大型交错层理	构造类	77.4	省级
28	挂云山不整合接触	构造类	86.5	国家级
29	挂云山剪节理	构造类	65.1	地方级

续表2

编号	主要地质遗迹资源	地质遗迹类型	评价因子综合得分	级别
30	喜峰口不整合接触	构造类	85.0	国家级
31	喜峰口褶皱、断层	构造类	83.4	国家级
32	喜峰口波痕	构造类	69.7	地方级
33	景忠山交错层理	构造类	63.0	地方级
34	景忠山节理、断层	构造类	68.7	地方级
35	青山关板状交错层理	构造类	71.2	省级
36	红峪口溶洞	洞穴类	75.5	省级
37	挂云山仙人洞	洞穴类	63.5	地方级
38	挂云山滴水穿音洞	洞穴类	62.8	地方级
39	景忠山知止洞	洞穴类	63.2	地方级
40	景忠山狐仙洞	洞穴类	64.0	地方级
41	景忠山三清洞	洞穴类	62.6	地方级
42	古菱齿象化石	古生物遗迹类	87.1	国家级
43	迁安组生物化石	古生物遗迹类	84.7	国家级

4 结论

本文通过对区域地质背景、地质遗迹资源特征及成因等的一系列研究，并结合前人的地质遗迹类型划分方案，将迁安—迁西国家地质公园地质遗迹类型划分为四大类：地层学遗迹、地质地貌类型地质遗迹、构造地质遗迹和古生物化石遗迹。通过运用层次分析法，对公园内主要地质遗迹资源进行定量化评价，确定出了公园内主要地质遗迹资源级别：迁西群标准地层剖面为世界级；奥陶系地层剖面、长城系剖面、上川组建组剖面、三屯营组建组剖面、雾迷山组地层剖面、挂云山不整合接触、喜峰口景区的不整合接触、断层构造地质遗迹，古菱齿象化石、迁安组内生物化石等为国家级；长城系地层剖面、第四系迁安组地层剖面、节理、断层、接触不整合、峡谷、山峰、溶洞、砾岩滚石等为省级；洞穴类、水景类等为地方级。该定量化评价结果是正确认识迁安—迁西国家地质公园地质遗迹资源的状况，确定公园地质遗迹资源保护和开发模式的基础，它对公园地质遗迹资源的保护、开发以及公园的规划和管理工作具有一定的参考价值(图版Ⅰ)。

图版 I

1—华北最古老的地层——迁西群；2—迁安组的古剑齿象化石；3—长城系底部砾岩特征；4—长城系砂岩特征；5—石灰岩溶洞景观；6—太古宇与中元古界的角度不整合接触；7—褶皱；8—明长城

克什克腾世界地质公园青山花岗岩臼的特征及成因研究

孙洪艳　　田明中　　武法东

中国地质大学(北京)地球科学与资源学院, 北京, 100083

摘要: 内蒙古自治区克什克腾世界地质公园的花岗岩臼自发现以来, 曾有过学者从冰川论(冰臼论)和风蚀论(壶穴论)的角度分别对其成因进行过研究。笔者等通过详细调查, 将该地区的这种肚大口小、内壁具平行波状纹的花岗岩臼按其发育程度分为5类: 萌芽型、初具外形型、发育中期型、成熟型和衰亡型。根据发育程度, 结合岩石特征、构造条件、气候、地理位置等综合分析, 认为该地区的花岗岩臼的形成经历了从萌芽→初具外形→发育中期→成熟→衰亡5个阶段, 且北方高寒地区的花岗岩臼发育都受上述综合因素影响。花岗岩自身是一种易风化的岩石, 在有水的条件下, 特殊气候环境的差异风化作用促使花岗岩臼的萌芽, 萌芽态的花岗岩臼在水、冻融作用、风蚀作用参与的差异风化下进一步发展, 从初具外形到中期基本成型, 风蚀作用、冻融作用等物理风化是促使其进一步发展到完全成熟型的主要营力。

关键词: 花岗岩臼; 冰臼; 差异风化; 世界地质公园; 克什克腾

克什克腾世界地质公园始建于1998年, 分别于1999年和2000年建成赤峰市地质公园和内蒙古自治区地质公园。2001年, 经中国国土资源部批准为国家地质公园。2005年通过联合国教科文组织的评审, 批准成为全球33家世界地质公园之一。

在克什克腾世界地质公园青山园区的青山顶面上, 发育有一种奇特的花岗岩地貌——花岗岩岩臼(图版Ⅰ-1)。花岗岩岩臼形状如缸、如碗、如匙(图版Ⅰ-2)、如鼓、如盘、如杯、如桶。岩臼口宽一般长径为1.0~3.5 m, 深0.3~1.0 m, 向低的部位多有出水口, 但无进水口。最大的岩臼长10.3 m, 宽6.5 m, 深达3.5 m, 是一个连体岩臼, 长有白桦树和灌丛。岩臼内部的壁大部分陡而光滑, 常见有平行波状纹凸起, 底部微凹, 下凹方向不定。岩臼中大部分无物, 在个别岩臼中偶见有小砾石。这些岩臼主要分布在山顶南面平缓起伏的坚硬花岗岩面上, 在约1000 m² 范围内, 有200多个, 但在北面的花岗岩顶面上却很少见到岩臼。

1 现存花岗岩臼成因观点

关于克什克腾旗青山的这类花岗岩臼的成因研究, 自其发现以来就一直有不

本文发表于《地质论评》, 2007(04): 486-490+579。

同的观点。以韩同林（1998a，1998b，1998c，1999，2001，2004）和钱方等（1999）为代表的学者一直坚持认为这种岩臼是由大陆冰川甚至于大冰盖形成的一种"冰臼"。崔之久等（1998，1999）立刻否认了冰成论，并提出这类花岗岩臼是由于风蚀作用而形成的"壶穴"，后又提出"风化穴"一说（李德文和崔之久等，2003）。随着在我国华南和华北其他地方这类花岗岩性的岩臼的相继发现，在1999—2001年引起一场关于这种花岗岩臼"冰成""风成"和"水成"的激烈争鸣（韩同林等，2000，2001；陈华堂等，1999；李梦华等，1999；刘尚仁，2000；丘世钧等，2000；杨超群，2001；李洪江等，2001），达到了研究的高潮。任晓辉等（2005）和吕洪波等（2005，2006）因为在克什克腾等地区发现了大量的第四纪冰川遗迹，再度提出克什克腾青山的花岗岩臼为冰川形成的论点，甚至把这种岩臼作为第四纪冰川的一种标志（吕洪波和杨超，2005）。2005年8月，第六届世界华人地质学讨论会的与会人员考察了克什克腾旗的青山岩臼群并现场进行了激烈的讨论。之后，章雨旭（2005）发表了一篇短文，依据臼生裸脊、臼中存水、臼形近圆等特征，考虑了岩石的剥蚀速度等因素，认为这里的岩臼是花岗岩差异风化的结果。而一向反对"冰成说"的周尚哲（2006）在《锅穴一定是第四纪冰川的标志吗?》中提出岩臼是一种多成因的地貌现象，是流水在局部形成的环流驱动沙砾长期磨蚀的结果。

笔者等对以上各种观点有认可之处，但也有不同见解。因此，将这种发育于花岗岩表面的臼型地貌直接命名为花岗岩臼。并在对内蒙古克什克腾世界地质公园地区多年的野外调查和仔细观察基础上，以该公园青山园区发育的花岗岩臼为研究对象，探讨北方高寒地区花岗岩臼的成因，以期能推进对这类地貌的进一步研究。

2 青山花岗岩岩臼的类型

近7年来，笔者等在协助克什克腾旗政府进行克什克腾世界地质公园的建设过程中，对该地区做过详细的地质遗迹调查。根据笔者等的调查认为，克什克腾旗地区虽然发育过第四纪冰川（Sun Hongyan et al.，2005），但根据保存的地质遗迹推测只可能是冰斗冰川，达不到"冰臼"形成所需要的"大冰盖"（韩同林，1999）或"大陆冰川"（吕洪波等，2006）的规模。且根据笔者等对青山花岗岩臼群及其分布区的详细观察，发现看似光滑的花岗岩表面上，其实分布有许多小凹穴，这些小凹穴的直径大多数在2 cm以内，深度也大约1 cm，且穴口常有保存比较完整的石英晶体。考虑到花岗岩这种岩石的岩性特点，我们有理由相信，其实这些小凹穴有可能就是花岗岩臼的最初形态。因此，笔者等根据青山岩臼的发育程度，将克什克腾世界地质公园青山的花岗岩岩臼分为以下5类。

（1）第一类（萌芽阶段）　该类型就是前述的小凹穴，尚不能称之为岩臼。它们只是一些小孔，一般都是一些内部颜色较深的小孔，部分孔壁残存有晶形完整的石英晶体。这些小孔小面积范围内（有的不及手掌大）如网状相连（图版I-3）。有的小孔下面已和暗沟相通，但上部还有一极薄层岩石。此种类型多见于青山南坡。

（2）第二类（初具外形阶段）　该类初具岩臼外形，一般较浅，仅1~2 cm深，在花岗岩表面仅呈现出稍稍凹一点（图版Ⅰ-4）。在平缓的花岗岩面上，有的岩臼内部保存有细小的未完全风化的黑云母、长石等矿物颗粒。在一些地势较陡的地方，出现大面积的凹陷。此类型的岩臼数量不是很多，但在青山山顶各个方位均有发育。

（3）第三类（发育中期）　该类岩臼立体上多以口大肚小为典型特征。平面上多呈近圆形或椭圆形口，内有平行波状纹，已具有成熟岩臼的外形（图版Ⅰ-5）。在平面上呈同心圆或同心椭圆形。从外到内，由浅入深，常形成臼中臼，最外层的岩臼最浅，一般小于5 cm。中心的岩臼最深，但一般也只十几厘米。此种类型主要分布于青山的东、西、北坡，而且，在这些方向的坡面上的岩臼内常有长石、云母碎屑。在青山南坡，这种臼中臼的深度一般都大于1 m。

（4）第四类（成熟阶段）　该类岩臼立体上以口小肚大为典型特征。平面上多呈近圆形或椭圆形，内有平行波状纹，底部呈浅锅底形，深度多大于30 cm（图版Ⅰ-6），有套叠或连通现象（图版Ⅰ-7）。该类岩臼部分内部有沉积物，沉积物多在岩臼的东南面，有的岩臼被沉积物填满。沉积物上长满灌木草丛。夏天臼内大多数有积水。

（5）第五类（衰亡阶段）　老年型岩臼发育的最大特点是当岩臼发育到一定的深度时，遇到水平节理面，这时流水将沿节理面流动，使得水平节理缝不断扩大。此期的主营力是岩臼向侧向（横向）发展速度加快，形成穿孔现象，纵向（深度）发展缓慢，这类岩臼多分布在青山南坡的水平节理较发育地段（图版Ⅰ-8）。由于不断侵蚀使岩臼底部扩大，最终导致岩臼崩塌，甚至全部破坏。

3　青山花岗岩臼成因的探讨

3.1　青山花岗岩臼形成的岩石与构造条件

青山花岗岩[①]时代为燕山晚期，锆石U-Pb年龄在107.9 Ma至110.9 Ma之间，为早白垩世酸性岩浆侵入形成，以岩基状产出，北东（NE）向条带状展布，与相邻岩体呈脉动接触关系。岩体内部含闪长质包体，其长轴与岩体延伸方向一

---

① 　内蒙古第十地质矿产勘查开发院. 克什克腾旗地区1：5万区域地质调查报告, 1988.

致。发育岩臼的花岗岩为灰白—浅肉红色细微粒斑状黑云母二长花岗岩，似斑状结构，块状构造，似斑晶为中正长石，钠长石($An=6$)；主要矿物成分为钾长石占40%~55%，石英占22%~25%，黑云母占5%~8%等。SiO_2、Al_2O_3、K_2O含量偏高，分别约占74.74%、12.66%、4.74%。碱度率(AR)3.11，为钙碱性偏钙性。

在青山山顶，发育方向大约为45°~70°，300°~325°的两组近垂直节理和一组近水平方向的节理(图1)。众多的节理构造，为花岗岩臼的形成创造了一定的条件。节理等构造对于花岗岩岩臼的发育、分布也有一定控制。据统计分析，该区的岩臼的长轴方向与垂直节理方向几乎一致。并且，有节理的地方，岩臼也多，说明岩臼的发育与节理的发育存着有一定的相关性。但应该不是花岗岩臼形成的主要因素，因为在大兴安岭主峰黄岗峰上散布的花岗岩石海中，在部分花岗岩石块中，笔者等也发现有发育程度不同的花岗岩臼。

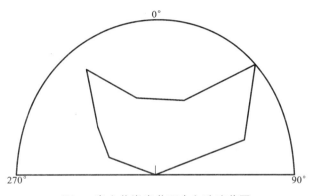

图1　青山花岗岩节理走向玫瑰花图

3.2　青山花岗岩臼形成的过程

笔者等从岩臼的分类，大致归纳出岩臼的形成过程：从萌芽→初具外形→发育中期→成熟→衰亡，经历了5个阶段。

组成花岗岩的矿物的差异风化作用和水在岩臼的萌芽阶段起着决定性的作用。该处的花岗岩有近水平的节理，且地势平坦，从而使得花岗岩表面容易蓄水。因花岗岩自身是一种易风化的岩石，晶体颗粒明显。在该区这种冬长夏短、昼夜温差大的气候条件下，矿物的导热率差别非常大，热胀冷缩程度不同而极易遭受寒冻风化，使得矿物间的孔隙不断扩大，水分及其他物质也更易渗透，花岗岩层内及孔隙内的结晶作用和迁移作用非常容易进行，导致花岗岩内的物质组分不断结晶、迁移。暗色矿物和长石首先风化，在花岗岩表面形成一个个网状分布的小孔，部分孔壁残余有石英晶体，此即形成了萌芽态的岩臼。由于南坡日照强，这种矿物的热胀冷缩更加强烈，矿物的差异风化也更加强烈，所以南坡的发展规模大于北坡。

该区处于温带半干旱气候带，日温差、年温差都较大。在山脊、山顶平面易接收日照，岩石存在水化与脱水的周期循环。在这样的环境下，寒冻风化、冻融作用、冰劈作用等各种物理风化作用异常强烈，化学风化相对较弱。最初形成的小孔，在上述的物理风化和矿物差异风化的双重作用下，不断增大，孔之间的岩石分离崩解，最后，孔孔打通，形成大大小小的凹坑，部分内部有残余碎屑物质，部分凹坑内部的碎屑物质被流水及风搬运走了，初具岩臼外形。

水对岩臼的进一步发育和发育速度是至关重要的。据笔者等的观察，夏季岩臼内常有积水，积水来源于夏季的降水和冬季冰雪融水。初具外形的岩臼在夏季积水，增强了花岗岩的化学风化速度，水覆盖部位的花岗岩的风化速度大于未被覆盖的。于是，非常容易形成臼中臼的现象。臼中臼是岩臼从初具形态向成熟型演化的一个过渡阶段。但初形成的岩臼，因为所处的地理位置和地势的不同，这个过渡阶段经历的时间也不同。初形成的岩臼，臼大水浅，水的存留时间相对较短。在北坡，处于西北风的迎风面，风的作用常加速臼内的积水减少，而且北坡日照短弱，温差变化小，水参与下的冻融作用和差异风化作用弱，从而使得臼中臼的形成速率大打折扣，所以北坡的许多岩臼至今还处于这个演化阶段。在南坡，背风，日照强，冰雪消融的速率明显高于北坡，南坡岩臼长时期的累积积水时间远远长于北坡，且南坡的日夜温差大，这就使得南坡花岗岩的差异化学风化作用、冻融作用以及在有大量积水参与下的风蚀作用更加强烈，因而在南坡，臼中臼发育迅速且很快演化到成熟阶段。

在岩臼形成的中后期，物理风化占据重要的地位。这时，由于岩臼也有一定的深度，在有岩臼的地方会引起风向风速的变化，导致风场产生涡流现象。且岩臼积水量和时间也相对增加。强烈的风蚀、冻融作用对臼壁和臼底都产生扩展趋势，最终形成肚大口小的岩臼。由于臼内积水的原因，在岩臼的内壁留下了一条条的痕迹，即臼壁上的平行波状纹。由于该处盛行西北风，所以风带来的一些物质基本上都沉积于岩臼的东南面。

在岩臼形成后期，臼中的积水在西北风的作用下，再加上地势南倾的原因，使得岩臼形成向东南方向开口。岩臼开始进入衰亡期，并逐步破坏。而发育于单块大岩石上的岩臼，有可能在长期风、水作用下，形成穿孔，更有的发生崩塌而破碎。

另外，有节理的地方，冻融作用、冰劈作用更容易加速岩石分离崩塌，形成岩臼的各个阶段的时间缩短。所以，岩臼的成熟度高，数量也多。

4 结论

在详细调查克什克腾世界地质公园的青山花岗岩岩臼基础上，笔者等还于2002年先后野外调查了内蒙古阿尔山国家地质公园玫瑰峰、河北喇嘛山等地区的花岗岩岩臼，发现这些地区花岗岩岩臼发育的共同特征：①花岗岩岩臼均发育于高纬度寒冷地区，日夜温差大，寒冻时间长；②发育岩臼的花岗岩节理发育；③形成这些岩臼的花岗岩基本均为中粗粒花岗岩。对于北方高纬度区如青山山顶的这类花岗岩岩臼，笔者等综合上述青山花岗岩岩臼的成因的分析，可得如下结论：

(1)中国北方高纬度区花岗岩岩臼的形成受多种因素控制，如花岗岩性、水、气候等，当这些因素都满足条件时，花岗岩岩臼方有可能形成。

(2)花岗岩岩臼形成的初始原因：花岗岩自身是种易风化的岩石，在有水的条件下，特殊气候环境下的差异风化作用和冻融作用促使花岗岩臼的萌芽。

(3)萌芽态的花岗岩岩臼在有水、冻融作用、风蚀作用参与的差异风化作用下进一步发展成初具外形型、中期基本成形型的岩臼。

(4)风蚀作用、冻融作用等物理风化是使基本成形型岩臼发展到完全成熟型的主要营力。

正如上述，花岗岩臼成因是一个复杂的问题，涉及的因素很多。因此，南方中低纬地区的花岗岩臼，笔者虽未有野外调查，但可以肯定其成因应该与北方有所不同。

图版Ⅰ说明：均摄于内蒙古克什克腾世界地质公园青山景区。

1、2——奇特的花岗岩地貌，即花岗岩岩臼，形状如缸、如碗、如匙。

3——萌芽阶段的花岗岩岩臼。看似光滑的花岗岩表面上，分布有许多小凹穴，直径大多数在2 cm以下，深度也大约1 cm。

4——初具外形阶段的花岗岩岩臼。一般较浅，仅1~2 cm深，在花岗岩表面仅呈现出稍稍凹一点。在平缓的花岗岩面上，有的岩臼内部保存有细小的未完全风化的黑云母、长石等矿物颗粒。在一些地势较陡的地方，出现大面积的凹陷。

5——发育中期的花岗岩岩臼。该类岩臼立体上多以口大肚小为典型特征。平面上多呈近圆形或椭圆形口，内有平行波状纹，已具有成熟岩臼的外形。从外到内，由浅入深，常形成臼中臼，最外层的岩臼最浅，一般小于5 cm。中心的岩臼最深，但一般也只十几厘米。此种类型主要分布青山的东、西、北坡；在青山南坡，这种臼中臼的深度一般都大于1 m。

6、7——成熟阶段的花岗岩岩臼。该类岩臼立体上仍以口小肚大为典型特征。平面上多呈近圆形或椭圆形，内有平行波状纹，底部呈浅锅底形，深度多大于30 cm，有套叠或连通现象(图版7)。该类岩臼部分有沉积物，沉积物多在岩臼的东南面，有的也被沉积物填满。沉积物上长满灌木草丛。夏天臼内大多数有积水。

8——衰亡阶段的花岗岩岩臼。最大特点是当岩臼发育到一定的深度时，遇到水平节理发育的平面，这时流水即沿节理流动，并慢慢扩大。此期的主营力是岩臼向侧向发展速度加快，形成穿孔现象，纵向(深度)发展缓慢，这类岩臼多分布在青山南坡的水平节理较发育地段。由于不断侵蚀使岩臼底部扩大，最终导致岩臼崩塌，甚至全部破坏。

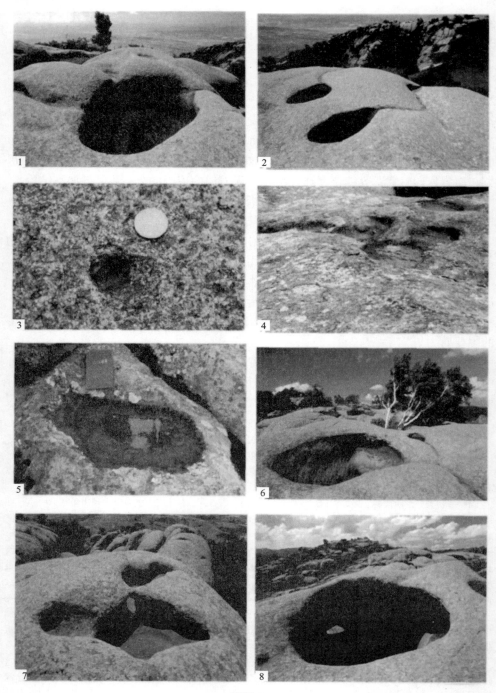

图版 I

利于可持续发展的中国敦煌地质公园
地质遗迹分级与保护

于延龙[1]　武法东[1]　王彦洁[2]　储皓[1]　韩晋芳[1]

1. 中国地质大学(北京)地球科学与资源学院, 北京, 100083;
2. 河北经贸大学旅游学院, 石家庄, 050061

摘要: 中国敦煌世界地质公园是联合国教科文组织世界地质公园网络的一员, 具有丰富多样的地质遗迹。由于地质公园分布范围较大、地质遗迹类型较多等原因, 仍有部分珍贵的地质遗迹资源没能够得到有效的保护, 保护管理措施还不尽完善。本文利用定量分析的方法对公园内地质遗迹进行了评价分级, 分析了园区内地质遗迹保护现状及面临的挑战, 提出了对地质遗迹进行有效保护的建议。增加投入, 提高基础设施水平, 完善公园标识系统和科普体系, 完善地质遗迹的保护管理措施, 是目前的当务之急。

关键词: 世界地质公园; 地质遗迹; 分级保护; 可持续发展

2015 年 11 月 17 日, 在第 38 次联合国全会上一致通过了"国际地质科学和地质公园计划"(IGGP), 由联合国支持的世界地质公园变为联合国教科文组织世界地质公园。在第四届亚太地质公园网络研讨会上, 中国敦煌世界地质公园正式加入联合国教科文组织世界地质公园网络。这意味着敦煌世界地质公园的地位提升到了与世界自然文化遗产相同的高度, 同时对公园地质遗迹的保护与公园可持续发展也提出了新的要求。本文研究该世界地质公园内地质遗迹分级保护等问题, 以期对地质公园可持续发展提供借鉴。

1　中国敦煌世界地质公园概况

中国敦煌世界地质公园位于甘肃省西部敦煌市, 北有北塞山, 南有祁连山, 覆盖层多由第四系下更新统冲积层、戈壁砂砾层和中更新统洪积层组成。公园范围内包含: 敦煌雅丹国家地质公园, 鸣沙山月牙泉省级地质公园(风景名胜区), 敦煌莫高窟世界文化遗产, 西湖自然保护区的部分, 玉门关、阳关、汉长城、河仓城等历史文化遗址。

本文发表于《中国人口·资源与环境》, 2016, 26(S2): 300-303。

2 公园地质遗迹资源等级划分

地质遗迹资源等级划分可以为制定人地协调发展与强化地域系统功能的国土规划、地质遗迹资源保护和合理开发规划地质公园建设提供全面的科学依据。地质遗迹资源的评价分级方法包括定性与定量两种。定性评价又称经验法，主要通过评价者的经验或印象得出结论。这种方法简单易行，但难免有评价者的主观意向及偏好的局限性。定量评价法是将各评价内容的指标定量化，根据其权重进行评分，这种方法常常可以克服评价者的主观印象，避免个人偏好因素的影响，使地质遗迹资源的评价工作更客观、更科学。本文采用定量评价方法对地质遗迹进行等级划分。

2.1 评价指标

对敦煌地质公园内的地质遗迹资源的定量评价，按价值评价和条件评价两个方面的评价因子进行（见表1），对这两个评价因子分别再选出评价指标。价值评价主要有科学价值、美学价值、历史文化价值、稀有性和自然完整性五个评价指标；条件评价有环境优美性、交通状况、安全性、环境容量和可保护性五个评价指标。最后分别确定 2 个评价因子及 10 个评价指标的权重。

表 1　地质遗迹资源定量评价的评价因子及评价指标权重

类型	评价因子	评价指标	权重
地质遗迹资源定量评价	价值评价	科学价值	0.3
		美学价值	0.1
		历史文化价值	0.1
		稀有性	0.1
		自然完整性	0.1
	条件评价	环境优美性	0.1
		交通状况	0.05
		安全性	0.05
		环境容量	0.05
		可保护性	0.05

2.2 评价标准

地质遗迹评价因子中的每个评价指标按 100 分计数,每 15 分为一个级差,划分为Ⅰ、Ⅱ、Ⅲ、Ⅳ、Ⅴ五个档次,并对每个评价指标给予评价内容,以制定地质遗迹的综合评价标准(表 2)。

计算公式:
$$A = \sum X_i \cdot F_i$$

式中:A 为综合得分;X_i 为 i 项评价指标得分;F_i 为 i 项评价指标权重。

表 2 地质遗迹定量分级评定表

评价因子	评价项目	评价内容	评价等级				
			100~85（Ⅰ）	85~70（Ⅱ）	70~55（Ⅲ）	55~40（Ⅳ）	<40（Ⅴ）
价值评价	科学价值	科研、教学、科普	极高	很高	较高	一般	低
	美学价值	艺术、造型、形态	极高	很高	较高	一般	不明显
	历史文化价值	历史文化内涵、科学历史	极高	很高	较高	一般	不明显
	稀有性	世界、国内、省内	极特殊	很特殊	较特殊	一般	很一般
	自然完整性	自然状况、破坏情况	完好	较好	好	稍破坏	破坏严重
条件评价	环境优美性	环境自然状态、配套景观、环境质量	极好	很好	好	一般	差
	交通状况	通达性	便利	良好	一般	较差	差
	完全性	地质稳定性、灾害隐患	极安全	很安全	较安全	有不安全因素	有灾害隐患
	环境容量	正常情况下容纳的游客数量	极大	很大	一般	较小	很小
	可保护性	遗迹的保护可能性	易保护	能保护	可保护	不易	难

根据此公式可以计算出各类地质遗迹资源的定量评价综合得分,再按照地质遗迹和地质景观的重要性划分地质遗迹资源的等级标准,根据重要性划分为如下 5 个等级:

Ⅰ级:国际性的,遗迹评价综合得分 100~85 分,属世界级;

Ⅱ级:全国性的,遗迹评价综合得分 84~70 分,属国家级;

Ⅲ级：区域性的，遗迹评价综合得分69~55分，属省级；

Ⅳ级：地区性的，遗迹评价综合得分54~40分，属县、市级；

Ⅴ级：遗迹评价综合得分小于40分，属县、市级以下。

2.3 评价结果

通过以上方法得到敦煌地质公园内主要地质遗迹资源的定量综合评价得分并依次对地质遗迹资源进行分级(见表3)，公园内Ⅰ级(世界级)地质遗迹资源类型3处，Ⅱ级(国家级)地质遗迹资源类型4处，Ⅲ级(省级)及以下地质遗迹资源类型有多处。

表3 敦煌地质公园主要地质遗迹资源定量评价表

地质遗迹资源			科学价值	美学价值	历史文化价值	稀有性	自然完整性	环境优美性	交通状况	安全性	环境容量	可保护性	总得分	级别
地貌遗迹	风蚀地貌	雅丹地貌	90	85	80	80	85	90	85	75	80	90	85.5	Ⅰ
		垄岗状雅丹	85	85	80	80	75	80	85	75	70	90	81.5	Ⅱ
		柱状雅丹孔雀	85	90	70	80	80	85	85	80	75	90	82.5	Ⅱ
		风蚀戈壁	85	90	75	85	80	90	90	75	75	90	84	Ⅱ
	风积地貌	鸣沙山月牙泉	90	85	75	85	85	90	85	80	80	90	85.25	Ⅰ
		沙丘	65	70	70	60	70	75	80	70	70	90	69.5	Ⅲ
		羽毛状沙垄	85	90	70	80	80	85	85	80	75	90	82.5	Ⅱ
地质构造遗迹		南缘断层	50	55	55	50	50	50	55	50	50	60	51.75	Ⅳ
沉积构造遗迹			50	55	60	50	50	50	55	50	50	60	52.25	Ⅳ
水体景观遗迹		月牙泉	90	80	75	85	85	90	85	80	80	90	85.25	Ⅰ
		党河	70	75	65	65	65	70	65	60	65	90	69	
		疏勒河	65	75	65	70	65	70	65	60	65	90	68	Ⅲ
		党河水库	70	75	65	65	65	70	65	60	65	90	69	
地层遗迹		莫高窟—千沸洞第四系剖面	85	95	95	90	85	90	90	80	75	90	87.75	Ⅰ

3 地质遗迹资源保护现状

敦煌市政府十分重视地质遗迹和文化遗址的保护，多年来做出了很大努力，对地质公园及其周边的地质遗迹、历史人文遗址和其他旅游资源都做了有效的保护，这为地质公园可持续发展奠定了良好的基础条件。目前，公园内有国家级文物保护单位 2 处(莫高窟、玉门关)，AAAA 级景点 3 处(雅丹国家地质公园、鸣沙山月牙泉景区、阳关)，国家级自然保护区 1 处(西湖)。按照要求，地质公园对地质遗迹实行了分级保护。

3.1 雅丹景区

一级保护区：主要为垄岗状雅丹地貌的集中发育区，也是地质公园地质科普和观光的主要区域，面积 4.21 km²。

二级保护区：以墙状、塔柱状雅丹体为主的区域，保护区面积 35.58 km²。该区域是主要类型的雅丹体分布区，是地质公园的重点观光游览区。要确保保护区内地质遗迹不被人为破坏，不增加与景观不协调或破坏景观的设施与建筑。

三级保护区：地质公园范围内的较为分散的雅丹体或雅丹残丘分布区域，面积 70.10 km²。该区也是雅丹体、沙丘较集中分布的区域，受人类活动影响较小，区内可建少量与景观相协调的基础服务设施。

3.2 鸣沙山月牙泉景区

特级保护区：月牙泉按照特级保护区要求进行保护，面积约 0.016 km²。作为景区的核心景观，应予以严格保护，重点保护其水源。

二级保护区：包括罗家趟、背子趟、杨家趟沙丘等区域，面积 9.56 km²。作为游览的重点区域，受人类活动影响大，应加强对地质遗迹的保护。

三级保护区：包括除上述区域外的中部低丘区，面积 60.16 km²。受游人活动影响小，但作为景区的地质遗迹分布区，应予以一定关注。

4 公园保护意见与建议

由于地质公园分布范围较大，除了地质遗迹类型较多以外，还包括了几个著名的历史文化遗址和自然保护区，在管理区域上易造成重叠，需要协调与这些管理部门的关系。目前，仍有部分珍贵的地质遗迹资源没能够得到有效的保护，保护管理措施还不尽完善。此外，由于雅丹景区地处偏僻区域，基础旅游服务设施和地质遗迹保护设施建设仍比较薄弱，总体处于初步开发阶段。资金匮乏、基础服务设施不完善，旅游环境还需改善是目前雅丹景区存在的主要问题。针对以上问题提出建议如下：

(1)落实地质公园的行政管理机构，完善各功能分区的地质景观和地质遗迹、生物多样性的监管措施，建立地质遗迹管理的数据库和监测系统，健全、完善公园地质遗迹景区(点)解释标识系统。

（2）除从门票收益中安排部分经费用于公园保护管理工作外，争取更加充足的资金用于公园的管理工作，用于地质遗迹的保护工程建设和改善基础服务建设，促进整体环境的优化。

（3）完善公园保护与利用法律法规与技术保障体系，地质公园管理体系要与国际接轨，建立有效保护开发管理体系，建立地质遗迹保护与利用基金，把敦煌建成著名的世界地质公园。

（4）继续完善旅游开发项目的同时，控制商业网点的数量及其布局、形式。

5 结论

中国敦煌世界地质公园以雅丹、沙漠、戈壁等地貌组合为主，集鸣沙山、月牙泉、多种沉积构造遗迹、湿地自然生态和历史文化遗址于一体，是地质遗迹特殊、文化内涵厚重的世界地质公园。做好地质公园内地质遗迹类型的评价、分级，划分不同级别的保护区，针对保护区内地质遗迹进行相对应的保护，切实以地质遗迹及地质环境保护为首要任务，以科普教育、地质观光和沙漠探险等环保型科普旅游为主要内容，以促进敦煌市旅游发展为主要目的，才能实现公园的可持续发展，才能将其建设成为保护到位、开发合理以及经济效益、社会效益、环境效益相统一的国内外一流的地质公园，从而带动敦煌市旅游事业发展，促进地方经济繁荣。

论我国地质遗迹资源的法律保护

耿玉环[1]　郝举[2]　田明中[1]

1. 中国地质大学(北京)地球科学与资源学院, 北京, 100083;
2. 中国地质大学(北京)人文经营学院, 北京, 100083

摘要：本文通过对我国地质遗迹资源开发利用水平和立法现状进行分析, 找出目前我国地质遗迹资源开发利用和立法制度中存在的问题。研究结果显示, 我国地质遗迹资源开发利用水平低, 立法状况不完善, 与国际接轨不密切, 这种状况明显对我国地质遗迹资源的保护不利。结合国外一些国家对地质遗迹资源保护的成功经验和有效的立法措施提出了一些合理的、有效的、可行的中国未来地质遗迹资源法律保护意见。

关键词：地质遗迹；资源保护；立法对策

　　位于新疆奇台县卡拉麦里保护区内的硅化木化石群, 方圆几公里的范围已被人挖至面目全非, "三个大坡", 数百个洞穴、深坑纵横交错, 最深的地方足有15 m以上。数百人已经在这里安营扎寨, 他们的目的就是要挖出一棵侏罗纪时代的参天大树。硅化木不仅具有重要的考古价值, 其清晰的纹路、古朴的造型, 有着很强的观赏性。因此, 挖掘硅化木的背后隐藏着巨大的经济利益。

　　由于挖掘手段落后, 不少硅化木被损毁破坏。为制止这种疯狂的盗挖行为, 早在2001年3月, 新疆维吾尔自治区第九届人民代表大会常务委员会第二十一次会议就通过了《新疆昌吉回族自治州硅化木保护管理条例》, 但4年多来, 受利益驱使, 新疆古树化石群遭遇疯狂盗挖; 由于缺乏保护, 人类珍贵自然遗产正濒临绝迹, 硅化木的盗挖现象始终没有得到遏止。

　　我国地域辽阔, 多样性的气候条件和复杂的地质地理环境, 形成了种类繁多的地质遗迹, 包括各种岩海、丹霞、火山、冰川、海岸、花岗岩奇峰等奇特的地质地貌景观, 典型的地质剖面和构造形迹以及丰富多样的古生物化石等。如桂林岩溶地貌, 黑龙江五大连池火山群地貌, 广东仁化、江西鹰潭等丹霞地貌, 在世界自然宝库中享有盛名。特别是近年来, 陆续发现了河南南阳、湖北即县、内蒙古等地的恐龙蛋及骨髓化石、辽西的鸟化石等堪称世界罕见和珍稀的古生物化石。这些不仅是中国的财富, 也是世界的财富。这些地质遗迹有着极为重要的科学价值和观赏价值, 在生物演化史及人类生存发展史上具有重要的历史地位。它们不

本文发表于《资源与产业》, 2007, (2): 74-77。

但是人类了解地球发展历史及寻找矿产资源的实证资料，大部分还是人类回归自然，修养身心的旅游资源。地质遗迹作为一种地质资源，可被人们开发利用，转变为社会效益和经济效益。

1 地质遗迹资源概念及其特点

中华人民共和国地质矿产部〔1995〕第21号令《地质遗迹保护管理规定》中将地质遗迹定义为"在地球演化的漫长地质历史时期，由于地球内外动力的地质作用，形成、发展并遗留下来的珍贵的、不可再生的地质自然遗产"。地质遗迹从其形成原因、自然属性看，其构成类型主要有重大观赏和重要科学研究价值的地质地貌景观（地表或地下的）；有重要价值的地质剖面和构造形迹；有重要价值的古人类遗址、古生物化石遗迹；有特殊价值的矿物、岩石及其典型产地；有特色意义的水体资源；典型的地质灾害遗迹等。

地质遗迹资源是人类生态环境的重要组成部分，也是构成社会、经济、生态环境三大运行系统总资源的有机组成部分。它是一种自然资源，可被人类开发利用，转变为社会效益和经济效益。地质遗迹资源的特点主要表现在以下几方面：

一是区域性和多样性。地质遗迹资源存在于特定的地学环境中，是地学环境的重要构成因素，区域差异的客观性造成不同地区的地质遗迹资源类型不同，多类型的地质遗迹的复合、交叉，构成了丰富多彩的地质遗迹资源。

二是观赏性。地质遗迹资源与其他资源最主要的区别就是它具有美学观赏价值，具有雄、秀、险、奇、幽、旷等美学特征，对于人类文明的发展具有重要的审美价值，是促进旅游业发展的主要资源因素。

三是不可再生性与永续利用性。地质遗迹资源是一种不能再生的资源，一旦被破坏便不复存在；但人类对地质遗迹资源如能做到合理开发、利用和保护并在可持续发展战略指导下，用现代化的环境道德观念约束、规范和调整人与自然之间的关系，地质遗迹资源还是可以得到永续利用的。

四是知识性和趣味性。人们不仅能从地质遗迹资源中获得审美趣味和享受，而且能从中得到科学的启迪，即地质遗迹资源是寓知识性和趣味性于一体的。

五是与其他环境要素的共存性。地质遗迹作为一种环境要素，往往会与其他环境要素相互依存，构成一个完整的自然体。

六是地学属性。地质遗迹资源是由于地球内外地质引力作用而形成的，因而具有地学属性。

2 地质遗迹资源立法概况

地质遗迹资源立法是指制定涉及地质遗迹资源开发利用、保护及管理的有关法律法规的活动。

地质遗迹资源作为自然资源的一部分，与各种自然资源相互依存，因而，不论是对其开发利用还是保护，都不能完全独立进行。地质遗迹资源的这一特点体现在立法上，表现为地质遗迹资源不仅由专门法律、法规进行调整，而且受整个自然资源法律及其他相关专门法律的调整。

2.1 国外地质遗迹资源立法概况

国际上对地质遗迹的保护工作十分重视，联合国教科文组织设立了地质遗产工作组，专门负责全球地质遗产保护工作。从联合国教科文组织提出在世界遗产中创建世界地质公园的计划以来，目前在世界上已经建立 47 家世界地质公园（欧洲 29 个，中国 18 个）。建立世界地质公园，目的在于将一些特殊的地质现象，以集稀有、珍贵、能供欣赏并具有科学价值为一体的地质现象区建成公园。地质遗迹公园一方面是提供保护地质遗迹，进行科学研究的场地，另一方面也是自然环境科普教育的场地，还给地方提供了开展旅游、贸易、工艺产品的机会。通过旅游业的发展，促进当地经济发展，真正起到在保护中开发，在开发中保护的作用。随着世界地质遗迹保护，特别是世界地质公园计划的实施，将大力推动各国的地质遗迹保护工作的进程。

世界其他国家对地质遗迹保护工作十分重视，其中英国、美国等经济发达国家的地质遗产保护管理工作开展较早，效果良好。他们制定了严格的法律法规体系，对地质遗迹采取了一系列行之有效的保护措施。

英国自然遗产（含地质遗迹）保护的法律系统建立时间较早，其对地质遗迹的保护分为自然保护和景观保护两大系统。保护地质遗迹资源的法规主要有 1947 年通过的《乡镇计划法案》、1949 年的《国家公园和乡间可通达性法案》及 1991 年的《国家遗产法案》，其法制体系相当完备。此外，英国又把地质遗迹分为两大项，一项是"具有特殊科学意义的地质遗迹"（SSSI），由英国自然署负责办理，目前，已经登记的地质遗产有 2200 处；另一项是"区域性重要地质及地貌"（RIGS），由民间团体办理，自然署提供经费资助。

美国于 19 世纪中后期就开始了地质遗迹的保护。1872 年美国国会通过《黄石法案》，1906 年又通过了《古迹法》，1916 年建立国家公园管理局，1926 年制订《国家公园管理局条例》，基本上完善了美国有关自然遗产（含地质遗迹）和人文景观保护的法律体系。此外，美国对地质遗迹的保护采取建立自然保护区和国家公园的方式，并通过一系列，尤其是法律的手段来消灭或降低国家公园和自然保护区正在或即将遭受的威胁。

2.2 我国地质遗迹资源立法历史与现状

地质遗迹的保护工作，得到了我国政府的高度重视。我国宪法对保护自然资源有明确规定，另外，《中华人民共和国环境保护法》《中华人民共和国野生动物保护法》《中华人民共和国野生植物保护条例》《中华人民共和国文物保护法》《中华人民共和国自然保护区条例》《风景名胜区管理暂行条例》等相关法律规范都包含了部分对地质遗迹保护的规定。此外各省市自治区相应制定的一些地方法规、规章，如《辽宁省古生物化石保护条例》《新疆昌吉回族自治州硅化木保护管理条例》等，都针对相关地质遗迹的管理与保护做出了规定。

中国自然保护区建设始于1956年。1979年以后，国内首次提出保护"有特殊意义的地质剖面、冰川遗迹、岩溶、温泉、化石产地等自然历史遗迹和重要水源地"等地质遗迹。国家于1994年颁布实施《中华人民共和国自然保护区条例》，明确"国家自然保护区实行综合管理和分部门管理相结合的管理体制"、地质矿产部等部门在职责范围内主管有关自然保护区。至1997年底在全国926处各级自然保护区中，含有地质内容的自然保护区约160个。之后，地质矿产部于1995年颁布实施了《地质遗迹保护管理规定》，明确了地质遗迹保护的内容和管理措施，涉及地层剖面、构造形迹、古生物化石、具有研究和观赏价值的地貌景观、特殊的岩石矿物及其典型产地、地质灾害遗迹等。1999年底国土资源部又专门召开了全国地质地貌景观保护工作会议，交流了经验、讨论了全国地质遗迹保护规划，研究了存在的问题，部署了下一步工作，促进了包括地质地貌景观保护工作在内的地质遗迹保护工作的开展。

2.3 我国地质遗迹资源立法中存在的问题

可以说，我国自然保护区立法从20世纪50年代至今已经有了长足的发展，但面对现实我们必须承认，自然保护区特别是地质遗迹类自然保护区的立法还远远不够。我国地质遗迹法律中主要存在以下问题：

1) 截至目前，全国尚未进行全面系统的地质遗迹资源调查工作，地质遗迹资源的基本状况不清，缺乏系统、完整、翔实的基础资料，给立法工作增加了难度。

2) 我国地质遗迹保护立法存在国家层面的立法和地方层面的立法。国家层面的立法只有《中华人民共和国自然保护区条例》和《地质遗迹保护管理规定》，立法层次较低，刚性不足，缺少全国性的有关地质遗迹保护的专门法律，且在各地方所受重视程度不够，现行法规宣传力度不大。另外，各省都规定了地方层面的立法，这些法规针对性较强（例如辽宁的古生物化石较多，辽宁省就针对古生物化石的保护立法，有很强的针对性；新疆昌吉回族自治州硅化木的保护），但是这类立法作为地方法规，其一方面针对性较强，从而缺乏统一性和规范性；另一方面，作为地方法规其对地质遗迹的保护力度较国家层次的立法要低很多。

3）地质遗迹破坏严重，对严重破坏行为缺少立法界定依据。一些重要古生物化石遗产地和重要价值的地质地貌景观遭到了不同程度的破坏。在法律上，对地质遗迹及古生物化石的价值的界定还没有一个系统的评价体系，也没有专门的鉴定委员会，对于哪些是重要的属于国家保护的地质遗迹资源，哪些是一般的地质遗迹资源，允许经过批准、有计划地进行开发利用，没有明确的界定标准。

4）地质遗迹管理机构不健全，管理不到位，管理人员不足，业务素质不高，管护手段和基础设施普遍薄弱。

5）在立法上将自然保护区区分为国家和地方两级，其中地方级自然保护区又包括省、市、县三级。

《中华人民共和国自然保护区条例》第23条规定："管理自然保护区所需经费，由自然保护区所在地的县级以上地方人民政府安排。国家对国家级自然保护区的管理给予适当的资金补助。"但由于种种原因，自然保护区的资金常常存在不到位的情况，这一情况到目前没有得到很好的解决。

6）自然保护区法律法规与现实冲突非常明显，特别是社会的经济发展需要与严格的法律保护之间的冲突。例如《地质遗迹保护管理规定》第17条规定，"任何单位和个人不得在保护区内及可能对地质遗迹造成影响的一定范围内进行采石、取土、开矿、放牧、砍伐以及其他对保护对象有损害的活动。未经管理机构批准，不得在保护区内采集标本和化石。"可是许多地方在被批准建立地质遗迹类自然保护区之前，被当地人大面积地采石、取土开矿，在很大程度上破坏了地质遗迹的完整性。

7）法律规定的管理体制滞后，导致了实践中的"多头管理、各自为政、建设与管理相脱节"的局面。

《中华人民共和国自然保护区条例》第八条明确规定："国家对自然保护区实行综合管理与分部门管理相结合的管理体制。"《地质遗迹保护管理规定》第15条第一款规定："对于独立存在的保护区，由保护区所在地人民政府地质矿产行政主管部门对其进行管理。"第15条第二款规定："对于分布在其他类型自然保护区内的地质遗迹自然保护区，保护区所在地的地质矿产行政主管部门，应根据地质遗迹保护区审批机关提出的保护要求，在原自然保护区管理机构的协助下，对地质遗迹保护区实施管理。"

3 对地质遗迹资源立法建议

3.1 明确我国地质遗迹资源保护原则

确定地质遗迹资源保护原则除了根据其自然属性外，还应考虑社会经济发展水平等因素。因此，我国地质遗迹资源保护原则主要应包括以下几个方面：

1）确立地质遗迹国家所有的原则。在立法上，要明确地质遗迹的国家所有的原则，由国务院代表国家行使地质遗迹的所有权，要使地质遗迹资源成为科研和教学基地，并适度向游客开放。避免在市场经济规律支配下，在对地质遗迹开发利用时，侵害国有产权，把地质遗迹资源变为少数人发财的"风水宝地"。

2）地质遗迹保护优先的原则。由于地质遗迹资源的不可再生性，在处理经济发展与遗迹保护的关系上，在坚持可持续发展的基础上，必须坚持遗迹保护优先的原则。要正确处理资源利用与保护的关系，坚决禁止那些缺乏有效保护手段的资源开发项目。

3）与自然风光协调一致的原则。地质遗迹既然是自然环境的组成部分，在对地质遗迹开发利用过程中，要尽量维护其自然风貌，不允许在地质遗迹范围内及其周围地区兴建现代化工程，更不许污染企业进入其中，一些生活服务设施也应远离地质遗迹。

4）全面规划、合理布局原则。在全国地质遗迹调查基础上，全面系统地规划地质遗迹保护工作，对重要的地质遗迹进行重点保护，并根据不同性质的地质遗迹，分别实施一级保护、二级保护和三级保护措施。

5）事后抢救与长期规划保护相结合原则。为遏制地质遗迹破坏的趋势，要集中力量恢复一批已遭破坏的重要地质遗迹，并落实地质遗迹长期保护计划和措施。

3.2 建立健全地质遗迹法律保护的体系

我国《地质遗迹保护管理规定》的法律层次较低，而且不系统、不健全，给保护工作带来了一定困难。因此，有必要在已有的地质遗迹资源法律法规基础上，不断完善地质遗迹资源政策法规体系。对于中国地质遗迹法律保护的建议如下：

1）制定全国性的地质遗迹保护的法律法规，以提高地质遗迹保护的立法层次。

加强立法是保证地质遗迹资源可持续利用的重要举措，但在目前我国仅有《中华人民共和国环境保护法》《地质遗迹保护管理规定》《中华人民共和国自然保护区条例》等相关法律规定，这些都属于地方法规和行政规章。对地质遗迹的法律保护不能起到有效的预防和制裁作用。建议加强在此方面的立法。最好制定一个专门的部门法，如《地质遗迹保护管理规定》以加强立法保护。

2）在民法或将要制定的物权法中，明确地质遗迹资源的国家所有权，并明确由国务院代表国家行使对地质遗迹的所有权。

我国的地质公园归国土资源部负责管理，但具体的保护工作则由地方政府负责，这种机制显然是不健全的。我国应设立具体的地质公园管理局，代表国家全面管理国家公园免受破坏。

3）在刑法中建议设立破坏、倒卖地质遗迹罪。在现行刑法中，没有设立破坏、倒卖地质遗迹罪，使对破坏地质遗迹的行为不能得到有效制止。例如，针对盗窃恐龙蛋罪行的处罚，工作人员就面临着无法可依的尴尬处境。这样的情景还大量、普遍地存在于其他破坏地质遗迹的犯罪中。因此，在这方面的立法空白亟待填补。建议在刑法中设立破坏、倒卖地质遗迹罪，这样既可以有效预防破坏地质遗迹的行为，加强对破坏地质遗迹行为的打击力度，又便于司法机关定罪量刑。如通过立法或司法解释规定"在未取得主管部门许可而擅自进行地质遗迹勘探、开采或开发，违反国家关于地质遗迹保护管理规定、自然保护区管理条例，情节严重的，可以处3年以下有期徒刑、拘役或者管制，并处或者单处罚金；造成地质遗迹严重破坏的，处3年以上7年以下有期徒刑，并处罚金"。

4）在行政立法上，建立地质遗迹管理机构，明确赋予其行政管理权和行政处罚权。国土资源部领导对地质遗迹保护工作非常重视，几位部领导曾多次批示做好地质遗迹保护工作，科技司、博物馆、地科院与财务司都为地质遗迹的保护做了大量工作，大部分省（区、市）地矿行政主管部门根据国土资源部21号部长令和部里的部署制定了本区的地质遗迹保护规划。国家地质遗迹（地质公园）领导小组和第一届国家地质遗迹评审委员会2000年8月25日成立。在此基础上应当建立我国地质遗迹行政管理机构，明确赋予其行政管理权和行政处罚权。

5）加大保护地质遗迹的法律宣传力度。在全民中间大力宣传保护地质遗迹的重要性，政府相关部门应加大普法宣传的力度，使广大人民深刻地认识到保护和合理利用地质遗产是全社会的共同责任，是我们的历史使命。重视地质遗迹保护的基础教育、专业教育和公众教育，在全民中培养珍惜地质遗迹的风尚，提高依法保护地质遗迹的自觉性。

内蒙古阿尔山—柴河火山地质遗迹类型及其特征

王丽丽　　田明中　　白志达

中国地质大学(北京)地球科学与资源学院, 北京, 100083

摘要: 阿尔山—柴河火山群是我国东北火山喷发区的重要组成部分, 对于研究我国东部构造带新生代以来的活动具有重要的科学价值。在野外综合地质考察和全面收集资料的基础上, 鉴于现有的分类方法, 对阿尔山—柴河火山区火山地质遗迹进行详细的类型划分, 对区内主要火山地质遗迹类型及其特征进行归纳与总结。该区火山结构完整, 火山地质遗迹类型丰富, 火山地质遗迹保存完好, 火山喷发方式多样。最后阐述了火山地质遗迹的科学价值及意义。

关键词: 火山岩剖面; 火山锥; 火山熔岩; 火山湖泊; 地质遗迹分类; 阿尔山—柴河火山群

　　阿尔山—柴河火山群位于内蒙古呼伦贝尔市与兴安盟交界处, 区内中更新世以来发育大量火山, 分布面积较广, 发育众多火山地貌, 是我国东北火山群的重要组成部分。区内系统的地质矿产调查工作始于 20 世纪 50 年代末, 其中 1958 年由地质部大兴安岭区测队完成的一二五公里幅 1:20 万地质矿产调查, 1986—1989 年内蒙古地矿局第二区域地质调查队一分队进行了 1:20 万修测, 但上述工作主要侧重于区域地质和矿产调查, 对火山地质遗迹的科学价值和资源特点研究甚少。笔者在对阿尔山国家地质公园的考察以及参与扎兰屯自治区级地质公园的申报与建设过程中, 通过野外实地考察和大量室内资料整理, 对区内主要火山地质遗迹类型和特征进行了归纳与总结。

1　研究区基本概况

　　阿尔山—柴河火山区位于大兴安岭山脉中段西南部, 属中低山地貌, 以中山地貌为主。该区地跨内蒙古兴安盟阿尔山市(县级市)和呼伦贝尔扎兰屯市柴河镇, 地理坐标为东经 119°28′00″~121°23′00″, 北纬 46°39′00″~47°59′00″。阿尔山—柴河火山旅游区属寒温带大陆性气候, 年平均气温-3.1℃, 降水量年平均值 460 mm, 地表水资源丰富, 河流分属于额尔古纳水系和嫩江水系, 主要河流为哈拉哈河、绰尔河、柴河、德勒河及众多支流。

本文发表于《资源与产业》, 2013, 15(01): 89-95。

阿尔山—柴河火山群地质构造、地质历史演变复杂,位于天山一兴安褶皱带东段和新华夏系构造体系大兴安岭巨型隆起地带的复合部位,中国地形界线的分带和地壳厚度的过渡带上(图1)。中生代和新生代的构造运动奠定了本区一系列呈北东向展布的火山岩带以及以北东和北西向断裂为主体的构造格局,在这样一个断裂带上,地壳比较薄弱,在强烈的构造运动下,地幔岩浆沿地壳薄弱带上涌,形成了该区众多的新生代火山,即新生代主要表现为基底断裂的继承性活动,并

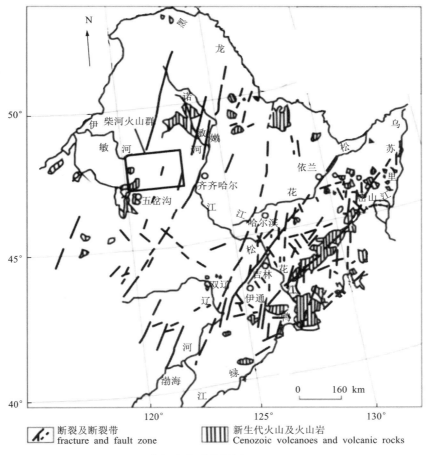

图例:

🔲 断裂及断裂带
fracture and fault zone

▓ 新生代火山及火山岩
Cenozoic volcanoes and volcanic rocks

图 1　柴河火山群位置图(据刘祥,1999)

(本书收录此文时对原图审查后略有修改)

控制了新生代火山的分布,形成呈北东向条带状展布的火山群①②。该火山群明显受到基底断裂的控制,火山口多位于不同方向的断裂交叉处。该地区地层主要为侏罗纪火山岩系,其次为新生代地层。阿尔山—柴河火山群火山活动跨越整个新生代,在更新世和全新世达到鼎盛时期③。这些是本区地质遗迹景观形成的基础条件。

2 火山地质遗迹分类

火山地质遗迹之所以有别于其他地质遗迹资源,一是因为"火山喷发"这一动态景象是其他地质景观所不具有的,二是因为区内火山地质遗迹的普遍存在是其他各种景观形成的基础。因此,无论在资源分类、规划与开发等各方面都应该体现出该类地质遗迹的特色,结合陶奎元等及国土资源部④关于火山地质遗迹的两种分类方法的优缺点,依据资源的重要性程度和对游客吸引力强度,以既要涉及火山知识,又不过于专业化为原则。本文在对火山地质遗迹进行类型划分时,主要依据火山地质遗迹的性质和成因,在此基础上划分该火山区地质遗迹类型,见表1。表1中的类是火山地质遗迹资源的总体分类,亚类是对各类火山地质遗迹资源的详细划分。

表1 阿尔山—柴河火山群火山地质遗迹分类表

类	亚类	主要景观
火山岩剖面	射汽岩浆剖面	同心天池火山口的西南和东南缘,天池林场西 2.5 km 处
	降落与溅落锥堆积剖面	同心天池东北的 3 个寄生火山锥、驼峰岭天池、月亮天池、黑瞎洞、1221 高地火山、1132 高地火山锥,1072 高地火山锥、敖尼尔河火山锥、焰山火山锥
火山锥地貌	火山锥	德勒河北边串珠状火山(4 座)、天池火山锥、高山火山锥等
	火山口	除同心天池以外的其余 13 处
	破火山口	同心天池火山口

---

① 白志达. 柴河考察报告,2010
② 吉林省地质局. 1:20 万阿尔山帽、五岔沟幅,1981
③ 白志达. 柴河考察报告,2010
④ 国土资源部地质环境司. 国家地质公园规划修编技术要求,2008

续表1

类	亚类	主要景观
火山熔岩地貌	熔岩台地	柴河镇光荣村绰尔河西岸熔岩台地、九峰山南侧熔岩台地、德勒河熔岩台地
	熔岩峡谷	大、小峡谷
	柱状节理	绰尔河沿岸、山水岩壁画
	熔岩流	块状熔岩石塘林、结壳熔岩兴安林场龟背状构造和绳状熔岩、渣块岩流翻花石及石海
	熔岩喷气锥	喷气锥、喷气碟
	熔岩穹丘	熔岩丘
	熔岩塌陷	熔岩陷谷、熔岩洞
火山碎屑席		焰山周围
中生代古火山地貌	火山颈	柴青林场西中生代火山颈
	潜流纹岩峰林地貌	九峰山、一线天
火山湖泊景	火山口湖	同心天池、驼峰岭天池、月亮天池、布特哈天池、双沟山天池、阿尔山天池、乌苏浪子湖、地池
泉水景观	堰塞湖	松叶湖、杜鹃湖、鹿鸣湖、仙鹤湖、眼镜湖
	温泉景观	同心天池及其东南边缘、阿尔山疗养院温泉群的23处、金江沟温泉的7处
	冷泉景观	圣水泉、五里泉及阿尔山疗养院温泉群的7处

3　火山地质遗迹的特点

阿尔山—柴河火山群喷发时代新，主要为第四纪，只有个别是继承性火山，火山活动具有多期性，可分为中更新世、晚更新世和全新世3期；火山分布面积广，出露面积约2000 km²，火山喷发类型齐全，区内火山喷发方式有冰岛型、夏威夷型、斯通博利型、布里尼型及玛珥式，喷发方式决定了火山形态和火山岩的分布特征；火山喷发完整，结构齐全，火山活动晚期均转化为溢流式火山作用，且岩浆溢出的熔岩流类型由早到晚从结壳熔岩、渣状熔岩，最后演化为块状熔岩流；形成的火山地貌类型多样，如基浪剖面、降落锥、溅落锥、火山锥、火山峡谷、火口湖、堰塞湖、熔岩流、柱状节理群、石塘林、温泉等，且保存较好。

3.1 火山岩剖面

1) 射汽岩浆剖面。射汽岩浆剖面是火山碎屑流在地表开放的环境中形成的，是玛珥式火山的典型产物，主要特征是平行层理及交错层理尤为发育。本区主要分布在同心天池火山口的西南和东南缘，是内蒙古地区至今为止发现的保存最为完好的唯一地区。另外，乌苏浪子湖附近也出露有基浪堆积物，这种堆积物代表了喷气型火山类型，熔岩与碎屑交互，反映了两种火山活动的交互。

2) 降落与溅落锥堆积剖面。火山喷发之初，喷出大量火山渣，火山渣降落堆积在火山口周围，形成降落火山锥；之后岩浆通道打开，由于岩浆挥发份含量降低，从而导致熔岩喷泉式溅落堆积，形成了溅落锥，溅落锥的叠加完成了火山的造锥喷发。这些堆积物熔结在一起，形成了降落锥与溅落锥的堆积剖面。同心天池东北的 3 个寄生火山锥、驼峰岭天池、月亮天池、黑瞎洞、1221 高地火山、1132 高地火山锥、1072 高地火山锥、敖尼尔河火山锥、焰山火山锥中均有此类堆积剖面。这些堆积剖面反映了火山爆发能力及其变化，由此可以推断出火山的喷发方式和强度。

3.2 火山锥地貌

1) 火山锥。该区火山锥多为复式锥，由早期的降落锥和晚期的溅落锥叠置构成，其中德勒河北边串珠状火山(4 座)、驼峰岭天池火山锥、焰山火山锥保存较好，是研究火山历史的良好资源，具有很高的科研科普价值(表2)。

表 2 火山锥分类表

基本类型	典型景观
复式锥	高山、月亮天池、驼峰岭天池、黑瞎洞、1104 高地、1132 高地、敖尼尔河火山-火山锥
渣锥	焰山火山锥
降落锥	半月山、阿尔山天池、双沟山天池火山锥
溅落锥	1221 高地、同心天池东北火山锥

2) 火山口。该火山群火山喷发后留下了形状不同的火山口(表3)，火山口周边景色宜人，大大小小的火山口星罗棋布，散布在原始森林中，是旅游探险的绝佳胜地。

表3　火山口类型划分表

基本类型	主要景观
漏斗状	驼峰岭天池火山口
马蹄形	半月山、德勒河北山4座火山、敖尼尔河火山火山口
近圆形	双沟山天池、布特哈天池、阿尔山天池、月亮天池、地池火山口

3）破火山口。晚侏罗世同心天池火山发生强烈的布里尼式喷发，大量火山碎屑物喷出后，火山口塌陷，形成破火山口，破火山口周围环状、放射状断裂发育，断裂的几何中心为破火山口。

3.3　火山熔岩地貌

1）熔岩台地。是火山爆发时大规模的熔岩溢流覆盖所形成的平坦高地，组成物质主要是玄武岩。主要有柴河镇光荣村绰尔河西岸熔岩台地、九峰山南侧熔岩台地、德勒河熔岩台地。

2）熔岩隧道。主要包括大、小峡谷。大峡谷位于柴河镇西南约70 km处的森林中，由驼峰岭天池火山的玄武质熔岩流遇水爆炸后期塌陷而成，由南向北蜿蜒展布，长约6 km，宽约30～150 m，深25～100 m。大峡谷由原始森林环抱，峡谷内水流湍急，草深林密，是少有的典型地下森林。这种由玄武岩构成的大峡谷实属罕见，具有重要的科学和旅游探险价值。小峡谷位于德勒河中下游，峡谷由德勒河北山裂隙中心式火山的熔岩流遇水爆炸而成，由西向东延展，长约5.5 km，宽30～80 m，深20～50 m。峡谷中流水湍急，峡谷两壁近于直立，是重要的游览探险及避暑胜地。

3）柱状节理。玄武岩构成了绰尔河河谷的一级阶地，河谷两侧熔岩流厚度大，最突出的特征是发育柱状节理，是绰尔河河谷玄武岩中典型的地质遗迹景观。绰尔河河谷柱状节理群又分为垂直柱状节理、束状柱状节理和水平柱状节理，不同方向的柱状节理反映了熔岩流冷却定位的环境。绰尔河河谷玄武岩中柱状节理类型多样，规模宏大，十分壮观，这在国内也是罕见的。

4）熔岩流。包括块状熔岩石塘林，结壳熔岩兴安林场龟背状熔岩流构造、绳状熔岩，渣块熔岩流翻花石及石海（表4）。块状熔岩石塘林位于半月山北侧，是半月山熔岩流的最后一期形成的，分布面积约5万 m²，块状玄武岩的岩块直径约1～2 m。结壳熔岩兴安林场龟背状熔岩流构造、绳状熔岩，渣块熔岩流翻花石及石海位于阿尔山的石塘林，龟背状熔岩流构造位于兴安林场北东约200 m左右的平坦熔岩台地上，地形平整，纵横两个方向发育两组收缩裂隙，呈网格状切割结壳状熔岩，使平整的熔岩面形似龟背，收缩裂隙间距约1 m，裂隙宽度5～10 cm，内部充填了后期的熔岩。在龟背状熔岩面上，流动构造发育，可辨出多方向变化的熔岩流。绳状熔岩在结壳熔岩中随处可见，外表与钢丝绳、麻绳、草绳等极为相似，表面粗糙成束出现。阿尔山石塘林分布着大片的破碎块状或渣状的熔岩——石海，其中有些景观像海中浪花，即为翻花石。

表 4　熔岩流类型划分表

基本类型	典型景观
块状熔岩流	半月山石塘林
结壳熔岩流	阿尔山石塘林中的龟背状熔岩流构造、绳状熔岩
渣块熔岩流	阿尔山石塘林中的石海、翻花石

5)熔岩喷气锥。杜鹃湖西岸有喷气锥群，喷气锥直径约 1.5 m，高约 0.8~0.9 m，宽约 0.2 m，近圆状。里壳状层状叠置。推断该处是由于焰山熔岩由南向北流动，在该处侵占哈拉哈河河道，从而形成大量喷气锥及伴生的喷气碟，保存形态不一。

6)熔岩穹丘。从大黑沟到摩天岭约 40 km^2 范围内分布着数百个熔岩穹丘。多呈馒头形，直径 5~7 m，高 2~4 m，中间有通气孔道，熔岩丘的顶部和侧面常常裂开，形成裂隙式孔洞。

7)熔岩塌陷。主要在阿尔山的石塘林中，包括熔岩洞和熔岩陷谷。烙岩洞口多呈拱形，洞高在 2 m 以内，洞的深浅不一，有的已陷落成沟，洞穴的熔岩流表面多气孔，熔岩呈绳索状、涟漪波状和垅状，是熔岩流表面冷却结壳而底部流动的结果。阿尔山石塘林的熔岩台地上还常常发育特殊的长条形陷谷或近于圆形的陷坑，多是熔岩活动时地下存在大量液态组分，待冷却后体积收缩，从而导致地表的熔岩陷落而成。

3.4　火山碎屑席

焰山周围分布着研究区内唯一的火山碎屑席，分布在火山锥周围(西侧被后期熔岩流覆盖)，厚度大于 1 cm 的火山渣分布面积约 27 km^2，在近锥体的沟谷低洼处厚度较大，如在焰山西南侧约 500 m 处，可见厚度约 3 m。这套高度碎屑化的玄武质火山碎屑席的形成，说明了火山喷发时岩浆中挥发分含量较高，爆破式火山作用强烈。

3.5　中生代古火山地貌

1)火山颈。该景观位于柴青林场西约 5 km 处，为中生代火山颈，由潜流纹岩组成，以发育大型柱状节理为特征。柱状节理规则堆砌，高约 100 余米，直径约 300 m，十分壮观，是大自然的鬼斧神工造就的又一奇特火山地貌景观，是确定古火山喷发中心和研究破火山晚期火山作用特点的重要岩相类型，具有重要的科学意义和观赏价值。

2）潜流纹岩峰林地貌。九峰山中生代潜流纹岩地貌景观位于柴河西南约 50 km 处，由晚侏罗世白音高老期破火山口内潜流纹岩构成，面积约 0.5 km²。在九峰山脚下潜英安岩中，由人工筑路凿开和北北西向剪节理劈切形成一线天地貌。这些由潜流纹岩形成的奇特秀美的火山地貌景观，在大兴安岭乃至中国东部大陆边缘中生代火山岩带中具代表性。

3.6 火山湖泊景观

1）火山口湖。本区火山口湖数量之多是内蒙古地区之最，仅柴河地区已发现的火山口湖就有 15 个，其中海拔千米以上的有 7 个。本区主要火山口湖见表 5，天池景观形态各具特色，大都是火山喷发后火山口后期积水形成的火山口湖，点缀在该区的火山群之中。其中的同心天池火山为一继承性火山，由中生代强烈的布里尼式喷发和中更新世的玛珥式喷发加上后期的改造作用，积水而成。距阿尔山北东 79 km 的地池，是一种平地凹陷火山湖泊，世界上只有非洲地区发现过，国内外罕见。

表 5　火山口湖分类表

基本类型	主要景观
低平玛珥湖	同心天池、布特哈天池、乌苏浪子湖
高位火山口湖	月亮天池、驼峰岭天池、双沟山天池、阿尔山天池
塌陷熔岩湖	地池

2）堰塞湖。主要有仙鹤湖、鹿鸣湖、眼镜湖、杜鹃湖、松叶湖 5 个湖泊。其中仙鹤湖、鹿鸣湖、眼镜湖、杜鹃湖这 4 个湖泊是由于焰山火山的熔岩流堵塞哈拉哈河河道形成的。松叶湖是由于 1396 高地火山的熔岩流堵塞河道形成的。这些火山堰塞湖边缘都有地势较高的熔岩流出现，一般都有入水口与出水口，湖泊的形状一般不规则。

3.7 泉水景观

1）温泉景观。同心天池火山口东南侧沿火山口塌陷断裂发育多处泉水，泉水冬季不冻，春秋季温度明显高于湖面水温，为温度较低的温泉，是地热资源的天然露头。泉水中含有较高的硫化氢，有强烈刺鼻的硫黄味，反映泉水循环可能受深部岩浆活动的影响。阿尔山疗养院温泉群的 23 处、金江沟温泉的 7 处均属温泉。其中阿尔山疗养院温泉群泉水温度差别较大，最高温度为 48℃，最低温度是 6℃，按水文地质分类，属中温泉的有 2 个，低温泉 21 个。金江沟温泉位于阿尔山东北 60 km 处，有 7 个泉眼，南北向排列，其中有 2 眼热泉已被开发利用，水温高达 47℃，经鉴定泉水含有多种矿物质，水质良好、无污染，具有较高的医疗价值。

2) 冷泉景观。包括圣水泉、五里泉及阿尔山疗养院温泉群的 7 眼泉。圣水泉位于阿尔山疗养院温泉群南 70 m 处。1988 年吉林省勘察设计院对圣水泉水质进行检测，并报国家饮用天然矿泉水技术评审委员会评审为"优质天然矿泉水"，属国内外罕见的含氧、低矿化度、低钠、偏硅酸、重碳酸钙型优质饮用保健矿泉水。五里泉位于通往伊尔施的公路边，泉水出自西北向与东北向断裂复合部位的侏罗纪火山岩，泉水无色无味、清澈透明，水温常年不变，水位不受季节变化的影响。1988 年 12 月 5 日，经国家饮用天然矿泉水技术评审组评审并报请国家地质矿产部批准，确认五里泉矿泉水为"优质矿泉水"。

4 火山地质遗迹的价值

1) 科学价值。阿尔山—柴河地区火山规模大，喷发形式多样，尤其是众多的火口天池，裂隙—中心式火山及同心天地继承性的玛珥式火山等具有极高的科学价值，可以根据火山作用遗迹反推火山活动的情景，重建火山喷发过程，并根据所恢复的火山作用预测火山再次喷发的时间、范围和强度，以减少火山灾害的影响。它不仅对地质学家具有巨大的吸引力，对科学爱好者也是理想的科考胜地，是火山学、地质学、地理学和生物学等学科研究的理想基地，也为普及火山知识提供了天然的教科书。

2) 环境价值。阿尔山—柴河火山群地处高山林区，独特而复杂的自然环境孕育了种类丰富的植物资源，这片静卧在原始森林中的火山群环境优美，是东北火山旅游区中环境质量最高的地区。多样的火山地貌，尤其是玛珥湖，对研究古气候具有重要的意义。

3) 旅游价值。火山喷发一方面破坏原来的地貌景观，另一方面又塑造出新的千姿百态的火山地貌。这种火山景观被称为"无烟工业"，即旅游业的资本，具有极高的旅游价值。在经济全球化和物质文明日新月异的今天，能有阿尔山—柴河这样一块干净原始的土地和这样完整的天然遗存，本身就是一个非常独特之处，在旅游者日益"求奇求异"的现代旅游意识下，这里无疑是一个"人间天堂"，人类灵魂的极好归属。

4)经济价值。火山活动是创造自然财富的重要源泉，许多金属和非金属矿产的形成都直接或间接与火山作用有关。区内玄武岩就是有用的建筑材料，浮岩、火山渣都是优质的建筑材料。区内火山作用形成的多个温泉和矿泉为当地带来了巨大的经济效益。

5)社会价值。阿尔山—柴河地区火山具有如此大的规模和特殊性，如果开发保护得当，是科普教育的独特基地，有利于提高人们爱护环境、保护地球家园的意识，同时将给当地政府和居民带来极大的社会效益，由此而派生的经济效益也是不言而喻的。

内蒙古巴林喇嘛山地质遗迹资源类型、评价与开发利用

范小露[1]　刘斯文[2]　文雪峰[1]　田明中[1]

1. 中国地质大学(北京)地球科学与资源学院, 北京, 100083;

2. 中国地质科学研究院, 北京, 100083

摘要：内蒙古巴林喇嘛山具有丰富多样的地质遗迹资源。本文在野外调查的基础上将喇嘛山地质遗迹资源分为地质构造、风景地貌和环境地质现象三大类。针对研究区地质遗迹资源的特点对地质遗迹资源分别进行了定量评价和定性评价，认为其具有独特性、较高的科学价值以及美学价值。最后，对研究区地质遗迹资源的保护开发提出了建设自治区级地质公园，以地质遗迹资源为基础开发并提高旅游价值，加大宣传力度以提高知名度的建议和对策。

关键词：喇嘛山；地质遗迹资源；类型；花岗岩景观；美学价值

内蒙古巴林喇嘛山位于大兴安岭中段东缘，距牙克石市187 km，与海拉尔相距280 km，滨州铁路和301国道由此穿过，交通便利。东邻扎兰屯市，西接喇嘛山林场铜矿沟。地理坐标为东经 122°14′43″~122°25′30″，北纬 48°18′03″~48°24′28″。巴林喇嘛山地质遗迹资源丰富，其独特的地质构造、风景地貌、环境地质现象，有较高的科学价值和美学价值。本文从当地旅游利用条件、游客的体验以及旅游经济方面综合考虑，对巴林喇嘛山的旅游开发价值进行了研究。

1　区域地质背景

1.1　地层

区域内出露的地层主要有古生界下石炭统莫尔根河组(C_1m)，中生界上侏罗统上库力组Ⅲ段(J_3s^3)，下—中侏罗统酸性火山岩(J_{1-2})，新生界全新统低阶地与河漫滩相砂砾层(Qh)。其中石炭系莫尔根河组厚804 m，零星分布在巴林铜锌矿一带，呈北东向展布；下—中侏罗统酸性火山岩(J_{1-2})主要出露在巴林镇雅鲁河东西两岸及喇嘛山的东北部，区域地层厚1450 m，与下伏地层莫尔根河组呈不整合接触关系。上侏罗统上库力组Ⅲ段主要出露在喇嘛山北坡巴林林场一带，呈东西走向；全新统低阶地与河漫滩相砂砾层分布在雅鲁河谷、石雨谷地带，由河漫滩

本文发表于《资源与产业》，2013，15(04)：100-106。

冲积黏土、砂砾石、黑色腐殖土及现代冲积物、洪积物组成，厚 1~15 m(图 1)。

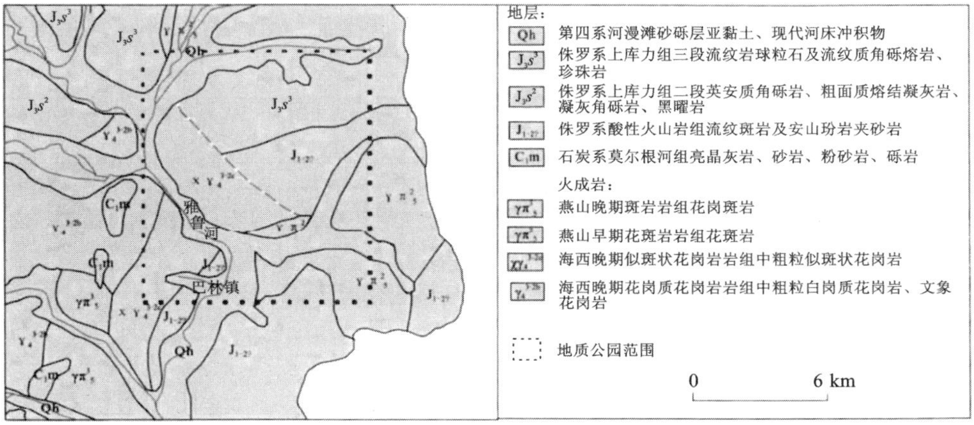

图 1　研究区地质图

注：据内蒙古自治区牙克石市 1∶2000000 地质矿产调查报告

1.2　构造

研究区大地构造位置属新华夏系大兴安岭隆起带北段南缘，第三沉降带海拉尔断褶带和根河凹陷带接壤部位。山体坐落于兴安地槽褶皱系东乌珠穆沁旗早海西地槽褶皱带大兴安岭隆起带东南侧，位于阿尔山巴林复背斜轴部东北端。

2　地质遗迹资源类型

不同学者对地质遗迹的资源分类方案不尽相同。在对喇嘛山地质遗迹进行调查分析的基础上，根据喇嘛山地质遗迹的特征，参考 Yang Yan 等的分类方法，将其分为三大类：地质构造类、风景地貌类、环境地质现象类(表 1)。

表 1　巴林喇嘛山地质遗迹资源类型及特征

大类	类	亚类	名称	地质遗迹特征
地质构造	构造	典型中、小型构造	节理	走向为北东向，是流水沿直立节理冲刷形成的险峻陡崖(图版 Ⅰ-A、B)
			断层	花岗岩体中或边缘发育有断裂构造，后期由于岩石破碎或断裂的抬升，在花岗岩体的内部或周边形成悬崖绝壁(图版 Ⅰ-C、D)

续表1

大类	类	亚类	名称	地质遗迹特征
风景地貌	山石景观	花岗岩景观	花岗岩石峰	区内有大小28座突兀挺拔、陡峭嶙峋的石峰,其中主峰喇嘛峰(图版Ⅰ-E-a)海拔810 m,相对海拔75 m,其次为醒狮岩(图版Ⅰ-E-b)
			石蛋	受节理切割,典型的球形风化作用,在喇嘛峰半山腰及醒狮岩、剑龙岩的顶部可见大小不一的石蛋景观
			象形石	受风化、溶蚀等作用影响形成,千姿百态、大小各异、形成逼真、如灵龟岩、剑龙岩
			花岗岩石柱	有数十个,最高约60 m,直径2~30 m
			岩臼	臼口长轴为0.2~1.0 m,深0.1~0.5 m,内部陡且光滑(图版Ⅰ-F)。以醒狮岩顶部分布最多
			边墙型风化穴	发育于陡倾的岩面上或陡崖基部,部分在水平方向上有2个以上的出口,规模较小
			风蚀壁龛	多分布于风口处的花岗岩岩体上,以九龙壁最为典型,其宽约15 m,高约5 m
			石瀑	流水作用在花岗岩表面形成的冲蚀凹槽,以瀑布岩最为显著,其高约5 m
	洞穴	非岩溶性岩石洞穴	花岗岩洞穴	因崩塌等而形成的不规则的堆石洞,以药王洞和白龙洞最为典型。其中,药王洞深约8 m,高6~7 m,最宽处约2 m,向内变窄至约1.5 m
	峡谷	峡谷景区	石雨谷	位于喇嘛山主峰北侧,EN—WS 走向,长3.25 km,宽约3 m,深10 m,流域面积5.79 km²,沟床为卵状石叠铺而成
	水体	风景河流	雅鲁河	雅鲁河流经的一段,河流长65.6 km,宽约50 m,雨季宽度可达100多米,水深大多为1.0~1.5 m,平均流量4.2×10 m³/a
		风景湖泊	喇嘛湖	由雅鲁河的支流堵存而形成的人工湖泊,由漂流、泛舟、垂钓、观赏构成的四维立体景点
		其他水景		以河流堆积造就的牛轭湖为主,还有河漫滩间洪水期残余的积水。湿地区域内植被发育、较周边地区湿润(图版Ⅰ-G)
环境地质(地质灾害)现象	地质灾害遗迹	崩塌遗迹	"一线天"	高约20 m,缝宽处约2 m,窄处不足1 m,长40 m,近南北走向,在直上直下的缝中悬挂2块巨石,是花岗岩体沿近似垂直的节理风化崩落而成

　　研究区地质遗迹资源主要分布在喇嘛峰景区、石雨谷景区、万寿岩景区、雅鲁河景区。其中喇嘛峰景区紧邻巴林镇,主要有花岗岩石峰、象形石、岩臼、风蚀壁龛等;石雨谷景区位于喇嘛峰北侧,主要有峡谷、花岗岩堆垒等地貌景观;万寿岩景区位于巴林镇西北部、石雨谷北侧,主要有花岗岩石峰、象形石、风蚀壁龛等景观;雅鲁河景区位于巴林镇西郊,主要由雅鲁河谷及湿地、喇嘛湖组成。地质遗迹资源分布及景区的位置如图2所示。

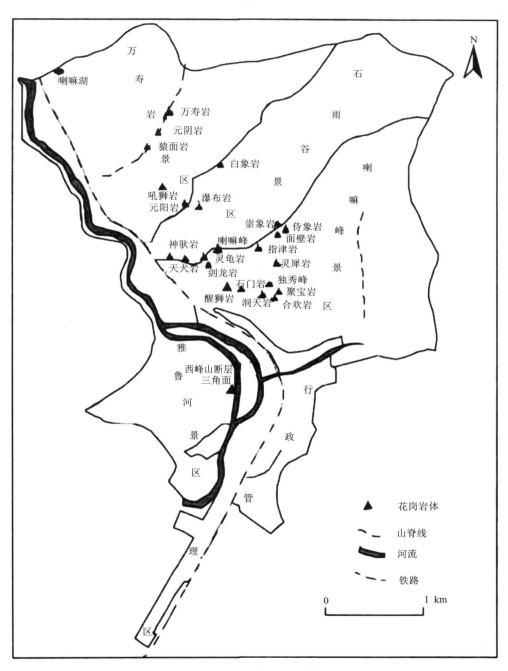

图 2　研究区地质景观分布

3 地质遗迹资源评价

3.1 定量评价

根据综合评价模型

$$E = \sum_{i=1}^{n} Q_i \times P_i$$

式中：E 为综合性评价结果值；Q_i 为第 i 个评价因子的权重；P_i 为第 i 个评价因子的评价值；n 为评价因子的数目。Q_i 总和为 10 分，包括地质遗迹资源、辅助类景观质量评价、地理环境条件、客源条件以及社会经济条件等的权重。

采用模糊数学百分制记分法，其中地质遗迹资源占 45 分，辅助类景观质量评价占 20 分，地理环境条件占 15 分，客源条件占 10 分，社会经济条件占 10 分。

根据旅游区的综合得分，可将旅游区分为四个等级：85 分以上的为一级，75~85 分的为二级，60~74 分的为三级，45~59 分的为四级。巴林喇嘛山的综合定量评价得分为 84.19 分，为二级旅游区。其中，地质遗迹资源占满分的比例较高，定量评价结果如表 2 所示。

表 2　喇嘛山地质遗迹资源定量评价结果

条件	评价因子	因子权重 Q_i	因子评价值 P_i	评价结果 E	占满分比例/%
地质遗迹	科学价值	1.7	9.0	15.3	
	美学价值	1.0	9.0	9.0	
资源	稀有性	0.5	7.0	3.5	84.2
	典型性	0.5	9.0	4.5	
	奇特性	0.4	7.0	2.8	
	丰富性	0.4	7.0	2.8	
	合计	4.5		37.9	

3.2 定性评价

根据定量评价结果，结合研究区地质遗迹资源特点，对其做以下几方面的定性评价。

3.2.1 独特性

研究区内 28 座陡峭的岛山是目前除克什克腾、翁牛特之外，在内蒙古高原上发现的又一规模较大、类型较全、形成较好的岩臼群，在气候冷湿、寒冻风化较严重的北方地区较为罕见，是内蒙古及周边地区花岗岩地貌的重要补充。

　　研究区内的花岗岩类型以白岗质花岗岩、花岗斑岩为主，景观以花岗岩奇峰、石蛋、岩臼、象形石为主要特色，还有部分罕见的花岗岩洞穴、石瀑发育（图版Ⅰ）。区内的花岗岩景观在规模以及形成的动力条件上有其独特之处，详见表3。

表3　巴林喇嘛山与内蒙古其他地区花岗岩景观特征对比

地点	花岗岩类型	景观特征	主要动力条件
巴林喇嘛山	白岗质花岗岩、花岗斑岩	以花岗岩奇峰、石蛋、岩臼、象形石为主要特色，有部分罕见的花岗岩洞穴、石瀑发育	化学物理风化，特别是寒冻风化，属差异风化型
克什克腾	中粗粒花岗岩	花岗岩景观类型多样，有阿斯哈图花岗岩石林、曼陀山花岗岩石蛋、青山花岗岩岩臼及峰林地貌	古冰川侵蚀
翁牛特旗	花岗岩、二长花岗岩、闪长岩、花岗斑岩	以花岗岩巨石、岛山、岩臼、石柱、象形石、风蚀穴、多边形碎裂岩等景观为主	以化学物理风化为主，伴随有生物风化和盐风化
巴林左旗七锅山	粗粒花岗岩	以大型岩盆、风蚀壁龛、岩臼群、石瀑布等花岗岩景观为主，岩盆穿洞较多	以风力吹蚀、磨蚀为主
宁城	以花岗岩、花岗闪长岩、闪长玢岩、辉长岩、闪长岩为主，中粗粒结构	主要为未风化的基岩，岩体巨大，分布有峰市最大的花岗岩体	以物理风化为主
阿拉善海森楚鲁	中-细粒花岗岩	风蚀龛、风蚀蘑菇等	以风蚀、寒冻风化为主

3.2.2　科学价值

　　喇嘛山地质遗迹资源稀有、典型，自然状态保存完好，具有科学价值和地学意义，是研究地质、地貌、气候等学科难得的科研基地，它丰富了中国花岗岩景观等遗迹类型。喇嘛山石峰顶部花岗岩岩臼发育，对其成因目前仍存在很大争议，它与克什克腾石林顶上的岩臼很相似，田明中等学者认为，这些岩臼是在岩石的差异风化以及风、水的共同作用下形成的。风蚀壁龛、风化穴、石蛋、石柱等花岗岩景观与该地区构造演化、气候变迁密切相关，具有极高的科学研究价值。

3.2.3　美学价值

地质作用造就了种类繁多的地质奇观，由于寒冻风化、溶蚀等作用形成的象形石千姿百态，大小各异，形态逼真，或酷似剑龙，或形似雄狮；因断层而形成的悬崖绝壁陡峭、壮美，似鬼斧神工劈就，经雨水冲刷而形成的流痕似九天而降的瀑布。此外，452 m 的山地相对高差使得以次生林景观为主体的森林浩瀚壮丽，物种丰富。日出、晚霞、月色、云海、流岚、彩虹等天象景观应有尽有，神韵斐然。这些景观资源无一不将大自然的造化表现得淋漓尽致。

4　地质遗迹资源保护与开发策略

4.1　建设自治区级地质公园

我国的地质公园建设实践表明，建立地质公园有利于地质遗迹资源和生态环境的保护。例如，克什克腾世界地质公园的建立，很好地保护了"九缸十八锅"世界奇观、世界少有的沿山脊或分水岭分布的水平节理和垂直节理发育的石林等花岗岩地貌景观，极大地提高了当地居民保护地质遗迹资源和生态环境的意识。根据对巴林喇嘛山地质遗迹资源的定量、定性评价结果，认为其完全具有建立自治区级地质公园的条件和优势。

4.2　开发并提高旅游价值

地质遗迹资源的开发是以保护地质资源、生态环境为宗旨，同时也需要依靠旅游来带动并维持资源开发与保护的各项活动，而且地质遗迹资源自身的价值并不等同于以游客体验为核心的旅游开发价值。因此除了地区本身特有的优势资源外，在地质遗迹资源开发的同时要兼顾游客的需求。

1)加强管理区域旅游利用条件。

包括旅游适宜期、区域条件、交通以及基础设施。受气候条件限制，喇嘛山旅游旺季主要集中在 7、8、9 月，每年的旅游适宜期为 150~240 天，"五一""十一"等"黄金周"旅游难以实现，因此要充分利用适宜期的各项设施以及优势。区位条件方面，喇嘛山距离牙克石市 187 km、呼伦贝尔市 244 km、扎兰屯 60 km，并与著名旅游景点喇嘛山林场铜矿沟以及阿尔山、鄂伦春地质公园相接。以呼伦贝尔市为依托，边城满洲里、草原海拉尔、林城牙克石、山城扎兰屯、火山景观鄂伦春以及与俄罗斯、蒙古国接壤共同组成了良好的地缘优势区位条件。外部交通方面，在 50 km 内通铁路，在铁路干线上，客流小。省道或县级道路上交通车辆较多，有一定客流量；内部交通方面，区域内有多种交通方式可供选择，具备游览的通达性。根据实际情况提高交通通达性，积极开展陆游、自驾游等多种游览方式以充分发挥游客的旅游交通价值，这也是实现旅游开发价值的前提。充足的水源，变压电供应，较为完善的内外通信条件，安全、干净的旅游、居住环境，旺季期间基础硬件设施的充足性，保障了旅游开发的可实现性。

2）加强专业人才的培养。

地质遗迹资源具有普及地学知识的功能，地学旅游的发展使得人们越来越重视能否在旅游的同时获得知识。喇嘛山地区人力资源不足，从业人员观念落后、专业知识缺乏。因此要合理地安置员工，挖掘其潜力，加强对员工专业知识方面的培训。

3）开发鲜明的旅游产品形象。

研究区内缺乏能激发人们旅游热情的旅游产品形象，而且旅游产品没有能与当地的地质遗迹资源以及漂流、森林浴、滑槽等活动结合起来，游客的参与性与互动性不够。因此培养专业讲解的导游，突出当地旅游特色，设计出能够使游客参与互动并能激发其热情的旅游产品，比如漂流过程中"打水仗"是一项能充分调动游客积极性的娱乐项目，那么可结合当地地质遗迹资源中的象形石设计出相应形状的轻便水枪及其他盛水用具，不仅能满足游客娱乐的需要，也对地质遗迹资源起到了宣传的效果。

4）综合考虑旅游经济效益。

旅游过程的经济支出与旅游体验收获的性价比是游客出行决策的关键，因此门票以及吃、住、行、娱、购等价格的确定要综合考虑能否达到互利的旅游经济层面。

4.3　加大宣传力度

包括地质遗迹资源的科普知识宣传，旅游形象宣传以及生态环境保护理念的普及。利用各种机会，加大宣传力度，才能使地质遗迹资源保护、环境保护深入人心，付诸行动，进而使地区的资源、经济与环境走上可持续发展之路。

5　结语

内蒙古巴林喇嘛山地质遗迹资源具有独特性、极高的科学价值以及美学价值，可以建立自治区级地质公园以促进该区地质遗迹资源的保护。地质遗迹资源和旅游的开发将促进当地经济和生态环境的可持续发展，在开发过程中必须处理好地质遗迹资源与环境保护之间的关系，充分发挥地质遗迹资源的经济、社会和环境效益。

图版 I

A、B—节理；C—绝壁和陡崖；D—河西断层三角面；

E—喇嘛峰（a）与醒狮岩（b）；F—岩臼；G—湿地景观

内蒙古巴彦淖尔地质公园的资源类型与开发策略浅探

王璐琳¹   武法东¹   王露¹   武爱娜¹   韩胜利²   郭斌²

1. 中国地质大学（北京）地球科学与资源学院，北京，100083；
2. 内蒙古巴彦淖尔市国土资源局，内蒙古巴彦淖尔，015000

摘要：在野外综合地质考察和全面收集资料的基础上，本文对巴彦淖尔地质公园内地质遗迹资源进行系统的分类和论述，概括了公园内的人文景观资源，明确了公园的主体旅游资源。并针对地质公园建设和发展中存在的问题，探讨地质遗迹保护和旅游资源开发策略。

关键词：地质遗迹；资源类型；开发策略；地质公园；巴彦淖尔

1   巴彦淖尔地质公园概况

巴彦淖尔地质公园位于内蒙古自治区巴彦淖尔市境内，地理坐标为北纬40°13′~42°28′，东经105°12′~109°53′，区内海拔一般在1020~1400 m。公园有着漫长的地质演化历史和复杂的地质构造。公园所处的大地构造位置横跨两个大地构造单元，北为天山—内蒙古—兴安古生代地槽褶皱区，南为中朝准地台。公园内地层由老到新依次出露太古界、元古界、古生界、中生界及新生界。区内经历了太古代、元古代、加里东期、华力西期、印支期、燕山期等多次构造运动，岩浆活动比较频繁，以侵入岩为主，喷出岩次之，尤以华力西中、晚期和印支期—燕山期的酸性、中酸性侵入岩分布最广，规模较大。

巴彦淖尔地质公园是内蒙高原、阴山山脉和河套平原三大地貌单元的汇聚地，奔流不息的黄河、水草肥美的乌拉特草原、茫茫的乌兰布和沙漠及美丽的河套田园风光构成了巴彦淖尔地质公园独具特色的地质遗迹景观。

2006年12月被评为自治区级地质公园，并正计划申报国家地质公园。

2   地质遗迹资源

地质遗迹是指在地球演化的漫长地质历史时期中，由于内外动力地质作用而形成、发展并保存下来的珍贵的、不可再生的地质自然遗产。

本文发表于《资源与产业》，2009，11（01）：86-88。

巴彦淖尔地处阴山天山——东西向巨型构造带的中带,地层发育完整,岩浆活动频繁,地质构造复杂,区域内保存有大量的地质遗迹资源。

根据野外实地综合考察和收集的资料,区内地质遗迹主要有古生物化石类、地貌类及构造与新构造形迹类。

2.1 古生物化石类

恐龙化石园区位于乌拉特后旗境内,化石赋存于上白垩统乌兰素海组砖红色粉砂岩中,出露面积 322.488 km^2,出土了大量珍贵的原角龙、甲龙、恐龙蛋、龟鳖蛋化石和其他早期哺乳类动物化石。其中发现的迄今为止保存最完整的巨型原角龙头骨化石、一窝呈放射状叠放的椭圆形恐龙蛋化石及含有胚胎的原角龙恐龙蛋化石等均为世界恐龙发掘史上所罕见。同时还出土了内蒙古地区发现时代最早、最原始的哺乳动物化石——多瘤齿兽类,是研究哺乳类动物起源与进化的珍贵实物资料,在时间上代表了哺乳动物出现和恐龙进入灭绝的重大生物演替转折阶段。

恐龙足迹化石位于乌拉特中旗境内,赋存于白垩纪砂砾岩层面上。现已出露有大小不同的 5 组恐龙足迹,主要为肉食性的兽角类恐龙的三趾型足迹,每只足迹的长度均大于宽度,带有尖锐的爪痕,脚印上均有隆起的块状结节,反映了当时恐龙脚趾上发育有柔软的肉垫,同时也反映了这些恐龙的个体形态和体重有着较大的差异。

2.2 地质地貌类

1)乌兰布和沙漠及湖泊。乌兰布和沙漠在地质公园内的面积约 3400 km^2,占乌兰布和沙漠总面积的 1/3,沙漠中沙丘连绵起伏,形态复杂多变,有新月状、垄状、陵状和平坦沙地多种沙漠形态。沙丘表面发育有各种规模和形态的风成沙波纹。

纳林湖、冬青湖、沟心庙湖、沙漠三湖等湖泊是众多沙漠湖泊中的代表。素有"塞外明珠"之美称的乌梁素海是黄河流域最大的淡水湖,是全球范围内干旱草原及荒漠地区极为少见的大型湖泊,也是地球同一纬度最大的湿地和世界 8 大候鸟迁徙通道上的重要节点,已被列入《国际重要湿地名录》。

2)花岗岩石林地貌。花岗岩石林地貌景观在乌拉特中旗的红旗店和太牧场玛尼庙一带均有发育,呈北东向展布于山脊,连绵数千米,面积约 50 km^2。本区形成石林的花岗岩属于华力西晚期侵入岩中的花岗闪长岩或闪长岩,是红旗店期闪长岩和玛尼庙期花岗闪长岩岩体经风化剥蚀作用而形成的石林奇观,这是一种介于花岗岩石林与石蛋地貌之间的过渡型低石林。

3)峡谷。垂直狼山山系发育了多条峡谷。峡谷由褐红色的含砾砂岩构成,单条峡谷长约 10 余 km。它是以构造裂隙或断层为基础，经早期流水侵蚀作用叠加风蚀作用而形成的峡谷地貌。峡谷历经风雨侵蚀、冲刷，悬崖壁土形成了惟妙惟肖象形景观，布满了大大小小的洞穴，形似蜂巢，尽显沧桑之壮美，由此亦称"梦幻峡谷"。

4）石柱。在复杂多期的构造运动过程中，红色砾岩层内部发育多组垂直节理，经过长期的风蚀作用，沿多组垂直节理发生崩塌作用，逐渐形成孤立的砾岩柱，进一步圆化而形成石柱景观。石柱高 28.5 m，直径约 4~8 m，石柱酷似人形，伟岸挺拔，是当地人们崇拜的对象。

5）典型地层剖面。地质公园内发育有 2 个内蒙古自治区地方性地层单位的命名剖面——中元古界什那干群和渣尔泰山群地层剖面，他们是区内外地层对比的标准。在乌拉特前旗余太镇白彦花山南山附近还出露华北地区唯一的上奥陶统，是华北地区进行早古生代环境研究的珍贵实物资料。

2.2 构造和新构造形迹

1）褶皱构造。由于经历了长期的地质构造作用，阴山内部发育有各种各样的褶皱，其中出露明显的槽皱构造有韧性剪切柔皱、紧闭褶皱、缝合线等。

2）断裂构造。乌拉山山前断裂是控制阴山隆升、河套平原沉降的区域性活动大断裂，是断层面南倾的正断层。断层北盘的片麻岩发育擦痕，南盘的第四纪堆积物形成阶地，说明该断层在喜马拉雅山期仍在活动。河套平原的形成与山前大断裂的活动关系密切，河套平原第四纪沉积物最大厚度达 2 400 m，造就了巴彦淖尔独特的地貌景观——阴山、高原、河套平原在这里汇聚。

3）构造不整合面。公园内发育古近系砂砾岩与下伏白云质灰岩之间的构造不整合面，不整合面呈宽缓的"U"型，代表了数亿年的间断。上覆古近纪砂砾岩分选差、磨圆度低，发育大型交错层理，是早期形成的白云质灰岩被构造运动抬升露出地表后接受古近纪沉积而形成的。

4）冲积阶地。冲积阶地位于不敦毛道沟口，经强烈而多期次的第四纪新构造活动所形成，由冲积物、洪积物构成，分选差，磨圆度低。三级阶地发育明显，一级阶地高约 5 m，二级阶地高 7~8 m，三级阶地高约 10 m。一级阶地下伏出露基岩为白垩纪红层。

3 人文历史资源

1）阴山岩画。位于阴山山脉中，约计分布有 1 万多幅，是世界上最大的岩画艺术画廊之一。岩画多刻凿于基性侵入岩表面，描绘了家畜、狩猎、放牧、舞蹈、祖先神像、日月星辰和民族文字等，是研究游牧民族生活和历史的珍贵资料。

2) 阿贵庙。地处狼山西段的阿贵沟内，距临河市约 90 km 左右。阿贵庙占地 100 多 km²，海拔 1500 m，是内蒙古"红教"喇嘛唯一的活动场所，也是我国西北地区最大的"红教庙宇"，被内蒙古自治区列为 12 大庙宇之一。

3) 霍各乞铜矿遗址。位于乌拉特后旗获各琦(原名霍各乞)矿区。现保存有 3 个炼铜炉、大量碎矿石和几个已风化的石臼。在 1 号矿床上还发现一古矿井，周围有石锤和兽骨。经发掘考证，确认铜矿遗址时代为战国至秦汉。

4) 小余太秦长城遗址。始建于嬴政 28 年的秦长城遗址在公园内分布范围广，东起乌拉特前旗小余太镇，西至乌拉特后旗潮格温都尔镇，全长 240 km，约占内蒙古自治区长城总长度的 1/3，其中小余太镇渣尔泰山一段保存最完好。

5) 朔方郡三县古城遗址及周边古墓群。朔方郡始建于汉武帝时期，所辖 10 县，其中最西部 3 县——窳浑、三封、临戎遗址在巴彦淖尔市磴口县境内。

6) 三盛公水利枢纽工程。位于巴彦高勒镇东南 2 km 的黄河上。该工程始建于 1959 年，1961 年竣工，主要由 2100 m 的拦河坝、18 孔拦河闸、9 孔干渠进水闸、两岸导流堤以及发电站组成，是"万里黄河第一闸"。

4 地质遗迹保护与旅游资源开发策略

在巴彦淖尔地质公园建设、地质遗迹资源转化为旅游资源的过程中，保护地质遗迹，开发旅游资源，还有许多值得进一步探讨的问题。

4.1 进一步增强地质遗迹保护意识

地质遗迹是不可再生的自然资源，对地质遗迹的保护是地方经济发展中的大事，各级政府领导和职能部门都应该给予足够的重视。对地质遗迹的保护不仅只停留在文件和会议宣传上，而且要落实到实际工作中。作为普通市民、游客，也要不断提高对地质遗迹保护意义的认识，形成全民共同保护地质遗迹和地质景观的共识。在处理经济利益和地质遗迹保护的关系上，应该遵循"在保护中开发，在开发中保护"的原则。通过对可能造成破坏地质遗迹景观的因素进行预防和监测，实现保护与开发的和谐统一。

4.2 健全管理体制，完善管理措施

应尽快从组织上建立健全地质公园管理体系，完善地质公园管理措施，制定地质公园发展规划，统筹地质公园各园区的建设。对于区内各类资源应该统一规划，整体协调开发，应该在整合资源、打造品牌方面有一系列的举措。对于已经开发和运营的部分景区，应提高服务质量，强化基础服务设施，力争高起点、高档次。

4.3　加大地质遗迹与人文景观资源的结合力度

与其他旅游区一样，地质公园也需要自然景观与人文景观紧密结合，相得益彰。人文景观是地质公园旅游发展中必不可少的配套性资源，无论是在旅游路线的设计安排上，还是在地质遗迹景观与人文景观的导游讲解上，都应该互相渗透，力争融为一体。地质遗迹景观与人文景观的密切结合不仅体现了人与自然密不可分的和谐理念，还可满足不同需求层次游客的喜好，在游乐与求知中得到最大的收获。

4.4　建立重点生态休闲旅游区

公园内的大桦背国家森林公园平均海拔 2324 m，林区森林覆盖率达 67%以上，生态环境良好。穿行林间，绿荫遮天蔽日，山鸟鸣啾之声不绝于耳，整个林区充满了活力并弥漫着神秘的气息。乌梁素海景区以湿地、水鸟、荒漠、草原湿地组合景观为特色，凸现资源组合优势。这两个景区具有发展生态旅游、建立重点休闲旅游度假区的良好条件，近期可考虑打造生态休闲旅游示范景区。

4.5　建立科普、科考、科研基地

地质公园的功能之一就是进行科学研究、普及地学知识。巴彦淖尔地质公园内地质遗迹类型多样，涉及的学科内容包括地层学、古生物学、岩石学、构造地质学、第四纪地质学、地貌学和水文地质学等。只有多学科联合研究，才能获得对复杂的地质遗迹更科学的解释，才能不断推进地质公园地质研究的深入。充分利用有利的地质条件，建立科研机构、高等院校的研究、实习和教学基地，向公众开放科学普及实验，举办地学论坛或科学报告会等不失为一种好的途径。通过学习、探讨和交流，促进公园科学内涵的不断发展，树立公园的品牌形象和学术地位。

4.6　做好标识解说体系，倡导知识旅游

随着旅游业的发展，游客对旅游需求的层次不断提高，在观光游览的同时，也希望能最大限度地获取科学知识。为了满足这种需求，必须加强公园内的标识解说体系建设，包括园区说明牌、景观说明牌、公园地质博物馆、标志碑等，编写高质量导游手册和解说词，将景观的科学内涵充分展示出来。

4.7　加强宣传，扩大知名度

公园内无论是地质遗迹景观还是人文历史资源，大部分都具有稀有性、完整性、系统性和优美性。由于深藏"闺处"，还没有被外界广泛了解。在努力做好公

园建设的同时，要利用各种机会，凭借多种宣传工具，加大对巴彦淖尔地质公园的宣传力度，尽快提高公园的知名度，吸引更多的游客，逐渐提高地质公园的经济效益。

5 结语

本文对巴彦淖尔地质公园内地质遗迹资源进行了系统的分类和论述，区内地质遗迹资源主要包括古生物化石类、地貌类、构造和新构造形迹类；同时也对公园内的主要人文景观资源进行了概括和分类。通过对公园内地质遗迹资源和人文景观资源的分类和论述，明确了公园的主体旅游资源内容。针对地质公园建设和发展中存在的问题，作者提出了地质遗迹保护和旅游开发过程中的建议。随着巴彦淖尔地质公园的发展和基础设施的不断完善，无疑将促进巴彦淖尔旅游业的发展，从而不断增强公园开发的自立能力，形成滚动式的良性发展。

内蒙古巴彦淖尔国家地质公园地质遗迹
特征及其地学意义

王璐琳　　武法东

中国地质大学(北京)地球科学与资源学院,北京,100083

摘要:巴彦淖尔国家地质公园是集沙漠、湖泊、高原、河流和恐龙化石于一体的地貌类、古生物类地质公园,公园内地质遗迹资源珍贵而典型,保存系统且完整,可分为地质剖面、古生物、地质构造、地貌景观四大类,以中元古界什那干群地层剖面、原角龙化石、花岗岩石林、乌兰布和沙漠等为代表,不仅观赏性强,而且具有地层学、古生物学等地学意义。2011年11月通过国家地质公园评审,具备第六批国家地质公园的建设资格,这标志着巴彦淖尔地质公园进入了一个新的历史发展阶段。

关键词:地质遗迹;地学意义;巴彦淖尔;国家地质公园

1　公园概况

巴彦淖尔国家地质公园位于中国内蒙古自治区巴彦淖尔市境内,所在地理位置坐标范围为 40°13′~42°28′N,105°12′~109°53′E,所在区域海拔高度在 1020~1400 m 之间。巴彦淖尔以其独特的地理位置,突出体现了内蒙古高原、阴山山脉、河套平原和乌兰布和沙漠四大地貌单元结合地的特色,是一个以山地、沙漠、河流、平原为主要地貌类型,兼有悠久历史文化的地区。

地质公园所在地巴彦淖尔市位于中国北疆、内蒙古自治区西部,地处内蒙古高原,属典型的中温带大陆性季风气候,其特征是一年四季分明,冬季寒冷少雪,春季干燥多风,夏季炎热少雨,秋季温和凉爽。由于地形复杂,加之地理和自然诸因素的影响,造成区内气候差异较大。

巴彦淖尔地区的地表水主要有内陆水系和黄河水系两部分。内陆水系分布在阴山以北的高原上,多为季节性河流,黄河沿市境南缘流过,其水系分布在阴山以南,汇入黄河水系的沟谷共177条。

巴彦淖尔国家地质公园于 2011 年 11 月被国土资源部批准建立,总面积为 273.05 km²,总体划分为 3 个园区 1 个保护区,分别是黄河三盛公园区、花岗岩

本文发表于《干旱区资源与环境》,2013,27(11):203-208。

石林园区、乌兰布和沙漠园区和恐龙化石保护区。

2 区域地质背景

地质公园地处阴山—天山东西向巨型复杂构造带的中部，由老到新发育了太古宇、元古宇、中生界及新生界，地层出露较全。

区内构造复杂，经历了太古宙、元古宙、加里东期、华力西期、印支期、燕山期等多次构造运动，岩浆活动比较频繁，岩石类型较全，从侵入岩至喷发岩，由酸性岩到超基性岩以及碱性岩等各种岩石类型均有发育。以侵入岩为主，喷出岩次之。以华力西中、晚期和印支期—燕山期的酸性、中酸性岩浆岩分布最广，规模较大。

巴彦淖尔地区横跨两个一级大地构造单元，即以巴丹吉林—乌拉特后旗—康保—赤峰—昌图大断裂为界，其北为天山—内蒙古—兴安古生代地槽褶皱区，其南为中朝准地台。

3 地质遗迹分类及特征

按照中国国土资源部下发的《国家地质公园规划编制技术要求》(国土资发〔2010〕89号)地质遗迹类型划分方法，巴彦淖尔国家地质公园内的地质遗迹资源可分为地质剖面、古生物、地质构造、地貌景观四大类，进一步划分为地层剖面、古动物、古生物遗迹、构造形迹、流水地貌景观、沙漠湖泊、沙漠景观、岩石地貌景观等8类地质遗迹(表1)。

表1 巴彦淖尔国家地质公园重要地质遗迹类型划分表

大类	类	亚类	主要地质遗迹资源
地质(体、层)剖面大类	地层剖面	地方性标准剖面	中元古界什那干群地层剖面，中元古界渣尔泰群地层剖面，上奥陶统大佘太组地层剖面
古生物大类	古动物	古无脊椎动物	晚白垩世地层中的恐龙骨架化石、恐龙足迹及蛋化石 乌拉特中旗的恐龙足迹
	古生物遗迹	古脊椎动物	
		古生物活动遗迹	

续表1

大类	类	亚类	主要地质遗迹资源
地质构造大类	构造形迹	区域（大型）构造	阴山一系列 NNE 向的褶皱、断裂，乌拉山山前大断层
		中小型构造	韧性剪切柔皱、紧闭褶皱，缝合线，阿贵沟正断层，构造不整合面，第四纪新构造活动所形成的河流阶地
地貌景观大类	流水地貌景观	流水侵蚀地貌景观	曲流河，黄河侧岸侵蚀
		流水堆积地貌景观	心滩，河漫滩
	沙漠湖泊景观		纳林湖、冬青湖、沟心庙、沙漠三湖、乌梁素海等
	沙漠景观		乌兰布和沙漠，新月形沙丘和沙丘链，复合型沙丘链，树枝状沙垄，半固定沙丘，固定沙丘，平行状波纹，分岔状波纹，单一波纹，复合波纹，直脊波纹，完脊波纹
	岩石地貌景观	花岗岩石林	石蛋，石锥，蘑菇石，石柱，石垅，石排，洞穴

3.1 恐龙化石

恐龙化石保护区位于巴彦淖尔市乌拉特后旗境内，化石赋存于上白垩统乌兰素海组地层中，出露面积 31.13 km²。乌兰素海组的岩性为砖红色粉砂岩，泥质含量高。中加、中比等考察团曾三次在这里进行发掘（图版 I-1）。目前已发现的恐龙化石（按其分类）有：蜥臀目 Order Saurichia，兽脚亚目 Suborder Theropoda，窃蛋龙科 Family Oviraptoridae，窃蛋龙 Oviraptor，奔龙科 Family Dromaeosauridae，怜盗龙 Velociraptor，鸟盗龙 Saurornitholestes，似鸟龙科 Family ornithomimidae，中国似鸟龙 Sinornithoides，鸟臀目 Order Ornithischia，甲龙亚目 Suborder Ankylosauria，甲龙科 Family Ankykosauridae，绘龙 Pinacosarus，角龙亚目 Suborder Ceratopsia，原角龙科 Family Protoceratopsidae，微角龙 Microceratops，原角龙 Protoceratops。恐龙蛋化石主要有长椭圆形和圆形蛋两种。与恐龙相伴生的原始哺乳动物化石主要为多瘤齿兽（Multitubercul ata）。

2003 年，恐龙化石保护区被内蒙古自治区人民政府定为自治区级自然保护区,该区内的古生物化石是研究中生代爬行动物的分布、演化、恐龙灭绝及哺乳动物起源的天然实验室。

3.2 地层遗迹

巴彦淖尔国家地质公园内发育有两个内蒙古自治区地方性地层单位的典型地质剖面——中元古界什那干群(图版Ⅰ-2)、中元古界渣尔泰群。

3.2.1 中元古界什那干群地层标准剖面

中元古界什那干群地层命名剖面位于内蒙古乌拉前旗大佘太镇以北18 km的什那干村附近。什那干群最早被称为什那干灰岩,为1934年孙建初在大佘太镇一带的勺头山命名,时代被认为是当时的北方震旦纪,以后有很多研究者到此工作,都认为是北方的震旦纪,但对具体的层位对比有不同认识。主要有两种意见:一种认为是代表整个的北方震旦系,另一种认为是北方震旦系的一部分。对于后者,又有北方震旦系的高层位和中层位的两种不同看法。

什那干群主要为一套碳酸盐相地层,厚1000余m,其下多不整合接触于太古代片麻岩之上,其上与下、中寒武统假整合接触。岩性单一,只分为上、下两部分,未做进一步的划分。该群零星分布在五原、固阳、武川、察右后旗等地,但以乌拉特前旗勺头山及其附近的山黑拉出露最佳。

3.2.2 中元古界渣尔泰群地层剖面

该群的建群地点为内蒙古巴彦淖尔市乌拉特前旗、中旗之间的渣尔泰山一带。

渣尔泰群是中元古代白云鄂博裂谷海南侧分支渣尔泰海的沉积物。它受华北陆块陆源碎屑影响明显,早期为海陆过渡相沉积物,随裂谷发育海水范围扩大,水深加大,滨海相沉积物范围扩展,以至达到浅海沉积,显示了一个完整的沉积旋回。裂谷发育的晚期,这些沉积物则又显示近陆的特点,海退特征明显。在本群中还包括一次强度不大的火山活动。它可分为书记沟组、增隆昌组、阿古鲁沟组和刘洪弯组,共四组九个岩性段,地层总厚度在3000 m左右(表2)。

表 2　渣尔泰群层序简表

界	系	群	组	段	厚度/m	主要岩性
中元古界	长城系	渣尔泰群	刘洪湾组		235	灰色长石石英砂岩夹二云石英片岩
			阿古鲁沟组	三岩段	210	灰黑色碳质粉砂质板岩夹灰岩,含叠层石
				二岩段	895	灰黑色含碳泥质微晶灰岩、钙质板岩
				一岩段	419	灰黑色含碳千枚状板岩
			增隆昌组	二岩段	181	青灰色硅质条带白云质灰岩,含叠层石
				一岩段	113	灰色细粒长石石英砂岩、板岩
			书记沟组	三岩段	389	灰色绢云石英岩、石英砂岩
				二岩段	343	灰白色绢云石英岩、石英砂岩、含砾长石石英岩
				一岩段	298	灰白色砂砾岩,含砾长石石英砂岩

3.3　风蚀地貌

　　花岗岩石林是一种新发现的花岗岩地貌类型,形态上类似云南路南石林、元谋土林、新疆的雅丹地貌和现代冰川上的冰林地貌,但在成因上有很大的区别。花岗岩石林是花岗岩在特殊的内、外动力作用下形成的地貌景观,目前,国内还没有对花岗岩石林地貌的类型进行过系统的研究,文中从已有的零星研究中进行归纳总结,巴彦淖尔国家地质公园内花岗岩石林地貌整体上属于花岗岩小型地貌,这里的石林形态不仅千姿百态(图版Ⅰ-3),而且其形成、演化过程中的主要阶段都保存有标型特征典型、出露系统完整的遗迹,根据其形态的不同主要划分为石柱、石锥、石蛋、蘑菇石、石城、石排、洞穴 7 种类型。

　　花岗岩石林园区内出露的花岗岩岩性为黑云花岗闪长岩和黑云二长花岗岩。据内蒙古地质矿产勘查院等研究,黑云花岗闪长岩呈黑灰色,具中细粒花岗结构,块状构造。主要矿物成分为中长石,约占45%,微斜长石为25%,石英、云母和角闪石各为 15%、10% 和 5%,黑云二长花岗岩主要矿物成分为中更长石30%~35%,钾长石约30%。斜长石呈半自形板状它形粒状分布,双晶及环带构造发育,具弱纳黝帘石化、高岭土化,伸长石多为条纹长石和正长石,呈半自形板状它形柱状,多数高岭土化。副矿物为磷灰石、榍石。

3.4 沙漠与沙漠湖泊

乌兰布和沙漠位于巴彦淖尔中部狼山之南，在巴彦淖尔境内的面积约 3400 km²，占整个乌兰布和沙漠总面积的二分之一。沙漠中沙丘连绵起伏，形态复杂多样（图版Ⅰ-4），有新月状、垅状、陵状和平坦沙地等多种沙漠形态，沙丘表面发育有各种规模和形态的风成沙波纹。乌兰布和沙漠具有极高的观赏和美学价值。

纳林湖、冬青湖、沟心庙湖等湖泊是众多沙漠湖泊中较大的几个，她们像一颗颗璀璨的明珠镶嵌在乌兰布和沙漠中（图版Ⅰ-5）。素有"塞外明珠"之美称的乌梁素海是黄河流域最大的淡水湖。它是全球范围内干旱草原及荒漠地区极为少见的大型多功能湖泊，也是地球上同一纬度最大的湿地和世界八大候鸟迁徙通道上的重要节点，已被列入《世界湿地名录》，并已成为自治区级湿地水禽自然保护区。栖息在乌梁素海的鸟类有 180 多种 1000 多万只，其中国家一级保护鸟类 5 种，二级保护鸟类 25 种，中日候鸟协定保护鸟类 48 种，成为我国西北地区少有的鸟类观赏区。

3.5 黄河及河流地貌景观

黄河自西向东流经巴彦淖尔南部，境内全长 345 km。黄河在过去几百年里，改道频繁，中华人民共和国成立前平均每 27 年就有一次大的改道。改道后，故道中的水不能重归河槽，逐步形成大大小小星罗棋布的湖泊。据《水经注》记载，过去黄河自卓资山之西，河流呈东北向，至磴口西侧河流转折向北，经补隆淖西，至哈腾套海海林场北部就分出一支向东流去，叫"南河"，主流继续向北，但因狼山阻挡，在西岸决口积成"方圆 120 里大"的屠申泽（以今太阳庙海子为主），继而转向东流，称"北河"，即今之乌加河。北河东流至乌梁素海地区转而向南流去与南河汇合，宛若一条巨龙曲折迂回，滋润万物。此后，又因狼山山体升高且洪积物向南扩张，加上沙漠东侵，使河床抬高，导致 1850 年乌加河废弃，现今的黄河河道随之形成（图 1）。

20 世纪 50 年代，黄河上修建了三盛公水利枢纽工程、开挖了"二黄河"、架设了"三桥"并修建了水电站（图版Ⅰ-6）。这些都是巴彦淖尔人民战天斗地、改造大自然的杰作，使河套明珠更加璀璨。黄河不但给河套带来了琼浆玉液，也造就了美好的自然景观。

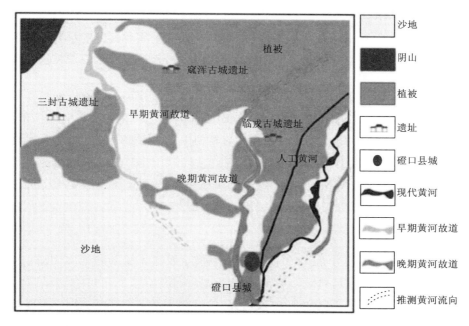

图 1　黄河古道示意图

图例：

沙地
阴山
植被
遗址
磴口县城
现代黄河
早期黄河故道
晚期黄河故道
推测黄河流向

4　地学意义

4.1　古生物学意义

在地质历史时期中，巴彦淖尔地区曾经是恐龙的王国。这里古生物化石蕴藏量丰富，分布面积广，种类多，许多科目具有非常特殊的古生物学意义，倍受中外考古学界的瞩目。

1987 年以来，先后有中国和加拿大、中国与比利时组成的联合考察团曾 3 次在巴彦满都呼恐龙化石区进行了考察发掘，获取了大量古生物化石，其中原角龙全骨骼化石属世界罕见，三窝完整的原角龙长形蛋化石，填补了我国白垩纪晚期恐龙化石的空白，此外还发掘出大量飞禽走兽及多种群的蛋类化石及动植物化石。自 2006 年以来，这里还先后发现了分别属于弛龙类、伤齿龙类、窃蛋龙类和阿尔瓦兹龙类等的 5 个新属种。其中属于弛龙类的新属种精美临河盗龙正型标本代表世界上晚白垩世弛龙类最精美的标本之一，是弛龙类的一个过渡型物种，为研究弛龙类的演化提供了重要信息；属于阿尔瓦兹龙类的一个新属种代表世界上唯一的单手指的恐龙，为该类恐龙的手指退化现象提供了重要信息，属于阿尔瓦兹龙类的另外一个新属种代表世界上第一个发现于白垩纪早期的阿尔瓦兹龙类；属于伤齿龙类的一个新属种代表该类恐龙最特化的一个属种；窃蛋龙类的一个新属种代表我国晚白垩世保存最好的窃蛋龙类标本。另外还发现了弛龙类猎食原角龙的直接证据。

区内恐龙化石在属种数量、丰富程度、化石保存完好程度、生物群组合特点及其特殊的地质和生物演化意义等方面，均属国内罕见，具有特殊的保护价值。区内恐龙化石已演化到相当特化的程度，与其相伴生的原始哺乳动物化石具有明显的白垩纪—古近纪过渡特征。对其进行研究，将为中生代爬行动物的分布、演化，恐龙灭绝及哺乳动物的产生等重大科学问题的研究提供重要的依据。在地层古生物学方面具有较高的保护价值和科学研究价值。

4.2　地层学意义

由于公园所在区经历了漫长的地质演化历史，发育了复杂的地质构造，从而使这里拥有众多重要而又典型的地层遗迹。巴彦淖尔地质公园内有中元古界什那干群地层标准剖面和中元古界渣尔泰群地层剖面两个典型的地方性地层单位的命名剖面，以及上奥陶统大佘太组地层剖面。

早在1972年，原华北地质研究所与内蒙古地矿局区测一队对什那干群地层剖面产出的叠层石进行了一系列的研究，根据其组合面貌，认为可与我国蓟县系及原苏联中里菲界等对比，并置于渣尔泰群之上，但在其分布区内至今未见二者直接接触关系。渣尔泰群是华北地台北缘很重要的一个地层单元和含矿层位。它的层序、古地理涉及华北地台北缘的构造环境及其矿产成因解释等一系列问题。

上奥陶统大佘太组地层剖面是中国华北地区唯一的上奥陶统地层发育地，位于内蒙古巴彦淖尔地质公园内，命名剖面为乌拉特前旗佘太镇白彦花南山。早奥陶世亮甲山期，由于地壳抬升，总体沉积环境从浅海向泻湖相过渡。但到奥陶纪晚期，怀远运动波及全区，包括整个内蒙古地区在内，遭受了不同程度的大范围剥蚀，导致整个华北地区缺失了上奥陶统的所有沉积。因此，这里的上奥陶统大佘太组在全国具有唯一性，具有极高的地质学研究价值。

4.3　沙漠湖泊的意义

乌兰布和沙漠有典型的连绵沙丘与湖泊相间分布的沙漠景观，西部、中部多流动沙丘，东部边缘逐渐变为半固定沙丘和固定沙丘，植被覆盖率也逐渐增高。乌兰布和沙漠是研究沙漠发育机理进而治理沙漠的有利区域。除了进行科学研究外，这里还具有沙漠治理、生态环境治理的示范效应。

虽然是典型的沙漠大陆型气候，降水量小，蒸发量是降水量的数十倍，但是

图版 I

1—原角龙 Protoceratops sp.；2—中元古界什那干群 The Mesoprot erozoic Shinagan Group Section；3—花岗岩石林 Granite Forest；4—乌兰布和沙漠 Ulan Buh Desert；5—沙漠湖泊 Lakes in Desert；6—三盛公水利枢纽工程 Sangshenggong Water Conservancy

由于沙漠东南边缘临近黄河，部分属于黄河后套黄灌区，在黄河泄洪或者灌溉之后，部分黄河水汇集到地势低洼处，形成沙漠湖泊（海子），或形成地下含水带。黄河改道在低洼部位残留的水体也是河套平原上产生湖泊的原因之一，著名的乌梁素海就是由于黄河大约在160年前改道而形成。沙漠湖泊数量可观并且逐渐发展成为该区域重要的湿地，成为了诸多动植物的生长和栖息地。保护沙漠湖泊就是为了保护沙漠的生态环境以及珍贵的动植物资源，更好地阻止沙化的进程，所以乌兰布和沙漠又被称为国内荒沙治理基础条件最好的沙漠。

4.4 黄河的演化与人类活动的意义

巴彦淖尔位于黄河中上游，奔腾的黄河由磴口进入内蒙古境内，膏腴之地的800里河套成为富饶的鱼米之乡。人们在黄河平原上耕种收获，同时也通过防洪防险与黄河进行着抗争。对黄河的治理与保护就是对人类生存源泉的保护和拯救。研究黄河的今昔变迁对于治理黄河也有着极其重要的意义。

黄河的形成经历了漫长的地质年代。在距今约100多万年前的早更新世，黄河流域内分布着许多湖盆，彼此互不连通，各自形成独立的水系。后来喜马拉雅运动使地壳发生大面积垂直升降，西部高原迅速抬升，华北平原逐渐沉降，由西向东地势高差日趋增大，加上长期的侵蚀、袭夺，各湖盆间逐渐连通，最终形成一条上下贯通的大河。据综合分析推断，古老黄河的诞生，约有150万年的历史。

虽然现代的黄河处于历史上的稳定时期，"三十年河东，三十年河西"的历史也许不会立刻重现，现代工程建筑确实能使黄河更好地造福于河套人民，但是天然河道的稳定总是相对的，河床小范围的摆动是永不休止的。我们更应该看到改善生态、保护环境的重要性，大力开展水土保持，营造护岸林带，以保护黄河河道的稳定，进一步恢复地质公园内的生态环境。

5 结论

巴彦淖尔地质公园地处蒙古高原、阴山、河套平原和乌兰布和沙漠四大地貌的结合地，具备非常特殊的地质和地理条件，这里拥有众多重要而又典型的地质遗迹，是一个地质科学内涵丰富、民族文化特色显著、旅游资源多样的地质公园。长期的地质作用过程不但形成了复杂的构造、重要的地层记录、珍贵的古生物化石，而且近代地质作用形成的沙漠、湖泊，特别是著名的河套平原的形成与演化，对人类活动和环境的影响更具有重要的意义。

内蒙古赤峰地质遗迹资源及其保护利用研究

吴俊岭[1,2]　张国庆[1,3]　田明中[1]

1. 中国地质大学(北京)地球科学与资源学院，北京，100083;

2. 内蒙古赤峰市国土资源局，内蒙古自治区赤峰，024000;

3. 东华理工大学地球科学与测绘工程学院，江西抚州，344000

摘要：复杂的地质构造、多期次的岩浆活动形成了内蒙古赤峰丰富、独特的地质遗迹。在对整个赤峰地区地质遗迹进行详细调查的基础上，论述了主要地质遗迹形成的地理、地质条件，提出了赤峰市地质遗迹的分类方案，并进行了分类。探讨了赤峰市地质遗迹的保护与利用方法。赤峰市现已建有世界地质公园1处、自治区级地质公园1处、国家矿山公园1处。简述了各公园的主要地质遗迹、规划与建设、已取得的社会经济效益等。在分析目前地质遗迹保护、地质公园建设情况的基础上，对存在的主要问题进行了剖析，并提出了保护开发的建议。

关键词：地质遗迹；地质公园；保护利用；内蒙古赤峰

地质遗迹是地球46亿年漫长演化历史时期，由各种内外动力的地质作用形成、发展并保存下来的不可再生的地质自然遗产，具有重要的科学研究价值和美学观赏价值，是自然资源和生态环境的重要组成部分。赤峰市幅员辽阔，地质遗迹资源丰富。田明中教授等对赤峰市克什克腾地区进行了长达10年多的地质遗迹调查、评价、保护与开发研究工作，对该地区地质资源的类型、成因、价值等进行了系统的研究。本文在对整个赤峰市地质遗迹资源详细调查的基础上，结合赤峰市地质遗迹保护与开发现状，对该地区地质遗迹的保护利用方法等进行了探讨。

1 自然地理、地质概况

赤峰地区位于内蒙古自治区东部，地处内蒙高原向松辽平原的过渡地带，地处116°21′~120°59′E、41°17′~45°24′N，总面积90021.221 km²。地势西高东低，北、西、南三面多山，主要山脉有大兴安岭、努鲁儿虎山和七老图山。赤峰地区属温带半干旱大陆性季风气候，春季干旱多风，降水少；夏季短促炎热，雨水集中；秋季气温剧降，霜冻来临早；冬季漫长寒冷，降雪少，寒潮多；年平均气温3~5℃。

本文发表于《资源开发与市场》，2009，25(04)：345-348。

　　赤峰地区地层出露齐全，从寒武系至第四系地层均有出露。自中生代以来，受环太平洋构造—火山活动影响，发生了强烈的火山活动，形成了一系列由火山断陷盆地组成的北东向火山岩带，同时伴有大规模花岗岩基及中酸性岩脉侵入。新生代赤峰地区喷发了大面积的新近系玄武岩，在火山喷发间歇阶段有煤盆地形成。区内构造发育，其构造特征表现为：在东西向构造格局之上叠加了北东向构造，形成相对隆起的山系构造格架，格架之内往往为中新生代沉积盆地。此构造格局及其相关的沉积作用、多期的岩浆活动和变质作用，构成了区内复杂的地质环境。

2　地质遗迹的主要类型

　　在对赤峰地质遗迹详细调查的基础上，根据地质遗迹资源特征、成因，同时参考齐岩辛、王同文提出的划分方案，将赤峰地质遗迹划分为九大类，即地层类、构造类、岩石类、矿物类、矿床类、古生物类、地质灾害类、地质地貌类及水体类。赤峰市主要地质遗迹类型及其分布见表1。

表1　赤峰市主要地质遗迹类型

类	亚类	地质遗迹名称	分布位置
地层类（A）	生物地层（A1）	道虎沟古生物化石地层剖面	宁城县道虎沟
		红山区古生物化石地层剖面	赤峰市红山区
构造类（B）	全球性构造（B1）	西拉木伦河深大断裂	克什克腾旗
岩石类（C）	具典型意义或罕见的火山岩体（C2）	达里诺尔火山群火山岩体	克什克腾旗
矿物类（D）	具有重要经济价值的宝石类矿物产地（D1）	巴林鸡血石	巴林右旗巴林石矿
矿床类（E）	典型的金属矿产产地（E1）	林西—乌兰浩特侏罗纪钨、锡、钼、铜等多金属大中型矿床	赤峰—乌兰浩特一带
	古采矿遗址（E2）	巴林石矿采矿遗迹	巴林右旗巴林石矿
古生物类（F）	古生物化石埋藏地（F1）	宁城道虎沟生物群	宁城道虎沟
		红山区古生物化石群	赤峰市红山区

续表1

类	亚类	地质遗迹名称	分布位置
地质灾害类（G）	滑坡遗迹（G1）	元宝山露天煤矿西排土场滑坡	元宝山区
	地面塌陷类（G2）	平庄—元宝山矿区地面塌陷	元宝山区
地质地貌类（H）	花岗岩地貌（H1）	阿斯俣图花岗岩岩石林	克什克腾旗
		青山花岗岩臼	克什克腾旗
		七锅山花岗岩岩臼	巴林左旗
		曼陀山花岗岩石蛋地貌	克什克腾旗
		青山花岗岩峰林地貌	克什克腾旗
		葫芦峪花岗岩石蛋、石柱地貌	宁城县
		藏龙谷花岗岩石蛋、石柱地貌	宁城县
		福峰山花岗岩石蛋、石柱地貌	宁城县
	火山岩地貌（H2）	达来诺尔火山群	克什克腾
	冰川地貌（H3）	平顶山第四纪冰川遗迹	克什克腾
		黄岗梁第四纪冰川遗迹	克什克腾
		大坝沟冰石河	宁城黑里河国家自然保护区
		赛罕乌拉第四纪冰川遗迹	巴林右旗
	沙地地貌（H4）	浑善达克沙地地貌	克什克腾
	河流阶地（H5）	西拉木伦河河流阶地	克什克腾旗、林西县、翁牛特旗

续表1

类	亚类	地质遗迹名称	分布位置
水体类（I）	河流(I1)	西拉木伦河	克什克腾旗、林西县、翁牛特旗
		老哈河	宁城县、元宝山区
		耗来河	克什克腾旗
	湖泊(I2)	达里湖	克什克腾旗达里诺尔国家级自然保护区
	瀑布(I3)	老哈河瀑布	翁牛特旗与敖汉旗交界处
		西拉木伦河瀑布	克什克腾旗
	温泉(I4)	热水塘温泉	克什克腾旗
		八里罕温泉	宁城县
		林家地温泉	敖汉旗
	湿地(I5)	达里诺尔湿地	克什克腾旗达里诺尔国家级自然保护区
		河流湿地	翁牛特旗

3 地质遗迹的保护与利用

3.1 地质遗迹的保护

地质遗迹保护的方法和手段很多，目前国内外普遍流行的做法主要有两种，一是建立地质遗迹保护区，通过规划划定一定的保护区域，按照国家发布的有关法规，以行政手段实现对地质遗迹的保护。我国现已建立国家级、省级、县（市）级地质遗迹自然保护区 426 个，其中地质构造、地质剖面和形迹 46 处，古生物化石 36 处，地质地貌景观 344 处。二是建立地质公园。建立地质公园不但可保护地质遗迹，而且可发展地方经济、开展科普教育和科学研究工作。目前我国已建立国家地质公园 138 个，其中已有 20 家被联合国教科文组织批准为世界地质公园。

地质遗迹保护条例的颁布：1987 年我国出台了《关于建立地质自然保护区的规定》，开始建立了第一批独立的地质自然保护区；1989 年 12 月 26 日，我国颁布了中国第一部环境保护法——《中华人民共和国环境保护法》，这是我国颁布的第一部有关地质遗迹保护条例的法律；1994 年国务院颁布了《中华人民共和国自然保护区条例》；1995 年，地质矿产部颁布了《地质遗迹保护管理规定》；2002 年 7 月 29 日国土资源部正式公布了《古生物化石管理办法》；2003 年，内蒙古自治区颁布了《内蒙古自治区地质环境保护条例》，提出了地质遗迹保护类型及方法。这些地质遗迹保护条例的颁布对推动赤峰市地质遗迹保护提供了重要的法律基础。截至 2003 年，赤峰市共建立各级自然保护区 25 个，其中地质遗迹类 4 个。

地质遗迹保护项目的实施：近年来，赤峰市各旗县国土资源局积极争取国家财政地质遗迹保护经费，同时地方政府积极提供配套资金，不断加大地质遗迹保护投资力度，仅 2008 年赤峰市就争取到国家财政经费及地方政府配套经费共计 2000 多万元，对赤峰市地质遗迹保护、地质公园的建设起到了积极有效的作用。

3.2 地质遗迹的开发利用

地质公园的建设：①世界地质公园的建设。克什克腾世界地质公园位于内蒙古自治区东音扎赤峰市西北部的克什克腾旗境内，地处 116°30′00″~118°20′00″E、42°20′00″~44°10′00″N。2001 年被国土资源部批准为国家地质公园，2005 年 2 月被联合国教科文组织批准为世界地质公园，2007 年 8 月 21 日公园正式揭碑开园。公园规划面积 5000 km²，保护面积 1750 km²，主要包括平顶山第四纪冰斗群、西拉沐伦大峡谷、浑善达克沙地、阿斯哈图花岗岩石林、达里诺尔火山地貌、黄岗梁第四纪冰川遗迹、青山花岗岩臼及花岗岩峰林、热水塘温泉 8 大园区。主要特色地质遗迹有：西拉沐伦阿大断裂构造地质遗迹，第四纪冰川遗迹，花岗岩石林、峰林地貌，花岗岩岩臼，火山群地质遗迹，沙地地貌，河流、湖泊、湿地、热水温泉等水体景观。克什克腾世界地质公园是集地质地貌、水体、沙地、草原等景观于一体的综合性世界地质公园。2007 年公园接待海内外游客 144.5 万人次，旅游总收入达 4.3 亿元人民币，大大地拉动了地方经济的发展，为当地居民的就业提供了新的机遇，也为地球科学知识的普及和全民素质的提高起到了积极的促进作用。②自治区级地质公园的建设。宁城地质公园位于内蒙古自治区东南部，地处 118°15′49″~119°15′00″E、41°17′08″~41°49′34″N。2007 年 11 月被批准为自治区级地质公园，规划总面积 339.54 km²。主要包括古生物化石遗迹园区、黑里河园区、热水温泉园区三大园区。近几年在宁城道虎沟地区发现了大量世界罕见、能代表重要生物演化历史的古生物化石，如最早的冠群蝾螈类化石——天义初螈（*Chunerpeton tianyiensis*）、最古老的水生哺乳动物——獭形狸尾兽（*Castorocauda lutrasimilis*）、首次发现淡水环境中的七鳃鳗化石——孟氏中生鳗（*Mesomy-zon mengae*）、最早能够飞行的哺乳动物——远古翔兽（*Volatirotherium antiquua*）、蜀兽科粗壮假碾磨齿兽（*Pseudotribos robustus*）等。宁城地质公园是一个以古生物化石、地层剖面为主,并融热水温泉、第四纪冰川遗迹、花岗岩景观于一体的地质公园。

矿山公园的建设:巴林石国家矿山公园位于内蒙古赤峰市巴林右旗境内,地处 118°16′3.9″~118°30′52″E、43°44′3.5″~43°51′43.9″N。2005 年被国土资源部批准为国家矿山公园,公园规划总面积 96.34 km²,分为四大景区,即矿产遗迹游览区、自然生态保护区、民族风情体验区、草原风情观赏区。巴林石国家矿山公园是以巴林石矿地质遗迹为主,同时结合红山诸文化、草原民族风情于一体的矿山公园。

4 地质遗迹保护与利用过程中存在的问题与建议

4.1 存在的问题

存在的问题主要有:①具有重要价值的地质遗迹遭到严重的非法盗卖或破坏。近年来,在宁城地区发现了大量种类丰富的古生物化石,由于该地区基础地质研究薄弱,当地管理部门对化石分布地段、层位等掌握不准,同时化石分布范围广,化石分布区地处内蒙古、辽宁、河北三省交界处,基础建设条件差,执法难度较大,出现了对化石的偷挖、盗卖行为,造成了部分古生物化石的破坏。②地质遗迹保护资金不足。由于各地方政府经济实力差别很大,经济实力弱的地方地质遗迹保护主要依靠国家财政拨款,很难满足地质遗迹保护区建设的需要,一些保护设施、保护工作、宣传设施都不能及时完成,受自然因素和人为因素造成的地质遗迹破坏仍很严重。③地质遗迹资源家底不清,缺乏系统调查。赤峰市国土面积大,地质遗迹资源丰富,许多有价值的地质遗迹并未得到有效的保护与利用。目前全市尚未进行全面系统的调查工作,缺乏系统、完整、翔实的基础资料,从而影响了地质遗迹保护工作的开展。④管理机制不健全,管理不到位。由于地质遗迹属性的多样性,决定了地质遗迹管理上存在多头管理的现状。在地质公园所在地,同时还设立了自然保护区、森林公园、风景名胜区等,各有一套管理机构和管理办法,不可避免地出现了管理部门之间的利益冲突。经济效益好的景区、景点出现多头管理,经济效益不好的地方出现无人管的现象,以致一些区域内的地质遗迹未受保护,遭到了不同程度的破坏。

4.2 建议与对策

本文就以上地质遗迹保护与利用过程中存在的问题,提出如下建议:①加大资金投入、促进保护区建设。地质遗迹自然保护区建设是一项社会公益事业,需要政府部门和社会各界的关心和支持。在保护区的前期建设阶段,需要各级政府和有关部门的大力支持(包括资金、人员和技术投入),其中最重要的是资金投入。随着保护区的建设,应积极争取多渠道的资金来源。如适当开发旅游资源,将门票收入按一定比例用于保护区的建设；社会参与的多元化投融资等。②加快地质遗迹调查、登录进程。地质遗迹调查登录，是查明地质遗迹资源状况最基本的工作。只有充分了解地质遗迹的数量、类型、分布、可保护和可开发利用程度，才有可能合理地制定出保护与开发规划，以及行之有效的保护措施。按照地质遗迹登录体系要求，查明赤峰市地质遗迹的类型、分布范围、保存环境、受威胁程度、是否已建立保护区、保护区级别、管理人员状况、地质遗迹科学研究程度、地质遗迹开发形式、经济与社会效益等状况。③健全管理机构、积极引进高层次人才。理顺多头管理的关系，建立健全地质公园管理机构，由管理委员会（管理局）代表政府实施管理。同时，积极吸引大专院校、科研院所高学历地质学和相关专业毕业生到地质公园工作，优化管理人员结构，不断地加强对管理人员和导游人员的培训，积极聘任有关科研单位与高校高级专业人员到地质公园兼职，支持和鼓励在地质公园内开展教学实习与科学研究工作。④加快地质公园的申报。在对赤峰地质遗迹资源系统调研的基础上，结合赤峰地质遗迹的资源状况、开发条件及保护开发现状，建立赤峰地质公园建设备选名录（表2），以期形成一个级别有序、结构合理、类型齐全、分布相对均衡的赤峰地质遗迹保护利用模式。⑤加强宣传、促进交流。建设和完善地质公园网站，对地质公园的自然地理、交通、旅游接待设施、地质公园的景区景点等以图片和多媒体的形式在网站上展示，加快对游客预订系统、旅游咨询系统、游客意见反馈系统的开发；加强与国内外其他地区世界地质公园的合作与交流，可通过姊妹公园的方式与其建立伙伴关系。

表 2　赤峰地质公园建设备选名录

地质公园名称	主要地质遗迹	建设现状	规划级别		
			近期	中期	远期
宁城	古生物化石、热水温泉、花岗岩地貌	自治区级地质公园	国家地质公园	—	宁城—朝阳古生物化石世界地质公园
巴林右旗赛罕乌拉	花岗岩奇峰、花岗岩	—	—	自治区级地质公园	国家地质公园
巴林左旗	花岗岩奇峰、花岗岩岩臼	—	—	自治区级地质公园	
翁牛特旗	古河道遗迹、花岗岩地貌、沙地、风蚀湖泊	—	—	自治区级地质公园	—

内蒙古赤峰地质遗迹资源类型及其综合评价

张国庆[1,2]　吴俊岭[1,3]　田明中[1]　孙继民[1,4]

1. 中国地质大学(北京)地球科学与资源学院，北京，100083；
2. 东华理工大学地球科学与测绘工程学院，江西抚州，344000
3. 内蒙古赤峰市国土资源局，内蒙古赤峰，024000
4. 内蒙古赤峰市克什克腾旗国土资源局，内蒙古克什克腾，025300

摘要： 在对赤峰地区地质遗迹资源调查分析的基础上，对其形成的区域地质背景进行了分析，并对地质遗迹资源进行了分类，将其主要划分为地质地貌类、古生物类、水体类等九大类，共计代表性地质遗迹点 41 个，并对其价值进行了等级划分。对其空间分布格局进行了分析，主要分为西拉木伦河南区和北区两个一级区、多个亚区，并对其分布特征进行了简要论述。同时，对该地区古生物类和地质构造类的科学价值、地质地貌类的美学价值、水体类的观赏性和康疗保健价值、矿物类的美学价值和经济价值等进行了综合评价。

关键词： 地质遗迹资源；综合评价；地质公园；空间分布；赤峰

　　赤峰位于内蒙古自治区东南部，地处内蒙高原向松辽平原过渡地带，地理坐标为东经 $116°21′\sim120°59′$，北纬 $41°17′\sim45°24′$，总面积 9 万多 km^2。赤峰地区地质遗迹资源丰富、典型，田明中等对该地区地质遗迹进行了详细、系统的研究。目前已建立世界地质公园、自治区级地质公园、矿山地质公园各 1 处，分别为克什克腾世界地质公园，内蒙古宁城地质公园，巴林石国家矿山公园。地质公园的建立对该地区地质遗迹的保护、地方旅游业和经济的发展、人民生活水平的提高起到了极大的推动作用。本文对赤峰地区地质遗迹资源类型和价值进行了综合研究，以期更好地促进地质遗迹资源的保护及可持续利用。

1　区域地质背景

　　赤峰地区地质遗迹资源的类型、特征、形成及演化与其区域地质背景密切相关(图 1)。该地区地层出露齐全，从寒武系至第四系地层均有出露。中生代以来，受环太平洋构造—火山活动影响，发生了强烈的火山活动，形成了一系列由火山断陷盆地组成的北东向火山岩带，同时伴有大规模花岗岩基及中酸性岩脉侵入。新生代时期喷发了大面积的新近系玄武岩。区内构造发育，构造特征表现

本文发表于《资源与产业》，2009，11(04)：31-36。

为，在东西向构造格局之上叠加了北东向构造，形成相对隆起的山系构造格架，格架之内往往为中新生代沉积盆地。此构造格局及其相关的沉积作用、多期的岩浆活动和变质作用，构成了区内复杂的地质环境，为地质遗迹的形成提供了良好的物质基础及重要的动力控制作用。

2 地质遗迹资源

2.1 地质遗迹类型与级别

地质遗迹分类是一个十分复杂的问题，目前对地质遗迹的划分还没有统一的分类标准，仍处于一种探索、研究阶段。本文在对赤峰地区地质遗迹详细调查分析的基础上，根据赤峰地质遗迹资源特征，参考前人分类方法，提出了赤峰地质遗迹划分方案，将地质遗迹划分为地层类、构造类、岩石类、矿物类、矿床类、古生物类、地质灾害类、地质地貌类及水体类九大类，即同时根据地质遗迹的价值和重要性，对其进行了等级划分（表1）。

表1 赤峰主要地质遗迹资源及其等级评价

大类	亚类	地质遗迹名称	分布位置	等级
地层类	生物地层	①道虎沟古生物化石地层剖面	宁城县道虎沟	世界级
		②红山区古生物化石地层剖面	赤峰市红山区	国家级
构造类	全球性构造	③西拉木伦深大断裂	克什克腾旗	世界级
岩石类	具典型意义或罕见的火山岩体	④达来诺尔火山群火山岩体	克什克腾旗	国家级
矿物类	具有重要经济价值的宝石类矿物产地	⑤巴林鸡血石	巴林右旗巴林石矿	国家级
矿床类	典型的金属矿产产地	⑥林西—乌兰浩特侏罗纪钨、锡、钼、铜等多金属大中型矿床	赤峰—乌兰浩特一带	市级
	古采矿遗址	⑦巴林石矿采矿遗迹	巴林右旗巴林石矿	国家级
古生物类	古生物化石埋藏地	⑧宁城道虎沟古生物群	宁城县道虎沟	世界级
		⑨红山区古生物化石群	赤峰市红山区	国家级
地质灾害类	滑坡遗迹	⑩元宝山露天煤矿西排土场滑坡	元宝山区	市级
	地面塌陷类	⑪平庄—元宝山矿区地面塌陷	元宝山区	市级

续表1

大类	亚类	地质遗迹名称	分布位置	等级
地质地貌类	花岗岩地貌	⑫阿斯哈图花岗岩石林	克什克腾旗	世界级
		⑬青山花岗岩臼	克什克腾旗	世界级
		⑭七锅山花岗岩岩臼	巴林左旗	省级
		⑮曼陀山花岗岩石蛋地貌	克什克腾旗	国家级
		⑯青山花岗岩峰林地貌	克什克腾旗	国家级
		⑰葫芦峪花岗岩石蛋、石柱地貌	宁城县	市级
		⑱藏龙谷花岗岩石蛋、石柱地貌	宁城县	市级
		⑲福峰山花岗岩石蛋、石柱地貌	宁城县	市级
		⑳花岗岩石柱(神根)	翁牛特旗	国家级
		㉑花岗岩岛山地貌	翁牛特旗	国家级
		㉒花岗岩岩臼	翁牛特旗勃隆克山顶	省级
	火山岩地貌	㉓达来诺尔火山群	克什克腾旗	国家级
	冰川地貌	㉔平顶山第四纪冰川遗迹	克什克腾旗	国家级
		㉕黄岗梁第四纪冰川遗迹	克什克腾旗	国家级
		㉖大坝沟冰石河	宁城黑里河国家自然保护区	国家级
		㉗赛罕乌拉第四纪冰川遗迹	巴林右旗	省级
	沙漠(沙地)地貌	㉘浑善达克沙地地貌	克什克腾旗	国家级
		㉙东额其响沙、阿日善响沙群	翁牛特旗	省级
	河流阶地	㉚西拉木伦河河流阶地	克什克腾旗、林西县、翁牛特旗	国家级

续表1

大类	亚类	地质遗迹名称	分布位置	等级
水体类	河流	㉛西拉木伦河	克什克腾旗、林西县、翁牛特旗	国家级
		㉜老哈河	宁城县、元宝山区	省级
		㉝耗来河	克什克腾旗	国家级
	湖泊	㉞达里湖	克什克腾旗达里诺尔国家级自然保护区	国家级
		㉟沙湖	翁牛特旗	国家级
	瀑布	㊱老哈河瀑布	翁牛特旗与敖汉旗交界处	市级
		㊲西拉木伦河瀑布	克什克腾旗	市级
	温泉	㊳热水塘温泉	克什克腾旗	国家级
		㊴八里罕温泉	宁城县	国家级
		㊵林家地温泉	敖汉旗	市级
	湿地	㊶达里诺尔湿地	克什克腾旗达里诺尔国家级自然保护区	国家级

2.2 地质遗迹资源空间分布格局

地质遗迹在形成和演化过程中，由于受到区域地质背景和自然地理环境的控制和影响，其分布具有明显的区域分异特征。赤峰地区沿西拉木伦河分布有一条呈东西方向延伸的规模巨大的断裂带——西拉木伦深大断裂，断裂带宽几十公里，长达1000多公里。西拉木伦大断裂是重要的地理区划标志，对南北两侧地质遗迹类型、分布特征具有重要的控制作用。本文以深大断裂和大地构造单元为依据，沿西拉木伦深大断裂将赤峰地质遗迹划分为西拉木伦河南部一级区和西拉木伦河北部一级区(图2)。

1)西拉木伦河北区。位于西拉木伦河大断裂带以北，大地构造单元属西伯利亚板块。根据地质遗迹的分布特征，结合行政区划，进一步划分为克什克腾旗亚区和巴林左旗—巴林右旗亚区。地质遗迹以花岗岩地貌为主，在克什克腾旗地区较密集。世界级地质遗迹有西拉木伦大断裂、花岗岩石林、花岗岩岩臼等。

2)西拉木伦河南区。位于西拉木伦河大断裂带以南，大地构造单元属中朝板

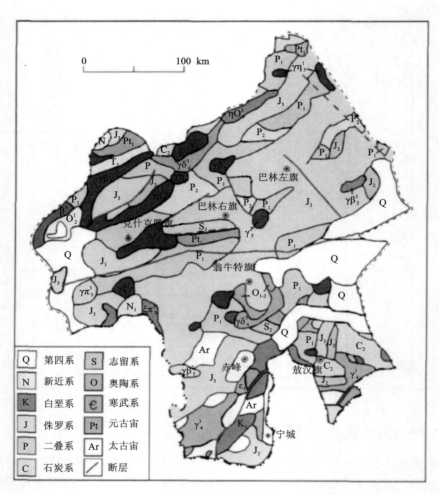

图1 赤峰市地质略图
注：据内蒙古自治区地质图修编

块。根据地质遗迹的分布特征，结合行政区划，进一步划分为宁城亚区、赤峰亚区、翁牛特旗亚区、敖汉旗亚区。地质遗迹以古生物化石、地层剖面、花岗岩地貌为主，古生物化石主要分布在宁城县五化乡。世界级地质遗迹有道虎沟古生物化石地层剖面、道虎沟生物群等。

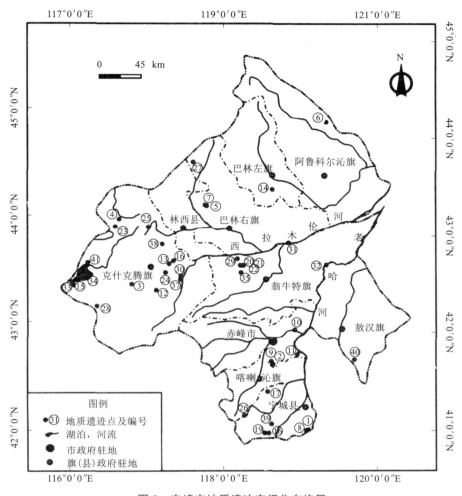

图2　赤峰市地质遗迹空间分布格局

3　地质遗迹资源综合评价

3.1　古生物化石、地质构造类遗迹科学价值高，具有稀有性

1）古生物化石地层剖面及古生物化石生物群。近几年来，在赤峰市宁城县道虎沟地区的中生代陆相地层中，陆续发现了大量珍稀的古生物化石，如最早的冠群蝾螈类化石——天义初螈（*Chunerpeton tianyiensis*）、最古老的水生哺乳动

物——獭形狸尾兽（*Castorocauda lutrasimilis*）、淡水环境中首次发现的七鳃鳗化石——孟氏中生鳗（*Mesomyzon menbae*）、最早的能够飞行的哺乳动物——远古翔兽（*Volaticotherium antiquus*、蜀兽科粗壮假碾磨齿兽（*Pseudotribos robustus*）等，这些重要成果分别报道在世界顶级杂志 *Nature* 和 *Science* 上。关于宁城道虎沟古生物化石的时代和地层归属引起了很大争议，耿玉环认为，道虎沟含化石地层为九龙山组上部—髫髻山组，道虎沟生物群的时代为中—晚侏罗世，是燕辽生物群和热河生物群之间的过渡类型。道虎沟古生物化石群的发现，开辟了哺乳动物研究的新篇章，对于解决鸟类的起源问题、填补燕辽生物群和热阿生物群之间的空白具有重大意义。

2）地质构造。西拉木伦深大断裂是中生代岩相及古地理区划的分界线，同时也控制着中新生代岩浆活动及火山喷发类型。通过对深大断裂带的进一步研究，对于探讨其在西伯利亚板块和中朝板块之间的位置及两大板块之间广大区域的构造发展简史具有重要意义。

3.2 地质地貌遗迹景观独特，具有典型性及美学价值

1）花岗岩地貌。赤峰克什克腾旗、翁牛特旗等地区分布有大量的花岗岩地貌景观，其中克什克腾旗地区的花岗岩地貌最具代表性。克什克腾世界地质公园的阿斯哈图花岗岩石林水平节理和垂直节理发育，并且主要沿山脊或分水岭分布，形成了世界上少有的地貌景观；青山花岗岩岩臼景观奇特，肚大、口小、底平，好似"九缸十八锅"，被誉为"世界奇观"；青山花岗岩峰林节理发育，多由各个孤立的峰柱自由组成，景观造型独特，惟妙惟肖，栩栩如生；曼陀山花岗岩石蛋地貌是花岗岩节理不断受到侵蚀和风化，岩体分离后经球状风化形成，花岗岩石蛋地貌形态各异，有的如大肚弥勒佛，有的如巨大的圆蛋，有的如馒头等。丰富多样的花岗岩地貌使得克什克腾世界地质公园成为花岗岩地貌的天然博物馆。

2）第四纪冰川遗迹。克什克腾世界地质公园黄岗梁地区分布的角峰、刃脊、冰斗群、冰石海、侧积碛、终积碛、条痕石、冰川阶步等第四纪冰川遗迹景观典型、独特，使得克什克腾世界地质公园成为中国第四纪冰川研究基地。

3）火山岩地貌。克什克腾世界地质公园达里诺尔火山群分布有各类火山口120 多个，火山地貌典型，火山群类型多样，保存完整，为中国东北九大火山群之一。宽广辽阔的熔岩台地、突兀的火山口、裂嘴火山口、复合火山口、火山喷气碟、火山弹、火山渣等给游客展示了系统、完整的火山景观，内容丰富，观赏价值高。

3.3 水体景观资源丰富，具有观赏性及康体性

赤峰地区发育的河流、湖泊主要有西拉木伦河、耗来河、老哈河、达里湖等。

西拉木伦河为西辽河源头，沿西拉木伦河顺流而下，两岸石壁对峙，河道狭窄，落差百米，水流湍急，形成了道道瀑布。同时，西拉木伦河是一条重要的地貌单元分界线，流域内地貌景观独特，遍布史前人类遗迹，具有重要的研究价值。耗来河全长 17 km，水量较小，河道较窄，最窄处只有几厘米，堪称世界上最窄的河流。老哈河在内蒙古境内长 368 km，是宁城县的母亲河，老哈河与西拉木伦河共同孕育了红山文化。达里湖是内蒙古第二大内陆湖，湖岸阶地、湖蚀崖、湖蚀柱、湖蚀平台、湖岸沙堤发育，盛产"华子鱼"，并有"草原明珠""中国天鹅湖"之称。

境内热水温泉遗迹主要有克什克腾旗的热水塘温泉和宁城的八里罕温泉。热水塘温泉的水化学类型为 HCO_3-Na 型微矿化水，矿化度为 0.3~0.4 g/L；水温最高达 83℃，水中含有铀、锚、氡等 47 种微量元素及硫化氢气体，具有很好的保健作用。八里罕温泉属高温弱碱性硫酸盐泉水，矿化度较低，最高水温可达 96℃，含有氡、锶等 20 多种对人体有益的元素，具有较高的医疗、保健价值。

3.4 矿物地质遗迹经济价值高，具有观赏性

2001 年 10 月 16 日，中国宝玉石协会在京召开的推荐国石专家评定会上，巴林石与寿山石、青田石、昌化石齐名，被评为"中国四大名石"。巴林鸡血石血色鲜艳夺目，质地细腻、润柔，容易雕刻和制印，经过雕刻家的精心雕刻，可给予优秀的人文和艺术价值，极具观赏和收藏价值，并且是不可再生资源。因此，近几年来，巴林鸡血石价格急剧上升，给当地老百姓带来了较好的经济效益。

4 结论

克什克腾世界地质公园自 2007 年 8 月揭碑开园以来，取得了较好的经济效益和社会效益，2007 年度共接待海内外游客 144.5 万人次，旅游总收入达 4.3 亿元人民币。同时，在普及地学知识、提高民众的地质遗迹和环境保护意识等方面起到了极大的促进作用。克什克腾世界地质公园的建立带动了赤峰地区甚至内蒙古地区地质遗迹保护的积极性，相继在宁城、赤峰红山区、翁牛特旗等地开始了地质遗迹保护项目的申报和研究。赤峰地区在地质遗迹科学研究、保护利用、旅游开发、科普宣传等方面起到了一定的带头示范作用。但是，还应在地质遗迹的深层次科学研究、高层次专业人才的引进、旅游资源的有效整合等方面加快建设，同时加快宁城、巴林右旗、巴林左旗、翁牛特旗等地区地质遗迹保护区的建设及地质公园的申报工作，以期形成一个级别有序、结构合理、类型齐全、分布相对均衡的赤峰地质遗迹新模式。

内蒙古额尔古纳矿山国家公园矿业遗迹类型与价值

郭婧　田明中　田飞

中国地质大学(北京)地球科学与资源学院，北京，100083

摘要：随着矿业经济的快速发展，我国矿山资源枯竭危机逐渐引起社会的关注。近些年，矿山公园在保护和利用矿产遗迹资源，改善生态环境，普及地学知识等方面的作用显著，并不断地得到蓬勃发展。本文以额尔古纳国家地质公园为研究对象，总结了额尔古纳国家矿山公园矿业遗迹类型，分析了额尔古纳所面临的问题，指出了为建设公园和推动社会发展带来的价值。这些将为公园今后的资源评价和规划提供一定的科学参考。

关键词：矿业遗迹；类型；价值；额尔古纳矿山公园

随着矿业兴起而出现的现代地质学，使人们逐渐认识到地质遗迹、矿业遗迹对于地学研究的科学价值，从而开始被关注，早期建立的国家公园和世界自然遗产地，都在一定程度上实现了地质遗迹的保护。从20世纪中叶到90年代前半期，地质遗迹的保护已经由各国的分散行动发展到国际组织发起和推动的全球行动。在我国，地质遗迹和矿业遗迹的保护行动和措施也不断发展，已建立起一定发展体系。截至2010年，我国已建立24个世界级地质公园，国家级地质公园182处，61个矿山公园获得建设资格，在世界上已初见规模。

矿业遗迹也叫矿山遗迹，是矿业开发过程中遗留下来的踪迹和与采矿活动相关的实物，具体主要指矿产地质遗迹和矿业生产过程中探矿、采矿、以及位于矿山附近的选矿、冶炼、加工等活动的遗迹、遗物和史籍。矿业遗迹包括矿产地质遗迹、矿业生产遗迹、矿业制品遗存、矿山社会生活遗迹和矿业开发文献史籍等五大类别。矿山公园是以展示人类矿业遗迹景观为主体，体现矿业发展历史内涵，具备研究价值和教育功能，可供人们游览观赏、进行科学考察与科学知识普及的特定的空间地域。矿山公园是近些年产生的一种新的公园形式，担负着恢复矿山生态环境、促进枯竭型矿山经济转型、保护矿业遗迹与地质遗迹和发挥旅游经济效益的多重使命。

内蒙古额尔古纳国家地质公园地处额尔古纳市，其矿山公园以丰富的砂金矿业遗迹和浓厚的黄金文化为主体，以优美的自然景观和多样的民族特色为补充，

本文发表于《中国矿业》，2012，21(04)：119-121。

塑造了我国北部边陲独特的矿山公园面貌。额尔古纳右旗境内砂金开采已有 130 年历史，矿山公园发现多处重要矿业遗迹，是矿山公园的主体景观，而且额尔古纳市经济基础良好，规划合理，为以后建设、保护和生态环境的改善奠定一定的基础。

1 研究区概况

额尔古纳国家矿山公园位于内蒙古自治区呼伦贝尔市西北部的额尔古市，地理位置为 50°01′~53°26′N，119°07′~121°49′E，是内蒙古自治区纬度最高的市。市境东北部与黑龙江省漠河县毗连，东部与根河市为邻，东南及南部与牙克石市、陈巴尔虎旗接壤，西部及北部隔额尔古纳河与俄罗斯相望，南北长约 600 km，东西宽约 50 km，边境线长 675 km，全市总面积 2.8 万 km²。地理位置优越，交通便利，区内机场、铁路和公路等交通设施完善。

2 地质地貌概况

额尔古纳市全境位于亚洲大陆中部，蒙古高原东缘，地处大兴安岭北段支脉的西坡。区内地形东高西低，中部高南北低，这一地势特征使区内河流顺应其地形走势，由东部和中部向北、西、南三面分流。地貌类型包括山地和平原两种地貌单元，主要呈相互穿插状交替出现。山地包括中山、低山和丘陵，山地是区内地貌的主体，沟谷和河谷平原呈枝状、网状散布其间。平原中，台地和沙地为剥蚀平原，冲积平原、(洪积)倾斜平原属堆积平原。冲积平原、(洪积)倾斜平原和侵蚀台地仅占全市地貌的 31%，大多呈零星小块分布在市境内南端，或散布在额尔古纳河右岸。额尔古纳地区的地层发育不甚齐全，古生界地层中缺失了奥陶系和志留系，中生界中缺失了三叠系和白垩系，新近系亦发育不全。

额尔古纳丰富的冲积砂金矿床发育在第四系地层中。额尔古纳国家矿山公园内的矿床是典型的北方第四纪冲积砂金矿床，主要为河谷冲积矿床，其次为阶地冲积矿床。

3 额尔古纳国家矿山公园矿业遗迹类型

额尔古纳国家矿山公园内的矿业遗迹丰富，类型多样，主要有矿业生产遗迹、矿业开发历史资料、矿业活动遗迹、与矿业活动有关的人文景观等多种类型。

3.1 矿业生产遗址

额尔古纳吉拉林砂金矿区均采用露天开采，生产开采的遗迹均遗留在地表面，包括清末、民国时期的大量开采砂金的矿业遗迹，开采现场、古人采金的碛眼和水道现今仍清晰可见，在废弃的矿区可见大量的前人采金遗迹和金矿遗址，这些遗迹是中国黄金历史发展的见证。

3.2 矿业开发历史资料

公园内的矿业开发历史悠久，形成和保存了一系列反应矿业开发的历史文献，成为额尔古纳国家矿山公园矿业遗迹资源的重要组成部分。有记录的主要是中华人民共和国成立以后调查勘探资料，主要为地质部大兴安岭区域地质测量队在1955—1957年开展了二十万分之一地质测量；黑龙江省地质局编图队1958年在该区进行过专题研究；1964年内蒙古地质局103地质队在该区进行过砂金普查；1978年，黑龙江地质局五队在该区进行过砂金普查，探求砂金远景储量2571 kg；1982年和1983年武警部队在该区进行普查和勘探砂金工作，探出砂金表内C级、D级储量为1355.51 kg（其中C级832 kg），表外C级加D级储量198.49 kg。这些资料对当地砂金开发具有重要意义。

3.3 矿业活动遗迹

额尔古纳保存的矿业活动遗迹主要为探矿、采矿、选矿、冶炼、加工、运输等，以及生活活动遗存探坑（孔、井）采掘、洪排水、装载工具、安全设施及生活用具等。公园内现在仍遗存有碛眼、溜槽等手工采金的遗迹，向人们展示着吉拉林曾经的辉煌。这些矿业活动遗迹的保存，对于探究矿业开采活动和矿山地质公园普及开采活动知识具有重要作用。

3.4 矿业地质遗迹

矿业地质遗迹是指与矿产形成有关的地质遗迹，包括典型的含矿地层剖面、构造地质遗迹、找矿标志物及指示矿物、水体景观，以及具有科学研究意义的矿山动力地质现象遗迹。吉拉林砂金矿赋存在额尔古纳河支流吉拉林河谷河流阶地及河漫滩的冲积物中，河谷宽浅、河漫滩和阶地发育，是典型的地质遗迹类型河谷地貌。所以，矿业地质遗迹也是地质遗迹的研究内容之一。

3.5 与矿业活动有关的人文景观

在额尔古纳采金史的发展中，也创造了独特的人文文化和景观。"闯关东"来这里采金的华夏男人与因为战乱和政治原因来到这里的俄罗斯青年女子"始而相识以为友，继而相爱以为姻"，形成了独特的采金文化和民族——室韦俄罗斯族民族乡，是世界上唯一的华俄后裔聚居地，这里形成了独特的俄罗斯景观和文化，为采矿的发展添加了人文色彩。

4 额尔古纳矿山开采所带来的问题

额尔古纳作为砂金的重要产地之一，为地方经济的发展做出了重要贡献。但是随着开采活动的加剧，给当地的地质资源、环境、经济发展和社会因素等方面带来了一定的影响和问题。

4.1 恶化地质环境，造成环境污染

额尔古纳砂金矿的开采给当地带来了一定的环境影响。目前，虽然砂金矿已经全面闭坑，但是开采区域遭到严重的破坏，尤其河谷河道破坏严重，少数挖掘的矿坑还没有及时填埋，水体污染严重，甚至有的河流已经断流，原生植被消失，易引发地质灾害的发生。

4.2 矿山周边土地废弃严重

在废弃的矿坑附近，废弃物无秩序堆积占用周边土地，产生土地废弃问题，不利于土地的再次开发和合理利用。

4.3 过度开采，易产生资源枯竭

额尔古纳在清朝末期已经开始了砂金矿的开采活动，无序的开采活动造成巨大的资源浪费，加之过度开采造成了当地资源枯竭，资源量严重不足，影响了当地经济发展。

4.4 社会影响

砂金开采业在额尔古纳已经闭坑，势必会对经济发展产生一定的影响，导致了社会负担加重，使社会问题日益突出。

基于以上产生的问题，建立矿山公园是目前进行矿业遗迹资源保护、环境恢复与治理、推动社会经济发展的最有效方式之一。额尔古纳应当抓住本地优势，利用当地典型的矿业遗迹类型、优美的自然景观和良好的外界发展条件推动资源重置和产业经济的发展，利用矿山公园所带来的价值优势，不断促进当地发展。

5 建立矿山公园的价值

5.1 科学价值

矿山公园的建立，促进了当地科学的发展，不仅促进了对矿业遗迹的研究活动，而且推动了旅游、经济、建设、规划等活动的研究。额尔古纳砂金资源丰富，是北方典型的第四纪冲积砂金矿床，其赋存和演化具有重要的矿床学意义、构造学意义和地质历史意义，为地学研究和科学普及起到了很大的推动作用。另外，矿山公园在建设和发展中，需要各个学科相互交叉、相互配合，进行不同领域的研究活动。

5.2 矿业遗迹保护和利用价值

我国矿山枯竭危机不断涌现，矿业遗迹没有得到合理的保护，造成了严重的破坏。根据矿山国家地质公园的建设和保护原则，矿山公园的申报建立可以有效地保护矿业遗迹和历史文化遗迹，弘扬悠久的矿业历史和灿烂文化，具有重要的意义。矿产资源的开发利用推动了人类社会的发展，矿业发展史是人类文明的重要组成部分。通过建设矿山公园，可以充分保护矿业遗迹，宣传和普及科学知识，使游人寓教于乐、寓教于游。

5.3 生态环境恢复和保护价值

长期以来，我国在矿业开采和生产中普遍存在着重开发轻保护的问题，使得矿山及周边地区环境遭到严重的破坏，对人民的生产生活造成极大的危害，必须要重视自然生态和人文生态的建设。额尔古纳国家矿山公园的建设将结合矿山生态环境的恢复与治理，恢复环境的正向演替功能，将矿山建设成为与周围环境相和谐的景观游览地，取得一定的生态效益。

5.4 社会经济价值

矿山公园的建立，可以突破当地由于资源衰竭所产生的经济瓶颈，不仅对当地的矿产遗迹起到了保护作用，而且实现了资源的综合利用和优势重组，促进了经济发展的内动力。同时，也将带动周边地区相关产业的发展，加速城市经济转型。额尔古纳市优越的地理位置、良好的社会经济基础、典型丰富的矿业遗迹资源，为矿山公园的建设和发展提供了必要的条件。但是，由于额尔古纳矿山公园尚处于初步开发和建设阶段，在今后的建设和矿业遗迹的保护中将不可避免地出现各种问题，这仍需要进一步的研究。

内蒙古萨拉乌苏地区地质遗迹评价及
开发利用模式探讨

韩晋芳　　田明中　　武法东

中国地质大学(北京)地球科学与资源学院, 北京, 100083

摘要: 萨拉乌苏地区位于中国北方, 内蒙古自治区西南部, 鄂尔多斯市境内。这里地质遗迹资源种类丰富, 且具有很强的典型性和代表性。这里有"河套人"及其文化遗址和中国北方晚更新统河湖相标准地层。这里是中国北方晚更新世的代表动物群萨拉乌苏动物群化石产地。该区的地质遗迹有很高的科研和科普价值, 尤其在地层学、古人类、古脊椎动物、旧石器时代考古研究中有重要地位。本文通过定性和定量分析相结合的方法评价了萨拉乌苏地区地质遗迹, 其开发潜力综合指数为 6.4189, 资源品质较高, 属于二级资源; 根据萨拉乌苏地区地质遗迹资源的实际情况, 指出了该区开发利用模式应以科研、教学为主, 辅之以适度的科普旅游。

关键词: 萨拉乌苏; 地质遗迹评价; 层次分析法; 利用模式

　　萨拉乌苏地区地质遗迹丰富, 科研科普价值极高, 历来深受国内外学者的关注。从 1922 年法国人德日进、桑志华开始研究萨拉乌苏地区至今已将近一个世纪的历史, 尤其以 20 世纪 20 年代到 80 年代最为集中。随着研究的深入, 关于萨拉乌苏组的年代、萨拉乌苏组与马兰黄土的关系、"河套人"的生存年代等问题都有了进一步的认识。以该区具有典型性和代表性的地质遗迹为基础, 萨拉乌苏地区如果能借着近年来地质旅游发展的东风发挥自身资源优势, 无论对其经济发展还是科研科普都将起到推动作用。本文以"河套人"及其文化、萨拉乌苏地层、萨拉乌苏动物群等主要地质遗迹为研究对象, 结合该区地质遗迹的特色, 利用切实可行的资源评价方法对该区的地质遗迹进行评价, 并依据评价结果合理规划该区地质遗迹资源的开发利用, 以达到资源永续利用的目的。

1　研究区概况

　　萨拉乌苏地区的地质遗迹(图 1)位于内蒙古自沽区鄂尔多斯高原东南角毛乌素沙漠地区, 主要分布在萨拉乌苏河沿岸 40 km 的狭长范围内。萨拉乌苏河发源于陕北黄土高原北部的白于山北麓, 大致以北北东走向注入黄河支流无定河。萨

本文发表于《中国矿业》, 2016, 25(S2): 334-339。

图1　萨拉乌苏地区地质遗迹分布图

拉乌苏河流域两岸堆积了厚层的上更新统—全新统的五组地层组合,由老到新依次为:中更新统老黄土与风成砂(Q_2);上更新统下部萨拉乌苏组(Q_3^1),由河湖相的灰黄、灰绿等色的粉砂质细砂、黏土质粉砂、亚黏土互层组成,盛产脊椎动物化石和旧石器;上更新统上部城川组(Q_3^2),由棕黄色的风成细砂和中部夹1~2层湖沼相组成;全新统中下部大沟湾组($Q_4^1~Q_4^2$);由湖沼相的灰绿色至黄绿色粉砂、黏土和细砂组成;全新统上部滴哨沟湾组(Q_4^3),由风成细砂、沙质黑垆土、冲积黄土和现代风成砂组成。本次研究主要针对区内"河套人"及其文化、萨拉乌苏地层、萨拉乌苏动物群等展开。

"河套人"化石实质上是一枚幼童的左上外侧门齿，是 1922—1923 年法国地质古生物学家桑志华(C. E. Licent) 在河套地区大沟湾进行地质调查时采到的。"河套人"的牙齿以及大体同时在周口店第 1 地点发现的两枚人牙是中国以至东亚大陆上第一次发现的旧石器时代的人类遗迹。

1928 年，包括人类化石、动物化石等一些石制品和一些骨制品，在鄂尔多斯地区水洞沟和大沟湾一带沉积地层中被发现。研究表明这是中国最早被发现和研究的旧石器文化产物，是中国古文化遗址研究中的一个里程碑。而萨拉乌苏地区就是现今"河套人"文化遗址所在地。

萨拉乌苏动物群(距今 5 万~3 万年)是我国最早发现的含有晚期智人化石的哺乳动物群，也是中国北方晚更新世中期的一个代表性动物群。中国已发现的晚更新世哺乳动物化石地点多达 210 多处，但在萨拉乌苏哺乳动物群里发现的如此大量的化石是不多见的。该动物群的发现，对于研究中国晚更新世哺乳动物具有举足轻重的影响。

萨拉乌苏组也是法国科学家首次于 1922—1923 年发现并临时定名。1956 年，《中国区域地层表》(草案)中萨拉乌苏系被正式采纳，并译称萨拉乌苏组。作为我国华北地区晚更新世河湖相标准地层，研究萨拉乌苏组，可以进一步确定该地区地层的划分、形成时代、冰期气候对比、与马兰黄土的关系等方面的重大问题。

2 研究区地质遗迹资源评价

2.1 定性评价

2.1.1 具有很高的科研价值

萨拉乌苏地区主要地质遗迹资源都有十分重要的科学研究价值，它在中国晚第四纪的古人类、旧石器时代考古、古脊椎动物与地层学的研究中有重要地位，历来深受国内外学者的关注。

2.1.2 能够推动科技文化交流

该地区可以发挥科研教学基地作用，促进相关学科的科学考察与交流，让置身其中的人们轻松领略地质遗迹景观的魅力，并为广大学者和青少年提供学习地球科学知识、提高科学文化素质的天然大课堂。

2.1.3 生态环境脆弱

该地区位于沙漠或戈壁地带，降水量极少，蒸发量大，生态环境极其脆弱，易遭破坏。

2.2 定量评价

萨拉乌苏地区以独具特色的地质遗迹资源吸引着国内外的众多游客,同时这里生态环境脆弱、环境敏感度高,旅游资源的承载力相对有限,因此要求评价方法更具有针对性、系统性和客观性。

层次分析法(analytical hierarchy process,AHP)是美国运筹学家里 T. L. Saaty 于 20 世纪 70 年代提出的,是一种定性分析与定量计算相结合的多目标决策分析方法。它能将问题分解为不同的要素并归并为不同的层次,而形成多层次的结构,在每一层次按某一准则对该层各要素逐对比较,建立判断矩阵;计算判断矩阵的最大特征值及对应的正交化特征向量,得出该层要素对于该准则的权重;在此基础上进而计算出各层次要素对于总体目标的组合权重,从而得出各要素或方案的权值,以此区分各要素或方案的优劣。目前该方法已被广泛运用于社会经济生活的各个方面。

本文将采用层次分析法评价萨拉乌苏流域地质遗迹资源,基本思路为:对该地主要地质遗迹资源进行广泛深入的调查,找出影响因子并构建层次分析模型;请专家将所需考虑的评价因子按照相对重要性构造判断矩阵;其后对判断矩阵进行一致性检验和统计处理,得出评价因素层各因素相对权重。

2.2.1 明确问题、选取评价因子构建 AHP 模型

地质遗迹资源评价是否准确科学,评价因子的选取极为关键。在对萨拉乌苏地区的地质遗迹资源数量、性质、生态脆弱性等因子综合考虑基础上,构建本评价的层次结构模型(图2)。

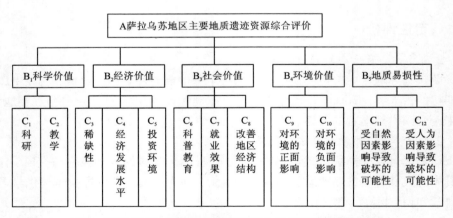

图 2 萨拉乌苏地区地质遗迹资源综合评价的层次结构模型

该模型划分为3个层次：1）A 层为目标层，以"萨拉乌苏地区地质遗迹资源总体评价"作为评价总目标；2）B 层为准则层，按照地质遗迹资源评价惯例，选取科学价值、经济价值、社会价值、环境价值和地质遗迹易损性作为综合评价因子；3）C 层为方案层，根据兼顾性、系统性、可持续利用的原则，筛选出和该区生态环境密切相关的 12 个因子作为项目评价因子。3 个层次的划分遵循便于统计、能够定量化和分类归一的原则。

2.2.2 两两比较构造判断矩阵

层次结构模型建立后，请专家填写 AHP 调查表是关键所在。为了使结果更科学，应邀请环境、旅游规划及保护生态学领域的专家两两比较评价因子、填写判断矩阵表格。

2.2.3 计算单排序权向量并做一致性检验

对每个成对比较矩阵计算最大特征值及其对应的特征向量，利用一致性指标（CI）、随机一致性指标（RI）和一致性比率（CR）做一致性检验。当一致性比率 CR（$CR=CI/RI$）小于 0.1 时，认为 A 的不一致程度在容许范围之内，可用其归一化特征向量作为权向量；否则需要重新构造成对比较矩阵。一致性检验的时候，必须先求得比较矩阵的特征根和特征向量才能得出检验指标，最终得出检验结果。在评价地质遗迹资源的时候，我们只需要用一个近似值，并不需要精确值。层次分析法得到的正是这个符合要求的近似值。

2.2.3.1 成对比较矩阵最大特征值及其对应的特征向量的计算

计算权向量有幂法、和法和根法。步骤如下所述。

1）将 A 的每一列向量归一化得到式（1）。

$$\overline{\omega}_{ij} = \frac{a_{ij}}{\sum\limits_{i=1}^{n} a_{ij}} \qquad (1)$$

2）对 $\overline{\omega}_{ij}$ 按行求和得到式（2）。

$$\overline{\omega}_i = \sum\limits_{j=1}^{n} \overline{\omega}_{ij} \qquad (2)$$

3）归一化 $\overline{\omega} = (\overline{\omega}_1, \overline{\omega}_2, \cdots, \overline{\omega}_n)^T$ 得到式（3）。

$$\boldsymbol{\omega} = (\omega_1, \omega_2, \cdots, \omega_n)^T, \quad \omega_i = \frac{\overline{\omega}_i}{\sum\limits_{i=1}^{n} \overline{\omega}_i} \qquad (3)$$

4）计算 A_ω。

5）计算 $\lambda = \dfrac{1}{n} \sum\limits_{i=1}^{n} \dfrac{(A_\omega)_i}{\omega_i}$，最大特征值的近似值。

2.2.3.2　成对比较矩阵的一致性检验

步骤如下所述。

1）得出一致性指标：$CI = \dfrac{\lambda - n}{n-1}$，其中 λ 为 A（判断矩阵）的特征值，n 为 A 的对角线元素之和，也为 A 的特征根之和。

2）按式（4）定义得出随机一致性指标 RI。随机构造 500 个成对比较矩阵 A_1，A_2，…，A_{500}。则可得一致性指标 CI_1，CI_2，…，CI_{500}。

$$RI = \frac{CI_1 + CI_2 + \cdots + CI_{500}}{500} = \frac{\dfrac{\lambda_1 + \lambda_2 + \cdots + \lambda_{500}}{500}}{n-1} \tag{4}$$

部分随机一致性指标 RI 的数值见表 1。

表 1　部分随机一致性指标 RI 的数值

n	1	2	3	4	5	6	7	8	9	10	11
RI	0	0	0.58	0.90	1.12	1.24	1.32	1.41	1.45	1.49	1.51

3）得出一致性比率：$CR = \dfrac{CI}{RI}$

本文计算得出并检验通过的准则层排序权重值及位次见表 2。

2.2.4　计算总排序权重值并做一致性检验

计算最下层对最上层总排序的权重值，利用总排序一致性比率，见式（5）。

$$CR = \frac{a_1 CI_1 + a_2 CI_2 + \cdots + a_m CI_m}{a_1 RI_1 + a_2 RI_2 + \cdots + a_m RI_m}, \; CR < 0.1 \tag{5}$$

表 2　准则层排序权重及位次

指标	科学价值	经济价值	社会价值	环境价值	地质遗迹易损性	总权重	均值
代号	B_1	B_2	B_3	B_4	B_5		
权重值	0.3013	0.1768	0.1234	0.2084	0.1901	1	0.2000
位次	1	4	5	2	3		

进行检验。若通过，则可按照总排序权向量表示的结果进行决策，否则需要重新考虑模型或重新构造那些一致性比率较大的成对比较矩阵。本文计算得出并检验通过的总排序权向量见表 3。

表3 因子评价层排序权重及位次

指标	科研	教学	稀缺性	经济水平	投资环境	科普教育	就业效果
代号	C_1	C_2	C_3	C_4	C_5	C_6	C_7
权重值	0.1712	0.1301	0.0763	0.0518	0.0487	0.0613	0.0284
位次	1	2	7	9	10	8	12

指标	改善经济结构	保护环境	破坏环境	自然破坏的可能性	人为破坏的可能性
代号	C_8	C_9	C_{10}	C_{11}	C_{12}
权重值	0.0337	0.1269	0.0815	0.1087	0.0814
位次	11	3	5	4	6

2.2.5 评价因子打分并计算总结果

为了更充分反映该地区地质遗迹资源的质量，参考类似的研究结果并结合该地旅游开发现状和生态状况，建立萨拉乌苏地区地质遗迹资源定量评价模糊记分模型。专家根据这个记分模型和该地的实际情况，对没有分支的因子打分。然后根据 Fishbein Rosenberg 模型[式(6)]，计算出最终结果(表4)。

$$E = \sum_{i=1}^{n} Q_i P_i \tag{6}$$

式中：E 为旅游地综合性评估结果值；Q_i 为对应评价因子的权重；P_i 为评价因子的评价值；n 为评价因子的数目。

表4 萨拉乌苏地区主要地质遗迹资源定量评价模糊记分结果

指标	科研	教学	稀缺性	经济水平	投资环境	科普教育	就业效果
代号	C_1	C_2	C_3	C_4	C_5	C_6	C_7
权重值	0.1712	0.1301	0.0763	0.0518	0.0487	0.0613	0.0284
得分	8.8104	8.4716	5.3203	4.9581	3.9324	4.6535	3.1925

指标	改善经济结构	保护环境	破坏环境	自然破坏的可能性	人为破坏的可能性	均值
代号	C_8	C_9	C_{10}	C_{11}	C_{12}	
权重值	0.0337	0.1269	0.0815	0.1087	0.0814	6.4189
得分	3.6416	6.7721	5.5421	6.6634	5.1614	

3 地质遗迹资源评价分析及开发利用模式探讨

3.1 资源品质分析

　　内蒙古萨拉乌苏地区地质遗迹的开发潜力综合指数为6.4189，资源品质较高，属于二级资源。从表3所示的12个记分因子结果来看，有些因子权重大而且得分高，说明这些因素能很大程度地引起人们对该地区的兴趣，并且萨拉乌苏地区也能很好地满足慕名前来的游客的这些需求。

　　以科研为例，其权重为0.1712，得分为8.8104，远远高于平均水平。萨拉乌苏地区以地质遗迹旅游资源为其显著特色，尤以国家级重点文物保护单位——萨拉乌苏遗址为其代表。这里有中国北方晚更新世河湖相标准地层——萨拉乌苏组；有中国晚期智人的代表"河套人"；还有中国北方晚更新世代表动物群——萨拉乌苏动物群。从1922年德日进、桑志华开始考察该区以来，越来越多的中外学者开始关注这个地方，并相继取得了进展性的科研成果。另外，从教学来看，权重为0.1301，得分为8.4716，优势明显。该地区每年都有多个大中专院校的学生前来野外实习，在实习过程中将书本上所学知识和实践很好结合，并将实习所得更好运用到今后的学习工作中。此外，在对环境的正面影响方面，权重为0.1269，得分高达6.7721。因为萨拉乌苏地区成立了国家级重点文物保护单位萨拉乌苏遗址，这样一来势必对该区的环境起到相应的保护作用，同时，对之前无序的混乱状态也是一种很好的制约。

3.2 主次因子分析

3.2.1 项目评价层因子分析

　　项目评价层中科学价值权重最大，表明地质遗迹资源本身的科学价值是吸引游客的最关键性因素，萨拉乌苏在这方面总体得分较高，具备资源开发的基础。环境价值权重名列第二，充分说明其"双刃剑"的作用。虽然建立了国家级重点文物保护区，在保护地区的生态环境、资源品质等方面会起到很大的作用，但是如果开发利用不当，破环了该区的"原生态"，会大大削弱游客本来对此地美好的印象。

3.2.2 因子评价层因子分析

　　在因子评价层12个因子中，科研重要性高居榜首，远远高于其他因子的权重，而且萨拉乌苏地区的得分也非常高，印证了萨拉乌苏应以科研为其显著特色，说明科学价值在旅游中的比重越来越大。教学名列第二，对于萨拉乌苏地区而言，既有标准地层，又有代表动物群，如果不利用这么好的资源和高校教学实习联系在一起，无论是对高校还是对地区本身无疑都是一大损失。对环境的正面作用名列第三，说明该区由于国家级重点文物保护单位的成立以及相关保护措施的落实对生态环境的保护起到了积极的作用。受自然因素影响导致破坏的可能性排名第四，说明该地区极易受到自然因素的破环，同时也指出了保护工作迫切性。改善地区经济结构、就业效果等排到后面，说明该区还不是很适合发展旅游，即使发展了也不会对地区的经济结构形成很大影响，对就业也不会有太大的拉动作用。

3.3 萨拉乌苏地区地质遗迹资源开发利用模式

从资源评价结果看，首先萨拉乌苏地区地质遗迹的科学价值最高，其次是环境价值和地质易损性，最后才是经济价值和社会价值。我们知道萨拉乌苏地区生态系统敏感脆弱，如果盲目开发极易造成不可逆转的生态破坏，轻则削弱地质资源的品质，重则毁坏该地区地质资源开发的前景，达不到可持续利用的目的。

3.3.1 注意事项

1）开发必须以生态保护为前提，注重保护和开发关系的协调。并且积极采取措施，加强绿化，防风治沙，防止沙漠掩埋；保持水土，防止萨拉乌苏河冲刷；对已被破坏的环境作必要的修复，维护和改善生态平衡，加强生态环境治理。

2）规范萨拉乌苏地区内居民和游客的行为，通过宣传教育，树立环保意识和生态旅游意识，防止人为破环，使地质遗迹资源得到永续利用。

3）设立地质遗迹保护专项基金，保证经费投入。

3.3.2 萨拉乌苏地区地质遗迹资源的开发利用规划

根据萨拉乌苏地区地质遗迹资源的实际情况，应该以科研、教学为主，辅之以适度的科普旅游。拟出如下开发利用模式。

1）成立专家考察站，定期组织专家进行科学考察，定期召开学术研讨会。区内管理人员为专家提供食宿，以及必要的人力、物力、财力帮助，专家以研究出的成果提升地质遗迹资源的品质，最终推动整个萨拉乌苏地区的发展。

2）设立地质类大中专院校的实习基地。在野外环境中，学生可以将理论与实践相结合，学到更多的古人类、古动物群以及第四纪地层等的相关知识，逐渐培养对地质学的兴趣，专业水平也会得到很大提高。

3）建立地质博物馆，开展科普旅游。游客在该区游览时，不仅能亲身感受地质遗迹景观的奇特，还能在参观博物馆过程中对当地地质遗迹的形成原因、演化过程、科学价值等形成初步的了解。同时，旅游收入也可以按比例纳入地质遗迹专项保护基金。

4 结论

运用层次分析法得出内蒙古萨拉乌苏地区地质遗迹的开发潜力综合指数为6.4189, 资源品质较高, 属于二级资源。项目评价层中科学价值权重最大, 表明地质遗迹资源本身的科学价值是吸引游客的最关键性因素, 萨拉乌苏在这方面总体得分较高, 说明其具备资源开发的基础。从资源评价结果看, 萨拉乌苏地区地质遗迹的科学价值最高, 其次是环境价值和地质易损性, 最后才是经济价值和社会价值。所以在生态系统敏感脆弱的萨拉乌苏地区, 开发模式应该是以科研、教学为主, 辅之以适度的科普旅游。

内蒙古牙克石喇嘛山花岗岩景观特征及其对比分析

文雪峰　陈安东　范小露　赵无忌　孙洪艳　田明中

中国地质大学(北京)地球科学与资源学院, 北京, 100083

摘要: 内蒙古牙克石市喇嘛山有海西期至燕山期白岗质花岗岩岩组和花岗斑岩岩组出露。受新华夏构造体系波及, 塑性地层发生褶皱, 刚性岩层断裂, 形成区内大小28座突兀挺拔、陡峭的花岗岩奇峰; 又由于该区气候温润, 岩石风化、溶蚀较快, 周围岩石脱落, 导致各种类型的花岗岩峰石球化, 形成大量石蛋、石柱、象形石、石槽、岩臼、石穴等微地貌。本文简要叙述了喇嘛山花岗岩景观的类型、特征, 并与其他地区典型花岗岩地貌景观进行了对比分析。

关键词: 花岗岩景观; 特征; 对比分析; 喇嘛山; 内蒙古

喇嘛山位于内蒙古自治区呼伦贝尔市牙克石市巴林镇境内, 滨洲铁路线巴林火车站北部, 距牙克石市 187 km, 距呼伦贝尔市 244 km, 滨州铁路和 301 国道由此穿过, 交通便利(图 1)。

1　区域地质概况

该区出露地层主要有石炭系下统莫尔根河组、侏罗系上统上库力组 Ⅲ 段 (J_3s^3)和下中统酸性火山岩组(J_{1-2})、全新统低阶地与河漫滩相砂砾层(Q_4h)。区内岩浆岩发育, 以海西晚期白岗质花岗岩组为主。该岩组在喇嘛峰一带呈北西—南东向展布, 在河西西峰山一带呈北东向展布, 从巴林镇北侧延伸至区外, 构成了喇嘛山的主体; 其主要为中粗粒白岗质花岗岩、文象花岗岩, 岩体多处被中生代火山岩覆盖, 侵入于上古生界石炭系地层中, 与大理石接触带上多形成透辉石、石榴石砂卡岩, 伴有铜、铅、锌等多金属矿化, 局部构成工业矿体。该岩体采用黑云母氟法测年其结果为 300 Ma, 相当于晚石炭世。另外, 在巴林镇东北角还出露一块似玉状花岗岩岩组, 主要为中粗粒似斑状花岗岩。喇嘛山东南角还有燕山早期花岗斑岩岩组出露, 大体呈南北走向, 后被现代河谷切割。另外在西峰山的西南角还出露一小块燕山晚期的斑岩岩组(图 2)(内蒙古自治区地质矿产勘查开发局, 1991, 1996; 曹生儒等, 2002)。

本文发表于《地球学报》, 2013, 34(02): 233–241。

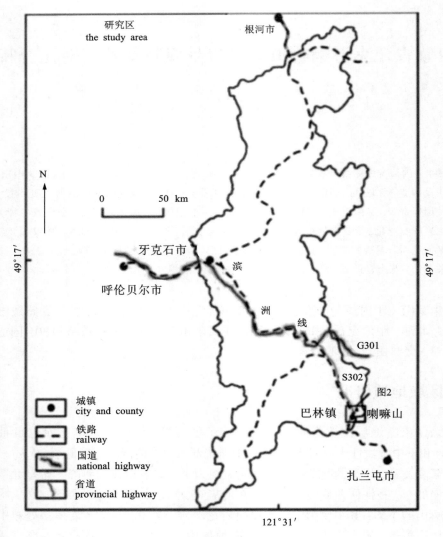

图1 喇嘛山位置图

(本书收录此文时对原图审查后略有修改)

喇嘛山所处的大地构造位置属新华夏系大兴安岭隆起带北段南缘，第三沉降带海拉尔断裂褶皱带和根河凹陷带接壤部位。山体坐落在兴安地槽褶皱系东乌珠穆沁旗早海西地槽褶皱带大兴安岭隆起带东南侧，区域上属于阿尔山—巴林复背斜轴部东北端。新华夏构造体系区域构造形迹为一系列断裂和大型隆起、凹陷，总体呈北北东向展布，并以走向平行的北东向复式褶皱和压扭性断裂为主（内蒙古自治区地质矿产勘查开发局，1991）。

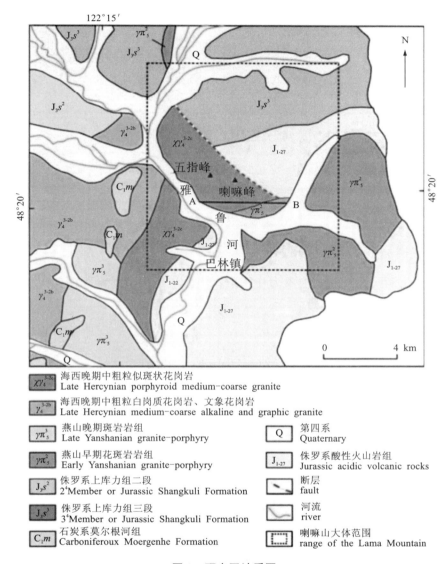

图 2　研究区地质图

（据内蒙古自治区牙克石市地质矿产管理局，1992）

图例：

$\chi\gamma_4^{3-2c}$　海西晚期中粗粒似斑状花岗岩
Late Hercynian porphyroid medium-coarse granite

γ_4^{3-2b}　海西晚期中粗粒白岗质花岗岩、文象花岗岩
Late Hercynian medium-coarse alkaline and graphic granite

$\gamma\pi_5^3$　燕山晚期斑岩岩组
Late Yanshanian granite-porphyry

$\gamma\pi_5^2$　燕山早期花斑岩岩组
Early Yanshanian granite-porphyry

J_3s^2　侏罗系上库力组二段
2⁴Member or Jurassic Shangkuli Formation

J_3s^3　侏罗系上库力组三段
3⁴Member or Jurassic Shangkuli Formation

C_1m　石炭系莫尔根河组
Carboniferoux Moergenhe Formation

Q　第四系
Quaternary

J_{1-27}　侏罗系酸性火山岩组
Jurassic acidic volcanic rocks

　断层
fault

　河流
river

　喇嘛山大体范围
range of the Lama Mountain

2　喇嘛山花岗岩景观的类型及特征

　　根据喇嘛山花岗岩景观的形态特征及成因，结合陈安泽（2007）和崔之久等（2007）对花岗岩地貌以及许涛等（2011）和赵汀等（2009）对地质遗迹的分类方法，

将喇嘛山花岗岩景观(图3)的类型划分为以下几种。

2.1　花岗岩奇峰

花岗岩奇峰是由于地壳构造运动使山体抬升、沿节理或断裂的剥落崩塌、风化侵蚀形成的景观,如喇嘛峰(图版Ⅰ-A)、五指峰(图版Ⅰ-B)等。

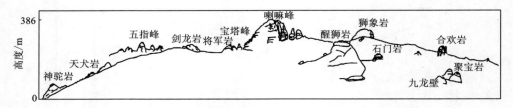

图3　喇嘛山花岗岩景观分布图

2.2　花岗岩洞穴(石棚)景观

花岗岩洞穴(石棚)是在重力作用下花岗岩块崩塌坠落堆积棚架形成的洞穴(石棚)景观,比较典型的有药王洞(图版Ⅰ-C)、白龙洞等。

2.3　花岗岩石柱

当花岗岩出露地表并处于强烈上升时,流水沿垂直节理裂隙下切,形成石柱或孤峰。在公园内分布有大约数十个花岗岩石柱,最高约60 m,最粗直径20 m左右,较细的直径有2 m左右(图版Ⅰ-D)。石柱表面受风化作用侵蚀,其磨圆度较高。这些花岗岩石柱不同于南方丹霞地貌中的阳元石,在气候冷湿、寒冻风化较严重的北方地区罕见。

2.4　石蛋

在喇嘛山园区的半山腰及醒狮岩、剑龙岩的顶部可见大小不一的石蛋景观,是花岗岩体受节理切剖,及典型的球形风化作用所形成(图版Ⅰ-E)。

2.5　象形石

俗称"怪石"景观,是花岗岩在长期风化剥蚀作用下,沿节理裂隙经风化剥蚀雕凿形成的各种形态的象形物的花岗岩地貌景观(图版Ⅰ-F),如天犬岩、剑龙岩等。

2.6　花岗岩风蚀壁龛

花岗岩风蚀壁龛是风携带砂尘对岩体表面磨蚀形成的大小不等的凹坑形态,

有圆形、长条形、纺锤形等。喇嘛山内可见大量风蚀壁龛,多分布于风口处的花岗岩体上。"九龙壁"就是一个显著的风蚀壁龛,高约 5 m,宽约 15 m,近南北走向;上有九条龙显现于石壁纹理之中,腾云驾雾、昂首曲身、爪张须扬、时隐时现,形态各异,壁顶有一半圆石块遮覆、形若冠盖半出(图版Ⅰ-G)。其他规模较大的花岗岩体处也可见不同大小的风蚀壁龛,其走向反映了长期的定向风蚀作用。

2.7 石瀑

石瀑是喇嘛山最为独特的景观之一。立于岩石下向上仰望,绝壁光滑,经雨水冲刷的流痕酷似九天而泄的瀑布(图版Ⅰ-H)。这是流水作用在花岗岩表面形成的冲蚀凹槽,由于化学风化和生物作用导致颜色深浅不一,犹如瀑布。

2.8 花岗岩穴

喇嘛山花岗岩穴可从形态特征上划分为以下两类。

1)底穴(岩臼)

是基岩向下凹陷的岩石,平面上呈卵形、椭圆形或者环状,或者多个岩臼聚合在一起呈不规则状。喇嘛山各个峰顶总共分布约 30~50 个椭圆形、圆形、匙形或不规则的花岗岩岩臼,岩臼口一般长轴为 0.2~1.0 m,深 0.1~0.5 m,其内壁大部分陡而光滑,有的光洁如洗,有的有螺旋状磨蚀纹(图版Ⅱ-A 至 F)。其中,醒狮岩顶部岩臼分布最多,有的岩臼内有积水(图版Ⅱ-A、C、D)。在岩臼周边高处无进水口,而在低洼处或裂隙处却发育有出水口。有的岩臼位于陡崖边,底部与陡壁相通,水直接从陡壁中泻出;有的岩臼受花岗岩节理和风化崩塌作用影响,现只保存半边岩臼;少数岩臼之间由于长期的风化作用使岩臼下蚀强烈,以致于切穿岩石,与侧面或下部相通,形成贯通型岩臼。这种类型的岩臼直径不大,通常较深,宽深比较小,代表了较长时间的下蚀作用;还有一些岩臼,它们间距不到 30 cm,但开口方向却不同,中间也无通道相连。这样的岩臼非常少见,是目前继克什克腾旗、翁牛特旗之后在内蒙古高原上发现的又一规模较大、类型较全、形成较好的岩臼群。

2)边墙型风化穴

发育于陡倾岩面上,有时位于陡崖基部,向岩石内部凹入,部分在水平方向上有两个以上的出口,规模较小(小于 50 cm),在宝塔峰、醒狮岩基部都可见(图版Ⅱ-G、H)。

归纳起来,公园内的岩穴有以下 5 种组合形式(图4):(1)岩臼平面[图 4(a)上]和纵断面[图 4(a)下]形态;(2)穿洞状组合,由两个相邻的岩臼扩展而成[图4(b),上为平面图,下为纵断面];(3)岩臼与沟槽的组合[图 4(c),上为平面图,下为纵断面图];(4)边墙型风化穴正面[图4(d)右]和侧面[图4(d)左]形态,发育于陡倾岩面上;(5)串珠状组合(沟槽型与边墙型)的正面[图4(e)左]和侧面[图4(e)右]形态。

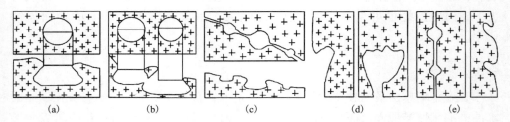

(a)   (b)   (c)   (d)   (e)

图4　区内花岗岩穴类型与形态特征(据李德文等,2003)

关于这类花岗岩穴的成因研究,自其发现以来就一直有不同的观点,并引起一场"冰成""风成"和"水成"的激烈争鸣(陈华堂等,1999;韩同林等,1999,2000;李洪江等,2001;李梦华等,1999;刘尚仁,2000;丘世钧等,2000;崔之久等,1999;杨超群,2001;章雨旭,2005;周尚哲,2006)。孙洪艳等(2007)通过对内蒙古克什克腾青山岩臼进行研究后认为中国北方高纬度区花岗岩臼的形成受多种因素控制,如花岗岩性、水、气候等。并认为在有水的条件下,特殊气候环境下的差异风化作用和冻融作用促使花岗岩臼的萌芽。然后进一步发展成初具外形、中期基本成型的岩臼。风蚀作用、冻融作用等物理风化是使基本成型岩臼发展到完全成熟型的主要营力。这些不同的岩臼形态是由于形成过程中侧蚀力的不均匀,或相邻岩臼的连通以及后期破坏作用叠加的结果。

综上所述,喇嘛山花岗岩景观丰富多彩,为我国花岗岩地貌的分布、类型和特征增加了新的地点与资料,具有一定的科学意义。同时,据赵逊等(2009)的观点,其景观资源的保护和开发更具有重要的环境和科普意义。

3　与典型花岗岩景观对比分析

为了说明喇嘛山花岗岩景观特征,与国内和自治区内有代表性的花岗岩景观进行对比分析。

3.1　与国内典型花岗岩景观对比

我国著名的地理学家曾昭璇(1960)曾总结国内外对花岗岩地貌研究,提出花岗岩地貌有两大类:

一是形成高山峻岭,二是形成雄伟浑圆的山体和低矮的丘陵岗地。前者为构造侵蚀的花岗岩峰林地貌，这种地貌主要发育在高差大的山区，由岩株状的花岗岩体组成。花岗岩岩石裸露，岩体内多组断裂和节理发育，受冰川或流水强烈切割和风化剥蚀后形成了雄伟高耸、峰峦重叠、谷深坡陡的奇峰深壑。这类花岗岩景观类型如中国的黄山、三清山等（叶张煌等，2012；卢云亭，2007）。后者由穹隆状的花岗岩体形成，岩体上常发育红色风化壳，经风化剥蚀后形成雄伟浑圆状山体，如中国克什克腾世界地质公园的黄岗梁。更多的是众所周知的石蛋地貌，在世界各地均可见到，其中在中国华南沿海地区更为发育。大的石蛋直径达 25 m以上，小的 1 m 左右，如中国厦门的鼓浪屿就好像由石蛋堆成的。在中国黄山天都峰上的 4 块仙桃石和鸡公峰前的"天鹅孵蛋"也是花岗岩石蛋。为了说明喇嘛山花岗岩景观的特征，从国内选出有代表性的花岗岩景观进行特征的对比分析（见表 1）。

表 1　喇嘛山花岗岩景观与国内典型花岗岩景观特征对比分析表

地点	花岗岩地貌景观特征	花岗岩类型	花岗岩侵入时代	海拔/m
巴林喇嘛山	以花岗岩奇峰、象形石、石蛋、岩臼为主要特色，还有部分花岗岩洞穴、石瀑发育	白岗质花岗岩、花岗斑岩	海西期、燕山期	810
克什克腾	臼及花岗岩峰林、曼陀山花岗岩石蛋地貌、是集多类花岗岩景观的天然博物馆	中—粗粒花岗岩	侏罗纪—白垩纪	1700
江西三清山	山峰、石柱密集、尖峭，石锥、石芽发育，造型奇特，范围较小，具高山盆景特点，以其"精美"列入世界自然遗产	"A"型钾长花岗岩	燕山晚期	1819
安徽黄山	自古有"黄山归来不看岳"之说，峰林景观开阔秀美，以"挺秀"闻名，已列入世界双遗产名录	铝质"A"型花岗岩	燕山晚期	1860
福建太姥山	以花岗岩峰丛景观为主，花岗岩石瀑、洞穴景观独特，石蛋、石柱景观发育，被称为"海上仙都"	"A"型晶洞钾长花岗岩	燕山晚期	917

3.2　与内蒙古自治区内典型花岗岩景观对比

内蒙古自治区的花岗岩体因出露的地质背景不同、岩石类型各异以及受不同的气候条件和不同的后期地壳运动影响，在内外地质营力的综合作用下，形成了不同的地貌景观。

根据花岗岩地貌景观的规模、组合的不同特征，以及地貌组合特征和单体地貌的不同，可以将喇嘛山的花岗岩景观与自治区内其他典型的花岗岩景观进行对比，见表2。

此外，还可以根据花岗岩景观形成的主要外动力条件进行对比，见表3。总之，岩石因素是决定喇嘛山花岗岩景观的物质基础；构造运动是喇嘛山花岗岩地貌景观形成的决定性因素；节理和裂隙是景观形成分布的控制因素；时间因素是景观形成的必然条件。喇嘛山寒暑交替四季分明的气候特征，地处山前的独特地貌条件，沿着花岗岩 NE—SW、E—W、N—S 三组原生节理及断裂长期的风化剥蚀等综合因素，造就了喇嘛山半湿润地区较为典型的花岗岩地貌景观，与国内与内蒙古自治区内的花岗岩地貌景观具有一定的对比意义。

表2　喇嘛山花岗岩景观与内蒙古自治区内典型花岗岩景观对比

大型	中型	小型	单体	分布
高山峻岭	岭脊	石林	浑圆石柱、方形石柱、摇摆石、象形石、石墙、岩臼、洞穴等	克什克腾
		峰林	石柱、象形石、小石蛋、洞穴	克什克腾、翁牛特、喇嘛山
	尖山峡谷	冰斗—刃脊—角峰	冰斗、刃脊、角峰、石墙、石柱、岩臼	
大型石蛋	岛山	基岩残丘	残丘，蘑菇石、石蛋等	二连浩特
		残山	蜂窝石，蘑菇石、石蛋等	阿拉善、新巴尔虎右旗
	浑圆石蛋山	石海	石海	克什克腾、新巴尔虎右旗
		石瀑布	浅沟	克什克腾、巴林左旗、喇嘛山
		岩臼群	岩臼	克什克腾、巴林左旗、喇嘛山
		风蚀壁龛	峰窝石、蘑菇石，风蚀壁龛	巴林左旗、喇嘛山

表3　喇嘛山花岗岩景观与不同成因的花岗岩景观对比

类型	主要动力因素	分布	代表地
水蚀型	流水、寒冻	东部	阿尔山
差异风化型	化学物理风化，寒冻风化	中东部	巴林左旗、克什克腾、喇嘛山
冰蚀型	古冰川侵蚀	中部	克什克腾
剥蚀残余型	剥蚀、风蚀、流水侵蚀	中北部	二连浩特
风蚀型	风力吹蚀，磨蚀	西部	阿拉善

图版 I

A、B—花岗岩奇峰；C—花岗岩洞穴；D—石柱；E—花岗岩石蛋；F—象形石；G—风蚀壁龛；H—花岗岩石瀑

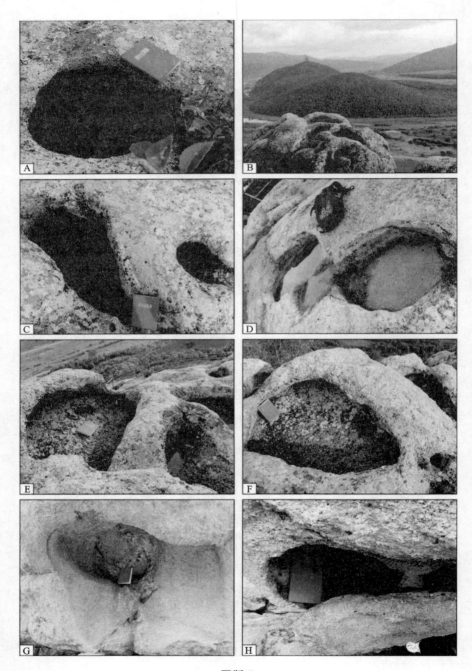

图版 Ⅱ

A、B、C、D、E、F—醒狮岩顶部的岩臼；G、H—边墙型风化穴

内蒙古扎兰屯柴河火山地质遗迹特征及其对比分析

王丽丽　　田明中

中国地质大学(北京)地球科学与资源学院, 北京, 100083

摘要: 内蒙古扎兰屯市柴河火山群, 位于大兴安岭中段西南部, 是我国东北火山区的重要组成部分, 对于研究我国东部构造带新生代以来的活动具有重要的科学价值。该区火山受地质构造影响, 呈北东向带状分布, 火山结构完整, 火山地质遗迹类型丰富, 保存完好, 火山喷发方式多样。本文在地质遗迹资源调查研究的基础上, 将该区火山旅游资源分为 6 个大类 14 个亚类共 39 处典型景观资源, 依此对区内主要火山地质遗迹类型及其特征进行了归纳与总结, 并与内蒙古东部的典型火山进行了地质遗迹资源的对比分析, 突出了其资源优势。

关键词: 火山地质遗迹; 分类; 特征; 对比分析; 柴河火山群; 内蒙古

　　内蒙古扎兰屯市柴河火山群位于大兴安岭山脉中段西南部, 属中低山地貌, 以中山地貌为主。地处东经 120°28′51″至 123°17′3″, 北纬 47°5′40″至 48°36′34″之间(见图版 I), 背倚大兴安岭, 面眺松嫩平原。属寒温带大陆性气候, 年平均气温 3.1℃, 降水量年均 460 mm, 地表水资源丰富, 河流分属于黑龙江水系和嫩江水系, 主要河流为哈拉哈河、绰尔河、柴河、德勒河及众多支流。该区植被覆盖率为 95%, 森林覆盖率为 64%, 属环北半球寒温带针叶林(王宝等, 2006)。

　　该研究区地层主要为侏罗纪火山岩系(李文国, 1996), 其次为新生代地层。侏罗纪地层中仅出露零星分布的下统和范围较广的上统, 且下统主要为山间断陷盆地沉积, 上统主要为中酸性火山岩系。岩浆岩包括侵入岩和火山岩, 均为中、新生代产物。其中火山岩分布范围广, 以中生代晚侏罗世火山岩分布面积最大, 主要为一套中、酸性火山熔岩和火山碎屑岩, 新生代火山岩主要是一套碱性玄武岩, 分布于绰尔河河谷及绰尔河西岸支流河谷之中, 受到北西向与北东向断裂构造的控制。

　　柴河火山群位于大兴安岭南麓, 地质构造、地质历史演变复杂, 位于天山—兴安褶皱带东段和新华夏系构造体系大兴安岭巨型隆起地带的复合部位(内蒙古自治区地质矿产局, 1991), 二级构造单元属大兴安岭中华力西褶皱带, 中生代属濒太平洋构造域、大陆边缘活动带, 大陆板块活动边缘带的内部(朱桂田, 2006)。

本文发表于《地球学报》, 2013, 34(06): 749-756。

中生代和新生代的构造运动奠定了本区一系列呈北东向展布的火山岩带以及以北东和北西向断裂为主体的构造格局；新生代主要表现为基底断裂的继承性活动，并控制了新生代火山的分布，形成呈北东向条带状展布的火山群（白志达等，2010）。柴河火山群火山活动跨越整个新生代，在更新世和全新世达到鼎盛时期。该火山群明显受到基底断裂的控制，火山口多位于不同方向的断裂交叉处。这些是本区地质遗迹景观形成的基础条件。

1 火山地质遗迹的类型

火山地质遗迹之所以有别于其他地质遗迹资源，一是因为"火山喷发"这一动态景象是其他地质景观所不具有的，二是因为区内火山地质遗迹的普遍存在，是其他各种景观形成的基础。因此无论在资源分类、规划与开发等各方面都应该体现出该类地质遗迹的特色。结合陶奎元等（1999）、国土资源部（国土资源部地质环境司，2008）、赵汀等（2009）、许涛等（2011）关于火山地质遗迹分类方法的优缺点，依据资源的重要性程度和对游客吸引力的强度，以既要涉及到火山知识，又不过于专业化为原则，本文主要依据火山地质遗迹的性质和成因，对该区火山地质遗迹进行了分类，见表1。

表1 火山地质遗迹资源分类表

大类	类	亚类
火山喷发动态景观		1. 熔岩流动；熔岩喷泉；2. 火山喷气；3. 火山喷硫；4. 熔岩湖；5. 地热
火山喷发物及相关地质现象	岩浆岩剖面	1. 典型基、超基性岩体剖面；2. 典型中性岩体剖面；3. 典型酸性岩体剖面；4. 典型碱性岩体剖面
	火山机构地貌	1. 火山堆；2. 火山口；3. 破火山口；4. 火口塞
	火山熔岩地貌	1. 熔岩穹丘；2. 熔岩台地；3. 熔岩隧道；4. 熔岩喷气锥；5. 熔岩流；6. 柱状节理群；7. 熔岩塌陷；8. 火山岩
	火山碎屑堆积地貌	1. 火山碎屑岩台地；2. 火山碎屑岩柱
	湖泊景观	1. 火山口湖；2. 堰塞湖
	泉水景观	1. 温泉景观；2. 冷泉景观
火山文化		1. 火山物质掩埋或中毒窒息死亡的古生物或古生物群；2. 火山岩内古人类活动的遗迹；3. 火山物质掩埋的城市；4. 火山喷发目击者的文字记录；5. 历代名人考察或文学艺术作品；6. 摩崖石刻、古建筑、宗教文化、民族风情；7. 古代采冶遗址；8. 火山岩及伴生矿物作为观赏石、造型石、图文石、玛瑙雨花石等

在上述分类方法的基础上，将该火山区地质遗迹划分为 6 个大类 14 个亚类共 39 处典型景观资源(表 2)，其中的类是火山地质遗迹资源的总体分类，亚类是对各类火山地质遗迹资源的详细划分。

表 2　柴河火山地质遗迹分类表

类	亚类	主要景观
火山岩剖面	射汽—岩浆剖面	同心天池火口的西南和东南缘
	降落锥堆积剖面	同心天池东北的三个寄生火山锥、驼峰岭天池、月亮天池、黑瞎洞
	溅落锥堆积剖面	1221 高地火山锥、1132 高地火山锥、1072 高地火山锥、敖尼尔河火山锥
火山锥地貌	火山锥	德勒河北边串珠状火山(4 座)
	火山口	驼峰岭天池、月亮天池、布特哈天池、双沟山天池火山口
	破火山口	同心天池火山口
火山熔岩地貌	熔岩台地	柴河镇光荣村绰尔河西岸熔岩台地、九峰山南侧熔岩台地、德勒河熔岩台地
	火山峡谷	大、小峡谷
	柱状节理	绰尔河沿岸、山水岩壁画
	熔岩流	块状熔岩石塘林
中生代古火山地貌	火山颈	柴青林场西中生代火山颈
	潜流纹岩峰林地貌	九峰山、一线天
火山湖泊景观	火山口湖	同心天池、驼峰岭天池、月亮天池、布特哈天池、双沟山天池
泉水景观	温泉景观	同心天池及其东南边缘

2　火山地质遗迹的分布及特征

柴河火山群喷发时代新，主要为第四纪，只有个别是继承性火山。火山活动具有多期性，根据火山遗留的地貌特点、火山产物的风化程度以及地层叠置关系，可分为中更新世、晚更新世和全新世三期。不同时期的火山地貌剥蚀程度差异比较明显，上新世火山地貌遭受剥蚀最强烈，火山锥体残缺不全。更新世火山地貌保存比较完好，部分火山口内后期积水成湖，形成火山口湖，成为风景优美的旅游观光景点，如由火山渣锥、火山溅落锥、火山降落锥构筑的火山天地以及由裂隙式喷发形成的分布于绰尔河两岸的柱状节理等(自志达等，2005)。柴河地区部分第四纪火山主要参数(赵勇伟等，2008)见表3。

表3　柴河部分第四纪火山主要参数(据赵勇伟等，2008)

喷发时代	火山名称	锥体高度/m	锥底直径/m	锥体类型	熔岩流面积/km²	喷发类型
全新世	半月山	136	850	降落渣锥	23	斯通博利式
晚全新世	月亮天池	178	950	复合锥	3	斯通博利式
晚更新世	驼峰岭天池	170	1550	复合锥	12	斯通博利式
更新世	双沟山	150	1050	降落渣锥	25	斯通博利式
晚更新世	黑瞎洞	204	950	复合锥	6	斯通博利式
晚更新世	1221高地	117	1000	溅落锥	8	斯通博利式
晚更新世	1104高地	154	1000	复合锥	20	斯通博利式
晚更新世	1132高地	182	2000	复合锥	10	斯通博利式
中更新世	同心天池火山	198	1950	基浪堆积	7	玛珥式
更新世	同心天池东北火山	80	700	溅落锥	1	斯通博利式

2.1　火山岩剖面

　　射汽—岩浆剖面：本区主要分布在同心天地火口的西南和东南缘，主要特征是平行层理及交错层理尤为发育(图版Ⅰ-1)，是内蒙古地区迄今为止发现的玛珥式火山中唯一保存最为完好的地区。

　　降落与溅落锥堆积剖面：火山喷发早期的降落堆积物与后期的溅落堆积物熔结在一起，形成了降落锥与溅落锥的堆积剖面。同心天池东北的三个寄生火山锥、驼峰岭天池、月亮天池、黑瞎洞、1221高地火山锥、1132高地火山锥、1072高地火山锥、敖尼尔河火山锥中均有此类堆积剖面。这些堆积剖面反映了火山爆发能力及其变化，由此可以推断出火山的喷发方式及其强度。

2.2　火山锥地貌

　　火山锥：该区火山锥多为复式锥，由早期的降落锥(图版Ⅰ-2)和晚期的溅落锥叠置构成，其中德勒河北边串珠状火山(4座)、驼峰岭天池火山锥保存较好，是研究火山历史的良好资源，具有很高的科研科普价值(表4)。

火山口：该火山群火山喷发后留下了形状不同的火山口（表5），火山口周边景色宜人，大大小小的火山口星罗棋布，散布在原始森林中，是旅游探险的绝佳胜地（图版Ⅰ-3）。

表4　火山锥分类表

	基本类型	典型景观
火山锥	复式锥	月亮天池、驼峰岭天池、黑瞎洞、1104高地、1132高地、敖尼尔河火山火山锥
	降落锥	半月山、双沟山、天池火山锥
	溅落锥	1221高地、同心天池东北火山锥

表5　火山口类型划分表

	基本类型	主要景观
火山口	漏斗状	驼峰岭天池火山口
	马蹄形	半月山、德勒河北山4座火山、敖尼尔河火山口
	近圆形	双沟山天池、布特哈天池、月亮天池火山口

破火山口：晚侏罗世同心天池火山发生强烈的布里尼式喷发，大量火山碎屑物喷出后，火口塌陷，形成破火口。破火口周围环状、放射状断裂发育，断裂的几何中心为破火口（图版Ⅰ-4）。

2.3　火山熔岩地貌

熔岩台地：火山爆发时，由大规模的熔岩溢流覆盖堆积形成，玄武岩是最重要的组成成分。主要包括柴河镇光荣村绰尔河西岸熔岩台地、九峰山南侧熔岩台地、德勒河熔岩台地。

烙岩峡谷：主要包括大、小峡谷。大峡谷位于柴河镇西南约70 km处的森林中，由驼峰岭天池火山的玄武质熔岩流遇水爆炸后期塌陷而成，由南向北蜿蜒展布，长约6 km，宽30~150 m，深25~100 m。大峡谷由原始森林环抱，峡谷内水流湍急，草深林密，是少有的典型地下森林，这种由玄武岩构成的大峡谷实属罕见，具有重要的科学和旅游探险价值。小峡谷位于德勒河中下游，峡谷由德勒河北山裂隙中心式火山的熔岩流遇水爆炸而成，由西向东延展，长约5.5 km，宽30~80 m，深20~50 m，峡谷中流水湍急，峡谷两壁近于直立，是重要的游览探险及避暑胜地。

柱状节理：玄武岩构成了绰尔河河谷的一级阶地，河谷两侧熔岩流厚度大，最突出的特征是发育柱状节理，是绰尔河河谷玄武岩中典型的地质遗迹景观。绰尔河河谷柱状节理群又分为垂直、束状和水平柱状节理(图版Ⅰ-5)，不同方向的柱状节理反映了熔岩流冷却定位所属的环境。绰尔河河谷玄武岩中柱状节理类型多样，规模宏大，十分壮观，这在国内也是罕见的。

熔岩流：块状熔岩石塘林位于半月山北侧，是半月山熔岩流的最后一期形成的，块状熔岩流分布面积约 50000 m^2，块状玄武岩的岩块直径约 1~2 m(图版Ⅰ-6)。

2.4 中生代古火山地貌

火山颈：该景观位于柴青林场西约 5 km 处，为中生代火山颈，由潜流纹岩组成，以发育大型柱状节理为特征。柱状节理规则堆砌，高约 100 余 m，直径约 300 m，十分壮观。是确定古火山喷发中心和研究破火山晚期火山作用特点的重要岩相类型，具有重要的科学意义和观赏价值。

潜流纹岩峰林地貌：九峰山中生代潜流纹岩地貌景观位于柴河西南约 50 km 处，由晚侏罗世白音高老期破火口内潜流纹岩构成(图版Ⅰ-7)，面积约 0.5 km^2。在九峰山脚下潜英安岩中，由人工筑路凿开和北北西向剪节理劈切形成一线天地貌。这些由潜流纹岩形成的奇特秀美的火山地貌景观，在大兴安岭乃至中国东部大陆边缘中生代火山岩带中具代表性。

2.5 火山湖泊景观

火口湖：本区火口湖数量之多是内蒙古地区之最，仅柴河地区已发现的火口湖就有 15 个，其中海拔千米以上的有 7 个(扎兰屯市史志编纂委员会，1993)。本区主要火山口湖见表 6，天池景观形态各具特色，大都是火山喷发后火山口后期积水形成的火山口湖，点缀在该区的火山群之中。布特哈天池与同心天池是低平玛珥湖，其中同心天池火山为一继承性火山，由中生代强烈的布里尼式喷发和中更新世的玛珥式喷发加上后期的改造作用，积水而成。驼峰岭天池毗邻阿尔山市，海拔 1228 m，西南低洼处为其出水口，无入水口，以季节性降水补给，湖中可能有泉水。月亮天池状如明月(图版Ⅰ-8)，海拔 1696 m，天池最显著的特点是它没有出入口，水量常年保持平稳，不受季节影响(李金花，2007)，是镶嵌在大兴安岭最高峰上的一颗明珠。

火山口湖分类见表 6。

表 6　火山口湖分类表

	基本类型	主要景观
火口湖	低平玛珥湖	同心天池、布特哈天池
	高位火口湖	月亮天池、驼峰岭天池、双沟山天池

2.6　泉水景观

温泉景观：同心天池火口东南侧沿火口塌陷断裂发育多处泉水，泉水春秋季温度明显高于湖面水温而冬季不冻，为低温温泉，是地热资源的天然露头。泉水因含较高的硫化氢而有强烈刺鼻的硫磺味，推断泉水循环应该是受深部岩浆活动的影响。

扎兰屯柴河火山是地球演化的天然遗存，记录了地质历史演变过程中大量的自然变迁信息，火山地质遗迹类型丰富，形态多样。从年代学角度，将柴河地区火山中的主要火山地质遗迹分类，见表 7。

表 7　柴河地区主要火山地质遗迹

形成时期		喷发方式	地质遗迹
第四纪	全新世	斯通博利式	半月山火山
	晚更新世	裂隙式	绰尔河河谷火山
		斯通博利式	月亮天池火山
			驼峰岭天池火山
			德勒河北山火山
	中更新世	玛珥式火山	同心天池火山
			布特哈天池火山
中生代	晚侏罗世	布里尼式火山	同心天池破火口

柴河火山群地质遗迹具有以下特点：

1）柴河地区火山包括中生代古火山和第四纪火山，喷发时代新，主要为第四纪。

2）火山岩岩石类型主要为玄武岩、潜流纹岩、安山岩，其中以玄武岩居多。

3）火山活动具有多期性，可分为中更新世、晚更新世和全新世三期。

4）火山喷发类型齐全。区内火山喷发方式有裂隙式、玛珥式、斯通博利式、布里尼式。

5）火山喷发完整。火山活动晚期均转化为溢流式火山作用，且岩浆溢出的熔岩流类型由早到晚从结壳熔岩、渣状熔岩，最后演化为块状熔岩流。

6）火山地貌类型多样。如基浪剖面、降落锥、溅落锥、火山锥、火口湖、熔岩流、柱状节理群、石塘林、温泉等。

3 与内蒙古东部火山区地质遗迹资源的对比分析

在内蒙古东部的火山群中，扎兰屯柴河火山群火山地质遗迹在形成时期、喷发方式、类型、分布面积4个方面特点突出（表8）。

表8 内蒙古东部典型火山地质遗迹对比表

地区	形成时期	喷发方式	类型	面积/km²
扎兰屯	中生代、中更新世、晚更新世、全新世	斯通博利式、裂隙式、玛珥式、布里尼式	14个亚类：射汽—岩浆剖面、降落锥堆积剖面、溅落锥堆积剖面、火山锥、火山口、破火山口、熔岩台地、熔岩峡谷、柱状节理、熔岩流、中生代火山颈、中生代潜流纹岩地貌、火口湖、温泉景观	1200
阿尔山	晚更新世、全新世	斯通博利式、夏威夷式、亚布里尼式、玛珥式	14个亚类：射汽—岩浆剖面、降落锥堆积剖面、溅落锥堆积剖面、火山锥、火山口、熔岩流、火山碎屑席、熔岩喷气锥、熔岩穹丘、熔岩塌陷、火口湖、堰塞湖、温泉景观、冷泉景观	800
鄂伦春	晚更新世、全新世	斯通博利式、夏威夷式、亚布里尼式、玛珥式	11个亚类：降落锥堆积剖面、溅落锥堆积剖面、火山灰剖面、火山口、熔岩流、熔岩台地、熔岩隧道、火山碎屑席、火口湖、堰塞湖、暗河	820
乌兰哈达	晚更新世、全新世	斯通博利式、裂隙式	11个亚类：火山渣锥剖面、降落锥堆积剖面、溅落锥堆积剖面、熔岩喷气锥、熔岩流、熔岩塌陷、熔岩隧道、火口湖、堰塞湖、火山岩、摩崖石刻	280

扎兰屯柴河火山群火山包括古火山和第四纪火山地貌，可分为中生代、中更新世、晚更新世、全新世四期；火山地貌景观包括：射汽—岩浆剖面、降落锥堆积

剖面、溅落锥堆积剖面、火山锥、火山口、破火山口、熔岩台地、熔岩峡谷、柱状节理、熔岩流、中生代火山颈、中生代潜流纹岩地貌、火山口湖、温泉景观；分布面积广，达 1200 km²。其中继承性火山形成的破火口与射汽岩浆剖面，柱状节理群、颇具规模的火口湖最为典型。

阿尔山火山群火山形成于晚更新世、全新世(赵勇伟，2007)，火山地貌景观包括：射汽—岩浆剖面、降落锥堆积剖面、溅落锥堆积剖面、火山锥、火山口、熔岩流、火山碎屑席、熔岩喷气锥、熔岩穹丘、熔岩塌陷、火口湖、堰塞湖、中低温对流型的温泉景观、冷泉景观(韩湘君等，2001)；分布面积约 800 km²。

鄂伦春火山群火山可分为晚更新世、全新世两期(徐德斌等，2009)，火山地貌有降落锥堆积剖面、溅落锥堆积剖面、火山灰剖面、火山口、熔岩流、熔岩台地、烙岩隧道、火山碎屑席、火山口湖、堰塞湖、暗河；分布面积约 820 km²。

乌兰哈达火山群火山可分为晚更新世、全新世两期(张楠，2008)，是蒙古高原南缘现已发现的唯一的第四纪火山群(刘磊，2007)，火山地貌有火山渣锥剖面、降落锥堆积剖面、溅落锥堆积剖面、熔岩喷气锥、熔岩流、熔岩塌陷、熔岩隧道、火山口湖、堰塞湖、火山岩、摩崖石刻；分布面积约 280 km²。

由此可见，扎兰屯柴河火山群既有古火山地貌，又有第四纪火山，火山地貌类型多样，分布面积广，在内蒙东部火山区中具有代表性和典型性，火山地质遗迹资源优势突出。

图版 I

1—同心天池射汽—岩浆剖面；2—半月山降落锥；3—驼峰岭漏斗状火山口；4—同心天池破火山口；
5—柱状节理群；6—块状熔岩流；7—潜流纹岩峰林地貌；8—高位火山口湖：月亮天池

青海省青海湖国家地质公园主要地质遗迹类型及其地学意义

王璐琳　　武法东

中国地质大学(北京)地球科学与资源学院, 北京, 100083

摘要: 青海省青海湖国家地质公园是以湖泊水体景观为代表的地质公园, 公园内地质遗迹和景观类型多样, 集湖泊、河流、湿地、沙漠于一体, 是一个地质科学内涵丰富、旅游资源多样的地质公园。长期的地质作用形成了复杂的构造、重要的地层记录, 特别是新生代以来伴随喜马拉雅构造运动形成的多级夷平面、青海湖以及古湖岸线, 对人类活动和环境的影响有着重要的地学意义。

关键词: 地质遗迹; 国家地质公园; 地学意义; 青海湖

1 青海省青海湖国家地质公园概况

1.1 地质公园概况

青海省青海湖国家地质公园位于中国西部青海省的青藏高原东北缘, 地理坐标为东经 97°53′~101°13′, 北纬 36°28′~38°25′, 区内海拔一般在 3194~3520 m。

青海省青海湖国家地质公园于 2011 年 11 月由国土资源部批准建立, 总面积为 292.8 km², 总体划分为 4 个园区, 分别是二郎剑园区、鸟岛园区、仙女湾园区和沙岛园区。

1.2 自然地理概况

青海省青海湖国家地质公园地处东部季风区、西北干旱区与青藏高寒区三大气候区的交汇处, 属高寒半干燥草原气候, 具干旱少雨、太阳辐射强烈、气温日差大等气候特征(孙永亮等, 2008)。四面环山的内陆盆地格局, 更造就了局部特殊的气候特点。

流入青海湖的大小河流共计40余条, 均属内陆封闭水系, 是青海湖的主要补

本文发表于《地球学报》, 2012, 33(05): 835-842。

给水源。入湖河网呈明显的不对称分布,西北部河网发育,径流量大,区域内的较大河流均分布于此,入湖水量占总水量的80%左右;东南部河网稀疏,水量贫乏,多为季节性河流,径流量小(师永民等,1998;朱琐等,2001)。

青海湖在地貌上属于高山环绕的山间内陆盆地,整体地势为西北高,东南低,地貌类型主要有湖盆、河流、沙漠、山地、湿地、滩地等(张媲等,2010)。由于青海湖湖区地形多变其植被类型也就复杂多变,主要表现为湿地植被和高寒植被共存(刘景华,2007)。

1.3 地质背景

在大地构造位置上,青海湖地区位于南祁连早古生代裂陷槽、青海南山晚古生代—中生代复合裂陷槽和中祁连地块3个次级构造单元的交汇部位(中国科学院兰州地质研究所,1979)。青海湖的东部,达坂山、团保山主要由元古界片岩、片麻岩等组成,伴有加里东期岩浆活动,东西两侧为深大断裂切割。北部为晚古生代、中新生代碎屑岩组成的低山丘陵,古近纪以前一直处于相对稳定状态。西部是布哈河地堑,地堑两侧为震旦系绿色变质岩系。南部为青海南山隆起带,由晚古生代、中生代碎屑岩组成,伴有印支期花岗岩侵入,南北两侧均为北西西向大断裂切割。湖南缘的倒淌河及灯龙沟一带,零星出露新近纪红色碎屑岩。

青海湖地区地层发育较齐全,从老到新依次有太古界、元古界,古生界寒武系、奥陶系、志留系、石炭系、二叠系,中生界三叠系、侏罗系和新生界古近系、新近系、第四系(青海省地质矿产局,1991)。

2 地质公园的主要地质遗迹类型

青海省青海湖国家地质公园内地质遗迹和景观类型多样,集湖泊、河流、湿地、沙漠于一体(表1),是一个地质科学内涵丰富、民族文化特色显著、旅游资源多样的地质公园(图1)。

2.1 湖沼景观

青海湖及其子湖 青海湖是我国最大、世界第二大的内陆咸水湖,是我国首批国际重要湿地之一,于1992年被列入《湿地公约》而进入国际重要湿地名录;1997年经国务院批准为国家级自然保护区;2006年被建设部列入国家自然遗产名录。青海湖水域面积4300 km²,东西长约106 km,南北最宽处为63 km。湖周长约360 km,湖面平均海拔3194 m,平均水深16.85 m,最大水深达27.5 m。青海湖烟波浩渺、水天相连、碧浪拍岸、势如大海。青海湖位于青藏高原东北缘,属于构造断陷成因。青海湖长期处于古欧亚大陆的边缘活动带,对地壳运动有着敏感的反映，具有非常特殊的地质条件。长期的地质作用形成了复杂的构造、重要的地层记录，特别是新生代以来伴随喜马拉雅构造运动形成的多级夷平面（图版Ⅰ-1）（陈克造等，1964；赵逊等，2009；赵汀等，2009）、青海湖以及古湖岸线（袁宝印等，1990），对人类活动和环境的影响有着重要的意义。

由于近百年来暖干化气候特征，加上人为因素的影响，青海湖湖水量出现下降的趋势，湖东岸由北而南形成了尕海、新尕海、海晏湾和耳海4个子湖（图版Ⅰ-2）。这些子湖的出现是青海湖湖平面逐渐下降、湖水逐渐退缩的结果。

湿地 青海湖湖区有40多条河流，众多泉水和沼泽等形成了多种类型的湿地，主要包括湖滨湿地和河道湿地两种。湖滨湿地主要分布在布哈河、沙柳河、哈尔盖河、甘子河、倒淌河下游及平坦的冲洪积三角洲、大小泉湾、鸟岛、耳海和尕海等周围；河道湿地主要分布在青海湖西北部与北部的河源地区，以沼泽湿草地形式出现，多呈斑块状与草甸草原交错镶嵌（图版Ⅰ-3）。湖滨湿地与河道湿地水生、湿生植物丰富、覆盖度高是食草类牲畜的主要牧草地之一，也是众多野生禽兽类动物的栖息与繁衍区域（马进等，2011）。

青海湖湿地在丰富青藏高原生物多样性、调节西北地区气候、保持水源涵养、维护生态平衡等方面具有重要的作用，作为世界七大湿地之一和高海拔湿地资源已成为世界湿地保护组织关注的重点。

表1 青海省青海湖国家地质公园重要地质遗迹（类型）

类	亚类	序	名称（内容）	园区	位置	等级评价
水体景观	湖沼景观 湖泊	1	青海湖	二郎剑	二郎剑	世界级
		2	尕海	沙岛	沙岛	
		3	新尕海	沙岛	沙岛	
		4	海晏湾	沙岛	沙岛	
		5	耳海	二郎剑	二郎剑	
	沼泽湿地	6	仙女湾湿地	仙女湾	仙女湾	世界级
		7	小泊湖湿地	仙女湾	仙女湾	
		8	湿地曲流河	仙女湾	仙女湾	
	河流景观	1	沙柳河	仙女湾	刚察县	国家级
		2	布哈河	鸟岛	青海湖盆地西北部	
		3	哈尔盖河	沙岛	刚察县	
		4	倒淌河	二郎剑	东起日月山，西止青海湖	
	泉水景观	1	甘子河热泉		热水正断层处	国家级

续表1

类	亚类		序	名称(内容)	园区	位置	等级评价
地貌景观	流水地貌	湖泊侵蚀地貌	1	湖蚀穴和湖蚀洞	鸟岛	基岩湖岸的周边	国家级
			2	湖蚀崖	鸟岛	湖岸线附近	
			3	湖蚀柱	鸟岛	鸬鹚岛	
			4	湖蚀平台	鸟岛	青海湖西北侧	
			5	侵蚀阶地	鸟岛	海心山、沙陀寺等	
					沙岛		
			6	冲刷透镜体	二郎剑	青海湖 315 公路 185 km 处路旁	
		湖泊堆积地貌	1	湖堤	二郎剑	沿湖岸排列	国家级
			2	湖泊三角洲	沙岛、鸟岛、二郎剑	布哈河、哈尔盖河、沙柳河、黑马河和泉吉河附近	
			3	沙质湖岸	二郎剑、沙岛	青海湖东北至东缘、西岸的布哈三角洲西北缘和南岸的江西沟等地	
			4	砾石湖岸	仙女湾、二郎剑	青海湖南北岸	
			5	堆积阶地	鸟岛、二郎剑、沙岛	布哈河、倒淌河、沙柳河等河南岸	
			6	湖积平原	二郎剑、仙女湾	绕湖呈环带状分布	
	沙漠地貌		1	新月形沙丘	沙岛	沙岛	国家级
			2	复合型沙丘链	沙岛	沙岛	
			3	半固定沙丘	沙岛	沙岛	
			4	固定沙丘	沙岛	沙岛	
			5	沙波纹	沙岛	沙岛	
	高原草地地貌		1	金银滩		海晏县	
地质构造	构造形迹		1	复杂褶皱		贡布洞	国家级
			2	热水正断层		甘子河	
			3	断块山和断陷盆地		海晏盆地及青海湖盆地	

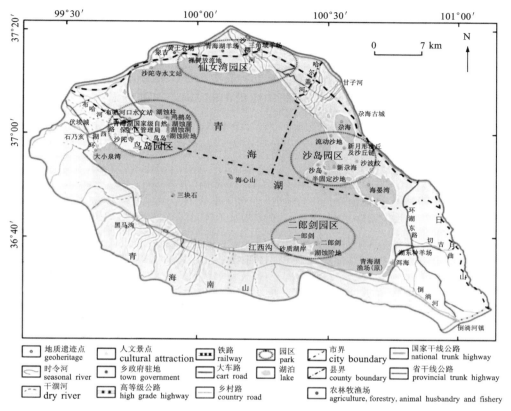

图1 青海省青海湖国家地质公园重要地质遗迹分布图

(本书收录此文时对原图审查后略有修改)

2.2 河流景观

青海湖盆地源自四周山地的河流有40余条，形成向心状分布的水系。因受地形的影响，河网呈明显不对称分布，西部与北部河流入湖水量占全流域总水量的80%，主要河流有布哈河、泉吉河、沙柳河、哈尔盖河等。

布哈河 它是青海湖内陆水系中最大的一条河流。布哈河蜿蜒曲折、盘山绕岭、汇集雪山清泉、草地细流，源源不断地向青海湖倾注琼浆玉液，它是裸鲤洄游繁殖的主要河道。布哈河流域也是最早点燃人类文明火种的地区之一。

倒淌河 位于青海湖盆地东南部，与我国大多数河流的流向不同，它自东向西流入青海湖，故称倒淌河(图版Ⅰ-4)。倒淌河发源于日月山南侧、野牛山(索日格山)西麓，河流全长60 km，流域面积727 km²，径流主要由地下水和降水补给。

沙柳河 发源于大通山南坡,全长 71.1 km,流域面积 1442 km²,由北向南注入青海湖。每年 6、7 月份,大量的湟鱼洄游到沙柳河产卵,形成"半河清水半河鱼"的奇特景观。

哈尔盖河 是沙柳河的姊妹河,源于大通山南坡,由北向南注入青海湖。全长 129 km,流域面积 1920 km²。年平均流量 3.88 m³/s,年径流总量 1.223 亿 m³,冰期 140 d 左右。

2.3 湖泊地貌

青海湖国家地质公园内的湖泊地貌可概括为两大类:

湖泊侵蚀地貌 包括湖蚀崖、湖蚀平台、湖蚀穴、湖蚀岬角等,因波浪在近岸地带形成的破浪及其挟带的碎屑对基岩湖岸不断冲击、磨蚀的结果(图版Ⅰ-5)。

湖泊堆积地貌 包括在河流入湖处形成的三角洲,湖滨平原,沿岸流或波浪作用在岸边堆积形成的多种湖岸类型(图版Ⅰ-6),以及各种湖岸沙堤、沙坝和湖滨沙丘等。

2.4 泉水景观

主要是甘子河热泉群。该泉群的发育受热水正断层控制,沿热水断裂带约有 10 处温泉喷出地表。单泉流量 12.31~28.4 m³/h,总流量 974.59 m³/h,水温 51~55℃,矿化度 0.52 g/L,具有较高的医疗保健价值。

2.5 沙漠地貌

沙丘 分布于湖东岸的团保山到大板山之间的山前平原地带。以海晏湾为界,风成沙丘分为南北两部:北部沙丘分布在尕海的西侧和南侧,呈北北西向带状延伸;南部沙丘从克图垭山口到满隆山麓、大板山前到青海湖岸边布满整个山前平原。在邻近沙丘与沙山的广阔地带,植被茂盛,风成沙丘与环湖大草原共生,密集展布的高大沙丘、沙山与碧波荡漾的湖水相互映衬共同组成了一副独特的地质景观(图版Ⅰ-7)。青海湖国家地质公园内沙丘形态类型主要有新月形沙丘及其沙丘链、金字塔形沙丘、复合型沙丘链等。

沙波纹 在沙地或沙丘表面发育着各种形态和规模的沙波纹。它们既随沙丘表面的起伏而变化形态,又因风力、风向的变化而改变形态。通过沙波纹各种参数的测量,就能够推测沙波纹形成时的风力和方向。根据沙波纹波脊的形态,可分为平行状、分岔状波纹、单一波纹、复合波纹、直脊波纹、弯脊波纹等。

2.6　高原草地地貌

金银滩　是高原草地的典型代表，位于海晏县中部。由于第四纪堆积物白山前至滩地中心逐渐变细，地面坡度逐渐变缓，故山前地带形成地下水大于 30 m 的深埋区，至滩地中心地下水位逐渐变浅，直至溢出地表，形成地表径流或沼泽。植被主要包括芨芨草、蒿草、针茅、苔草等，是海晏县牲畜冬春季节的主要放牧地。"西部歌王"王洛宾曾在这里创作了《在那遥远的地方》，优美的旋律被人永世传唱。

2.7　地质构造

复杂褶皱　环湖西路贡布洞西约 300 m 处发育有复杂褶皱（图版Ⅰ-8），可见尖棱背斜、紧闭背斜、向斜，局部发生倒转，翼部地层倾角多大于 60°，说明此褶皱的形成经历了复杂的构造作用过程。

热水正断层　由于第四系地层的覆盖，呈隐伏状态，断层走向东北，倾向北西，延伸长度约 9 km，断层线附近岩石破碎，裂隙较为发育，甘子河北热水矿泉即受该断层的控制。

3　地质公园的地学意义

青海湖国家地质公园位于青藏高原东北缘，长期处于古欧亚大陆的边缘活动带，对地壳运动有着敏感的反映，具有非常特殊的地质条件。长期的地质作用形成了复杂的构造、重要的地层记录，特别是新生代以来伴随喜马拉雅构造运动形成的多级夷平面、青海湖以及古湖岸线，对人类活动和环境的影响有着重要的意义。

3.1　地史学意义

公园内的地质遗迹记录了地球发展的完整历史。早元古代本区以陆缘海的面貌揭开了地史端元，当时海域平静，接受着远源细粒碎屑物沉积，间有少量镁质碳酸盐岩沉积和中基性火山岩夹层。古元古代末期的地壳运动，使得本区抬升为陆地，接受剥蚀。中、晚元古代，本区再次沉降为滨、浅海环境，形成次稳定型或次活动型沉积。受后期区域动力变质作用，形成绿片岩相变质岩，不整合于早元古代地层之上，并与早元古代地层一起褶皱构成青藏高原北部稳定的大陆壳（陈英玉等，2009）。

震旦纪—早古生代时期，本区地壳活动频繁，元古宙晚期形成的联合古陆西南缘开始解体，使得包括本区在内的青藏高原北部从华北板块上肢解出来，进入早古生代以裂谷发育为重要特征的活动阶段，形成早古生代活动型沉积即结晶基底上的盖层沉积。早古生代末，祁连运动席卷了包括本区在内的整个祁连造山带。断陷带、裂谷及其间夹持的微型陆块与断隆区一起遭受强烈挤压、褶皱、焊合与隆起，结束了早古生代秦祁昆古海发育史，本区再次成为大陆环境，同时有广泛的中酸性岩浆侵入活动。其褶皱轴向、断裂走向多沿袭北西西向。这一时期由于本区火山活动异常活跃，岩性以正常沉积碎屑岩、碳酸盐岩与中基性火山岩互层为主，主要出露于布哈河沿岸以及湖区北部。

晚古生代—早中生代时期，本区经过泥盆纪的短暂侵蚀、夷平之后，石炭纪普遍接受海陆交互相含煤碎屑岩、碳酸盐岩及膏盐沉积。从晚石炭世开始，印支运动使得本区除南祁连山外普遍遭受海侵，到二叠纪早期，古祁连洋开始向西南部南祁连断陷带迁移，松潘—甘孜海槽也开始出现并进一步发展。二叠纪—三叠纪，海陆格局发生明显分异。大体以中祁连断隆北缘断裂为界，以北地区进一步隆起，发育内陆沉积；以南地区，即柴达木—中祁连地块东缘，进一步沉陷，接受特提斯稳定型陆表海沉积。晚三叠世末爆发的晚印支运动最终结束了祁连造山带的海相发育史，松潘—甘孜海槽也全面闭合，本区转入内陆环境。这一时期本区主要发育浅海相、海陆交互相沉积，岩性以灰色碳酸盐岩、砾岩、砂岩、粉砂岩为主，出露广泛，分布于湖区南部、西部、北部地区。

中、晚中生代—新生代时期，随着中亚—蒙古大洋的闭合以及特提斯洋向南退去，本区也进入了中新生代陆内断陷槽、盆发育阶段。燕山运动在本地区表现为断块升降，出现山间断陷盆地沉积，并伴有陆相火山喷发堆积；喜马拉雅运动除形成中新世地层与下伏古近纪地层、中新世地层与上新世地层、上新世地层与第四纪地层之间的不整合外，还产生了青海湖断陷盆地，同时使得周边西宁、共和等盆地继续大幅沉降，沉积了内陆湖泊相的砾、砂砾及砂、泥质碎屑岩岩系。可见，这一时期本区主要发育陆相断陷盆地沉积，岩性以棕红色、灰黄色泥岩、粉砂岩夹石膏层为主，分布于湖区东部以及橡皮山西段(青海省地质矿产局，1997)。

综上所述，青海湖地区经历了长达数十亿年的地质发展过程，岩浆活动、海陆变迁等地质记录展现了该区从太古代到新生代的古地理、古环境的变迁。

3.2 地貌学意义

青海湖地处青藏高原东北部，属于封闭的内陆山间盆地，南傍青海南山、东靠日月山、西临橡皮山、北依大通山(陈亮 等，2011)。

中新世以来，伴随青藏高原的隆升，青海湖地区多条断裂的活动，形成了现今复杂多样的地貌类型。湖区地貌由湖滨至山区依次为冲湖积平原、冲洪积平原、风积沙丘、低山丘陵和中高山地貌类型。冲湖积平原沿湖水呈环带状分布，沼泽湿地发育，可见数道湖岸沙堤；冲洪积平原由多个扇连裙组成，为主要经济活动布局带；湖东有大面积的风积沙丘分布；低山丘陵分布在湖南部和湖北部，构成区域Ⅲ级夷平面；中高山分布在湖南部和湖东部，构成青海湖分水岭。

这些丰富的地貌景观具有极其独特的综合科学研究价值、地学旅游价值。它们的变化直接影响到整个青藏高原的生态环境的变迁，也为青海湖带来了更为秀丽的景色。

3.3　沉积学意义

青海湖国家地质公园内沉积类型多样，主要包括现代河流沉积、三角洲沉积、风成堆积、泻湖沉积、冲积扇沉积及滨浅湖沉积。

现代青海湖及周边地区构成了一个从剥蚀、搬运到沉积的完整系统，具有丰富的沉积类型，形成了多样的沉积物。蜿蜒的曲流河、活动的三角洲、广袤的沙丘、多样的湖岸类型、丰富的湖泊沉积，恰如一部沉积学的天然教科书，具有典型的沉积学教学、研究意义。步移景迁，都会探索到地学知识的新篇章。同时，它也是青海湖现代地质作用演化的见证，这对于研究青海湖的形成与演化，乃至晚新生代以来青藏高原的环境和气候变迁有着极其重要的意义，为地质科研、科普宣传、现场教学提供了绝好的场所，是一个理想的沉积学天然实验室。

3.4　构造学意义

在大地构造位置上，青海湖横跨两个一级大地构造单元，即以宗务隆山—青海南山大断裂带为界，其北为祁连加里东褶皱系，其南为松潘—甘孜印支褶皱系。根据内部构造特点，又可进一步划分为南祁连早古生代裂陷槽，青海南山晚古生代—中生代复合裂陷槽和中祁连地块3个二级构造单元。在漫长的地质历史中，各构造单元经历了不同的发展过程(肖景义等，2011)。

现今青海湖地区的构造格局可划分为大通山、团保山—日月山和青海南山3个隆起带；甘子河—湟水、布哈河和倒淌河3个地堑以及青海湖断陷盆地等7个构造单元(边千韬等，2000)。正像如今人们所看到的，古老的地层、突兀的岩石、复杂的褶皱、多样的构造遗迹，无不展示着青海湖沧海桑田的巨大变化。

长期复杂的构造运动，特别是新生代以来的新构造运动，造就了秀丽壮美的青海湖。这些丰富的构造类型、独特的构造遗迹具有很高的科普和旅游价值，充分利用和保护好这种资源有助于地质科学研究的发展，有利于对公众地质知识的普及。

图版 I

1—夷平面；2—青海湖卫星遥感图；3—仙女湾湿地；4—倒淌河；5—湖蚀柱—鸬鹚岛；

6—现代湖岸—泥质湖岸；7—湖畔沙漠；8—贡布洞复杂褶皱

泰山世界地质公园的地质遗迹旅游体系研究

刘晓鸿   王同文[1,2]   谢萍[3]   田明中[1]

1.中国地质大学(北京)地球科学与资源学院,北京,100083;

2.河南理工大学测绘与国土信息工程学院,河南焦作,454000;

3.成都理工大学地球科学学院,成都,610059

摘要:泰山是世界自然与文化遗产和世界地质公园。本文简要介绍了泰山世界地质公园的概况,分析了泰安市及泰山世界地质公园的旅游现状,阐述了其以前寒武纪地质,新构造与地貌景观以及地质遗迹与文化遗存的完美结合体为主的地质遗迹与景观特色,最后提出了泰山世界地质公园的地质遗迹旅游体系,这对于泰安市旅游资源整合与开发具有重要的作用。

关键词:泰山;世界地质公园;地质遗迹;旅游体系

泰山旅游经济是泰安市经济发展的支柱产业,是当地产业的"龙头"。根据泰安市旅游业发展战略,确立了以泰山旅游为核心,周边地区旅游为补充;以泰山带动周边地区,以旅游业带动其他产业,实现共同发展、共同致富的综合旅游经济结构。由于种种原因,以前无法整合泰安市的旅游资源。2006年,泰山成功申报世界地质公园,一方面在泰安市范围内形成以泰山为核心园区,徂徕山、莲花山、陶山等地区作为外围地质遗迹景区,实现了区域内旅游地学资源的有效整合,另一方面进一步提升了旅游的品位和内涵。基于此,通过对泰山世界地质公园旅游现状的分析,对公园的地质遗迹旅游体系的分析与探讨,以期给泰安市旅游资源整合与开发带来借鉴和参考作用。

1　泰山世界地质公园概况

泰山被尊为"五岳之首",文物古迹众多,被看作是中华民族求实进取精神的象征。历代帝王倍加保护,常派重臣在本地区任职,严守泰山,或派要员专管泰山。民国期间设"泰安县政府保管委员会""泰安县古物保管委员会"等。1978年,国务院确定泰安(泰山)正式对外开放,泰山成为旅游热点之一;1982年,由国务院公布泰山为全国重点风景名胜区,1985年成立了泰山风景名胜区管理委员会,对泰山开始实行统一管理、遗产保护和旅游服务等事务。

1987年,泰山被联合国教科文组织列入世界自然与文化遗产名录,成为人类

本文发表于《资源与产业》,2007(04):46-49。

宝贵的"双遗产",有效地加强了对地质遗迹和其他自然、人文景观的保护管理工作;1992年,被确定为国家森林公园;1996年,批准建立泰安市地质地貌景观保护区,对泰山的地质遗产进行特殊保护;2005年9月,国土资源部批准建立国家地质公园,同年进入世界地质公园申报程序,成为世界地质公园候选地之一。2006年9月,联合国教科文组织在爱尔兰召开第二届世界地质公园大会,泰山被批准为世界地质公园,成为继黄山之后同时拥有"世界自然与文化遗产"和"世界地质公园"称号的旅游地。

根据地质遗迹的分布特点和区域上的组合特点,泰山世界地质公园划分为泰山核心园区和外围园区2个园区,总面积158.63 km²。其中,外围园区包括莲花山、徂徕山和陶山等3个地质遗迹景区以及一系列外围科学考察点。

2 泰山世界地质公园旅游现状分析

2.1 泰安市旅游现状

1999—2003年,泰安市接待的游客由434.2万人次增加到了591.8万人次。2003年泰安市全年游客591.8万人次,比上年增长0.2%,旅游收入35.2亿元,比上年增长了2.9%,年均接待游客为516.14万人次(表1)。从总体上看,游客总人数和旅游收入一直呈上升趋势。

表1　1999—2003年泰安市游客总人数和旅游总收入

年份	游客人次/万	旅游总收入/亿元	海外游客人次/万	外汇/万美元
1999	434.2	20.50	5.40	785
2000	448.3	23.20	6.30	1500
2001	515.7	27.96	6.36	2020
2002	590.7	34.85	7.02	2192
2003	591.8	35.20	3.84	1455

注:数据引自2004年泰安统计年鉴。

从客源市场结构看,目前,泰安市的主要客源还是以国内游客为主,入境旅游人数和国际旅游人数占游客总量的比例较小,旅游业的外汇收入从785万美元提升到了2192万美元。这种状况一方面表明泰安市的旅游收入很高,旅游业很发达,旅游业的配套建设发展很快;另一方面也表明泰安市旅游业的发展势头强劲,潜力巨大,尤其是外汇收入有望大幅度提高。

因此，要实现游客规模和旅游收入的大幅度增长，必须充分利用泰安市的城市化水平、人均 GDP 以及旅游产业化程度较高的优势，发挥泰山的龙头带动作用，结合区域内良好的道路交通条件，突出各地质遗迹景区新颖独特的游览主题，打造出地质公园的特色品牌。

2.2 泰山核心园区旅游现状

由于泰山开展旅游的历史悠久，旅游产业发展已经相当成熟，从 1996—2001 年的统计数据看，泰山的旅游人数比较稳定，基本上在 210 万人次波动。其中，国内游客平均在 208 万人次，国外游客所占比例很小，平均为 1.8 万人次（表 2）。这种状况一方面表明泰山的旅游业相当发达，游客数量众多，另一方面表明泰山吸引国外游客旅游的发展潜力很大。

表 2   1996—2001 年泰山游客状况统计表（万人次）

年份	总人次	国内游客	国外游客
1996	210.0	208.4	1.6
1997	218.0	216.2	1.8
1998	204.3	202.6	1.7
1999	175.0	173.0	2.0
2000	221.3	219.4	1.9
2001	217.6	215.8	1.8
合计	1246.2	1235.4	10.8

注：①统计数字包括岱庙、灵岩寺的进入人数；②引自世界文化与自然遗产定期监测调查问卷。

目前，泰山游客量在国内呈逐年上升趋势，国际客源以港澳台和东南亚一带为主。随着泰山世界地质公园的建立，泰山作为重要地质遗迹景观和文化名山的知名度将进一步提高，让世界各地的游客更加了解泰山，走进泰山，领略泰山世界地质公园壮美的自然和人文景观。

2.3 外围园区旅游开发现状

徂徕山、莲花山及陶山还处于开发和建设的初期，游客规模和旅游收入明显与其景观资源不符。根据泰安市旅游局统计数据，2000—2003 年，徂徕山正常年份接待游客 8 万~9 万人，门票收入 12 万至 13 万元。莲花山 2002 年游客数量约有 5 万人次，门票收入 20 万元，处于较低水平，近两年来，随着旅游基础设施建设力度的不断加大,游客人数虽然有了一定的增长,但还是远远没有达到理想的效果。陶山开发建设起步最晚,目前,游客多数是自发性的宗教游览,各项旅游管理措施还没有正式启动,游客数量和旅游收入也处于较低水平。

3 泰山世界地质公园的地质遗迹与景观特色

泰山历经30亿年的自然演化,地质构造复杂,区域内的地质遗迹资源,具有深邃的科学内涵,是一座天然的地学博物馆,更是被赋予了世界上独一无二的文化生命,演化为中华民族的精神象征,形成无与伦比的泰山旅游地学特色。

3.1 核心园区地质遗迹与景观特色

3.1.1 前寒武纪地质

泰山岩群中的太古宙科马提岩是具有鬣刺结构的太古宙超基性喷出岩,科研价值极高,2007年4月科马提岩的两位发现者、南非地质学家Viljoen兄弟专程到泰山考察,进一步确认其为典型的科马提岩。太古宙、元古宙多期次的侵入岩是泰山分布最广的地质体,占泰山主体的95%以上,具有类型多、年龄老、变质作用和构造变形作用强烈、岩体和岩脉相互穿插关系复杂等特征,并保存了大量的多期次岩浆活动的原始侵入接触关系与残余包体以及韧性剪切带、基底褶皱、断裂、桶状构造等前寒武纪构造类型。这些均成为泰山具有极高科研价值的地质遗迹资源。但是需要指出的是,有关多期次岩浆侵入活动的期次关系,如中天门期英云闪长岩体与傲徕山二长花岗岩体的先后侵入关系等,仍存在不同的学术观点。

泰山的前寒武纪地质遗迹中,还构成了诸多具有美学和观赏价值的景观。例如,望府山片麻状英云闪长岩的年龄大于2700 Ma,是中国名山大川中年龄最老的岩石,条带发育,俗称"海浪石",作为一种标志被广泛用于全国各地的园林设计中;泰山的桃花峪彩石溪,景色秀美,五彩斑斓,形成不同的花纹图案,盛产泰山奇石;中元古代的辉绿玢岩中发育特殊的"桶状构造",形似汽油桶堆在一起,成因复杂;俗称"阴阳界"的长英质岩脉,宽1~1.2 m,产状稳定,直线展布,位于长寿桥下的百丈崖边缘,有着很强的警示作用,等等。

3.1.2 新构造与地貌景观

泰山的形成,经历了太古宙、元古宙、古生代、中生代和新生代等五个地质历史阶段的改造,新构造运动则对泰山的山势和地形起伏起着控制作用,云布桥断裂、中天门断裂和泰前断裂三大断裂的强烈活动,造就了泰山拔地通天的雄伟山姿,使泰山在不到10 km的水平距离内,高差达1400 m。这也是泰山区别于其他名山的标志。在新构造运动的影响下,泰山的垂直侵蚀切割作用十分强烈,形成了不同类型的侵蚀地貌以及许多深沟峡谷、悬崖峭壁和奇峰异境，塑造了众多奇特的微型地貌景观。如雄伟的傲徕山、大小天烛峰等，沿断层和断崖形成的云步桥瀑布和黑龙潭瀑布，重力崩塌作用形成的"仙人桥"，集岩脉、球形风化、重力崩塌于一体的拱北石，众多的裂隙泉以及扇子崖、桃花峪一线天、后石坞、石河、石海等，构成泰山独特的景观地貌资源。

此外，还保留了如上述三大断裂及龙角山断裂等断裂露头，新构造运动抬升形成的三叠瀑布、三级阶地、扇中扇地形等，新构造掀斜运动发生重力滑动形成的箱状褶皱等大量的新构造活动形迹。

3.1.3 泰山是地质遗迹与文化遗存的完美结合体

泰山，古称"岱山""岱宗"，以自然景观和人文景观有机地融为一体而著称于世，素有"五岳独尊，雄镇天下""天下名山第一"之美誉。《诗经》中记载："泰山岩岩，鲁邦所瞻"，而且自古就有"重于泰山""稳如泰山"等说法。

构成泰山主体95%以上的前寒武纪侵入岩，历经漫长的地质演化，构造作用复杂，其断裂、断层、岩体的节理面非常发育，为石刻、碑碣等艺术创造了得天独厚的条件，孕育了独特的泰山文化。泰山多期次的侵入岩为泰山大规模的古建筑提供了良好的天然建筑材料，记录了泰山几千年以来的文化发育过程。

岱顶作为地质公园的核心，不仅是泰山自然风光和文化景观的精华所在，而且浓缩了众多典型的地质遗迹，成为珍贵的地质遗迹、优美的自然风光与丰富的人文景观三位一体的完美结合。而南天门、中天门和一天门三大台阶式的地貌景观，则给人以崇高、稳重、向上、永恒之感。泰安城因山而设、依山而建、城中见山、浑然一体，使泰山的人文景观与泰山的雄伟气势、地质地貌、环境格调极其和谐，达到了人与自然的有机交融。

3.2 外围园区地质遗迹与景观特色

徂徕山位于泰山以南20 km，与泰山有"姊妹山"之称，属中新生代形成的单斜断块山。景区主要发育北东、北西、北东东向三组断裂，岩体风化侵蚀作用及重力崩塌作用显著，奇石耸立。地质遗迹以太古宙多期侵入岩及其之间的接触关系、泰山岩群残余包体为主，是对泰山前寒武纪地质遗迹的重要补充。

莲花山位于泰安新泰市，景区开发已经初具规模。以泰山岩群的残余包体、多期侵入岩体的接触关系以及伟晶岩脉的穿插关系等为特色。区内侵蚀切割作用强烈，地形起伏较大。断层、构造节理和侵入岩的风化、侵蚀等综合作用形成多样的地貌景观。

陶山位于泰安肥城市，景观资源和地质遗迹丰富，处于尚待开发状态。以典型的寒武系地层为特色，发育有中下寒武统地层剖面及交错层理，结晶基底与沉积盖层接触关系等沉积构造以及典型的崮形地貌。地层序列完整，其下中寒武统地层剖面可与泰山北侧馒头山标准剖面对比，与泰山的地学内涵有很强的互补性。

4 泰山世界地质公园地质遗迹旅游体系

4.1 泰山登山、科学考察与文化游

红门、中天门、南天门、岱顶一线是唐朝封禅时的路线，散布着大量的文化古迹和珍稀古树，而且一路上景色壮丽，气势磅礴，人文色彩与风光景色和谐地结合在一起，是泰山文化的精华。沿路可以观察到各种地质遗迹景观，是泰山旅游的主线，也是开展登山、科学考察与文化游的绝佳场所。

4.2 泰山外围科学考察游

泰山以其漫长的地质演化历史、复杂的地质构造、典型的地质遗迹、奇特的地质地貌景观而在地学方面享誉全国、闻名中外，曾被在北京召开的第30届国际地质大会和第15届国际矿物学大会选定为地质考察路线。泰山的外围散布着很多地质遗迹景点，有闻名的寒武纪张夏馒头山剖面，时代久远的泰山岩群和前寒武纪侵入岩和多种构造作用观察点，是开展外围科学考察游的理想场所。

4.3 岱庙历史文化游

岱庙，旧称东岳庙，位于泰安市城区东北部，是泰山最大、最完整的古建筑群，是中国现存形制规格最高的庙宇，被称为中国三大宫殿式建筑之一。岱庙自遥参亭起，正阳门、配天门、仁安门、天贶殿、正寝宫、厚载门依次坐落在南北向的中轴线上。1986年，泰安市博物馆在岱庙成立，负责管理岱庙和收藏全市文物精品。1988年，岱庙被国务院公布为全国重点文物保护单位。岱庙是文物荟萃之地，目前馆藏文物近万件，其中一级品137件，二级品454件，古籍4万余册。藏有大量的珍贵石刻，如秦二世《李斯小篆》刻石、汉《张迁碑》《衡方碑》、晋《孙夫人碑》及大宗历代刻石，保存有大量的历代帝王封禅泰山的祭品、供器。此外.庙中古柏蔽荫，银杏参天，花卉斗妍，又是一座静幽的名园胜地。岱庙的创建可推溯到秦、汉、唐以来，采用祠祀建筑中的最高标准建成帝王宫殿式建筑，宋代形成了如今的规模。泰山上留下了秦始皇、汉武帝等12个帝王、皇后的足迹，在此开展历史文化游有着得天独厚的优势。

4.4 桃花峪、后石坞科学考察及生态环境游

后石坞溪水飞流，深潭叠瀑，云深林茂，古松蔽天盖地，大小天烛峰直插云

天，堪称惊险幽奥，自然景观独具特色；桃花峪全长 10 余 km，林深路幽，千潭叠瀑，万壑汇川，花果漫谷，产赤鳞鱼，景色独具特色。桃花山谷和后石坞地质遗迹景区的生态环境优越，自然景色秀丽独特，是开展科学考察及生态环境游的最好选择。

4.5　地质科学知识普及游

科普教育是今后渐热的旅游项目，具有很大的发展潜力。在泰山和其周边设置夏令营基地，特别是与暑假、寒假两个假期结合，提供野营、教学、学生住宿等基础设施，开展对前寒武纪地质、变质岩等的学习和研究，使之成为一个良好的科普教育基地。

泰山是早期寒武纪地质研究比较成熟深入的地方，可以组织以前寒武纪地质演化及变质岩等为主题的学术研讨会和科学考察活动，使泰山成为前寒武纪地质演化及变质岩研究的一个国际性基地，开展"立典性"研究，使科学考察成为一个长期的游览项目。

此外，历史悠久灿烂的泰山文化可以吸引一些对历史及考古感兴趣的游览者，来此处追溯历代先祖封禅的盛世。

4.6　徂徕山、莲花山、陶山等生态观光休闲游

徂徕山、莲花山、陶山都具有良好的生态环境，拥有较高的生态观光和美学观赏价值。其中，徂徕山是山东省成立最早的国家森林公园，是华北地区最大的人工林，拥有珍贵的自然生态环境、山石景观、文化资源和野生动植物资源。莲花山植被茂盛，森林覆盖率达75.3%，区内气候宜人，空气纯净，山秀水美，素有"天然氧吧"和"健康驿站"之称。陶山以神秘的隐居文化而闻名，据说这里是范蠡和西施的隐居地，区内林茂景幽，泉涌溪流，花香鸟语，一幅世外桃源的景象。

在徂徕山、莲花山、陶山开展生态观光和休闲度假游，设计科学合理的生态观光路线，建设各种有趣的休闲娱乐设施，为游客提供一个清幽、典雅的休闲观光环境。

5　结语

泰山特殊的自然地理环境和地质构造背景以及深厚的文化底蕴，发育了以内涵深邃的前寒武纪地质、独特的新构造与地貌景观为主的旅游地质资源，成为地质遗迹与文化遗存的完美结合体，形成了独一无二的旅游地学特色。建设泰山世界地质公园，使泰安市的旅游资源整合在一起，将极大地促进区域旅游经济的发展。

王莽岭国家地质公园旅游资源类型及开发建议

高向楠　　武法东

中国地质大学(北京)地球科学与资源学院，北京，100083

摘要：建立地质公园是保护地质遗迹资源、普及地学知识、促进旅游发展的一种形式。目前，地质公园旅游资源的不合理开发给公园的可持续发展造成了巨大压力。以山西陵川王莽岭国家地质公园为例，对公园内地质遗迹资源类型进行了系统论述，对人文资源和植物资源进行了概括。针对公园建设和资源开发现状，重点提出了地质遗迹保护和旅游资源开发建议。

关键词：地质公园；地质遗迹；旅游资源；开发建议；王莽岭

1　地质公园概况

王莽岭国家地质公园位于山西省晋城市陵川县东南部，位于 113°18′43.2″~113°36′41.3″E，35°33′5.7″~35°41′44.3″N，面积 55.24 km²，区内平均海拔高度约 1300 m。地质公园所在地位于太行山复背斜西翼，总体构造轮廓清晰，构造线呈东北向。公园内出露的地层由老到新依次为新太古界变质岩、中元古界长城系、下古生界寒武系、奥陶系及新生界第四系。根据地质遗迹和地质景观的类型和分布特点，将公园划分为王莽岭园区、门河园区和黄围园区。2009 年 8 月，通过国土资源部评审，获得山西陵川王莽岭国家地质公园建设资格。

2　旅游资源类型

2.1　地质遗迹资源

地质遗迹是指在地球演化的漫长历史中，由于内外动力地质作用而形成、发展并遗留下来的珍贵、不可再生的地质自然遗产。经历了漫长的地质历史和复杂多期的构造运动，王莽岭地质公园内形成并保存了众多的地质遗迹，主要有：①岩溶地貌景观。王莽岭是地表岩溶峰丛地貌的典型代表。各种溶蚀作用在出露

本文发表于《资源开发与市场》，2011，27(03)，283-288。

地表的碳酸盐岩中形成了石芽、溶沟、孤峰、石柱等岩溶地貌景观。发育在奥陶系马家沟组角砾状灰岩地层中的黄围灵湫洞是地下岩溶地貌景观的代表，洞穴沿岩层的层面和节理扩展，形成了宽约10米、高十几米的厅堂式洞穴。洞内化学沉积、崩塌堆积、流水机械沉积作用广泛发育，形成各种次生化学沉积物(表1)。②峡谷。公园内大规模的峡谷有3条，均发育在下古生界碳酸盐岩地层中，是构造抬升和河流下切共同作用的结果。红豆杉大峡谷南北向长约32 km，因峡谷两壁生长着数万株国家一级保护植物——红豆杉而得名。两壁陡峭，谷体窄而高耸，拐弯急剧。主要地质遗迹自然景观有小壶口瀑布、沧海石、离心岛、波浪石等。十里河大峡谷是地质公园内一条长达5 km的典型嶂谷，谷深100~300 m，主要地质遗迹自然景观有峡谷一线天、流石瀑、怪石嶙峋、双乳峰、珠帘钙华等。门河大峡谷位于夺火乡与马圪当乡交界处，曲折蜿蜒、雄奇险峻，是公园内一条重要的暖谷考察路线。主要地质遗迹景观有天下第一石门、天下第一壁、神龟探源、水帘洞、滴水岩、千瀑岩瀑布、双龙瀑等。罕见的"四世同堂"也是由于峡谷的下切而使太古宇、元古宇、古生界和新生界出露在同一峡谷范围内，两壁陡立，深愈千米，谷中谷地貌难得一见，成为公园内的奇观。③构造形迹。在大地构造上，陵川地处秦岭和阴山两个近东西向巨型构造带之间，是华北地台的主要组成部分，可看到丰富的构造形迹，包括不整合接触关系和顺层滑动构造等。公园内的不整合接触关系包括太古界与元古界长城系角度不整合、元古界长城系与下古生界寒武系平行不整合、马家沟组与本溪组不整合接触面以及寒武系与第四系不整合接触面。王莽岭大型顺层滑动构造属成岩后顺层滑动形成，地层倾角平均为5°，滑动面上部是奥陶系下统细晶白云岩，下部是寒武系上统厚层粗晶白云岩，滑动面上可见动力变质矿物。④沉积构造。在长城系大河组砂岩中和下古生界碳酸盐岩中，发育有丰富的多类沉积构造，包括反映水流性质和流动方向的层理构造，如大型板状交错层理、槽状交错层理、双向交错层理；层面构造则包括波痕和干涉波痕、泥裂、雨痕等。这些沉积构造既是珍贵的地质遗迹，又具有非常高的欣赏性，是进行地质科学知识普及的极好资源(表2)。

表1　岩溶地貌类型与景观特色

岩溶类型	景观名称	景观特色
地表岩溶	王莽岭	王莽岭是南太行山典型的地表岩溶峰丛地貌的代表
	天生桥	海拔1260 m，发育在角砾状石灰岩地层内
	天下第一石门	由于构造运动造成山崖断裂，并经长期侵蚀而在石灰岩中形成了天然的巨大石门
	袖珍石林	实为石芽，高约1 m，千姿百态，仿佛神工造就的盆景
地下岩溶	黄围灵湫洞	洞内发育石笋、石柱、石钟乳、石幔等

表 2　沉积构造类型与特色

沉积构造类型	景观名称	景观特色
层理	槽状交错层理	由于波曲形、舌形、新月形水流波痕迁移形成的层理，代表了较强的水动力条件
	双向交错层理	位于红豆杉景区内，上部纹层组厚度为 4 cm，下部纹层组为 6 cm，表示出两组水流方向
层面构造	水流波痕	发育于奥陶系上马家沟组，反映了水体较浅、水流较强的沉积环境
	浪成波痕	出露于红豆衫峡谷中部，发育在奥陶系马家沟组
	干涉波痕	出露于武家湾水库长城系大河组细砂岩中，是很好的沉积环境和古水流标志
	泥裂	常见于黏土岩、粉砂岩及细砂岩层面上
	雨痕	发育于长城系大河组细砂岩中

2.2　人文资源

主要有：①挂壁公路。公园内的挂壁公路是当地村民历时 30 多年，用双手、钢钎在悬崖峭壁上开凿出来的。其中，最著名的锡崖沟挂壁公路全长 7.5 km，呈"之"字形悬挂于峭壁上。它创造了中国乡村筑路史上的奇迹，被誉为新时代的愚公精神的产物。这里已被山西省确定为"社会主义教育基地"。②白陉古道。它连通山西陵川和河南辉县，是古代太行八陉中的第三陉。这里至今完好保存有 5 km 的古道，是极具代表性的"之"字形"七十二拐"，旅游考古价值极高。③棋源文化。棋子山天然棋子石是由黑色燧石和白色脉石英构成的扁圆形砾石，在地表出露面积约 1 km²，石子磨圆度高，分选性好。经研究初步认为，陵川棋子山是世界围棋的起源地，这一国际地位的确立为地质公园增添了更加浓郁的文化品味。④五祖佛像。黄围灵湫洞内刻有五尊佛像，其中洞口左侧石笋上的两尊为隋唐时期所刻，一尊为普贤菩萨，另一尊为释迦牟尼，是国内外溶洞中仅有的珍宝，是溶洞、寺庙文化相结合的典范。佛堂另有三尊明代所刻的石佛像，合称五祖佛像，对研究该地区佛教文化具有极高的价值。

2.3　植物资源

公园内植物景观资源丰富，植被覆盖良好，且大部分保持了原始植物生态环境，森林覆盖率高达 90% 以上，被誉为"天然氧吧"。本地区呈现明显的华北区植物群落特征，主要植物类型见表 3。陵川王莽岭国家地质公园内生长有多种国家级保护植物、世界濒危物种。红豆杉是古近纪遗留下来的古老珍稀植物，属国家一级保护植物，其生长速度缓慢，一般成树需要 100~200 年，主要分布在海拔800 m 以上的地区，可提炼具有抗癌功效的紫杉醇。白皮松属国家二级保护植物，为中国特有的具有观赏价值的树种，老树树皮不规则脱落后露出粉白色内皮。主要生长在海拔 500~1000 m 的地区，耐干耐旱，对 SO_2 及烟尘有较强的抗性。黄围园区的黄栌、柞木等树种每到金秋时节树叶一片火红，是太行山区的一大特色景观。从 1998 年开始，陵川县政府每年举办一次"红叶节"，成为全国最大的红叶观赏区。此外，公园内生长有多种珍贵的药材，如五花参、党参、灵芝草等。公园内独特的地质遗迹景观、丰富的人文历史资源、珍稀的植物类型共同构成了山西陵川王莽岭国家地质公园的旅游资源，为公园的发展提供了物质和文化保证。

表 3　植物类型

植物类型	代表植物
乔木	红豆杉、白皮松、油松、侧柏、槲树、紫荆、银杏、千金榆、栓皮栎，等等
灌木	边翘、山桃、山槐、山榆、榛子、沙棘、黄连、小叶杜鹃、荆条、黄栌，等等
草类	茅草、紫草、黄蓓、山苜蓿、青芝、龙须、白茅、蒿、山大麻、黄花菜，等等
花卉	海棠、山丹、紫薇、迎春、菊、美人蕉、凤仙、梅、芭蕉、满天星，等等

3　开发建议

主要开发建议：①加强地质遗迹保护。地质遗迹是地质公园的灵魂，是不可再生的资源。各级政府部门和管理机构应引起足够的重视，将地质遗迹保护工作落实到实处，促进地质公园的可持续发展。同时，公园方面要加强游客地质遗迹和生态环境保护意识的教育，形成全民共同保护地质遗迹和地质景观的共识。②开展科学知识普及和科学研究工作。地方政府要积极支持相关高校和科研单位到陵川王莽岭国家地质公园开展一系列基础地质和科学研究工作，以提升公园的科学内涵，促进地质研究水平提高和地区经济快速发展。立足于地质旅游的内涵来突出地质公园的特点，同时通过科学研究指导地质遗迹的开发保护工作。③加大地质公园宣传力度。要加大宣传力度、扩大公园知名度，吸引潜在游客。通过建立地质公园网站，出版生动、富有趣味性的画册和导游手册，适合不同年龄段、不同文化层次人群的科普读物，制作专题片等方式，向社会推广，吸引来自全国各地的大量游客前来观光旅游。④完善基础设施服务。加快公园基础设施建设，强化公园硬件设备，改善道路交通状况。促进公园整体服务设施的完善，提升公园档次，例如增设服务亭、休息长廊等，体现公园人性化建设，加快公园医疗急救、信息系统建设，使其覆盖公园全网络。⑤健全地质公园管理机构。尽快健全地质公园管理体系，完善地质公园管理措施，出台各种管理制度，规范地质公园的资源开发，必要时用法律手段进行调控，充分行使地质公园管理委员会的职能。⑥协调地方政府、旅游管理和旅游景区之间的关系。山西陵川王莽岭国家地质公园的三大园区由不同的开发商投资建设，存在管理与开发脱节的问题。因此，地方政府要充分发挥管理职能，协调三大园区之间的关系，为当地村民创造更多的就业机会。

4 结语

山西陵川王莽岭国家地质公园的资源类型丰富，独具特色，属国内资源品味较高的地质公园。本文对公园内的地质遗迹进行了分类及综合论述，主要包括岩溶地貌、峡谷地貌、构造形迹和沉积构造四大类，概括了公园的人文历史资源、植物资源，明确了公园的主体景观资源，从而为公园的开发建设提供强有力的依据，作者提出了地质遗迹保护和旅游资源的开发建议。随着山西陵川王莽岭国家地质公园的建设和基础设施的不断完善，必将推动整个陵川县旅游业的快速发展，为地方经济发展做出重大贡献。

我国矿业遗迹的开发、利用与保护

耿玉环　　田明中

中国地质大学(北京)地球科学与资源学院, 北京, 100083

摘要： 矿业遗迹的利用、开发与保护，已逐步成为矿业城市发展的新方向。本文具体结合我国矿业遗迹的利用状况，阐述了矿业遗迹的内涵和分类，并探讨了采矿活动对矿业遗迹的可塑作用和矿业遗迹潜在利用价值，在此基础上，本文分析了三维立体开发模式和多层次保护模式，并提出对矿业遗迹合理开发、利用和保护对策。

关键词： 矿业遗迹；开发；利用；保护；矿山公园

我国矿产资源丰富，开发历史悠久。漫长的采矿历史，给我们留下了众多珍贵的矿业遗迹。但是，长期以来，由于国内普遍存在"重资源开发、轻环境保护，重经济效益、轻生态效益"的倾向，矿产开发过程对环境造成了严重破坏，导致环境污染和生态退化，甚至诱发地质灾害，矿业遗址和遗迹也遭受了自然和人为的破坏。如何将这些矿业遗迹变废为宝，使其有利于城市和社会的发展，成为急需解决的问题。

国外矿业遗迹的开发与保护工程，要早于且不同于我国。发达国家非常重视矿山环境的治理，他们在矿产资源开发的同时，已经开始进行矿业遗迹的规划和保护，甚至有的矿山规划要优先于矿产开发。当前，西方国家的学者已提出将废弃矿山景观作为新的旅游资源的发展理念。国际上已有许多废弃矿业成功转型的例子，像美国丹佛和澳大利亚墨尔本，已经将其附近的废弃金矿的遗迹地改建成为观光旅游景点；加拿大温哥华维多利亚岛废弃矿山，通过治理已变成环境优美的矿山公园；日本北九州、德国格斯拉尔、澳大利亚巴拉瑞特等传统矿业城市，也均通过开展工业旅游实现了对矿业遗迹的保护和利用。我国矿业遗迹研究尚处于起步阶段。长期以来，我国采用的是以牺牲环境为代价来提高经济效益的矿产开发模式，导致众多矿业城市最终面临矿源枯竭的问题。近年来，我国许多废弃矿山，也很好地借鉴了国外的经验，通过建设矿山公园来解决矿业遗迹破坏和土地荒废闲置问题，有效地推动了区域经济发展，为矿业城市提供了新的发展机遇。

本文发表于《中国矿业》, 2009, 18(06)：57-60。

1 矿业遗迹和矿山公园的内涵

矿业遗迹是指矿产地质遗迹和矿业生产过程中探矿、采矿、选矿、冶炼、加工等活动的遗迹、遗址、史迹，它们具备研究价值、教育功能，可成为游览观赏、科学考察的主要内容。矿业遗迹包括矿业生产遗址、矿产地质遗迹(含自然景观)、矿业开发史籍、矿业活动遗迹、矿业制品和人文景观等，是宝贵的自然遗产和历史文化遗产，具有重要的科学研究价值。

中华民族具有悠久的历史和文明，因此，我国的矿山公园有别于国外的矿山公园，主要是以展示矿业遗迹(主要指矿产地质遗迹和矿业生产过程中探矿、采矿、选矿、冶炼、加工等活动的遗迹、遗址和史迹)景观为主体，同时强调因采矿活动而产生的潜在的生态景观，以体现矿业发展的历史内涵。矿山公园具备研究价值、教育功能和生态功能，是供人们游览观赏、科学考察的特定的空间地域。建设以矿业遗迹景观为核心内容、与人文资源相结合的、具有旅游休闲功能的矿山公园，对保护和开发自然遗产、普及矿业知识、提升矿业城市整体化水平、加快矿业城市转型、调整矿业城市产业结构、促进矿业城市可持续发展，具有重要的意义。

2 矿业遗迹的可塑性及潜在利用价值

2.1 采矿活动对矿业遗迹的可塑作用

矿山是一个大型的、综合的资源载体，其开发与开采，必然要引发一系列环境问题。目前，比较突出的是地貌改变和"三废"的排放等，以及由此引起的生态环境和社会环境的改变。然而，任何事物都具有两面性，采矿过程也是一把"双刃剑"。矿产资源在开采的同时，矿业遗迹逐渐形成。采矿活动的不同方面，对矿业遗迹的可塑作用不同，本文认为，主要分为两种。

(1)矿业历史文化的可塑性

任何采矿活动都是一部历史，不同地区和不同文化背景下的采矿活动具有典型的时代特征，对矿业历史文化的可塑性不同。古代采矿、近代采矿以及现代采矿所形成的矿业历史文化各具特色，同时形成与之相应的附属建筑、历史文献、采矿工具(设备)以及矿产品等。这些矿业遗迹保留了原有历史文化，具有典型的时代特征和地域特征。因此，采矿活动对矿业遗迹的历史文化的可塑性是必然的，也是独一无二的。

（2）特殊地质环境的可塑性

一提到采矿活动，人们常常联想到是因采矿活动而带来的诸多地质环境问题，典型的有地形地貌改变和矿山动力地质现象。这些地质表现不同于其他地质作用，表现了采矿过程的内在和外在动力过程。也正是因为特殊方式的采矿活动，塑造了具有典型特征的矿业遗迹。尤其是在采矿活动剧烈的区域，这种可塑性更为明显。采矿活动对矿业遗迹这种特殊地质环境的可塑性，实质上是自然界和人类的共同作用。

2.2 矿业遗迹的潜在利用价值

我国的矿业遗迹种类丰富，典型性强，科学价值高。各类矿床的成因类型颇具争议，多数是地质学界研究的焦点。同时，我国的矿业开发历史悠久，拥有大型的露天矿山遗迹、露天开采与地下采矿实景、丰富的矿业开发史籍等。典型的地质构造特征和采矿遗址特征，是人类活动的历史见证，具有重要的历史文化价值和科普教育价值，可被改造为地质博物馆或是教学基地。矿业遗迹潜在价值的开发利用，在于对矿区遗址地区地质特征和人文文化的挖掘和整理，凸显"遗迹"特点。

矿山关闭后遗留下来的大量废弃矿业用地，经合理的利用、开发后，可复垦为农用地和建设用地，用于置换生产用地指标，缓解矿业城市建设用地紧缺的情况；还可以增加城市生态用地，如林地、湿地等，改善局部气候小环境。而同时，矿业遗迹可以凭借其自身特色，开发矿业旅游，使其成为城市新的经济增长点，对于推动经济发展、稳定社会秩序具有重要的现实意义（图1）。矿业遗迹的潜在利用价值的实现过程，实质上是将矿业遗迹的形态由废弃资源转为价值资源，功能由无用资源转为有用资源的一个过程。

3 矿业遗迹的开发与保护模式

矿业遗迹在经过合理的规划、独特的景观设计、严格的环境治理和恰当的基础设施建设之后，可以作为二次资源综合利用，使其成为集科普、考察、生态和旅游于一体的特色旅游区。一般认为，开发废弃矿山资源，恢复矿区生态环境，可以直接带来三个方面的利益：保护（留）矿区固有绿地，增加矿区景观的美学价值和文化价值，以及通过废弃资源的开发和利用，培养高技能的技术人员、研究人员和管理人员。针对矿业遗迹的特点以及我国的实际情况，本文认为，对矿业遗迹的开发与保护，应采用三维立体开发模式和多层次保护模式。

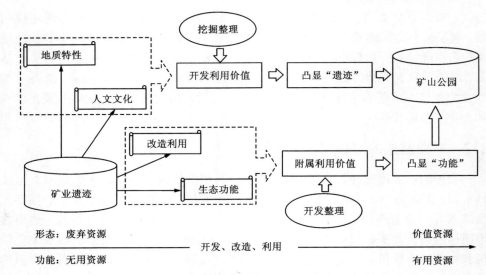

图1 矿业遗迹的潜在利用价值图

3.1 三维立体开发模式

开发过程是对既定范围内的所有矿业遗迹的发掘和开发利用。采矿遗址分布于地球表层、浅层甚至深层，依不同的采矿方式和矿产资源埋藏深度而定。特别是对于井工矿，采矿作业活动主要集中在地下，无论是古代矿业还是现代矿业，所遗留下的采矿场遗址和采矿设备工具，也多发现于地下。同时，采矿遗迹资源的开发利用，也对地上部分有一定影响。因此，随着科学技术的发展，以地下和地表开发为主体的二维平面开发，应逐步向三维立体开发，亦即地下开发、地表开发和地上开发。

对于地下矿业遗迹，应凸显"遗迹"特点。部分地下遗迹资源在闲置和废弃后也会被弃置于地表，加之原先已位于地表的遗迹资源（如地表采矿场、现在矿产品、现代采矿设备、历史文化建筑等）成为三维立体开发模式的主要部分；同时，地表的地质地貌景观、水体景观、矿山动力地质景观等，丰富了矿业遗迹的开发和利用，三维开发凸显"遗迹"和"功能"双重特点。矿业遗迹的开发是一个立体空间，地上部分（非地表部分）也成为矿业遗迹综合开发的一个重要部分，主要是生态环境的改善与景观融合，凸显"功能"特点。三维立体开发模式的地下部分、地表部分和地上部分，具有三位一体的联系，任何单方面的开发，都不能将矿山废弃资源的潜在利用价值发挥到最大。

3.2 多层次保护模式

在我国，资源开发与资源保护往往出现脱节现象，特别是在经济利益的驱动下，矿业遗迹的保护远滞后于其开发程度。我国矿业遗迹保护应由全社会来共同完成，采用多层次保护模式，即从国家→地方→企业或个人的纵向保护，和地方各部门间以及地方与企业或个人合作的横向保护。国家、地方和企业或个人之间，通过管理机制、合作机制、监督机制和反馈机制进行互动联系，从宏观层次、中观层次以及微观层次全面管理和保护矿业遗迹。

4 我国矿业遗迹保护和利用对策

建设矿山公园是废弃矿业遗迹的最有效的利用手段。对于矿业遗迹的保护和利用，应结合矿区的实际情况，以保护自然景观和人文景观为目的，以规划为手段，做好矿山环境恢复治理和植被恢复工作，并合理开展矿山遗迹资源的旅游工作，为地方创收。

（1）全面开展矿业遗迹调查与评价工作，加强对矿业遗迹的科学研究

查清研究区的矿业遗迹名称、类型、地理位置、范围等，以及其所在地的历史、文化遗产、风景名胜等，评价矿业遗迹的典型性、稀有性、科学价值、历史价值与文化价值等。对研究区域的地下、地表和地上各部分进行分类调查，分层次管理，双重突出矿业遗迹的"遗迹"和"功能"作用。在开展科学研究的同时进行国际交流，学习国外的先进科学技术，并把我国的独特的矿业遗迹推向国际。

（2）对矿业遗迹进行分类治理

按照矿业遗迹的评价等级，圈定出不同级别的保护对象或区域，针对不同保护级别的矿业遗迹，通过工程措施和生物措施制定出不同的治理措施，包括简易治理、一般治理和重点治理。实现矿区土地资源可持续利用，增加矿区绿化面积，还原生态地貌景观，使退化的自然生态环境逐步恢复，推动地质公园建设和生态旅游发展。

（3）加快国家矿山公园和矿业遗迹保护区的建设

矿山公园和矿业遗迹保护区是矿业遗迹的集中地，无论是建设基金、基础设施还是科研力量都相对完善。因此，有必要加快国家矿山公园和矿业遗迹保护区的建设，将有利于弘扬我国矿业历史和矿山文化，促进我国矿业遗迹的保护和利用，促进矿业城市的转型，加快矿业城市经济结构的调整步伐，促进我国矿业旅游的发展。

（4）健全管理机构，落实保护资金

针对地方的矿山遗迹保护建设，国家、地方和企业或个人要成立相应的管理

机构，行使矿业遗迹的行政管理职能，分别通过管理机制、合作机制、监督机制和反馈机制，监督公园的建设、宣传、计划、规划实施以及科研立项等工作。同时，政府应设立专门的矿山公园保护管理基金，多渠道筹措资金，制定优惠政策吸引社会各界的广泛参与，以解决矿山公园建设中资金不足的问题。

5 结论

矿产资源与人类的生产生活休戚相关。可以说，一部人类文明发展史就是一部人类矿产利用替代史。各类矿业遗迹是矿业城市历经风雨留下的历史见证。创建矿山公园，对具有特殊价值的矿业遗迹加以保护、开发和利用，是矿业城市在资源枯竭的情况下进行可持续发展的重要手段。矿业遗迹保护和矿业旅游建设任重而道远。我们在保护与开发矿业遗迹的同时，应充分利用其山水和人文资源优势，加强矿山公园的宣传工作，这将成为社会发展的必然趋势和要求。

本文阐述了矿业遗迹的内涵和分类，认为采矿这种特殊的地形地貌改造活动，塑造了具有典型时代特征和地域特征的矿业遗迹历史文化和特殊地质环境，孕育了巨大潜在利用价值。当然，矿业遗迹的利用，必须经过合理的开发和保护。本文认为，矿业遗迹的开发应从二维平面开发向三维立体开发转变，采用地下、地表和地上立体开发模式；其保护则应从国家、地方、企业或个人的纵向保护，和地方各部门间以及地方与企业或个人合作的横向保护两个角度出发。根据不同分类的矿业遗迹利用现状和特点，本文从调查评价、分类整治、规划建设和管理实施等四个方面，提出了我国矿业遗迹保护和利用对策。矿山公园的建设，对于探索矿业遗迹保护和矿业城市特色旅游的发展之路，促进资源枯竭型矿山的经济转型与重振，具有重要作用和深远影响。

沂蒙山地质公园地质遗迹资源特征及定量评价

储皓　　武法东　　韩晋芳

中国地质大学(北京)地球科学与资源学院,北京,100083

摘要:保护地质遗迹是建立地质公园的宗旨之一,地质遗迹评价是地质公园规划和保护地质遗迹的重要基础。在全面调查沂蒙山地质公园地质遗迹的基础上,深入分析了地质遗迹的重要特征.将公园内地质遗迹分为6大类、11类、12亚类。对地质遗迹定量评价方法进行了创新,增加了当地居民和游客的评价因子,并充分考虑了各评价因子的权重,从而使评价结果更客观准确。结果显示沂蒙山地质公园内地质遗迹类型多样,资源丰富,且均具有典型性、稀有性和自然完整性等特征,其中世界级地质遗迹4处,国家级地质遗迹5处。泰山岩群、新太古代的多期侵入岩体、金伯利岩型原生金刚石矿和岱崮地貌是沂蒙山地质公园内最重要的地质遗迹,其中大部分在科学研究中具有国内和国际意义。研究结果对于沂蒙山地质公园内地质遗迹的保护以及当地旅游事业的发展都具有十分重要的意义,对申报和创建沂蒙山世界地质公园也有一定的指导作用。

关键词:地质公园;地质遗迹;定量评价;沂蒙山

地质遗迹是指在地球演化的漫长历史时期中,在内外动力地质作用下形成、发展并遗留下来的地质遗产。地质遗迹是一种不可再生的自然资源,一旦遭到破坏,就很难甚至无法恢复。另外,地质遗迹还具有极高的科研、科普和旅游等价值。因此,使用科学的方法对地质遗迹进行保护和开发已成为地质公园建设和地质遗迹资源研究的重要内容。

地质公园是以具有特殊科学意义、稀有性和美学观赏价值的地质遗迹为主体,并融合其他自然景观、人文景观组合而成的一个特殊地区,保护地质遗迹是地质公园的核心功能。山东沂蒙山地质公园地质遗迹类型丰富,拥有华北最古老的地层,有表征地壳早期形成演化的太古宙—古元古代的多期次侵入岩,有我国第一座金伯利岩型原生金刚石矿和采矿遗迹,公园也是"岱崮地貌"的命名地,气势宏伟的花岗岩地貌、多种构造遗迹和大量水体景观,也极具科研价值和美学观赏价值。在充分收集资料、野外考察基础上,对地质遗迹的主要特征进行了分析,通过调查问卷及专家评估等途径,采用改进型层次分析法(AHP)对沂蒙山地质公园内地质遗迹进行了定量评价,根据评价结果对地质遗迹进行等级划分。

本文发表于《国土资源科技管理》,2017,34(04):100-106。

1 公园概况

沂蒙山地质公园位于山东省临沂市境内，公园面积 1804.76 km²，公园由蒙山园区、岱崮园区、钻石园区、孟良崮园区和云蒙湖园区组成。所在区域地势差异显著，地形起伏大，总体呈现南北高、中间低的趋势。区内地貌主要以侵蚀地貌和风化剥蚀地貌为主，包括山地、丘陵和平原。其中，公园南部蒙山主峰龟蒙顶海拔 1156 m，为山东省第二高山。公园所在的临沂市是中国古代文明的发祥地之一，被称为琅琊故郡，拥有丰富的人文旅游资源。

2 地质遗迹类型及重要意义

2.1 地质遗迹类型

合理的划分地质遗迹类型对地质遗迹科学研究及地质公园旅游开发有重要的意义。根据《国家地质公园建设指南》(2016)地质遗迹分类标准，参考有关专家的地质遗迹类型划分意见，并结合沂蒙山地质公园实际情况，将公园地质遗迹划分为 6 大类、11 类、12 亚类(表 1)。

表 1 沂蒙山地质公园地质遗迹分类

大类	类	亚类	分类举例
地质(体、层)剖面遗迹	变质岩相剖面	典型混合岩化变质带剖面	泰山岩群
	沉积岩相剖面	典型沉积岩相剖面	寒武系地层剖面
	岩浆岩剖面	典型酸性岩体	侵入岩体
地质构造遗迹	构造形迹	区域大型构造	断裂构造
			韧性剪切构造
		中小型构造	不整合接触
			节理面
古生物遗迹	古生物遗迹	古生物活动遗迹	叠层石
	古动物	古脊椎动物	三叶虫化石
矿物与矿床遗迹	典型矿床	典型非金属矿床	金伯利岩
			金刚石矿

续表1

大类	类	亚类	分类举例
地貌景观遗迹	构造地貌景观	构造地貌景观	岱崮地貌
	岩石地貌景观	花岗岩地貌景观	花岗岩地貌（石峰、象形石、石臼、球形风化等）
水体景观遗迹	瀑布景观	瀑布景观	"中国瀑布"、龙门三潭
	泉水景观	冷泉景观	雨王泉

2.2　地质遗迹特征

沂蒙山地质公园位于鲁西隆起区，该区发育了大量具有全国乃至全球对比意义的地质遗迹，类型多样，资源丰富，且均具有典型性、稀有性和自然完整性等特征，主要包括地层遗迹、地质构造遗迹、古生物遗迹、珍稀矿物与矿床遗迹、地貌景观遗迹和水体景观遗迹等。其中泰山岩群、新太古代多期次侵入岩、金伯利岩型金刚石矿和岱崮地貌都是在国际上比较罕见的地质遗迹，特征鲜明，在地质、矿床、古生物、地貌等方面学科都具有很高的科研价值。

沂蒙山地质历史漫长。在距今约 28 亿年前古陆台开裂，形成了巨厚的超基性—基性火山岩和火山碎屑岩——泰山岩群。它是华北最古老的地层之一，构成了世界上为数不多的古陆核。这里出露的科马提岩是目前我国唯一公认的具有鬣刺结构的太古宙超基性喷出岩。

距今 27.5 亿年~25 亿年期间，区内发生了四期大规模的岩浆侵入。来自地幔和地壳深处的岩浆吞噬了泰山岩群，并使部分先期岩体重熔，形成了条带状英云闪长岩、片麻状花岗闪长岩和二长花岗岩等侵入岩系。这些大规模发育的花岗岩石为探索早期地壳形成和演化过程提供了重要的证实材料。距今 16.2 亿年左右牛岚辉绿岩侵入，标志着华北陆块的固结。

公园内的金伯利岩型金刚石矿是我国最早发现的金刚石原生矿，结束了我国没有金刚石原生矿的历史。这里金刚石的储量、露天开采的规模在亚洲最大；沂蒙山地区金刚石保有资源储量总计 $785×10^4$ 克拉，到目前为止，原生金刚石产量 $180×10^4$ 克拉，其中产出的原生金刚石单体"蒙山 1 号"是我国最大的原生钻石。对全国乃至世界金刚石工业的发展具有重要的影响和深远的意义。

沂蒙山地质公园岱崮园区是岱崮地貌的命名地。"崮"是鲁中南地区特有的地貌类型，这里崮体成群，特征典型，数量众多，分布集中，类型多样，形态美观，是中国崮型地貌最典型的区域，代表了特定地质环境和形成过程，丰富了造型地貌的类型，具有十分重要的地质科学研究价值和旅游观光意义。

3 公园地质遗迹定量评价

3.1 评价指标体系

地质遗迹评价方法有对比评价法、指标评价法、专家鉴评法等。参照该指南及前人经验采用层次分析法（AHP）和专家、居民、游客打分相结合的方法对沂蒙山地质公园地质遗迹进行定量评价。根据沂蒙山地质公园地质遗迹的特点，确定综合评价层为价值评价和条件评价，具体评价指标又可分为交通状况、基础服务设施、典型性、科学价值、自然完整性、稀有性等，然后通过专家对比各评价指标的重要性，并运用层次分析法（AHP）计算软件 Yaahp，算出各评价层指标的权重（表2）。

表 2 地质遗迹资源定量评价因子及评价指标权重

类型	评价因子	权重	评价指标	权重
地质遗迹资源定量评价	价值评价	0.6667	科学价值	0.2414
			美学价值	0.1152
			典型性	0.0808
			稀有性	0.1775
			自然完整性	0.0518
	条件评价	0.3333	基础服务设施	0.0292
			交通状况	0.0575
			安全性	0.1232
			环境容量	0.0581
			可保护性	0.0653

3.2 评价模型

根据前人的经验，地质遗迹定量评价通常是邀请专家对公园内地质遗迹的每个评价指标进行打分，然后将各个指标的评价值与其相应的权重相乘，得到各指标的最终评分，并对各个指标的最终评分求和，得到地质遗迹的综合评分。评价模型见公式(1)，其中 F 为地质遗迹综合评分；W_i 为第 i 个评价指标的权重；N_i

为第 i 个评价指标的评价值。

$$F = \sum_{i=1}^{n} W_i \times N_i \qquad (1)$$

为了增加评价结果的客观性和准确性，从沂蒙山地质公园地质遗迹的价值评价和条件评价两方面出发，对评价方法做了改进：增加评分来源和改进评价模型。邀请专家、游客和当地居民对地质遗迹的各评价指标进行打分，评分标准采用百分制。对于某个地质遗迹的某个评价指标来说，需要将专家、游客和居民三者的打分进行综合，综合的方法模型见公式(2)，其中 S 为该评价指标的加权评分；A、B、C 分别为专家、居民、游客对该指标的评分权重；M、R、T 分别为专家、居民、游客对该指标的评分。然后，将各指标的加权评分与表2中的指标权重相乘，得出各指标的最终得分。最后，将各指标最终得分相加得到地质遗迹的综合评分。模型见公式(3)，其中 E 为地质遗迹综合评分；Q_i 为第 i 个评价指标的权重；S_i 为第 i 个评价指标的加权评分；n 为评价指标的数目。

$$S = A \times M + B \times R + C \times T \qquad (2)$$

$$E = \sum_{i=1}^{n} Q_i \times S_i \qquad (3)$$

专家、居民、游客对所有评价指标的权重即公式(2)中 A、B、C 的值须确定，肖景义等曾根据经验分别取 0.4，0.3，0.3。但笔者认为，专家、居民、游客对不同领域的评价因子了解的程度不同，其相应评价指标的权重取值也应不同，如专家比居民和游客更加了解地质遗迹的科学价值、当地居民可能更加清楚公园所在区的交通状况等。因此，为了使评价结果更准确，再次使用层次分析法（AHP）计算出专家、居民、游客对各评价指标的权重，即公式(2)中 A、B、C 的值（表3）。

表3　专家、居民、游客对各评价指标的评分权重

类别	科学价值	美学价值	典型性	稀有性	自然完整性	基础服务设施	交通状况	安全性	环境容量	可保护性
专家	0.7891	0.6370	0.7306	0.7396	0.7957	0.7306	0.1396	0.7732	0.7582	0.7504
居民	0.1031	0.1047	0.0810	0.0938	0.1253	0.0810	0.5278	0.1392	0.0905	0.1713
游客	0.1078	0.2583	0.1884	0.1664	0.0790	0.1884	0.3326	0.0876	0.1513	0.0783

3.3　评价结果

依据地质遗迹评价综合得分，对沂蒙山地质公园地质遗迹等级进行划分，划分标准见表4，划分结果见表5。从表5可以看出，沂蒙山地质公园内有Ⅰ级(世

界级)地质遗迹资源 4 处,分别为泰山岩群、侵入岩体、金刚石矿和岱崮地貌;Ⅱ级(国家级)地质遗迹资源 5 处,分别为寒武系剖面、断裂构造、不整合接触、叠层石及三叶虫化石、"中国瀑布";Ⅲ级(省级)及以下地质遗迹资源多处。

表 4   地质遗迹等级划分标准

等级	分数/分	评价
Ⅰ(世界级)	85～100	地质遗迹价值极高
Ⅱ(国家级)	70～84	地质遗迹价值很高
Ⅲ(省级)	55～69	地质遗迹价值较高
Ⅳ(地方级)	<54	地质遗迹价值一般

表 5   沂蒙山地质公园主要地质遗迹评价结果

地质遗迹	专家、居民、游客对评价指示的加权评分											级别
	科学价值	美学价值	典型性	稀有性	自然完整性	基础服务设施	交通状况	安全性	环境容量	可保护性	综合得分	
泰山岩群	92.96	72.31	91.96	97.18	80.50	60.96	71.48	83.85	74.53	84.69	85.7	Ⅰ
寒武系剖面	85.50	45.66	87.87	73.13	91.31	56.51	67.30	76.87	53.70	65.54	73.1	Ⅱ
侵入岩体	95.94	84.29	89.98	79.49	96.72	62.67	86.61	84.09	83.13	81.78	86.6	Ⅰ
断裂构造	86.29	72.57	81.06	74.93	84.56	64.73	80.70	74.11	65.23	67.84	77.3	Ⅱ
韧性剪切构造	72.58	55.30	40.35	53.35	58.88	58.90	66.43	34.58	43.37	17.00	53.1	Ⅳ
不整合接触	88.77	77.00	91.09	89.18	95.95	72.26	57.74	63.47	42.16	38.90	76.7	Ⅱ
节理面	54.52	54.77	49.88	44.17	58.69	57.53	48.35	48.30	54.56	61.87	52.0	Ⅳ
叠层石、三叶虫化石	89.35	75.00	87.25	75.61	74.90	54.11	81.57	73.30	58.69	81.62	78.6	Ⅱ
金伯利岩	82.73	65.36	65.10	65.52	55.41	50.34	80.87	42.86	64.37	88.82	68.2	Ⅲ

续表5

地质遗迹	专家、居民、游客对评价指示的加权评分											级别
	科学价值	美学价值	典型性	稀有性	自然完整性	基础服务设施	交通状况	安全性	环境容量	可保护性	综合得分	
金刚石矿	95.44	85.50	83.91	87.49	88.80	69.86	62.96	82.06	88.12	85.91	86.3	I
岱崮地貌	97.43	87.93	87.87	87.27	74.90	59.93	63.83	94.40	81.24	84.38	87.4	I
花岗岩地貌	82.48	63.63	49.75	57.52	79.73	47.26	59.65	78.17	61.45	50.38	66.9	III
"中国瀑布"	89.81	77.17	90.97	70.65	74.71	69.86	72.52	59.42	33.22	39.97	72.4	II
龙门三潭	43.50	64.93	40.97	52.23	66.41	34.93	73.74	45.29	37.18	70.44	51.6	IV
雨王泉	84.22	46.79	68.19	63.44	79.54	60.96	79.48	58.60	41.14	47.93	65.7	III

4 结论

在研究沂蒙山地质公园区域概况、地质背景的基础上，结合《国家地质公园建设指南》(2016)地质遗迹分类标准和有关专家的成果，将地质遗迹划分为6大类11类12亚类。通过改进原有的地质遗迹评价方法对公园内地质遗迹进行科学定量评价，可以得出如下结论：

(1)改进后的评价方法增加了当地居民和游客的评价因子，并充分考虑了各评价因子的权重，可以进一步提高评价结果的客观性、准确性、科学性和可靠性，这对于其他地质公园展开地质遗迹评价具有借鉴意义。

(2)沂蒙山地质公园地质遗迹类型多样，资源丰富，公园内地质遗迹均具有典型性、稀有性和自然完整性等特征，其中作为世界级地质遗迹的泰山岩群和多期次侵入岩体揭示了鲁西陆核的漫长历史，岱崮地貌展现了沧海桑田的演变过程，金刚石矿则是大自然馈赠的瑰宝，它们不仅有极大的科研价值，也是不可多得的旅游资源。使用改进后的评价方法，上述地质遗迹均被评价为世界级；国家级地质遗迹中的"中国瀑布"是中国北方罕见的瀑布景观，呈现了沂蒙山地质公园堪比南国的水乡风光。此外还有多处省级和地方级地质遗迹可用作旅游开发、科普教育、教学科研等。

（3）研究结果对于沂蒙山地质公园地质遗迹保护、地质公园发展规划和旅游事业的开展都具有十分重要的意义，对申报和创建沂蒙山世界地质公园工作也有一定的指导作用。

中国北部地区沙漠鸣沙对比研究

韩菲[1]　田明中[1]　刘斯文[2]　武法东[1]　王璐琳[1]

1. 中国地质大学(北京)地球科学与资源学院，北京，100083；
2. 中国地质科学院国家地质实验测试中心，北京，100037

摘要：鸣沙发声机制是一个长期悬而未决的问题。中国北部地质公园内的沙漠鸣沙地质遗迹沿北方沙漠弧形带分布，但较少被报道和研究。本文选取位于内蒙古、甘肃和新疆的沙漠鸣沙及哑沙，对其地貌特征、粒度组分和矿物成分进行了对比研究。结果表明鸣沙一般发育在新月型沙丘链或新月型沙丘上，紧邻湖泊或泉水，背风坡和迎风坡上都会发育鸣沙，但主要集中在背风坡，研究结果与马玉明提出的"共鸣箱"理论中的"响沙都发育在背风坡"不符；哑沙粒度明显较鸣沙粗，哑沙的平均粒径分布峰值集中在 $0.5\phi \sim 1\phi$，鸣沙粒径频率分布峰值集中在 $2\phi \sim 3\phi$，主要差别在于细砂和粗砂的组分，所有鸣沙中的细砂含量所占比例均高于52.012%，哑沙中的细砂含量低于0.881%；响沙中粗砂的含量均小于1.221%，哑沙中粗砂的含量大于48.091%。鸣沙和哑沙主要矿物成分都以石英和长石为主；鸣沙中含有高岭石、钠长石、微斜长石及方解石等，而哑沙中几乎未含这些次要矿物。本文结果表明，地貌特征和物质组成是区别鸣沙和哑沙的重要特征，对于研究鸣沙的成因具有参考价值。

关键词：鸣沙；地貌特征；粒度组分；矿物成分；对比分析；共鸣箱理论

　　鸣沙是指在风力作用下堆积在高大沙山的顶部崩塌时发出轰鸣声的沙粒，其鸣声主频集中在 $50 \sim 200$ Hz（Lewis，1936；Bagnold，1954；Humphries，1966；Criswell et al.，1975；Lindsay et al.，1976；Haff，1986；Nori et al.，1997；Sholtz et al.，1997）。鸣沙现象记录并反映了沙漠形成和演化过程中的环境细节，是一种重要的地质遗迹，也是一种旅游资源（原佩佩等，2006）。地质遗迹是最重要的自然遗产，是追溯地球演化历史，了解自然环境现状，预测天人和谐愿景的对象，地质遗产的保护是不可忽视的要务，地质公园建立则是达成这一人类共同责任的最佳选择（赵逊和赵汀，2009）。地质公园是地质遗产与风景景观的完美结合，因此它在推动地质现象在公众的认知度方面起了十分重要的作用。它不仅推动了全球地质遗迹保护的进程，而且加大了环境保护和地方经济发展双手齐抓的力度（吴胜明，2003；赵逊和赵汀，2009）。鸣沙作为一种神奇的自然现象和重要的地质遗迹，自19世纪末期开始对其进行科学研究以来，已经经历了大约150多年的研究历史，然而，到目前为止尚无一个系统而完整的模型对其进行科学解释。对

本文发表于《地球学报》，2016，37(02)：247-255。

鸣沙进行对比是发现不同地区鸣沙的差异，寻找鸣沙鸣响原因的一种重要途径和方法。中国的鸣沙地质遗迹主要沿北方弧形沙漠带分布，从东部的沙地到西部的沙漠都有鸣沙分布，如内蒙古翁牛特自治区级地质公园内的勃隆克沙湖鸣沙，鄂尔多斯国家地质公园内的库布齐沙漠银肯响沙湾，甘肃敦煌雅丹国家地质公园内的鸣沙山等，但被报道和研究的较少。而不同区域内鸣沙及鸣沙和哑沙的对比研究也很少。Igarashi 和 Shikazono（2003）利用 X 光荧光光谱和 X 光衍射的方法对从日本本州岛的乌取海滩采集的海滩鸣沙和哑沙进行了元素和矿物分析，Humphries（1966）曾对撒哈拉的 Korizo 鸣沙和夏威夷的考艾岛（Gower）响沙的分选性、圆度和球度等基本沉积学特征进行了对比。

地貌特征、粒度特征和矿物学特征是研究关注的主要问题。风沙沉积物是风力塑造风沙地貌的物质基础，其粒度特征是研究沙丘地貌的主要指标之一。由于沙源沉积物结构及风况等环境的不同，各地沙丘在沉积物组成上具有明显的差别（吴正，2003）。沙丘形态对气流的改造作用使风力分选作用在不同形态和各部位之间出现不同程度的差异，而且这些差异最大限度地表现在沙丘粒度组成上（哈斯和王贵勇，2001）。因此，沙丘的沉积物组成、粒度成分和沙漠地貌的研究在沙漠形成与研究中得到了广泛的重视。王文彪和马俊杰（2011）曾对鄂尔多斯国家地质公园的库布齐沙漠的银肯响沙进行过砂粒粒径分析，认为银肯响沙所处区域已满足马玉明提出的"共鸣箱"理论。孙显科等（2006）提出了敦煌鸣沙山成因的猜想，并证明了风成沙地地形 1/10 定律。姚洪林等（2000）论证了库布齐沙漠银肯响沙湾砂粒特征与风选程度关系。张克存等（2012）对敦煌鸣沙山月牙泉景区风沙环境进行过分析。本文旨在通过对中国北部地区鸣沙和哑沙的对比，发现不同地区鸣沙和哑沙在地貌特征和物质组成上的差异，这种对鸣沙和哑沙的比较分析在前人的研究中很少发现。本文通过对内蒙古翁牛特自治区级地质公园的勃隆克沙湖响沙，鄂尔多斯国家地质公园的库布齐沙漠银肯响沙，甘肃敦煌雅丹国家地质公园的鸣沙山鸣沙三处鸣沙及哑沙的地貌特征、粒度和矿物成分的对比研究，分析鸣沙和哑沙在地貌特征和物质组成上的区别，为研究鸣沙发声机制，沙漠地质遗迹保护和科学普及提供科学依据（图1）。

翁牛特旗位于内蒙古自治区赤峰市中部。翁牛特全旗年平均气温在 0~7℃之间，平均年降水量 300~450 mm。2009 年 12 月由内蒙古国土资源厅批准建立内蒙古翁牛特自治区级地质公园（图版Ⅰ-A）。此处样品采集数量为 3 个，勃隆克沙漠旅游区内分布有大约 20~30 个沙湖，采样地勃隆克沙湖中间是一处 1.3 万亩的淡水湖。三个样品采样区的海拔高度分别为 15 m、12 m 和 30 m。采样地勃隆克玉湖响沙的沙山脚下为浅湖，水草遍长（图版Ⅰ-B）。以新月型沙丘、沙丘链为主，也有复式新月形沙丘链和盾形沙丘。响沙样品采自迎风坡。

2011 年 11 月国土资源部批准建立了鄂尔多斯国家地质公园。库布齐沙漠位于鄂尔多斯台地北缘，鄂尔多斯年平均气温 6℃，年降水量 311.75 mm，干燥度 1.5~4，年平均风速 3~4 m/s，大风日数 25~35 天。银肯响沙位于库布齐沙漠的东端，地形呈月牙形分布，坡度为 45°倾斜（图版Ⅰ-C）。采样地海拔高度为 75 m 和 65 m，主要地貌特征以连绵起伏的新月型和链状流动沙丘为主，流动沙丘居多，约占 80%。固定、半固定的灌丛沙堆仅分布在沙漠边缘。两个响沙样品均采自背风坡（图版Ⅰ-D），背风坡脚有一条常年性河流经过。

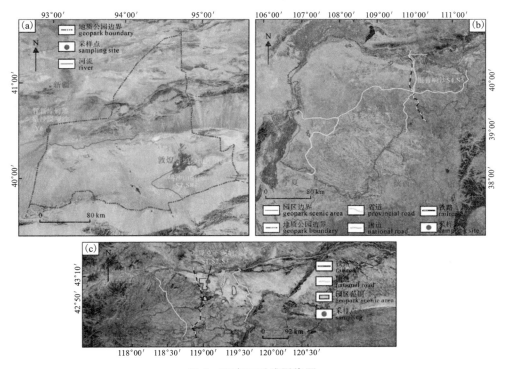

图 1　研究区遥感影像图

（a）甘肃敦煌雅丹国家地质公园，甘新库姆塔格沙漠哑沙（Y6），敦煌鸣沙山响沙（S7，S8）及哑沙（Y9）；

（b）鄂尔多斯国家地质公园，鄂尔多斯银肯响沙（S4，S5）；

（c）翁牛特自治区级地质公园，翁牛特勃隆克玉湖响沙（S1，S2，S3）

（本书收录此文时对原图审查后略有修改）

2001 年 12 月国土资源部批准建立了甘肃敦煌雅丹国家地质公园。鸣沙山位于甘肃省敦煌市区南侧，由黄沙聚积而成，鸣沙山现缩至 150 m²。鸣沙山上，年均降雨量只有 39.9 mm，年蒸发量却达 2400 mm。样品采集数量为 2 个，采集海拔高度为 800 m 和 1000 m。采样地沙山上的沙丘形态主要有新月形及金字塔沙丘链等，沙峰之中有新月状的月牙泉，月牙泉被鸣沙山环抱（图版Ⅰ-E）。响沙样品均采自背风坡(图版Ⅰ-G)。

甘新库姆塔格沙漠为哑沙沙漠,位于甘肃西部和新疆东南部交界处,西以罗布泊大耳朵为界,东接敦煌鸣沙山。面积约 2.2 万 km^2。具有典型的雅丹、风棱石、风蚀坑等风蚀地貌和格状沙丘、新月形沙丘、蜂窝状沙丘等沙丘类型。气候极端干旱,沙漠腹地几乎无植被分布,沙丘流动性大。样品采集数量为 1 个,海拔高度为 17 m。采样地历史上湖水较多,现干涸,仅为大片盐壳,样品采自迎风坡(图版Ⅰ-F)。

鸣沙山外围地区位于敦煌鸣沙山东北方向的外围,地貌和水文环境同鸣沙山。样品采集数量为 1 个,海拔高度为 1146 m,采自迎风坡(图版Ⅰ-H)。

1 实验材料与方法

1.1 样品采集

本次实验样品分别为翁牛特自治区级地质公园内的勃隆克沙湖响沙,鄂尔多斯国家地质公园内的库布齐沙漠银肯响沙,敦煌雅丹国家地质公园内的鸣沙山三处鸣沙山表层 2~3 cm 的沙样,及甘新库姆塔格沙漠内和敦煌雅丹国家地质公园内的鸣沙山的东北部外围采集的两处哑沙,共 7 个响沙样品及 2 个哑沙样品。单个样品的采样重量为 500 g。

表 1 研究区采样表

样品号	采样地	沙样类型	采样地坐标	海拔/m	沙丘类型
S1	翁牛特勃隆克玉龙沙湖	响沙	119°01′30.115″E, 43°08′49.074″N	15	新月型沙丘
S2			119°01′30.912″E, 43°08′49.019″N	12	新月型沙丘、沙丘链
S3			119°01′37.586″E, 43°08′26.29″N	30	新月型沙丘、沙丘链
S4	鄂尔多斯银肯响沙	响沙	108°56′24.315″E, 40°65′32.12″N	75	新月型和链状流动沙丘
S5			108°56′22.16″E, 40°14′33.64″N	65	新月型和链状流动沙丘

续表1

样品号	采样地	沙样类型	采样地坐标	海拔/m	沙丘类型
S7	敦煌鸣沙山	响沙	94°40′19.12″E，40°05′14.81″N	800	新月形沙丘链，金字塔形沙丘
S8			94°36′42.26″E，40°14′35.22″N	1000	新月形沙丘链，金字塔形沙丘
Y6	甘新库姆塔格沙漠	哑沙	93°2′16.807″E，40°29′54.913″N	17	新月形沙丘
Y9	鸣沙山外围	哑沙	94°40′43″E，40°50′20″N	1146	低矮沙丘

1.2 粒度组成分析

在实验室将采集到的 9 个沙样各称取 10 g 放入 50 mL 烧杯中，加入 45mL Ⅲ 级超纯水浸泡样品，同时，加入 2~3 滴 10% H_2O_2，静置 24 h，目的在于去除样品中的有机质。待到烧杯内无气泡产生时，用电热板将样品干燥，使反应剩余的 H_2O_2 完全挥发。之后，待样品放凉后，再加入水，并加适量 10% HCl(1~2 mL)，溶解样品中的生物钙，再静置 24 h，然后用滴管析出清液。用 pH 试纸测试样品的 pH 值，加入纯净水稀释 3~4 遍，直至 pH 值呈中性。

试验使用 Malvern 公司的 Mastersizer 2000 型激光粒度仪测定。粒度分级采用沃德—温特华斯(Udden-Wentworth)粒度分级(Folk and Ward，1957)，粒级采用 φ 值标度克鲁宾方案，将粒度分级转化。

1.3 矿物成分分析

将之前处理好的 9 个砂样各取 1~2 g，用机器研磨各砂样至 300 μm 的粒径，委托中国地质大学(北京)科学研究院实验中心运用 X 射线粉晶衍射仪进行粉晶 X 射线衍射，物相鉴定和半定量测试。测试出各样品的矿物组成和百分含量。

2 结果与讨论

通过对比三处地质公园内的沙漠地质遗迹地貌特征和类型，各沙漠地质遗迹中鸣沙和哑沙的粒度组分及矿物成分，可以分析出鸣沙和哑沙在地貌特征、粒度组分及矿物成分方面的相似点和区别。

2.1　地貌形态

综合以上三处地质公园内的鸣沙及两处哑沙的地貌特征，可以归纳出以下相似点：

（1）以上三处地质公园内的沙漠地质遗迹类型都包含有新月形沙丘，其中内蒙古翁牛特自治区级地质公园、甘肃敦煌雅丹国家地质公园和内蒙古鄂尔多斯国家地质公园内的沙漠地质遗迹类型都包括新月型沙丘链，说明了此三处地质公园内的鸣沙都发育在沙漠腹地。鸣沙和哑沙采集地的地貌也都包含新月形沙丘，其中的库布齐沙漠银肯响沙发育在新月形沙丘上。

（2）三处鸣沙采集地都紧邻湖泊或泉水。内蒙古翁牛特的玉龙沙湖鸣沙中有淡水湖发育；内蒙古鄂尔多斯的库布齐沙漠银肯响沙发育在新月形沙丘上，并有泉水从坡地流出；甘肃敦煌雅丹国家地质公园的鸣沙山也是主要以金字塔形沙丘为主，沙峰中有月牙泉；内蒙古阿拉善沙漠世界地质公园的巴丹吉林沙漠内高大沙山发育，沙漠中河流较少，而湖泊众多；而两处哑沙的采集地都位于较干旱的沙漠中。

（3）翁牛特自治区级地质公园内的玉龙沙湖鸣沙采自迎风坡，鄂尔多斯国家地质公园内的响沙和敦煌雅丹国家地质公园内的响沙采自背风坡上，其他地方的响沙和哑沙均采自迎风坡上。

2.2　粒度分析

所采集样品的粒度分布均为单峰，正态分布，哑沙粒度明显较响沙粗。从图2粒度频率分布图和图3粒度累积频率曲线图中可以看出，响沙粒径频率分布峰值集中在 $2\phi \sim 3\phi$，哑沙粒径分布峰值集中在 $0.5\phi \sim 1\phi$。哑沙粒度明显较响沙粗。

响沙样品以细砂和中砂细粒组分为主，哑沙样品以中砂和粗砂粗粒组分为主，含量分别达到了 99.346% 和 97.585%。哑沙粒度明显较响沙粗，其中响沙粒径频率分布峰值集中在 $2\phi \sim 3\phi$，哑沙粒径分布峰值集中在 $0.5\phi \sim 1\phi$；鸣沙和哑沙粒度参数差别最大的为平均粒径，分选和峰度较为接近，鸣沙基本为正偏，哑沙全部为负偏。分选性上，敦煌鸣沙山的响沙样品分选性好于翁牛特旗的勃隆克沙湖响沙和鄂尔多斯银肯响沙；甘新库塔格沙漠哑沙的分选介于敦煌响沙、翁牛特及鄂尔多斯响沙之间，而敦煌鸣沙山外围的哑沙的分选低于以上所有响沙和哑沙。

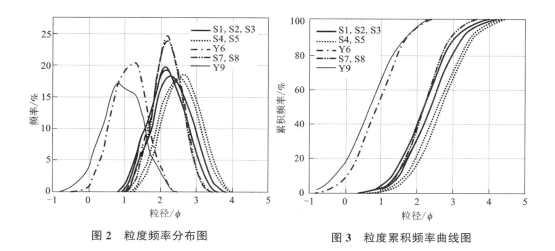

图 2　粒度频率分布图　　　　　图 3　粒度累积频率曲线图

2.2.1　粒度组分

从表 2 中可以看出,响沙样品以细粒组分为主,哑沙沙样以粗粒组分为主。响沙样品 S1 至 S5,及 S7 和 S8 以细砂和中砂为主,而 Y6 和 Y9 哑沙样品中以中砂和粗砂为主。所有响沙中的细砂和中砂的含量所占比例最高值为 99.346%,最低值为 84.795%,平均值为 93.944%;响沙中极细砂和粗砂含量很低,其中极细砂含量最高值为 15.203%,最低值为 0.635%,平均值为 5.79%,粗砂最高值为 1.221%,而响沙 S4 和 S5 中不含粗砂;所有响沙样品均不含极粗砂组分;响沙样品中细砂的含量最高,在响沙中所占比例均大于 50%,其次为中砂,其所占比例从 17% 到 44% 不等。哑沙中中砂和粗砂所占比例最高值为 97.585%,两者百分含量大致相等,极粗砂含量很低,极细砂、细砂含量极少。哑沙样品中细砂含量极少,几乎不含极细砂。

表 2　各样品不同组分百分含量表　　　　　单位: %

分类及百分含量 样品号及采样地点	极细砂	细砂	中砂	粗砂	极粗砂
S1 翁牛特玉龙沙湖	6.080	58.487	35.375	0.058	0
S2 翁牛特玉龙沙湖	2.685	53.247	43.544	0.524	0
S3 翁牛特玉龙沙湖	2.648	52.012	44.120	1.221	0
S4 鄂尔多斯银肯响沙	15.203	66.813	17.982	0	0
S5 鄂尔多斯银肯响沙	12.516	64.784	22.7	0	0

续表2

分类及百分含量 样品号及采样地点	极细砂	细砂	中砂	粗砂	极粗砂
S7 敦煌鸣沙山	0.782	58.671	40.53	0.016	0
S8 敦煌鸣沙山	0.635	56.689	42.657	0.02	0
Y6 甘新库姆塔格沙漠	0	0.79	49.494	48.091	1.625
Y9 敦煌鸣沙山外围	0	0.881	37.741	53.971	7.407

2.2.2 粒度参数

从表3粒度参数表可以看出，鸣沙(S1至S5，S7，S8)和哑沙(Y6和Y9)粒度参数差别最大的为平均粒径，分选和峰度较为接近；鸣沙基本为正偏，哑沙全部为负偏。从样品粒度参数可以看出，甘新库姆塔格沙漠哑沙样品Y6的平均粒径在0.998ϕ，敦煌哑沙样品Y9的平均粒径为0.82ϕ，远大于其他地区响沙的平均粒径；在分选性上，翁牛特旗响沙S1至S3和鄂尔多斯响沙S4和S5的分选系数均大于0.5，分选性较好，敦煌鸣沙山响沙样品分选系数在0.39~0.40之间，分选性好于上述两地响沙样品；甘新库姆塔格沙漠哑沙沙样分选性介于敦煌响沙和翁牛特及鄂尔多斯响沙之间；所有样品峰态值在0.95左右，相差不大，在粒度分布曲线上表现为尖峰态。

表3　粒度参数表

样品号	采样地点	平均粒径(ϕ)	分选(σ)	偏态(Sk)	峰态/kg
S1	翁牛特玉龙沙湖	2.202371	0.518684	0.003092	0.945277
S2		2.065509	0.500045	0.002153	0.944747
S3		2.058302	0.509549	-0.00731	0.949884
S4	鄂尔多斯银肯响沙	2.471668	0.502678	-0.0036	0.951388
S5		2.402726	0.510409	0.008253	0.945774
S7	敦煌鸣沙山	2.101878	0.402209	-0.00366	0.962362
S8		2.086012	0.395362	0.004973	0.961831
Y6	甘新库姆塔格沙漠	0.998293	0.461336	-0.02448	0.971565
Y9	敦煌鸣沙山外围	0.826012	0.561465	-0.02821	0.971044

2.3 矿物成分

无论是鸣沙还是哑沙的矿物成分都以石英和长石为主。鸣沙和哑沙中次要矿物成分存在差别，鸣沙中含有高岭石、钠长石、微斜长石及方解石等，而哑沙中几乎未含这些次要矿物。Richardson(1919)曾研究表明鸣沙和哑沙都具有相同的矿物成分，此研究结论与本文实验分析的结果不相符，本文通过实验得出的结论是鸣沙和哑沙的主要矿物成分相同，但含有的次要矿物成分存在差别。

从表4中可以看出，鸣沙和哑沙的主要矿物组成都以石英、长石(斜长石和钾长石)为主，其他次要矿物含量较低(<20%)。沙样(包括鸣沙和哑沙)中的主要矿物中的石英含量均为最高。

表4 矿物成分百分含量表

矿物含量/%	样品编号								
	S1	S2	S3	S4	S5	S7	S8	Y6	Y9
斜长石	5	3	5	5	7	14	14	15	15
钾长石	10	2	10	5	5	5	10	5	10
石英	75	90	80	70	75	65	55	75	75
云母				2	3	5	3	3	
高岭石				3	5	5			
钠长石	5	2	3	6					
微斜长石	4	2	2	5					
辉石	<1	<1	<1	2	3	5	<2	<1	
绿泥石				2	2	1	1	1	
方解石							5		

S1、S2和S3为采自翁牛特玉龙沙湖响沙的沙样，石英含量均达75%以上；其次为钾长石、斜长石、钠长石，微斜长石含量均小于10%，而且沙样中都含有微量重矿物辉石，含量均小于1%。S4和S5为采自鄂尔多斯库布齐沙漠银肯响沙的沙样，其中，石英含量最高，均大于70%；斜长石和钾长石的含量较少，在10%以下。与S1、S2、S3相比，沙样S4和S5中均含有少量的高岭石和云母及少量的微量重矿物辉石和绿泥石；而只有S4中含有少量的钠长石和微斜长石。样品Y6采自甘新库姆塔格沙漠的东缘的哑沙，石英含量达到75%，斜长石的含量达15%；钾长石和云母的含量和S4及S5响沙中的含量大体差不多；而且也含有

不到 1% 的微量重矿物辉石和绿泥石。样品 S7、S8 和 Y9 采自敦煌鸣沙山，其中，S7 和 S8 为响沙沙样，Y9 为哑沙。S7 和 S8 样品中的石英含量低于 Y9，但含量都远高于其他矿物含量；S7 和 S8 中也含有少量辉石和绿泥石微重矿物，而 Y9 中不含有这些微重矿物，而且只含有石英、斜长石和钾长石三种矿物。

根据表 4 矿物成分数据可以看出，响沙和哑沙的沙样均含有比重比较高的石英含量，分析数据得出：

（1）无论鸣沙还是哑沙主要矿物成分都以石英和长石为主，其中石英含量分布为 55% ~ 90%，长石含量（斜长石、钾长石、钠长石、微斜长石）分布为 9% ~ 25%。石英和长石（所有长石类型）含量分布为 84% ~ 100%。鸣沙和哑沙的主要矿物存在差别，表现为哑沙中主要矿物含量高于鸣沙含量。鸣沙的石英含量为 55% ~ 90%，哑沙的石英含量均为 75%。哑沙中长石含量分布为 20% ~ 25%，石英和长石的含量分布为 95% ~ 100%。鸣沙中石英的平均含量为 78%，哑沙中石英的平均含量 75%，所有沙样中石英的平均含量为 71.2%，鸣沙中长石和石英的平均含量为 91.1%。

（2）鸣沙和哑沙中次要矿物成分存在差别，主要表现为，鸣沙中含有高岭石，钠长石，微斜长石及方解石等，而哑沙中几乎未含这些次要矿物。

3　结论

通过对中国北方弧形沙漠带上发育的鸣沙的地貌特征、粒度特征以及矿物特征进行对比分析，主要有以下结论：

（1）对比鸣沙发育的地貌形态发现，鸣沙主要发育在位于沙漠腹地的新月型沙丘链或巨型沙丘上，紧邻湖泊或泉水，背风坡和迎风坡上都会发育鸣沙，但主要集中在背风坡。哑沙也发育在新月形沙丘上，但位于较干旱的沙漠中。这与马玉明（2000）提出的"共鸣箱"理论中的"响沙都发育在背风坡向阳面"不一致。背风坡呈月牙状，说明背风坡不但在大风时存在一个强大的涡旋气流，而且还有一个与主风方向垂直或近乎垂直的相反风向。其中，翁牛特勃隆克玉湖响沙的主要风向为西北风，次要风向为西南风；敦煌鸣沙山的优势风为偏东北风，次要风为偏西风；银肯响沙的主风为冬春季的西北风，次要风为夏秋季的偏南风，"共鸣箱"理论中提到鸣沙鸣响的条件之一是位于背风处落沙坡向阳，这样气温高，沙面温度也高；因此月牙形的地貌是符合"共鸣箱"理论的。以上地貌特征的发现也与屈建军（1993）提到的鸣沙形成的必要条件——"鸣沙坡的沙丘形态为新月型沙丘、沙丘下要有水源、水经过毛细作用通过沙面蒸发到空中，在新月形落沙坡处形成天然的'水分共鸣箱'"相一致。他们的理论和本文总结出的三处鸣沙的地理特征一致，即都发育在新月型沙丘或沙丘链上，且都距水源较近。

（2）鸣沙、哑沙粒度分析表明：哑沙粒径明显较响沙粗，哑沙的平均粒径分布峰值集中在 $0.5\phi\sim1\phi$，响沙粒径频率分布峰值集中在 $2\phi\sim3\phi$；主要差别在于细砂和粗砂的组分，所有响沙中的细砂含量所占比例均高于 52.0%，哑沙中的细砂含量低于 0.9%；响沙中粗砂的含量均小于 1.2%，哑沙中粗砂的含量大于48.1%。

（3）鸣沙和哑沙主要矿物成分都以石英和长石为主，次要矿物成分存在差别。鸣沙中含有一些哑沙中几乎未含有的次要矿物，其来源主要由沙粒物源和气候条件所决定。其微少的含量是否是控制鸣沙鸣响的主要因素尚需要进一步的实验验证。

我国北部弧形沙漠带上发育的鸣沙沙漠是重要的地质遗产，是人类共同的财富，需要对其进行深入的调查，并采取一定的保护措施。要建立科学合理的地质遗迹管理体系，注重长远的机制。可以在鸣沙山前缘流动沙丘和平坦沙地建立沙地阻固区和防护保护区，防止沙体在风的作用下形成风沙流和游客对鸣沙的踩踏破坏。要吸收先进的保护理念，采取积极有效的科技手段，对稀有的鸣沙地质遗迹进行保护。

鉴于本文主要是基于响沙和哑沙的地貌以及沙子的物理和矿物属性进行鸣沙特征的探讨，野外采集过程中对鸣沙和哑沙进行了明确的辨识，因此，未做进一步的声学实验室试验。在下一阶段的研究中将会结合声学的实验室试验进行鸣沙和哑沙的对比研究。

图版 I

A—翁牛特勃隆克玉湖响沙全景图；B—翁牛特勃隆克玉湖响沙（S1，S2，S3）；C—鄂尔多斯库布齐银肯响沙全景图；D—鄂尔多斯库布齐银肯响沙（S4，S5）；E—敦煌鸣沙山全景图；F—甘新库姆塔格沙漠哑沙（Y6）；G—敦煌鸣沙山响沙（S7，S8）；H—鸣沙山外围哑沙（Y9）

中国敦煌世界地质公园地质遗迹调查及评价

于延龙[1]　武法东[1]　王彦洁[2]

1. 中国地质大学(北京)地球科学与资源学院, 北京, 100083;
2. 河北经贸大学旅游学院, 石家庄, 050061

摘要: 中国敦煌世界地质公园位于甘肃省敦煌市, 特殊的地质构造、地质历史、地理位置和气候环境等, 造就了丰富且神奇的地质遗迹。本文在地质遗迹资源调查研究的基础上, 将该区地质遗迹类型分为 5 个大类 9 个亚类, 依此对区内主要地质遗迹类型及其特征进行了归纳与总结, 同时探讨了主要地质遗迹的科学研究价值, 对研究区及国际其他分布区的雅丹地貌进行了形态参数物质组成等的特征对比。特殊的地理位置使得"丝绸之路经济带"与敦煌地质公园密切地联系在一起。

关键词: 敦煌; 世界地质公园; 地质遗迹类型; 科学意义; 特征对比

1　地质公园概况

中国敦煌世界地质公园位于甘肃省西部敦煌市, 北有北塞山, 南有祁连山, 地质公园内发育的地质遗迹主要有: 典型的地貌遗迹, 地质构造遗迹, 沉积构造遗迹, 地层遗迹以及水体景观等。尤以雅丹戈壁地貌、鸣沙山—月牙泉构成的我国极端干旱区典型地貌组合为代表, 凿刻于第四纪地层中的莫高窟完美地体现了地质遗迹与历史文化的结合, 具有国内乃至全球的对比意义。2015 年 9 月, 在第四届亚太地质公园网络研讨会上, 中国敦煌世界地质公园正式加入联合国教科文组织世界地质公园网络。

2　公园特色地质地貌及地质遗迹类型

2.1　地质公园特色地质地貌

敦煌地质公园所在区域内, 覆盖层多由第四系下更新统冲积层、戈壁砂砾层和中更新统洪积层组成。在漫长的地质历史中, 敦煌地区既经历了大幅度地下

本文发表于《中国矿业》, 2016, 25(S2): 331–346。

降、接受巨厚的沉积，又经受了长期的暴露和风化剥蚀及剧烈的造山运动。最终的新构造运动确定了现在的构造格局。西北部雅丹地貌非常发育，它属于古罗布泊的一部分。这里的雅丹土质坚硬，总体呈现褐黄—浅灰色，与青黑色的戈壁滩形成了强烈的对比，在蓝天白云的映衬下格外引人注目。东南部的鸣沙山—月牙泉享誉国内外，鸣沙山沙峰起伏，金光灿灿，属敦煌古八景之一的"沙岭晴鸣"，月牙泉被其所环抱，泉水清澈明丽。

2.2　地质公园主要地质遗迹类型

根据野外实地综合考察和收集的资料，按2010年《国家地质公园规划编制技术要求》中"地质遗迹类型划分表"和"地质景观分类标准"，将区内主要地质遗迹资源划分为5个大类，7小类，9个亚类（表1）。

表1　中国敦煌世界地质公园重要地质遗迹（类型）表

大类	类	亚类	主要地质遗迹景观	意义
地质（体、层）剖面	地层剖面	典型剖面	莫高窟洞窟地层、月牙泉湖积地层	是地质遗迹与人文历史完美结合的产物，也是恢复区域地质发展历史的重要实证材料
地质构造	构造形迹	中小型构造	雅丹景区南缘断层（群龟出海）、变形雅丹、节理	据此可分析区域构造演化特征，沉积构造可以反映沉积时水动力条件，进而判断古沉积环境，对研究沉积物质的成因具有不可替代的作用
地貌景观	流水地貌景观	流水侵蚀地貌	冲刷面	
		流水堆积地貌	现代冲积平原（红柳湾）、泥裂、波痕、雨痕、层理	
	风力地貌	风蚀地貌	多种形态的雅丹体：垄岗状雅丹、墙状雅丹、塔状雅丹、柱状雅丹、风蚀戈壁，风棱石，五色沙	是一种重要的地貌类型。地质公园内雅丹地貌类型齐全，形态多样，对研究雅丹地貌的形成演化过程、影响因素及区域气候环境变化等都具有重要的意义
		风积地貌	鸣沙山、砾浪、沙波纹、锥状沙丘、金字塔状沙丘、羽毛状沙垄、新月形沙丘、新月形沙丘链	对研究干旱区气候环境具有重要意义，不同类型沙丘本身的科学研究价值，美学价值亦是不可多得的

续表1

大类	类	亚类	主要地质遗迹景观	意义
水体景观	湖沼景观	湖泊景观	月牙泉、党河水库	世界奇观,具有极高美学欣赏价值,亦为研究区域气候变化提供了实物材料
	河流景观	风景河段	疏勒河、党河风情线	
环境地质遗迹景观	地质灾害遗迹景观	崩塌遗迹	残丘状雅丹	崩塌作用是雅丹地貌走向衰亡的主要作用形式,有助于进行雅丹地貌形成演化及分类研究

3 重要地质遗迹的科学意义及国际对比

3.1 重要地质遗迹的科学研究价值

3.1.1 雅丹地貌

敦煌地质公园发育有分布广泛、类型齐全的雅丹地貌。各类雅丹体错落有致,保留了每个发展阶段的产物,其分布的密集程度在世界同类型地貌中罕见,是我国乃至世界范围内最为典型的雅丹地貌的代表。它以第四纪形成的未完全固结的河湖相沉积物为基础,经构造抬升作用和风力、流水、重力等作用而形成。敦煌雅丹地貌不仅具有极高的美学欣赏价值,更是研究其形成、发展和演化的最佳场所。敦煌雅丹体类型齐全,垄岗状雅丹、墙状雅丹、塔状雅丹、柱状雅丹和残丘状雅丹均可见到,反映了雅丹地貌发育的整个过程,对研究其发展趋势具有重要意义。

3.1.2 戈壁、沙漠

地质公园毗邻库姆塔格沙漠,干旱气候条件下,山前戈壁平原上的细砂被大风吹走,平原表面形成一层黝黑的砾石层,即中国闻名的"黑戈壁"。雅丹景区内雅丹地貌、戈壁与沙漠交相辉映,构成了极端干旱区地貌类型的典型代表,具有极高美学价值和科学研究价值。

3.1.3 鸣沙山—月牙泉

鸣沙山—月牙泉特殊地貌类型的组合,激发了人们探索自然奇观的兴趣。鸣沙山因沙动鸣响而得名,其五色沙的组成、沙鸣成因及千百年来不变的沙山高度等都具有重要的科学研究价值。沙山环抱的月牙泉主要靠地下水补给,这也是它身处沙丘深处却不干涸的主要原因。研究鸣沙山和月牙泉的成因有助于加深对地质公园所在区域范围内构造演化特征及其地貌发育过程的认识,从而也为深入研究区域范围内地貌成因提供借鉴。

3.1.4 羽毛状沙垄

羽毛状沙垄因其形态酷似羽毛而得名，仅见于中国与地质公园毗邻的库木塔格沙漠中。一直以来，它为国内外学者提供了研究基地。研究其成因对于分析极端干旱区气候条件具有重要意义，从而为我国西北地区治理沙漠、逐渐恢复生态环境提供理论依据。

3.1.5 莫高窟赋存地层

莫高窟凿刻于第四系中更新统酒泉组砾岩层中，其内壁画技艺高超，数量惊人，是世界上规模最大、内容最丰富的古典文化艺术宝库，也是举世闻名的佛教艺术中心。酒泉组砾岩工程地质条件良好，易于人工开凿，为莫高窟的开凿提供了良好的自然条件，也使得莫高窟成为地质遗迹与文化艺术结合的典范。

3.2 重要地质遗迹的国际对比

3.2.1 雅丹地貌

雅丹地貌多发育在干旱区，其分布遍布除澳洲以外的各大洲的沙漠中，在中国主要分布于青海柴达木盆地、疏勒河中下游和新疆罗布泊周围。同其他典型的雅丹地貌如伊朗卢特、科威特、非洲乍得盆地、加利福尼亚莫哈维沙漠等地的雅丹地貌相比，敦煌雅丹地貌具有类型齐全、典型、研究程度高等特征（表2）。

表 2　国内外雅丹主要特征对比

名称	位置	组成物质	雅丹体规模	其他
孔雀河下游雅丹地貌	中国孔雀河下游龙城和楼兰古城一带	泥岩、砂质泥岩、砂岩、石膏	长 30~50 m，高 20~25 m，分布面积约 1800 km²	龙城与楼兰故城雅丹特征区别明显
白龙堆雅丹地貌	中国罗布泊北部	粉质黏土与钙芒硝夹石膏	高 10~20 m，分布面积约 1000 km²	呈灰白色
敦煌雅丹地貌	中国敦煌罗布泊东缘	泥岩、砂岩和粉砂岩互层，偶夹砾岩薄层	长度不等，最长达 300 m，高度最大 60 m，分布面积约 400 km²	分为北区和南区，北区雅丹近南北向，南区雅丹近东西向
卢特雅丹地貌	伊朗卢特荒原东南部	石膏、砂砾堆积物	高 200 m，面积 20000 km²	雅丹呈垄脊状延伸，风蚀谷宽 500 m
科威特雅丹地貌	科威特湾北部	钙质砾岩、泥岩和砂岩	最长、最宽和最高分别为 92 m、53 m 和 7.5 m	垄脊状为主

续表2

名称	位置	组成物质	雅丹体规模	其他
安第斯山脉雅丹地貌	安第斯山脉中部和东部	熔灰岩	很大范围内延伸的几十到上百米的陡崖	大型雅丹地貌，长宽比较大
乍得盆地雅丹地貌	非洲乍得盆地特贝斯荒原	细粒湖相沉积物、硅藻土	最高 10 m，一般高 4 m，分布面积 25 万 km^2	雅丹体规模一般较小
罗杰斯湖雅丹地貌	美国加利福尼亚洲	细砾岩、砂岩、泥岩和黏土	最大雅丹体高 5 m，宽 10 m	分布面积小

雅丹地貌分布区中雅丹体的形态参数往往是对该地区雅丹地貌进行分类的依据，也是研究雅丹地貌形成发育过程重要的参考。在各大洲中，亚洲的伊朗卢特荒漠中雅丹体最大，非洲乍得盆地的特贝斯提高原南侧博尔库地区拥有最高大的雅丹，欧洲埃布罗河洼地发育雅丹体较大，南美洲较北美洲发育的雅丹体大，特别是南美洲阿根廷帕云马特鲁山火山区域，发育的雅丹属于巨型、大型雅丹。敦煌雅丹体的类型多、分布密度大．雅丹体形态优美度高，数量多，走向变化极其明显，在全球范围内独一无二。根据雅丹体形态特征，研究区雅丹体可以划分为垄岗状雅丹、墙状雅丹、塔状雅丹、柱状雅丹和残丘状雅丹五种类型，它们反映了雅丹体遭受的侵蚀程度不断加深，规模逐渐变小，雅丹体之间的沟谷变宽，从而反映了雅丹地貌发育的连贯过程，将其划分为孕育期、幼年期、青年期、壮年期、老年期和衰亡期共六个阶段。雅丹地貌规模差异大，反映了不同的雅丹地貌其主要的作用营力有明显的差别。对于研究干旱区地貌、古地理古气候环境的演变以及独特的风蚀作用具有十分重要的意义。

3.2.2 鸣沙山—月牙泉

"鸣沙"一般发生在干旱的沙漠里或某些海滨、湖滨的沙丘上，在世界范围内的分布是十分广泛的。对比大洋洲地区、亚洲地区、非洲地区、美洲地区以及海滨、湖滨鸣沙和中国其他著名响沙区，敦煌鸣沙山具有颜色奇、声响大等特征。

鸣沙山的科学意义在于"沙山千年不移，清泉万年不涸，沙山清泉相依"。鸣沙山沙粒呈现五色，组成成分复杂，这对于分析其物质组成和物质来源具有重要意义。鸣沙山经风吹蚀后，复又还原如初，游人攀登过的痕迹荡然无存，体现了沙山的变化之奇。月牙泉处于鸣沙山的环抱之中，在极端干旱气候条件下，月牙泉不干涸，不消失，实为世界之神奇。

4 结论

敦煌因灿烂悠久的历史而名垂千古，因博大精深的文化而闻名于世。特殊的地质背景和极端干旱的气候条件形成的地貌景观，与特殊的地理位置和古丝绸之路形成的文化遗址在这里浑然成为一体。类型多样的雅丹体构成的魔鬼城，规模庞大的鸣沙山及被其包围而不干涸的月牙泉等等，这些地质遗迹组合在一起成为研究第四纪气候变化特征和极端干旱区地貌组合类型的天然教科书，成为进行相关地质科学知识普及的绝佳基地。

中国香港国家地质公园的资源类型与建设特色

武法东　田明中　张建平　王璐琳

中国地质大学(北京)，北京，100083

摘要： 以香港郊野公园和海岸公园为基础建立的中国香港国家地质公园具有典型而独特的地质遗迹，包括世界罕见的酸性火山岩柱状节理景观，多类的地质构造遗迹，典型的海岸地貌类型和优美的海岛自然风光，已经成为了地质科学知识普及基地和游览胜地。在香港地质公园申报、建设和发展过程中，无论是特区政府还是公园管理者，在许多方面体现了明显的特点。正是这些特点使得香港地质公园在管理方式、建设质量和发展速度方面具有了特殊的优势。本文旨在介绍香港地质公园基本情况，总结香港地质公园建设发展的特色，以作为其他地质公园建设的借鉴。

关键词： 国家地质公园；地质遗迹；公园建设；特色；香港

1　香港国家地质公园概况

1.1　自然地理概况

香港位于珠江口东侧，南临中国南海，北与深圳经济特区接壤。香港陆地面积 1104 km²，包括与大陆相连结的新界、九龙半岛等地区，以及大屿山、香港岛、南丫岛等 200 多个岛屿。

香港是典型的岛海环境。与其较小的陆地面积相比，香港有较长的海岸线。香港陆地地形起伏较大，近 45% 的陆地海拔大于 100 m，其中大帽山(Tai Mo Shan)957 m，是香港的最高峰，沿海一带多为低平区(骆永明等，2007)。香港地处亚热带季风气候带，炎热多雨，常年平均温度为 23.1℃。年均降雨量为 2382.7 mm(杨家明等，2008)。

1.2　地质背景

在地质构造位置上，香港地区属于华南加里东褶皱带南缘，是中生代西太平洋岩浆活动带的一部分。早在 4.4 亿年以前的古生代早期，这里就受到加里东构

本文发表于《地球学报》，2011，32(6)：761-768。

造运动的影响，形成了混合岩和花岗岩。大约在 2.5 亿年以前，古生代晚期的海西运动对香港地区的地质构造也有一定的影响。发生在 7000 万年前中生代末期的燕山运动，对香港地区产生了重大影响，形成了区内的重要地质构造。燕山运动伴随的岩浆活动，形成了大量的花岗岩和火山岩。二三百万年以来的喜马拉雅运动进一步塑造并确定了香港的地貌形态(Fletcher，1997；李建生等，1999)。

香港境内缺失早古生代及其以前的地层记录，也缺失三叠系。泥盆纪的沉积岩是目前香港最古老岩石，而新界东北部平洲岛发育的古近系则是香港最年轻的岩层；第四纪未固结的堆积物则记录了最近二百万年以来的地质事件。根据香港发育的地层、岩性特征及其形成的时代，地质工作者将其划分为 17 个组和 4 个火山岩群(Williams et al.，1945；Langford et al.，1995；李作明，1997；欧文彬等，2009)。

1.3 地质公园概况

香港国家地质公园位于香港东至东北部，地理坐标为东经 114°12′59″ ~ 114°26′32″，北纬 22°15′11″ ~ 22°33′11″(图 1)。由西贡火山岩园区和新界东北沉积岩园区组成，包括八个景区，总面积 49.85 km²，核心保护区面积 3.4 km²(渔农自然护理署，2010)。

西贡火山岩园区包括粮船湾、甕缸群岛、果洲群岛和桥咀洲四个景区，面积 16.64 km²。园区的主要地质遗迹是中生代白垩纪火山地质作用的产物。以世界罕见的六边形酸性火山岩柱状节理为特色，规模大，分布面积广，堪称世界级地质遗迹景观(欧文彬等，2009)。

新界东北沉积岩园区包括东平洲、印洲塘、赤门和赤洲—黄竹角咀景区，面积 33.21 km²。该园区以自古生代泥盆纪、二叠纪，中生代侏罗纪、白垩纪至新生代古近纪的地层、古生物、沉积和构造地质遗迹为特色，是香港最佳的户外沉积地质学课堂和游览胜地(张建平等，2009；渔农自然护理署，2010)。

香港国家地质公园是以香港郊野公园、海岸公园和特别地区为基础建立起来的，基础设施完善，管理制度规范。珍贵的地质遗迹，优美的海岛风光，多样的生态环境，使这里成为天然的地质学博物馆和休闲旅游的胜地。

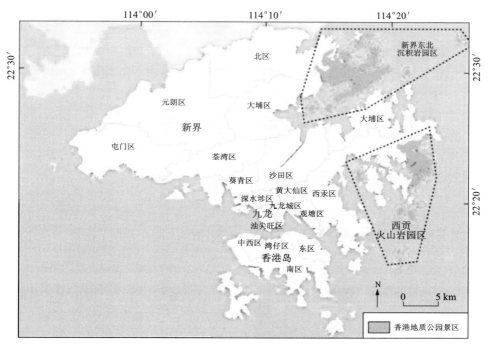

图1　香港地质公园位置图

(本书收录此文时对原图审查后略有修改)

1.4　地质公园建设过程

香港地质公园的建设主要经历了三个阶段。

1）提议并推动建立地质公园阶段

建立香港地质公园最早是2005年12月由李晓池、陶奎元等人提出。吴振扬在2006年提出以大都会为重点建立香港地质公园。2007年12月，香港立法会议员提出在香港设立地质公园的议案，并获得通过。

建立香港地质公园对香港特区政府和香港市民而言是一件大事。在决定申报之前，政府要取得民众的支持。为此，香港环境局、香港渔农自然护理署及相关部门做了大量的工作，包括与各阶层民众进行广泛的接触，解惑答疑；积极与媒体沟通，在短时间内利用电视和报纸大量报道了建立香港地质公园的必要性；积极与各区议会沟通，宣传建立地质公园的意义所在。笔者在香港考察期间，有机会列席旁听了西贡区议会讨论建立地质公园的会议。议员们就建立地质公园带来的环境影响、游客承载力以及相应的管理问题等进行了质询，政府部门对议员们所提的问题进行了耐心细致的解答，最后西贡区议会一致通过了建立地质公园的议案。

2）国家地质公园申报与建设阶段

2008 年 10 月，香港特区正式提出申报香港国家地质公园，国土资源部以"特事特办"的原则履行了香港国家地质公园的审批手续。

香港渔农自然护理署承担了国家地质公园的申报与建设工作。通过法律程序，邀请了多家单位承担了地质公园科学考察、申报材料编制及地质公园标识系统和科普读物的编写等工作。2009 年 9 月 23 日，国土资源部召开专家评审会，一致通过香港国家地质公园的申报。

2009 年 11 月 3 日，香港国家地质公园在西贡万宜水库东坝举行了隆重的揭碑开园仪式。香港特首曾荫权主持了揭碑典礼，国土资源部副部长汪民到会祝贺，联合国教科文组织代表、多家世界地质公园的代表也参加了庆典。至此，香港国家地质公园正式建立。

3）世界地质公园申报与建设

在建设香港地质公园的过程中，他们与联合国教科文组织、世界地质公园网络及多家世界地质公园进行了广泛的交流、互访。在不断加强公园建设的基础上，经国家地质公园评审委员会通过并报请国土资源部批准，2010 年启动了香港世界地质公园的申报工作。按世界地质公园的要求，正在完善各方面的工作，等待联合国专家组的实地考察评估。

2 香港国家地质公园主要地质遗迹类型

2.1 罕见的火山岩柱状节理

香港地区大范围出露了约 1.4 亿年前火山喷发形成的酸性火山岩，其中发育了规模极为壮观的柱状节理，构成了地学意义重要、旅游景观优美、融"海光山色"于一体的火山岩石柱景观（图版Ⅰ-A，B）。这里出露的发育柱状节理的熔岩面积约 100 km²（含海域）。石柱以六边形为主，直径为 0.7~2 m，平均 1.2 m，最大可达 3 m，柱状节理的规模和出露范围堪称独一无二（陶奎元等，1985）。

火山岩柱状节理多发育于玄武岩中，其他岩性的柱状节理也略有报道（吕惠进，2005），但在流纹质碎斑熔岩中形成的石柱则较为罕见，仅在我国东南沿海的浙江临海和福建东北部的福鼎等地有发现（谢家莹等，1994），但这些地区熔岩柱状节理的规模及形成的地质景观的气势，都远小于香港地质公园。

2.2　多类的地质构造

经历了复杂的构造活动，公园内地层中保存了多种类型的地质构造，主要包括：

1）各种产状的地层

不同的地层产状是不同构造作用的直接反映。这里有产状近于直立、局部倒转的泥盆纪地层，反映了强烈的构造挤压作用。赤洲白垩纪的褐红色地层产状近于 30°，形成了与地面坡向一致的单面山地貌（图版 I-C）。而东平洲出露的古近系平洲组地层产状则近于水平，剖面上层层叠置，像一摞摞等待人们解读的教科书（张建平等，2009）。

2）规模不等的断层

香港莲花山断裂带中的吊灯笼断层为一逆断层，长约 10 km，侏罗系的浅水湾火山岩群以 20°~40° 向东南逆掩推覆于白垩系的八仙岭组之上。沿乌蛟腾—荔枝窝科学考察路线所见的动力变质作用形成的变质岩，间接指示了这条大断层的存在（武法东等，2009）。在黄竹角咀、赤洲分别可见泥盆系与侏罗系火山岩接触的断层、侏罗系与白垩系接触的断层，断面特征明显，伴生构造角砾岩清楚。赤洲沿岸带断层形成了特殊的地貌景观，断面产状变化大，擦痕、摩擦镜面清楚。此外，在不同露头上，还可以见到规模更小的断层（田明中等，2009）。

3）形态各异的褶皱

公园内有两类典型的褶皱类型，即紧闭褶皱和宽缓褶皱。在黄竹角咀泥盆系上部发育明显的紧闭背斜，核部由砂岩组成，翼间角 50° 左右，背斜枢纽向东倾伏。在荔枝庄凝灰质砂岩中发育枢纽近于直立的宽缓褶皱，具有典型的教学意义（图版 I-G）。此外，还有规模更小的不规则褶皱，构成了完整的褶皱系列（欧文彬等，2009）。

4）丰富的沉积构造类型

无论是在泥盆系砂岩中，还是在古近系砂岩、粉砂岩及泥岩中，都发育了丰富的沉积构造，包括反映沉积水力条件的各种层理、波痕、雨痕、泥裂等暴露标志（张建平等，2009），沉积期后形成的滑塌构造和负载构造，以及同生和准同生时期形成的各种结核。它们都从不同的角度指示了沉积时的条件，是恢复古环境的重要依据（图版 I-D）。

2.3　典型的海岸地貌

在 1000 多千米长的海岸沿线发育了各种典型的海岸地貌，成为了现代海洋地质作用的天然课堂（图版 I-E）。海浪作用形成的波切台开阔平坦，波筑台貌似阻挡海水的堤坝；海蚀阶地可区分出三级；海蚀柱依岸而立，海蚀洞形态各异、规模不等；连岛沙坝、贝壳滩、砾质海滩、沙质海滩应有尽有，就连天生桥也是海蚀作用的产物(图版Ⅰ-F)。

2.4 优美的自然环境

香港位于热带边缘，气候湿润，植被繁茂，具有多样的生态环境，加上曲折多姿的海岸线和绵延起伏的山岭，为不同生物提供了理想的生存环境和重要的栖息地。香港约有原生植物 2100 种，野生哺乳动物 56 种，鸟类超过 500 种，爬行类 83 种，两栖类 24 种，淡水鱼 185 种(渔农自然护理署，2010)。多样的生态系统也为游人提供了优美的自然环境和休闲场所(图版Ⅰ-H)。

3 香港地质公园建设与发展的主要特色

香港地质公园从提议到申报，从国家地质公园建设到申报世界地质公园，其推进速度之快，公园建设工作之踏实，社会效益之显著，堪称典范。总结起来，其建设与发展的经验和主要特色如下。

3.1 政府尊重民意

在内地，申报地质公园是地方政府提出申请，是政府或企业行为，很少听取公园属地民众意见。而香港则相对不同。对于政府申报地质公园的动议，民众有充分的知情权、质询权，作为政府相关部门对于公众提出的各种问题给予合理的解释，这样就形成了建设地质公园的合力。香港渔农自然护理署及所属部门，在与媒体沟通、向公众宣传地质公园的意义和重要性，以及与各区议会、议员、各界人士进行沟通交流等方面，做了卓有成效的工作。

3.2 保护重于开发

一般认为，地质公园的主要功能有三个，即有效保护地质遗迹，普及地质科学知识，带动地方经济发展。中国内地几乎所有地质公园在申报和建设过程中，都把这三个功能并重，甚至更看重地质公园对于地方经济发展的带动作用，而香港地质公园则更注重地质遗迹的保护和对公众的科普教育。尽管香港郊野公园、海岸公园、地质公园及教育中心(博物馆)的建设投入了不少资金，但它们全部免费向公众开放。在论证建立地质公园的过程中，香港政府和民众较为关心的是地质公园能否加强自然生态环境的保护。这足以说明香港建立地质公园是以地质遗迹和自然环境的保护为根本目的。

公园内的所有植被、地质遗迹和各类生态都是保护的对象。特区政府颁布的《海岸公园条例》《郊野公园条例》和其他相关条例中明确规定，游人不得在公园内破坏树木、敲击出露的岩石，不得随便攀树折花。我们感受最深的是，野外地质考察中采集岩石标本本是很正常的，然而在香港地质公园内却受到了来自法律的限制和来自游客的监督，不但不能在露头上取样，即便手拿榔头在景区行走也被公园陪同者谏言将其收起来，否则会遭到投诉。由此可见公园法律之严格，民众对自然环境保护意识之强。

3.3 基础设施完善

香港先后建立了 24 个郊野公园、4 个海岸公园以及多个特别地区。它们具有清晰的保护区边界，明确的保护目标，健全的保护设施。最重要的是，公园的保护义务和权利在香港法律上都得到了确认（杨家明，2007）。

以郊野公园和海岸公园为基础建立的地质公园，目前在 8 个景区都具备了进行考察或游览的条件。在西贡、东平洲等近岸和旅游条件成熟的景区内，道路修建完善，绿化良好；各种服务设施俱全且非常人性化；安全警示标牌醒目，应急设施到位；标识系统多样、展示系统通俗、生动，为游客旅游和科学考察提供了良好的条件。更值得一提的是，这些基础设施有的是政府不同部门建设，而大部分的标识标牌等设施，是公园自设的工厂设计制作的，这样既风格统一、质量有保证，又能做到有损坏时及时维修。

3.4 注重科普教育

香港地质公园在进行地质科学知识普及出版物策划时，早期将科普对象由高到低分为 5 个层次，后又调整为以普通民众为主要科普对象的 2~3 个级别，并确定所有出版物必须通俗易懂、讲求科学知识深入浅出的原则。这类读物现在已经出版了 10 余种，深受读者欢迎和好评（渔农自然护理署，2010）。

多种途径建立了以普及地质知识、了解香港地质历史为主要内容的地质教育中心，包括西贡狮子会、荔枝窝、吉澳和大埔等地质教育中心。难能可贵的是其中部分教育中心是在地质公园管理部门指导下，由当地居民自发建立并自行运作的，可见科普教育已深入人心。今年 3 月 16 日，在中银香港总部举行了"香港地质公园——史前故事馆"签约仪式，中银总部大堂 200 多平方米的面积将用于展示香港珍贵的动物化石和地质历史演化，从而把地质知识普及工作延伸到了繁华的市中心。

在科普教育的形式上，也别具一格。定期举办地质公园和地质知识讲座，采用网上报名、预约参加的形式，组织有序。在狮子会地质学习园地，专门辟有岩石课堂，游人可以在老师的讲解和指导下，进行岩石标本和古生物化石的辨认，并可动手进行古生物化石模型的制作，从而加深了对地质科学的了解。

此外，利用多种创新形式，扩大地质知识的普及范围，提高知识普及的效果。

设计开发了以典型地质遗迹为模型的纪念品、标徽等；进行地质公园旅游饭店的资格认证，推出具有地质遗迹意义的菜点，并辅以科学的解说；进行地质公园旅馆的设计和认证，使之除了具备旅馆的一般功能外，还大量地采用了地质遗迹的元素进行设计。此外，还与海外公司联合，设计开发了具有多种语言解说功能且便于携带的导游解说系统，大大提高了导游的专业化和游客的兴趣。

3.5 注重技能培养

为了尽快使地质公园的技术人员适应工作岗位，从地质公园高级主任到普通技术人员，都必须学习基础地质学。香港地质公园管理部门先后派出了 5 批业务骨干，分别赴内地多所大学、研究部门、地质公园进行短期的培训、实习，赴欧洲地质公园进行专门的学习。在短时间内，他们的地质科学理论和业务技能都有了极大的提高。还博采众长，有针对性地邀请本港和内地不同方面的专家，现场讲解，示范教学。公园管理人员的知识培训对于地质公园的建设和管理非常重要。他们在学习、培训中表现出来的刻苦努力、谦虚好学的态度，是与他们忘我的敬业精神分不开的。

在派出去或请进来培训学习的过程中，他们非常注重业务书籍、技术资料、岩石标本和古生物化石的收集。从地质公园开始建设至今不足 3 年的时间里，积累了数百本教科书、研究专著和科普出版物，收集了国内外数十家地质公园的各类宣传、科普材料，从国内外采集、购买了数以千计的各类岩石和古生物化石标本。公园管理人员和公园导游员可以借阅这些资料，以帮助他们提高业务水平；这些标本已经成为多个地质教育中心的主要陈列品。它们都已成为香港地质公园的主要业务支撑。

3.6 公园管理规范

香港地质公园的直接管理机构是香港渔农自然护理署郊野公园分署。郊野公园内设有多个管理站，各管理站一般有护理科和管理科。公园护理科的主要职责是提供公园信息及服务，在公园范围内巡逻，执行有关条例，管理游客中心及自然教育中心，发布自然护理保育信息，监察公园内的建设工程。公园管理科的主要职责是策划各项建设计划，管理建设及维修公园内的各项设施，树苗培育及植林工作，统筹及指挥扑灭山火，审批公园内所有发展申请。每个管理站人员固定，职责、任务清楚，甚至连每天的工作内容、地点、工作的责任人都清楚地写在提示牌上。

管理站有固定的办公地点，配备野外所用车船。管理站内可以进行小型的加工制造作业，用于制造或维修公园范围内需要的普通器具、标牌和一般设备。所使用器械、设备和存放的材料，在库房摆放得整整齐齐，责任明确，责任到人，表明管理规范。

目前地质公园管理的法律依据是《郊野公园条例》和《海岸公园条例》。并据此制定了香港地质公园守则。

为了提高地质知识普及的科学性，提高游客的认知兴趣，渔农自然护理署同香港旅游业议会及香港地貌岩石保育协会共同制定了地质公园导游员培训和资格考核制度，根据导游员能力、水平和参加考试的情况，分为初级导游员和高级导游员（渔农自然护理署，2010）。即便获得资格以后，也必须定期参加重新评审。这样既规范了公园导游制度，又提高了导游员的业务水平。

3.7 广泛交流合作

利用自身的优势，香港地质公园非常注重与外界的联系、交流与合作。在国家地质公园开园仪式上，香港国家地质公园就宣布与浙江雁荡山世界地质公园，日本、英国及澳洲的世界地质公园建立姊妹公园合作关系，并随后进行了若干次的交流和互访。今年3月又与德国贝尔吉施—奥登瓦尔德山世界地质公园签订姊妹公园协议。在与世界地质公园网络成员接触的过程中，经过反复的宣传介绍和推介，终于让联合国专家逐步了解并认可了香港地质公园。除此之外，邀请世界地质公园主要专家及网络成员参加香港地质公园研讨会，这也加快了香港国家地质公园走向世界地质公园的步伐。

香港地质公园除了具有珍稀的地质遗迹资源和优美的自然环境以外，它的建立在中国具有特殊的意义。香港地质公园的特色和建设发展的模式，对于中国其他地质公园都具有重要的参考意义和借鉴价值。

图版 I

A—罕见的火山岩柱状节理；B—横洲火山岩柱状节理；C—赤洲断层；D—东平洲沉积岩地层；
E—典型的海岸地貌；F—鸭洲海蚀拱；G—荔枝庄褶皱；H—优美的自然环境

三、地质公园建设与应用

《世界地质公园网络工作指南》保护开发原则解析

李一飞　　田明中　　王同文

中国地质大学（北京）地球科学与资源学院，北京，100083

摘要： 由联合国教科文组织支持的地质公园网络是力图保护具有代表性的地质遗迹的全球体系。该网络源于 20 世纪 80—90 年代对地质遗迹保护的重视，最终形成于 21 世纪初。与已发展较成熟的《保护世界文化和自然遗产公约》计划和"美国国家公园体系"相比，世界地质公园具有保护地质遗迹与服务当地经济、改善当地人生活条件和农村环境、发挥教育科普功能以及尊重所属国主权相结合的特点。本文以《世界地质公园网络工作指南》为基础，结合中国的实际情况对联合国教科文组织确定的开发保护原则进行了全面分析，并提出用行政手段、法律手段和经济手段等对地质公园的保护与开发进行协调。

关键词： 世界地质公园网络工作指南；开发保护原则；保护世界文化和自然遗产公约；美国国家公园体系

1　引言

随着矿业兴起而出现的现代地质学，使人们逐渐认识到地质遗迹的科学价值，从而开始关注对地质遗迹的保护，早期建立的国家公园和世界自然遗产地，都在不同程度上实现了对地质遗迹的保护。20 世纪中叶到 90 年代前半期，地质遗迹的保护已经由各国的分散行动变为国际组织发起和推动的全球行动。1989年联合国教科文组织（以下简称 UNESCO）、国际地科联（IUGS）、国际地质对比计划（IGCP）以及国际自然保护联盟（IUCN）在华盛顿成立了"全球地质及古生物遗址名录"计划，1996 年更名为"地质景点计划"，1997 年再更名为"地质公园计划"；1991 年 6 月在法国迪尼通过的《地球记忆权力宣言》（*International Declaration of the Rights of the Memory of the Earth*）再次强调了地球生命和环境演化遗留下的地质遗迹对全世界的重要性；1997 年联合国大会通过了 UNESCO 提出的"促使各地具有特殊地质现象的景点形成全球性网络"的计划及预算，也即从各国（地区）推荐的地质遗产地中遴选出具有代表性、特殊性的地区纳入地质公园计划；1999 年 4 月 UNESCO 第 156 次常务委员会会议提出了建立地质公园计划的决

本文发表于《资源与产业》，2007（05）：97–101。

定；2001 年 6 月联合国教科文组织做出了"创建独特地质特征区域或自然公园（也称地质公园）的特别动议"，并于 2002 年 5 月颁布了《世界地质公园网络工作指南》（以下简称《工作指南》）。截至 2007 年 8 月，全球共有 52 家地质公园通过评审（欧洲 31 家，中国 18 家，伊朗 1 家，巴西 1 家，马来西亚 1 家），成为联合国教科文组织网络的成员[①]。中国积极参与了世界地质公园网络的建设，欧洲成立了"欧洲地质公园网络"（European Geoparks Network）展开对地质遗迹的保护，美国也开始探讨应用地质公园这种新的方式来保护其拥有的地质遗迹。虽然目前我国是拥有世界地质公园最多的国家，但是却缺乏对《工作指南》这一基本文件的解释与分析，本文将以此文件为基础并结合其他相关体系，对地质遗迹的保护与开发进行论述。

2　UNESCO 确定的地质公园开发保护原则

《工作指南》是 UNESCO 确定的指导世界地质公园建设的基本准则和标准，包括背景情况、正文和联合国教科文组织世界地质公园申报表三个部分，其中正文部分包括定义标准、提名程序、联合国教科文组织的支持和报告与定期复查四条共 30 款。在第一条"定义标准"中，UNESCO 用 10 款详尽介绍了世界地质公园的定义、功能、保护、管理和经营原则与理念以及地质公园与所在地区和国家在经济和法律上的关系等内容[①]，主要包括以下几个方面。

2.1　保证有效地保护地质遗迹或园区

《工作指南》正文第一条第 2、4 款指出，地质公园管理部门要"保证有效地保护遗址或园区"，地质公园中的各个地质遗迹"彼此有联系并受到正式的公园式管理的保护"。保护在地质公园建设中处于第一位，在保护的基础上进行开发是地质公园建设的基础。

地质遗迹通过一定的物质、现象、形迹、形态（或景观）等形式反映地壳或地表演化，是地质历史和地质环境变迁的见证，所记录的地质信息和反映的地质现象及其生态环境在一定的区域内是特有或独有的，一旦遭受破坏就意味对地球记忆永远的丢失，将造成无法挽回和不可估量的损失。但是目前工业和旅游业的发展，对地质遗迹的保护和留存造成了很大的威胁。比如 2004 年 7 月陕西长安翠华山国家地质公园在公园遗迹保护区内大面积开山炸石拟建人工滑雪场，并在堰塞湖和山崩石海等核心景区建设面积很大的度假区，对整个地质公园的景观和地质遗迹的完整性造成了不可挽回的破坏，从而严重影响了翠华山申报更高级别的

---

① 联合国教科文组织地学部. 世界地质公园网络工作指南. 2002.

地质公园。

《工作指南》中强调保护的重要性一方面表现在地质遗迹对人类认识地球、环境和自身演化过程的标志意义，另一方面表现在地质遗迹一旦遭到破坏就是对这种记忆的永久损失，是全人类共同的损失。

2.2 保护地质遗迹与为当地经济发展服务相结合

《工作指南》正文第一条第1、7、8款指出，在保护地质遗迹的同时地质公园管理部门需对"当地经济发展潜力进行分析"，对"属地区域经济发展计划和开发活动"进行规划，使地质公园的建设"可为当地经济发展服务"。在保护的同时强调地质公园对当地经济发展的贡献，并且将这种经济贡献作为建设世界地质公园的一个重要指标，是世界地质公园网络的一个重要特征。

在提出地质遗迹保护理念的初期，由于没有强调地质公园对地区经济的贡献，只将其用于进行专门的地质科学研究，地质遗迹成为高高在上的阳春白雪。这样不但地区主管部门因为没有既得利益而丧失开发与保护的积极性，而且由于缺乏资金的投入，使得珍贵的地质遗迹完全暴露于自然和人为的破坏中。世界地质公园的出现正是希望"通过开辟新的税收来源，刺激具有创新能力的地方企业、小型商业、家庭手工业的兴起"促进地方经济的发展，从而引起地方当局保护地质遗迹的兴趣，进入一个保护与开发相互促进的良性循环。

2.3 保护地质遗迹与改善当地人们的生活条件和农村环境相结合

《工作指南》正文第一条第2、8款指出，在保护地质遗迹的同时"应为当地居民提供补充收入，并且吸引私人资金""改善当地人们的生活条件和农村环境，加强当地居民对其居住社区的认同感，促进文化的复兴"，从而达到"调动起地方政府和当地居民的积极性"共同参与到地质遗迹保护中来的目的。社区参与原则是世界地质公园的中心原则之一。

除了地质公园管理者和旅游者，与地质遗迹密切相关的另一个重要的社会群体就是区内和周边的社区。对于地质遗迹的保护，社区居民发挥着重要的作用。许多居住在地质公园及周边的居民常因遗迹保护的需要在发展上受到种种的限制，使得社区居民和遗迹保护区之间在土地使用权、资源使用权、平等经营权、利益分配权等多方面形成竞争。只有当公众对生存于此的基础和美景产生浓厚的兴趣时，地质遗迹才能受到真正保护。而如果将地质公园的大部分收入放入政府和旅游投资商的腰包，却将环境污染、生态破坏、文化冲击等的压力留给当地居民，必然造成居民对旅游活动的不满，会伤害居民对遗产保护的积极性，甚至会造成对遗产的破坏。所以《工作指南》不断强调世界地质公园的建设必须要真正为当地社区居民在经济和文化上的发展创造机会，真正改善当地人的生活水平，提高社区居民的利益分成。

2.4 保护地质遗迹与发挥教育科普功能相结合

《工作指南》正文第一条第 5 款指出，在保护地质遗迹的同时公园管理方"须制订大众化环境教育计划和科学研究计划，计划中要确定好目标群体（中小学、大学、广大公众等）、活动内容以及后勤支持"。

地质公园的科学属性是地质公园最具特色之处，这决定了其在担当保护地质遗迹功能的同时必须担当起提高人们对科学的认识、激发人们对科学的浓厚兴趣的神圣职能。只有老百姓的科学素质和整体意识提高后，资源环境的保护才能真正落到实处，地质公园的保护和旅游业的发展才能从本质上进入良性循环的轨道。因此，对公众进行环境和科学教育是各种国家级与世界级自然和文化保护体系共同的职责，世界地质公园网络也不例外。

2.5 强调所属国主权

《工作指南》正文第一条第 6 款和第二条第 3 款指出，世界地质公园在提交申请报告前须"确认地质公园的建立与国家利益和法规不会发生冲突"，地质公园应"始终处于所在国独立司法权的管辖之下"。从申报开始，就强调地质公园必须在各个成员国法律法规的约束之下。并要求所属国应负责决定如何依照其本国的法律或法规管理特定遗址或公园区域，制定适当的国家级或者地区级具有法律约束力的条款对地质公园的保护和建设进行约束。政府应参照《工作指南》中确定的原则并结合各权威地学机构的意见制定合理的法律法规。

世界地质公园建设中对国家主权的强调一方面调动了各个国家参与地质遗迹保护的积极性；另一方面，也使得世界地质公园的建设更多地成为缔约国的一种自觉行动，而并没有以法律责任的方式强调国际义务。这一原则与地质公园建设致力于为当地经济发展服务和改善当地人的生活条件和农村环境是相辅相成的。

3 世界地质公园网络与其他体系的对比

世界地质公园网络是进入 21 世纪以来才开始建立和完善的，在《工作指南》制定与修改、保护开发原则的确定、法律法规的建立等方面积累的经验有限，有必要借鉴其他比较完善的国际或者地区的自然文化遗产保护系统的经验。其中《保护世界文化和自然遗产公约》计划是由 UNESCO 领导的一个较为成熟的全球网络；美国的国家公园体系则是世界上建立最早，管理制度、运作机制和法律法规最完善的一个遗产保护系统。

3.1 《保护世界文化和自然遗产公约》计划及对比分析

《保护世界文化和自然遗产公约》(以下简称《世界遗产公约》)计划 1972 年 11 月由 UNESCO 通过,截至 2007 年初全球共有世界遗产 830 处,其中文化遗产 644 处,自然遗产 162 处,自然文化双重遗产 24 处,有 20 个遗产地是以地学内容为核心内容列入名录的。

《世界遗产公约》是一个具有法律约束力的国际法律条约,世界遗产地被认为是世界各地具有世界价值独一无二不可多得的区域和事物,各缔约国有责任确认、保护、养育这些遗产,以完美地传承给后代,并强调要严格地保护,不允许有任何的破坏,注意加强监测以及通过宣传、教育和培训,以提高公众的认识来达到预期的目的。《世界遗产公约》确定的保护原则包括两个方面,一方面是"真实性",另一方面是"完整性"。

世界遗产保护的真实性原则要求,对遗产地的保护必须实现"preservation"(原封不动的保护),而不是以"conservation"(可以利用的保护)为借口进行遗产的利用,尤其是直接产生经济效益的利用,这是人类目前实现尊重自然和自然遗产的原生性的最佳方式。真实性要求对世界遗产地的开发对自然不允许有任何形式的损害,要从生态角度严格控制服务设施,坚决制止任何形式的高投入、高污染、高消费等刺激经济增长的项目。

世界遗产保护的完整性原则主要针对的是自然遗产,包括生态系统的完整性和生态过程的完整性。要求遗产地不能是单一的遗迹或遗址,可能影响核心保护区的各种关键因素也必须列入重点保护的范围。其中对于表现地球历史主要阶段的重要实证景点(主要是以地质遗迹为主),要求被描述的区域应该包括其自然环境中的全部或大多数相关要素。例如,一个"冰期"地区,应包括雪地、冰川、被切割的地貌、沉积物和外来物(如冰槽、冰碛物、先锋植物等);一个火山地区,应包括完整的岩浆系列、全部或大多数种类的火山岩和有代表性的喷发物。不能是方便保护、容易保护的就保护,不方便保护、花费巨大的就不去保护。

总之,《世界遗产公约》对世界遗产地保护的要求是绝对严格的,要求必须确保保护对象的完整,任何构成物的改造或者变动必须要在改造前后做出详尽的记录,并且要求改造必须与现行的保护政策相一致,要将对遗产地自然环境的监控用法规的形式确定下来。这一点与《工作指南》中确定的保护原则有较大区别。虽然《世界遗产公约》也强调社区参与,但是,在真实性与完整性前提下的社区参与才是其最高目标。比如云南石林早在 1991 年 11 月就曾申报世界遗产,世界遗产委员会以"无法找到一两处没有人工破坏痕迹、保存了原始生态环境的点"为由拒绝了这一申请,但石林却成功成为世界地质公园,这从一个侧面说明了两者保护开发原则的巨大不同。

3.2 美国国家公园体系及对比分析

美国第一座国家公园是创建于 1872 年的黄石国家公园，1916 年美国国家公园管理局的建立标志着美国国家公园体系的确立。通过将近 100 年的发展，如今该体系拥有 34 万 km^2 的土地和 390 个单位，2 万名全职员工和每年近 3 亿名游客，已经发展成为全球最为完善的自然和文化遗迹与遗产保护系统。

美国国家公园的核心使命是"保护国家公园内的景观、自然与历史资源、野生生态，供民众享用，其方式方法将以妥善留存而福荫后代为宗旨"。虽然在过去 20 年里，关于国家公园是应该如以前一样依靠铁丝网围栏和荷枪实弹的看守进行严格保护，还是将此形式视为文化帝国主义的又一种精英形式加以制止，在美国和全世界产生了激烈的争论。但是在经历了 21 世纪最初几年国会、国家公园管理局、民众和社会舆论的激烈斗争之后，2006 年初，管理部门最终放弃了国家公园应该进一步向游客开放、削减政府投入和在公园的显要位置进行商业广告以获得更多企业赞助等设想。管理局再次重申了资源保护优先、公众参与、统一管理、统一规划、统一人事、管理与经营分离和对捐助者表达谢意的方式保持低调和高品位的管理、经营和保护原则。

虽然有争论，但美国国家公园体系的保护开发原则从管理和法律上来讲相对还是比较严格的，尤其是其管理体系与手段，从全世界范围来说都是比较完善的。该系统内的各个成员严格由国家公园管理局统一管理；国家公园的规划设计由丹佛规划中心统一负责；国家公园为非营利性公益事业，门票收入全部用作园区的保护和环保宣传；一旦确定为国家公园，原有居民全部迁出，国家公园的管理机构不承担发展社区经济的职能；园区内的建筑力求简朴，禁止建设索道、显眼的大门和永久性设施；在国家公园内不允许建设娱乐性的旅游项目。

美国国家公园体系的这种绝对保护和最大限度排斥人类活动影响的原则，与世界地质公园网络有很大不同。因此，尽管美国的国家公园系统拥有众多以地质遗迹保护为核心的成员，而且其地质遗迹保护水平也远远高于世界上很多国家，同时不少美国地质学家也建议在国家公园中增加关于地学的科普内容和增设国家地质公园以实现地质遗迹保护，但美国仍没有加入世界地质公园网络。

4 世界地质公园开发保护原则在中国的应用

4.1 适应性分析

不管是从垂直领导的管理方式、雄厚的财力支持来说，还是从公众的知识水平和环保意识来说，美国国家公园体系的保护原则在中国都不太行得通。同时，世界遗产的严格保护原则也引起了一些地方政府的抵触，比如在三江并流申报世界遗产后，当地有官员表示"宁愿放弃世界遗产也要上马水电"，以免阻碍当地经济发展，而众多遗产地也因为修建索道、酒店等大量建筑影响景观而遭到UNESCO的警告。

与此同时，中国却是世界地质公园网络的发起国之一，对世界地质公园的建设做出了突出的贡献，由于中国各级政府的积极参与，目前中国已成为拥有这一世界品牌最多的国家。同时因为中国在世界地质公园建设过程中的成功实践，使"世界地质公园网络"被称为最适合发展中国家遗产保护的一种模式。这一方面是因为地质学界的积极参与和支持，更重要的是，与《世界遗产公约》计划和美国国家公园体系相比，这种保护模式较为宽松而且更强调开发。

但是作为一个意在保护地质遗迹的系统，保护与可持续的利用依然是其出发点和终极目标，其他只不过是手段和方法。而要想实现资源的可持续利用，就必须要求管理当局依靠行政手段（如确立资源利用规则和方法、颁发资源利用许可证等）、法律手段（资源法规的制定和实施）、经济手段（如价格、利率、成本核算等）进行调控。

4.2 我国地质公园保护与开发的协调手段

4.2.1 行政手段

在中国，地质公园的建设是由政府主导的，行政手段是政府和管理当局可以实施的最直接最有效的方式，主要包括两个方面。

一是加大调查力度，合理规划，建立多核心保护体系。《世界遗产公约》、国家公园以及"联合国人与生物圈计划"都明确指出其所有成员都必须建立核心保护区，在该区域内保护是唯一的任务，禁止任何形式的开发和人为活动的影响。《工作指南》没有在这方面做出具体的要求，但在公园内建立了核心保护区、试验区、缓冲区的三级保护体系，或者结合地质公园实际情况采用划定出生态保护区、特别景观保护区、史迹保护区、风景游览区、发展控制区的分区方法，在实践中还是有成功的经验可循。地质公园保护的对象是地质遗迹，地质遗迹从大规模的地貌景观到小规模的岩石露头形式多样，而且大部分地质公园中的重要地质遗迹点都相隔很远。在园区内应加大调查力度，更深层次地发掘遗迹，对地质遗迹的重要性进行合理的分类。在统筹规划的原则下针对各重要地质遗迹建立多核心的保护体系并在各核心保护区之间建立合理的联系，在这些核心保护区坚决禁止任何开发和人类活动的影响，同时在重要性较低的地质遗迹点建立缓冲区，在这些区域允许合理的游客参观。

二是加强对周边环境的保护。地质环境是生态环境的基础，但是地质遗迹却往往独立于生态环境而存在，一些重要的岩石露头、地层剖面和化石点甚至是在破坏原始生态的基础上被发现的。但是背景生态环境在地质公园中占有重要的地位，特别是对于景观地貌型遗迹，周边生态环境是该类地质遗迹的重要组成部分，只有在环境衬托之下，景观的特色和美学价值才能体现出来。从旅游景观学的角度来说，景点本身、景点周围环境和景点区域环境是构成旅游环境系统的三个重要环节，地质公园作为人们追求愉悦的场所，必须在保护核心遗迹的同时，注重对遗迹周围环境和遗迹区域环境的保护，使这三者相互协调。

4.2.2 法律手段

根据《工作指南》的定义，世界地质公园保护的法律保障全部依赖于缔约国的法律法规。我国目前除《中华人民共和国环境保护法》《中华人民共和国矿产资源法》《中华人民共和国自然保护区条例》以及原地质矿产部颁布的《地质遗迹保护管理规定》和国土资源部颁布的《古生物化石保护条例》外，仍无相应法规规章出台。目前应该首先参考美国国家公园系统的法律体系，建立类似《国家公园法草案》的国家级法律，以法律的形式确定地质公园的保护与开发原则，统一地质公园的评审标准，规范国家地质公园的规划设计与监测评估工作，建立有效的国家地质公园管理机构并规范其职责。同时参考美国"一区一法"的管理方式，规范各地质公园的管理体制，从法律层面明确遗址产权和改善财政资金投入机制。

4.2.3 经济手段

实现地质公园保护的主要经济手段包括制订合理的收入机制和经济补偿机制。地质遗迹的经营与管理相分离的原则在我国也有实践，但是由于管理方并不是非营利性组织，它们常常与经营方有着千丝万缕的利益联系，这就造成分而不管的局面，使得环境保护退居经济发展之后。同时，由于管理方的收入绝大部分来自于门票而非政府拨款，这就使得公园常常以所谓门票价格杠杆为借口提高门票价格，实际上却只是提高了管理方的收入，对控制客流、保护遗迹没有实质的帮助。因此，要想实现真正的保护，必须降低门票和承包商收入占管理经费的比例，并使这部分收入全部用于反哺保护，将政府财政用于提高员工收入。同时通过合理的经济补偿机制，使当地居民能够真正从旅游活动中获益，而不能富了政府和开发商却穷了当地居民，这是确保当地居民保护地质遗迹积极性的重要基础。

5 结束语

世界地质公园网络强调的是在保护中开发，在开发中保护，保护与促进经济发展同步，这是为了适应经济欠发达地区地质遗迹保护的现状提出的。同时，开发是手段，保护是目的，中国的地质公园管理体系应该学习世界上其他比较严格的保护原则与方法，实现地质遗迹的可持续利用，这才是建立地质公园体系的真正意义所在。

ArcGIS 在地质遗迹资源调查与保护中的应用
——以翁牛特地质公园为例

韩术合　　田明中

中国地质大学(北京)地球科学与资源学院, 北京, 100083

摘要: 应用 ArcGIS 系统实现了对内蒙古赤峰市翁牛特旗地区地质遗迹资源的调查。在野外实地调查前、中、后三个阶段, 全面应用了该工具进行数据处理、辅助决策、图件制作及数据库初步建设; 在地质遗迹资源调查与保护工作中, 初步探讨了应用 ArcGIS 工具的具体方法及在实际工作中的流程。为以后同类工程应用提供借鉴。

关键词: ArcGIS 系统; 地质遗迹; 资源调查与保护; 翁牛特旗

地质遗迹是在地球演化的漫长地质历史时期, 由于地球内外动力的地质作用, 形成、发展并遗留下来的珍贵的、不可再生的地质自然遗产。地质遗迹调查是在原有的地质调查基础上, 对目标区域的地理、地质、环境、历史、人文、经济等基本情况, 重点是该区域内地质遗迹的基本特征、物质组成、美学特征、成因、演变过程及规律, 进行评价后提出保护、开发、利用方案及措施。而地质公园建立的主要目的之一就是保护地质遗迹, 另外还能普及地学知识, 开展旅游, 促进地方经济的发展。

内蒙古赤峰市翁牛特旗位于大兴安岭山脉西南段与七老图北段山脉汇接地带, 科尔沁沙地西缘。区内从寒武系至第四系地层均有出露, 地层发育齐全, 地质环境复杂, 地质遗迹资源稀有、典型、优美、自然状态保存完好, 具有典型的地学意义、科学研究和旅游观光价值。为保护及利用这些地质资源并促进地方旅游事业的发展, 需对该区域内进行地质遗迹调查, 为翁牛特地质公园申报为自治区级地质公园打下基础。笔者参与了所有的地质遗迹调查及自治区级地质公园申报与建设工作, 在此过程中主要应用了 ArcGIS 系统作为基本工具。此文主要对该工具在地质遗迹资源调查与保护中的应用进行探讨。

1　基于 ArcGIS 的地质遗迹资源调查与保护

ArcGIS 是由 ESRI 公司开发的 GIS 技术平台, 广泛应用于地理信息领域, 包

本文发表于《华北国土资源》, 2011(01): 49-51。

括资源的清查管理和分析、区域规划、国土监测以及辅助决策等。本次调查中主要应用 ArcGIS Desk top。基于 ArcGIS 的地质遗迹资源调查要综合各种数据，包括地质公园所在区域的行政划分、道路交通状况、经济条件、自然历史文化保护区位置等信息，以及区域地形数据、地质资料、气象数据、遥感影像等。根据这些数据，利用 ArcGIS 系统对地质公园范围内的地质遗迹进行分析评价，从而可以科学客观地评价调查对象的景观品质、美学价值、科研价值等，为保护规划等提供科学依据。由于地质公园范围内各种数据信息繁多，可以利用 ArcGIS 建立数据库对数据进行存储、处理和管理，为后期的公园建设提供便利。应用 ArcGIS 的地质遗迹资源调查与保护具体工作方案如图 1 所示。

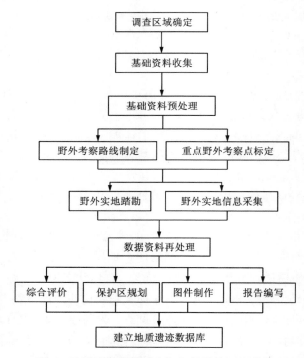

图 1　地质遗迹资源调查与保护具体工作方案

1.1　实地调研前准备

1.1.1　调查区域确定

根据项目书及可行性研究报告，确定内蒙古赤峰市翁牛特旗为主要工作区域。主要的工作内容是调查工作区范围内的地质遗迹资源，并对其做出评价，制订相应的保护方案。

1.1.2 基础资料收集及预处理

1)基础资料收集。主要收集拟建地质公园所在区域的地理位置信息,包括经纬度数据、最新区划图、DEM 数据以及遥感影像等,重点收集该区域内的区域地质资料。

2)资料预处理分以下几步。

第一,利用 ArcGIS 矢量化数据。在 ArcCatalog 中创建 Geodatabase 数据库,建立起名为"基础地理"的数据集(DataSet),并矢量化基础地理数据。保存 ArcGIS 工程文件名为"翁牛特地质公园地质遗迹数据库"。

第二,遥感图像处理。利用 ENVI 对已有的 2000 年 ETM+遥感影像进行几何校正、辐射校正、拼接和裁剪,并选取可见光波段 321 进行融合,将融合后的影像添加到第一步创建的 ArcGIS 工程文件中,使其作为底图,为野外考察路线制定做准备。

第三,DEM 数据处理。针对已有 SRTM 90 m 分辨率 DEM 数据,利用 ArcGIS 中的 3D Analyst 模块提取等高线,生成 tin 数据,进行坡度分析(slope)、坡向分析(aspect)、视域分析(view shed),生成相应专题图件。然后创建"DEM 相关"数据集,将生成的数据存储到该数据集中。将 DEM 数据加载到 ArcScene 模块下生成三维数据,并叠加处理好的遥感影像生成更为真实的三维影像。

1.1.3 野外考察路线制定及重点野外考察点标定

综合上述矢量图层、遥感影像、三维影像,结合"翁牛特旗地质遗迹保护项目可行性研究报告"中部分图件资料,分析调查区地貌、水文、道路交通、植被覆盖、地质遗迹等特征,圈定调查区内所有的重点野外考察点,合理制定出野外考察路线。

1.2 实地踏勘与信息采集

根据预先设定的考察路线,对所有的重点野外考察点进行野外调查。主要包括对地质遗迹点特征的描述、产状的测量、遗迹点经纬度坐标的测量、野外素描、拍照及摄像、样品采集等,填写相应的地质遗迹调查表。同时继续收集拟建地质公园所在区域内经济、社会、环境、人口等资料。

1.3 后续处理

1.3.1 数据资料再处理

利用 ArcGIS 将 1∶5 万地形图配准;将 MapGIS 格式的翁牛特旗矿产资源总体规划矢量图件进行格式转换后,添加地质相关图层到新创建的"基础地质"数据集中;创建名为"地质遗迹点"的数据集,并根据野外考察中填写的地质遗迹登录表中内容,点绘地质遗迹点、录入属性信息。

1.3.2　综合评价

按常规的方法，对地质遗迹资源的定量评价，按价值评价和条件评价两个评价因子进行，对这两个评价因子分别再选出评价指标。价值评价主要有科学价值、美学价值、历史文化价值、稀有性和自然完整性 5 个评价指标；条件评价有环境优美性、交通状况、安全性、环境容量和可保护性 5 个评价指标。最后分别确定 2 个评价因子及 10 个评价指标的权重。地质遗迹评价因子中的每个评价指标按 100 分计分，每 15 分为一个级差，划分为 I、II、III、IV、V 五个档次，并给出每个评价指标的评价内容，制定出地质遗迹的综合评价标准。最后形成地质遗迹价值评价表和条件评价表。

1.3.3　保护区规划与图件制作

根据《中国国家地质公园建设工作指南》《国家地质公园规划编制技术要求》以及前期该区相关规划要求，结合 ArcGIS 的缓冲区分析以及后期地质遗迹勘查数据，以区域地形图为底图，利用 ArcGIS 对翁牛特旗地质公园进行保护区规划，设置景区、测算景区面积、计算拐点坐标、根据地质遗迹评价结果设置保护区级别等。制作地质公园总体规划图、保护区分布图、各个景区规划图等图件。最后在 ArcGIS 中创建"公园规划"数据集，将此过程中生成的规划相关数据放到该数据集中。

1.3.4　考察报告及建设纲要编写

根据原始资料及后期处理资料，特别是利用 ArcGIS 后期制作的各种规划图件和测算的面积、经纬度坐标等数据，完成对拟建翁牛特旗地质公园综合考察报告及建设纲要的编写。

1.3.5　建立地质遗迹数据库

在 ArcCatalog 模块中创建名为"翁牛特地质公园地质遗迹数据库"Personal Geodatabase，进行相关设置后，将已建立的所有数据集及数据组导人其中，完成地质遗迹数据库的初始建立，为后续地质公园建设与决策，尤其是地质遗迹数据库的完整建设提供第一手资料。

2　结束语

在对内蒙古赤峰市翁牛特旗地区地质遗迹资源调查和保护的过程中，应用 ArcGIS 作为基本工具取得了良好的效果。笔者详细介绍了应用 ArcGIS 进行数据处理、辅助决策、图件制作及数据库初步建设的步骤；完成了对调查区域的地质遗迹资源调查和保护规划；探讨了 ArcGIS 应用于地质遗迹资源调查与保护工作中的具体方法和操作流程，为以后同类工作应用该工具提供借鉴。

地质公园解说系统的构建与应用
——以泰山世界地质公园为例

李秀明　　武法东　　王彦洁　　马鹏飞　　宋玉平　　储皓

中国地质大学(北京)地球科学与资源学院, 北京, 100083

摘要: 根据国土资源部相关文件和 GGN 相关要求, 结合解说内容和形式特点将地质公园解说系统分为户外标识、人员解说、室内展示、信息平台和出版物 5 个子系统。其中, 户外标识子系统主要有科普解说、公共服务引导、行为引导 3 个主要功能, 在地质公园解说中起着重要作用。泰山世界地质公园目前已建立起较完善的户外标识子系统, 但是与国外较先进的地质公园相比, 其户外标识牌子系统仍存在文字解说为主、相关图片与文字解说过于专业、科普性不强等问题。在未来的户外标识牌解说系统设计与完善过程中应着重从以上方面完善。

关键词: 地质公园; 解说系统; 户外标识; 泰山

　　地质公园是指那些具有特殊地质意义、珍奇或秀丽自然景观特征的自然保护区。自从 2001 年由国土资源部批准建立首批国家地质公园以来, 中国的地质公园建设获得了蓬勃发展, 截止 2014 年 9 月, 全国已建成世界地质公园 31 个, 国家地质公园(含取得国家地质公园资格的地质公园)240 个, 还有一批省级地质公园。

　　地质公园具有特殊地质科学意义、较高的美学欣赏价值和社会经济价值, 担负了保护地质遗迹与自然环境、普及地球科学知识和开展旅游活动 3 项任务, 这些价值与任务的实现主要通过园区内的地质公园解说系统来辅助完成。本文根据国土资源部、世界地质公园网络的相关规定, 结合地质公园建设实践, 对地质公园解说系统做了分类归纳, 以泰山世界地质公园为例着重分析了户外标识子系统在地质公园中的应用, 对比国内外先进解说系统, 分析了现状与不足。

1　地质公园解说系统的组成

1.1　系统作用

　　解说一词最早被约翰·摩尔于 1871 年应用于美国约塞米蒂国家公园, 一些

本文发表于《国土资源科技管理》, 2015, 32(04): 115-120。

国内学者也对解说系统进行了研究，无论在解说系统的应用与研究起步较早的西方国家，还是在地质公园建设起步较晚的中国，解说系统目前都是地质公园规划、建设、服务、管理的重要内容。

在地质公园中，解说系统主要有以下几方面的作用：（1）地质遗迹保护。地质遗迹是在地球历史时期由内外地质作用共同形成，反映了地质历史演化过程中的地质环境变迁，具有不可再生的特性，具有非常重要的科学价值和景观价值。地质公园解说系统通过传递地质遗迹重要性的理念和行为规范达到保护地质遗迹的作用；（2）科学知识普及。地质公园解说系统将日常生活中接触相对较少的地球科学相关知识通过浅显易懂的表现方式传递给游客，让游客了解地质公园各景观的特征及形成过程，在增加游客科学知识的同时提高游览兴趣和美学体验；（3）公园管理辅助功能。地质公园解说系统提供各种公共信息服务，为游客提供游览便利，同时通过行为规范提示起到辅助公园管理的作用。

1.2 系统构成

根据 2010 年世界地质公园网络指南以及国土资源部《国家地质公园规划编制技术要求》的规定，中国的地质公园解说系统应包括室内解说系统（地质博物馆、科普展示厅等）、户外解说系统（公园界碑、导游图、景点解说牌等）、出版物（科普图书、光盘、科学导游图等）等部分。根据地质公园解说内容、形式特点、设置位置等特征，在多年地质公园建设实践的基础上，本文将地质公园解说系统划分为户外标识、人员解说、室内展示、信息平台和出版物 5 个子系统，每个子系统又可以分为若干子项，共同构成完整的地质公园解说系统（图 1）。

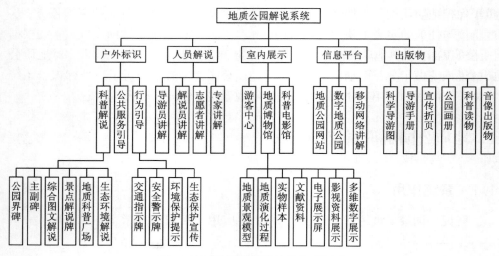

图 1 地质公园解说系统的构成要素

地质公园的主体——地质遗迹景观主要位于户外，因此户外标识子系统就显得尤为重要。户外标识子系统包括科普解说、公共服务引导和行为引导三部分。科普解说又包括了公园界碑，公园主碑、副碑，综合图文解说，景点解说，地质科普广场，生态环境解说等具体内容，旨在标明地质公园地理范围，解说地质遗迹景点特征、形成过程，以及公园整体生态环境特征的讲解；公共服务引导是公园内公共服务的提示引导，帮助游客确定所处位置及公共服务设施的方位，为游客的游览提供便利；行为引导主要包括交通指示、安全警示、环境保护及生态保护提示，旨在保证游客的游览安全，同时保护地质公园内的生态与环境，在提高游客的游览品质的同时对公园管理起到重要的辅助作用。

人员解说子系统在目前地质公园解说系统中占据重要地位，这与当前国内的游客主要以团体形式出游的现状有关。团体游行程较快，由导游全程陪同，通过导游员或者相关工作人员的讲解，了解地质遗迹景观特点、形成年代及形成过程，以及游览过程中相应的注意事项等问题。人员解说存在的主要问题是解说人员往往对相关地质知识、科学知识掌握不够专业，甚至有时通过神话传说来解释某些地质遗迹的形成。因此，在这类人员解说中地质公园的科普作用就不能很好地实现。

室内展示子系统是在包括游客中心、地质博物馆、科普电影馆等场馆内进行的科普展示，包括地貌景观模型、地质遗迹演化过程模型、实物样本、文献资料以及影视资料和数字模型的多维展示。通过实物展示，和数字产品的多维展示，将相关地质样品、地质过程直观展示给游客，让游客对相关地质遗迹的形成有一个系统的认识。

信息平台子系统是随着网络和信息技术的发展而出现，并逐渐发展成为地质公园解说系统不可或缺的一个子系统。网络展示主要包括地质公园网站、数字地质公园展示、移动网络解说3个部分，游客可以通过登录网站或移动终端，了解地质公园的相关信息。网络展示具有便捷性、全面性等优点，为游客提供详尽的地质公园信息。

出版物子系统是相对传统的解说方式，包括科学导游图、导游手册、宣传折页、公园画册、科普读物、音像出版物等部分。科学导游图、导游手册和宣传折页，主要是针对前来游览的游客，并为其提供必要的旅游信息指导，而科普读物、公园画册等则是公开发行读物，在较大范围内对地质公园进行宣传讲解。

2 户外标识子系统的作用

2.1 发展现状

国外对解说系统的研究起步较早，理论和实践经验均较为丰富，并设有专门的解说专业，相关学者也会对解说系统进行很多微观和宏观的研究探讨；国内对解说系统的研究虽然起步较晚，但是在地质公园建设实践过程中取得了较快的发展。国内的户外标识牌解说最初主要偏重于交通指示与行为规范类的服务型与警示型标识，如"禁止吸烟""禁止乱扔垃圾""禁止砍伐""注意山火""禁止游泳"等标识较为常见，景点处的说明型标识牌内容简单，科学性不够严谨，科普解说型与理念传递型的标识牌数量较少。

虽然起步较晚，但随着国家地质公园的发展，各地质公园的户外标识解说子系统也日臻完善。通过对国内各典型地质公园户外标识子系统的现状调查，可以发现国内地质公园户外标识子系统发展至今日，无论是公共服务的引导功能类型还是地质遗迹的科普解说功能类型，在数量、质量和内容上都有了明显的提升。尽管如此，与国外的较先进的户外标识系统相比，在阅读趣味性、科普性、制作工艺等方面还具有一定的差距。

2.2 构成要素

根据地质公园解说系统分类，户外标识牌解说子系统指那些设置于地质公园户外的，用于为游览者提供服务引导、科普解说、理念传递等信息的标识牌组成的解说系统，标识牌指示系统通常采用"节点式解说模式"。

如图2所示，户外标识牌在设计制作过程中需要包含基本要素，以保证信息传递的高效性。景点解说牌涉及内容最多，设计也最为复杂，景点解说牌要素主要包括：世界地质公园标徽，国家地质公园自身的标徽，地质遗迹景点代表性图片，地质遗迹特征文字描述及英文（或多语种）翻译等。道路引导牌应包括景点方位指引、园区路线及景点和公共服务点位置、注意事项等内容；公共服务引导和行为指引的标识则相对简单，一般主要由生动形象的图画加上简单的语言文字组成，游客可以简明快速地得到相应的信息。

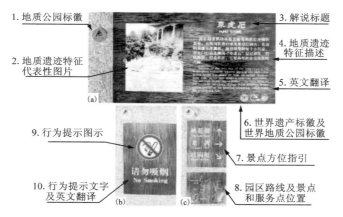

图 2　户外标识构成要素

（a）景点解说牌；（b）环境保护提示牌；（c）景点方位指示牌

3　泰山户外标识子系统

3.1　演替发展

　　泰山世界地质公园经历了泰安市地质地貌景观保护区、山东泰山国家地质公园和中国泰山世界地质公园的发展阶段。与此同时，公园内的户外标识牌解说系统也经历了相应的发展阶段，由最初的简易标识牌，发展到外观精良、统一设计，同时注重科普内容宣传的户外标识牌系统，并增加了 LED 显示屏等新型科技手段，弥补了原有户外标识牌位置固定、内容不便更换的不足，增加了解说内容变更的便捷性，提高了户外标识牌解说的效率。

　　泰山世界地质公园目前已经建立起了比较完善的户外标识解说系统（图 3）：①根据上文提到的构成要素及分类，公园内户外标识涵盖了科普解说、公共服务引导、行为引导三大类型，园区界碑、地图、路线图、交通引导、服务提示、科普宣传、生态理念传递等信息充分详实；②制作方面，设置了立式、卧式、悬挂式 3 种标识牌形式，各标识牌的材质、色彩、尺寸等内容在公园内进行了统一的规划设置，基本格调一致，与景区整体环境协调性较好；③科技术语经过相关专家审核，具有科学的严谨性，且提供中、英文对照说明；④户外标识牌设置于景区旅游线路的各个节点处，例如景区介绍栏设置于各景区入口处，安全警示牌设置于易发生安全事故处，交通指示牌设置于景区主要路线旁及岔路口处，这样的节点设置能够起到较好的引导、警示和宣传作用。

图3 泰山世界地质公园户外标识系统

(a)公园副碑；(b)内部旅游线路指示牌；(c)地质景点解说；(d)安全提示牌；

(e)交通指示牌；(f)生态环境解说牌；(g)生态旅游宣传

在泰山世界地质公园各景区中，南天门景区有机地结合了地质遗迹景观、自然风光和历史人文景观3个方面的内容，具有地质科考、科学普及、旅游观光和休闲度假等功能，因此，本次泰山世界地质公园户外标识子系统的统计工作选择了南天门景区为统计区域。经统计，南天门景区户外标识子系统共有户外标识牌208块(表1)，按材质划分有木质36块、石质115块、铁质46块、喷绘9块、LED屏2块；按内容统计，科普解说类合计43块，占总数的20.7%，行为引导类合计145块，占总数的69.7%，公共服务引导类合计20块，占总数的9.6%。

表1 泰山世界地质公园南天门景区户外标识子系统统计 单位：块

类别	木制	石质	铁质	喷绘	LED	总数
景点解说	3	27	—	3		33
综合图文解说	3	4	—	2		9
科普广场	—	—	—	1		1
交通指示牌	10	35	14	—		59
安全警示牌	12	33	15	—		60
环境保护提示	8	6	7	3	2	26

续表1

类别	木制	石质	铁质	喷绘	LED	总数
公共服务引导	—	10	10	—	—	20
合计	36	115	46	9	2	208

3.2　与其他地质公园的对比

据乌恩等的研究，国外地质公园的解说系统发展可分为3个阶段：第一阶段，为介绍公园典型遗迹和地貌景观的阶段；第二阶段，为介绍公园景观构成、生态系统、物质循环阶段；第三阶段，公共服务引导与科普宣传的同时，宣传环保理念，提倡绿色生活方式等价值理念。据此划分，泰山世界地质公园户外标识系统应处于第二阶段向第三阶段过渡的时期。

通过与香港世界地质公园、美国黄石国家公园、美国锡安国家公园等较先进的地质公园的户外标识牌进行对比研究可以看出：①香港世界地质公园的安全警示牌包含了游览线路、路况、天气、通讯等各种游览过程中可能遇到的危险情况及相应应急措施的全面介绍，并附有理念传递与管理功能的信息宣传，而泰山世界地质公园目前的安全警示标志则较简单和单一；②美国锡安国家公园的户外标识除了提供必要的科普信息讲解，还会设立户外标识提示许多可以进行的户外活动，如骑马、骑自行车、露营等，以满足不同游客群体的出游需求，而国内目前主要是交通提示、安全提示和禁止行为提示的户外标识；③黄石国家公园的地质遗迹解说牌具有图文并茂、简明易懂、互动性高、科普性强等特点，相比之下泰山世界地质公园的户外标识牌则主要以文字解说为主，相关图件与文字解说过于专业和严肃，这虽然保证了标识牌传递内容的科学性，但是互动性与科普性却欠缺许多。

在未来的地质公园户外标识牌的设计制作过程中应注意以下问题：①加强图文结合，并且要注意地质图件与相应专业解说文字的通俗性、互动性和科普性；②二维码、移动互联网等新手段与户外标识结合使用，为游客提供更多景点相关信息，提高解说效率；③研制开发可更换内容的户外标识牌，更好更快地应对各种环境的变化和宣传需要，还可以大大降低更换户外标识牌的经济成本；④解说内容选择方面，在原有的公共服务引导和地质遗迹解说的基础上，应加大生态环境解说和理念传递的标识牌数量，形成一套以地质学为中心的完整的自然科学科普体系，同时对地质公园管理起到积极的促进作用。

4 结论

综上所述，根据国土资源部与世界地质公园网络的相关规定，结合近年来地质公园建设实践，本文将地质公园解说系统划分为户外标识、人员解说、室内展示、信息平台和出版物 5 个子系统，每个子系统又可以分为若干子项，共同构成完整的地质公园解说系统。国内地质公园解说系统起步较晚，但是发展速度很快，在数量、质量和内容上都有了明显的提升。

以泰山世界地质公园为例，本文着重探讨了户外标识子系统在地质公园解说中的应用。通过对比研究，泰山世界地质公园发展至今已基本形成设计统一、制作精良、类型丰富的地质公园户外标识子系统。但是与其他较先进的解说系统相比，在科普知识的通俗性、易懂性，内容的简明性、互动性等方面还存在一定差距。在未来地质公园户外标识子系统的设计制作过程中，应着重从加强图文结合、二维码与移动互联网等新手段的应用、内容的丰富性和可更换性等方面进行完善。

本文主要从系统分类及对比研究方面对地质公园解说系统进行了阐述，并着重对泰山世界地质公园户外标识子系统进行了统计分析。在下一步研究工作中计划通过样本调查方式对户外标识系统的效果反馈进行定量化研究，进一步研究不同解说方式的解说效果，为地质公园解说系统的规划制作提供定量化参考。

地质公园开发带动资源型城市转型途径初探
——以本溪国家地质公园为例

郑奇蕊　武法东

中国地质大学（北京）地球科学与资源学院，北京，100083

摘要：辽宁本溪国家地质公园地质遗迹类型齐全、典型，自然风光优美，历史文化悠久，民族风情独特，基础建设扎实，区位条件优越。本文阐述了本溪国家地质公园的城市旅游资源网络体系建设，对资源整合程度作了定量评价，初步分析了地质公园建成带来的经济、社会、生态效益。对本溪市旅游业现存的管理机构、引资渠道、宣传力度、资源整合、人才培养及生态保护方面的问题提出了相应的发展措施，建议建立健全组织机构，分阶段制定多方引资规划，加大地学特色资源的宣传力度，建立旅游产业体系，引进并培养地质旅游专业人才，协调保护与开发策略。为我国资源型城市向旅游型城市的转型提出了理论和实践上的分析及尝试。

关键词：国家地质公园；旅游资源；城市转型；本溪

1　本溪国家地质公园概况

本溪国家地质公园位于我国辽宁省东部本溪市，地理坐标为东经 123°41′100″~125°27′19″；北纬 41°01′37″~41°21′15″。该区位于阴山—天山纬向构造带东延部分与新华夏系第二隆起带的交错部位，纬向构造以太子河凹陷为表现，与经向构造带互为镶嵌，地质构造复杂。公园内地层系统完整，保存了石炭系本溪组等 14 个以本溪地理名称命名的组级正层型剖面，古生物化石含量丰富。由于地处太子河流域，古生代沉积了较为广泛的碳酸盐岩，在后期构造作用和地下水活动的共同作用下，形成了规模宏大的北方地表和地下岩溶景观。

显著的季风和大陆性气候，丰富典型的地质遗迹，优美的自然风光，独特的满族、朝鲜族等少数民族文化，悠久的革命历史，扎实的基础建设，为开展系列性、季节性旅游项目，开发系列旅游产品提供了极其广阔的发展前景。根据地质遗迹的分布和地域上的组合特点，公园规划分为水洞园区、平顶山园区、五女山园区三大观光旅游园区，规划总面积为 218.2 km^2。

本文发表于《资源与产业》，2006（06）：11-14。

2 城市旅游资源网络建设

2.1 完善城市旅游网络

城市旅游资源网络建设是资源型城市转型的先决条件。本溪市以申报国家地质公园为契机，在全市范围内将原来较为孤立、分散的单个景点和景区进行有机整合，形成了以地质公园为核心，以本溪水洞为龙头，以三大观光园区为主体，覆盖全市辖区的城市旅游网络。目前，公园内平均每 36 km² 便有一个旅游单体。

2.2 深度开发旅游景点

本溪国家地质公园建成后，一批原来未得到开发利用或利用得不够的地质景观，如南芬大峡谷、西硅湖小峡谷、金坑峰丛洼地、岩溶漏斗群、牛毛岭本溪组剖面等，正陆续得到开发。此外，位于本溪市南芬区境内的南芬露天铁矿，也正致力于发展矿山旅游，在向公众展示矿山知识的同时，发展矿山循环经济。从生产价值上极大地丰富了地质公园的内涵，二者互为补充，既丰富了本溪市旅游资源的特色，也为转型后的本溪市保有一份原国家老工业基地的风貌。

3 资源整合定量评价

采用层次分析、模糊数学与专家打分相结合的评价方法，针对本溪国家地质公园地质遗迹资源、辅助类景观资源、地理环境、客源和社会经济 5 方面条件因素，选取了 23 个评价因子，进行资源综合定量评价，并借以分析地质公园现有资源整合的程度。

按照模糊数学百分制记分法(满分为 100 分)，对每一因素按一定分级给定记分标准，其中地质遗迹资源 45 分，辅助类景观质量评价 20 分，地理环境条件 15 分，客源条件 10 分，社会经济条件 10 分。根据旅游区的综合得分，将旅游区分为不同等级：85 分以上为一级，75~85 分为二级，60~74 分为三级；45~59 分为四级。其评价模型为：

$$E = \sum_{i=1}^{n} Q_i \cdot P_i$$

式中：E 为综合性评价结果值；Q_i 为第 i 个评价因子的权重；P_i 为第 i 个评价因子的评价值；n 为评价因子的数目。评价标准及结果见表 1。

专家打分评价结果表明：本溪国家地质公园资源整合总体占优，公路、铁路互成网络，交通便利；景区旅游线路扩建工程正式开工；旅游电讯具有一定的规模;旅游接待体系初具规模。本溪城市旅游资源网络已初步形成。目前,地质公园建设仍需进一步完善保障体系,开放旅游发展意识,克服地域条件及区域经济条件的影响,多方吸引公园建设资金,努力发掘、扩大客源市场。

表 1　本溪国家地质公园综合定量评价表

条件	评价因子	因子权重 Q_i	因子评价 P_i（满分 10）	评价结果 E	各项评价因素满分	占满分比例/%
地质遗迹资源	科学价值	1.7	9.2	5.64	45	92.4
	美学价值	1.0	9.3	9.3		
	稀有性	0.5	9.0	4.5		
	典型性	0.5	9.5	4.7		
	奇特性	0.4	9.0	3.6		
	丰富性	0.4	9.5	3.8		
	小计	4.5		41.5		
辅助类景观	人文景观	0.9	9.7	8.7	20	93.7
	生物景观	0.7	8.8	6.2		
	水体景观	0.4	9.6	3.8		
	小计	2.0		18.7		
地理环境条件	空间容量	0.4	9.1	3.6	15	91.6
	舒适性	0.4	9.0	3.6		
	安全性	0.4	9.2	3.7		
	卫生健康标准	0.3	9.4	2.8		
	小计	1.5		13.7		
客源条件	客源区位条件	0.4	9.0	3.6	10	90.0
	区域人口与水平	0.3	9.0	2.7		
	与相邻旅游地关系	0.3	9.0	2.7		
	小计	1.0		9.0		

续表1

条件	评价因子	因子权重 Q_i	因子评价 P_i（满分10）	评价结果 E	各项评价因素满分	占满分比例/%
社会经济条件	区域发展总体水平	0.3	8.5	2.6	10	89.5
	开放意识与社会承受能力	0.1	8.9	0.9		
	城镇依托计劳动力条件	0.1	9.2	0.9		
	交通设施条件	0.2	9.2	1.8		
	邮电设施条件	0.1	9.6	1.0		
	物产物资供应条件	0.1	9.4	0.9		
	资金条件	0.1	9.5	0.9		
	小计	1.0		9.0		
合计		10	92.01		100	

4 保障体系建设

4.1 贯彻国家法规，建立健全组织管理机构

本溪国家地质公园面积较大，涉及4个区、2个民族自治县，地质遗迹分布相对分散，不便于集中管理。需要根据国家有关地质遗迹和自然保护法规，制定适应本区的管理规定，保障各项保护法规的贯彻执行。设立专门的旅游管理机构，协调好本溪各民族自治县、区间的领导工作，以及林业、城建、环保、民政和文化等部门间的利益关系，打破条块分割，确保开发措施的可操作性。

4.2 制订规划，多方引资

针对本溪国家地质公园面积大、建设周期长的问题，需要充分利用申报国家乃至世界地质公园所能带来的国际、国内效益，引入市场机制，多渠道筹集公园建设资金。地质公园遗迹保护设施、生态建设等基础工程争取国家和各级政府的支持和投资。接待、餐饮、索道等具有经营特征的项目，建设资金主要采取招标、转让经营权等多种形式吸引社会资金参与。具有公益性质的科研设施建设主要通过国家、省、市、县各级有关主管单位采取立项的方式筹集资金。中期到远期逐步减少行政投入增大自筹资金的比例，实现地质公园的滚动发展。远景资金投资，通过旅游收入达到资金的完全自筹。

4.3 加大地学资源宣传力度，扩大客源市场

本溪市已创建了旅游文化网站，但对地质公园的旅游形象及地学特色旅游资源的宣传仍有不足。合理运用电视、广播、报刊、互联网等宣传手段，打造地质公园名片，扩大知名度，同时加快公园管理信息系统、旅游地理信息系统、公园标识系统、车辆调度系统、防护系统、巡查系统的建设，加强信息的横向交流，适应现代信息交流趋势，发掘稳定的客源市场，是地质公园信息建设当务之急。

4.4 整合资源，突出特色，产业联动，强化品牌

与全国其他地区地质公园相比，本溪国家地质公园旅游在较大程度上存在季节条件制约。合理利用国家扶持地质公园的政策和项目，打造以地质公园为主体，辅以冰雪旅游、生态旅游、边境旅游、森林旅游、气候旅游、湿地旅游、民俗旅游以及观光、度假、休闲、娱乐等多姿多彩、独具特色的旅游产业体系，建立精品路线、精品景区、精品景点，充分发掘资源潜力，完善资源整合，是提高本溪市旅游业竞争力、加大旅游业抗风险度的重要手段。

开发配套资源模式和经营模式，产生辐射效应，带动第二、第三产业的发展，形成一条良性、可持续发展的产业链，发挥各自优势，实现区域经济联动，强化旅游品牌，最终建成区域经济发展带。

4.5 引进专业人才，增强市场竞争力

目前，本溪市地质旅游专业人才缺口较大，旅游职工队伍整体素质不高，不适应旅游业大发展的需要。必须依托大专院校、科研院所，加快对地质科研、管理、旅游和环保等高层次人才的培养，加强宣传和业务指导，积极组织导游人员参加各类业务培训，不断提高从业人员素质，引导人们正确认识和理解地质公园，从而真正体现地质公园的科学内涵，增强市场竞争力。

4.6 协调保护与开发策略，实现生态旅游

东北地区年气温平均值较低，生态环境相对脆弱，旅游区建设势必给地方生态环境带来一定压力。要协调保护与开发策略，在搞好环保设施建设的前提下适度开发，加强对游客的宣传教育，采取环保措施，鼓励使用环保旅游车辆，设立环保服务人员等。坚持以保护为前提，注重生态建设，合理开发，维护生态良性循环。

5 综合效益分析

5.1 经济效益分析

本溪国家地质公园的建设，带来了大规模的客流，引入信息流、物流、资金流，引来大量行、游、住、食、购、娱等消费，从而逐渐带动第二产业全面发展。

本溪市旅游创汇总量除 2003 年受非典影响出现下滑外，表 2 所统计其余年份都呈现出快速增长趋势。国内旅游市场仍然占有很大比重，国际旅游虽然总体增长趋势较快，但在旅游总收入中所占的比重仍然很小，有待进一步的市场开发（表 2）。

表 2　2001—2005 年本溪市旅游人数及收入增长变化表

年份	国内旅游人数/万人	较上年增长率/%	入境旅游人数/人	较上年增长率/%	国内旅游收入/亿元	较上年增长率/%	旅游创汇/万美元	较上年增长率/%
2001	221.0	47.7	10951	39.6	9.6	38.1	312.2	54.6
2002	326.0	47.5	20527	87.4	16.8	75.0	515.0	64.9
2003	341.5	4.8	25967	26.5	17.1	1.8	657.0	27.6
2004	420.0	23.0	35500	36.7	21.2	24.0	1082.0	64.7
2005	511.3	21.7	52150	46.9	28.8	35.8	1707.7	57.8

5.2 社会效益分析

5.2.1 提高就业率

本溪市原有产业结构单一，加工链条较短，就业门路狭窄，GDP 虽然高速增长却无法创造出新的就业机会，使得城市经济多年来陷于高增长低就业的境地。旅游业是劳动密集型服务行业，对劳动者的技能要求相对较低，能吸纳大批剩余劳动力。公园生态旅游基地的建设，不仅直接吸收了一批旅游从业人员，而且提供了更多的间接就业机会。

5.2.2 促进文化交流

旅游业是一个文化性很强的经济产业，是物质文明和精神文明的结合点。大批旅游者的到来，带来了丰富的信息。他们的文化需求，将促进本地区民族文化和地方文化的挖掘和保护。本地居民、服务人员与旅游者的接触和交流，有助于培养和树立文化意识、市场意识、开放意识和环保意识。

5.2.3 普及科学知识

地质公园的功能之一就是地质科学知识的普及。开发地质遗迹，建立地质公园，给社会提供了一个寓教于游的新舞台，通过多种形式让游客在得到美的享受的同时，了解地质遗迹成因，同时受到环境保护教育和科普教育。

5.2.4 促进相关科学考察研究

本溪保留着复杂、典型而奇特的地质遗迹，以本溪地理名称命名的正层型剖面和代表性剖面，丰富多样的岩溶地貌景观，多期次的岩浆活动与完整的喷发旋回等，都具有极高的科学考察和研究价值。

5.3 生态效益分析

东北地区生态条件比较脆弱，和传统产业相比，旅游业是与环境保护、生态建设冲突最小的产业之一。重要的地质遗迹是国家的宝贵财富，是生态环境的重要组成部分。对辽宁本溪国家地质公园的建设和开发，有助于缓解人类活动对自然环境的影响，改善和修复老工业基地受到破坏的生态系统，建立良好的生态环境。

6 结束语

目前，我国有 118 个类似于本溪的资源型城市。充分发挥地区优势，加强对资源的保护，建立健全城市旅游网络，建立健全相关的法律法规，用科学的、可持续发展观，合理开发和保护地质公园旅游资源，对于振兴大东北、中部崛起、西部大开发都具有现实和长远的意义。同时，用地质公园来解决资源型城市的转型，对于活跃地方经济、提高公民素质、发展科学教育、促进文化交流、增加地方财政收入、扩展经营模式，最终彻底摆脱对原有资源的依赖，实现产业结构稳步转型和地区经济循环发展都有着十分必要的现实意义。

福建宁德世界地质公园太姥山园区可持续发展初探

董婷婷　张建平

中国地质大学(北京)地球科学与资源学院, 北京, 100083

摘要: 地质公园的可持续发展和区域旅游的可持续发展之间相互影响, 相互促进。对于地方而言, 地质公园可持续发展应置于地区旅游可持续发展的宏观规划中, 从而可以发挥地质公园对区域旅游和其他相关行业的带动作用; 同时区域旅游的发展也为地质公园建设创造良好的发展环境。本文通过对宁德世界地质公园太姥山园区的旅游环境容量测算以及游客量预测的比较, 认为园区具有极为广阔的旅游发展前景, 并从低碳旅游的理念、旅游产业体系的建立、旅游业对社会发展的贡献度三个方面对福鼎市宁德世界地质公园太姥山园区可持续发展提出建议。本文认为以太姥山地质公园的品牌为切入点, 充分发挥太姥山管理委员会的行政指导作用, 形成以宁德世界地质公园太姥山园区为主体、低碳旅游为理念的福鼎旅游产业体系, 是实现宁德世界地质公园太姥山园区可持续发展的可靠途径。

关键词: 世界地质公园; 可持续发展; 低碳旅游; 旅游产业体系; 太姥山园区; 宁德

1　研究背景

地质公园是以具有特殊科学意义、稀有性和美学观赏价值的地质遗迹为主体, 并融合其他自然景观、人文景观组合而成的一个特殊地区; 是以保护地质遗迹、开展科学旅游、普及地球科学知识、促进地方经济、文化和自然环境的可持续发展为宗旨而建立的一种自然公园(陈安泽, 2002)。1996 年在第 30 届国际地质大会设置的地质遗迹保护的分组讨论会上, 法国的马丁尼(Guy Martini)和希腊的佐罗斯(Nickolus Zoulos)提出"建立欧洲地质公园(Eurogeopark)"的倡议(赵汀等, 2002)。地质公园在世界发展的范围逐渐扩大, 迄今为止, 我国有国家地质公园 139 处(含香港特别行政区 1 处)和国家地质公园资格 44 处, 其中包括世界地质公园 22 处, 我国地质公园的建设力度和水平处于世界领先水平(龚明权等, 2009; 方世明等, 2010)。在地质公园的发展建设中, 地质遗迹的保护、区域经济的可持续发展等是地质公园重要的评估内容(赵逊等, 2009), 因此在地质公园建设、保护和发展的实践过程中持续探索新的发展模式, 实现地质公园可持续发展

本文发表于《地球学报》, 2011, 32(02): 241-250。

及区域经济可持续发展尤显重要。

陈文捷等(2010)提出旅游可持续发展的核心是建立在经济效益、社会效益和环境生态效益平衡基础之上，既要使人们的旅游需求得到满足，个人得到充分发展，又要对旅游资源和旅游环境进行保护，使后人具有同等的旅游发展机会和权力。结合地质公园建设特点，我们认为地质公园的可持续发展是指在地质公园的建设中，兼顾经济效益、社会效益、生态效益，保护地质遗迹资源及其他生态和人文资源，满足当代旅游者和当地居民的需求，同时保证后人享有同等旅游发展和需求的权利的一种发展模式。

目前，我国地质公园的可持续发展的研究基本上是针对地质公园现存问题，从地方地质公园自身发展和地质公园体系总体发展角度提出对策。建立地质公园的宗旨之一是在保护地质遗迹和其他旅游资源的前提下，运用普及科学知识的方式开展地学旅游，从而促进地方经济社会可持续发展(陈安泽，2008)。王同文和田明中(2007)指出，地质公园对其所在地区有着直接影响，它可以改善当地人们的生活条件和农村环境，加强当地居民对其居住区的认同感。在尊重环境的情况下，地质公园可以刺激具有创新能力的地方企业、小型商业等发展，提供新的就业机会，为当地人们提供补充收入。文章提到地质公园的可持续发展为地方带来经济效益和社会效益，但对二者之间的相互关系讨论不够。魏小安(2010)在博文中对福鼎市旅游业的发展进行了分析并提出建议，认为发展旅游业强调景区模式已经过时，应该建立旅游产业体系，充分利用地区资源，全面发展地方旅游业。本文认为，就地质公园而言，可持续发展的研究如果只局限于公园旅游产品的扩展、解说系统的完善、旅游者的地学素质教育等，并不能充分发挥出地质公园的经济效益和社会效益，而应立足地质公园的可持续发展和区域旅游业可持续发展二者的联系，将地质公园发展置于地区旅游整体发展规划之中，通过地质公园的核心发展力来拉动地区旅游经济的全面发展，形成地质公园成熟的外围旅游经济环境，反过来为地质公园的可持续发展打下良好基础。

宁德世界地质公园于2010年10月加入世界地质公园网络体系，作为世界地质公园的新成员，当地政府对作为宁德世界地质公园的重要组成部分——太姥山园区的建设非常重视，在政策、经济上给予极大支持，园区发展前景十分看好。但是由于宁德地质公园刚刚起步，面临着如何把握机遇，如何发展的挑战。同时，关于地质公园建设、发展等方面的研究较少，特别是缺乏地质公园可持续发展问题的专题研究。本文以宁德世界地质公园太姥山园区为例，以地质公园可持续发展为理念，基于旅游环境容量科学测算和游客量预测的比较，量化出太姥山园区旅游发展的空间，平衡保护与发展、发展与就业的关系，对福鼎市以宁德世界地质公园太姥山园区为核心的旅游资源可持续发展提供参考建议。

2 宁德世界地质公园太姥山园区的概况

宁德世界地质公园太姥山园区位于福建东北部的福鼎市(图1),地势总体西北高,东南低,西北部为花岗岩与火山岩构成的低山、丘陵,海拔高度一般在200~600 m,东南部为港湾、海岛。园区总面积210.9 km²,由太姥山、九鲤溪、嵛山岛、牛郎岗四个景区组成。是一处具有极高地学研究价值、美学欣赏价值及旅游价值的地质公园。公园内旅游资源丰富,集地质遗迹、自然资源、人文景观为一体,有"海上仙都"之称。

2.1 地质概况

太姥山园区位于华夏古陆次一级构造——浙闽沿海火山断陷带,与闽东南沿海断隆带的接触部位。园区内花岗岩体是燕山运动晚期(距今约1亿年至7000万年)由地下岩浆侵入,冷凝而形成的。该岩体北至白象门港,东达太姥洋,西至白淋镇、五峰桥,南抵西头山。岩体南宽北窄,呈西南—东北向的楔子状插入白象门港。园区以火山岩地层为主,太姥山景区内主要成景岩石为燕山晚期的晶洞钾长花岗岩,岩体见大量晶洞构造,晶洞内生长或充填水晶、钾长石、少量萤石,部分岩体还可见白云母、石榴子石及稀有、稀土矿物晶体。

园区构造以断裂构造为主,主体为北北东向,其次有北东向、北西向、东西向、南北向断裂。自第三纪以来,园区地壳以上升为主,受到北北东向断裂构造线控制和间歇性抬升的影响,山体断块发育,其峰峦部分以抬升为主,周围受断裂构造线的控制,则相对下降,形成九鲤溪谷和东部的海湾,构成山海川融为一体的自然胜景(姚颂恩,1994)。

2.2 资源概况

太姥山景区是太姥山园区的主景区,也是核心区,景区内的花岗岩石蛋地貌是中国东南沿海丘陵地带发育最为良好的花岗岩石蛋地貌,是这一类型的典型代表。景区内主要的地质遗迹资源有花岗岩石蛋地貌景观、花岗岩崩塌地貌景观、流水作用形成的流水槽、面状风化而成的"波浪石"、花岗岩体上发育的晶洞以及岩体上的节理。太姥山景区内不但有丰富的地质遗迹资源,还有许多人文名胜古迹。据记载,太姥山上下有寺庙道观三十六座,其中国兴寺的遗址上尚存唐代大型石柱360根。太姥山历史悠久,历代文人名士留下的墨宝,有吟咏太姥山的大量诗篇,遍布山中的摩崖石刻众多。太姥山下有磻溪、硖门两个畲族乡,虽已大部分汉化,但仍保留有畲乡民俗风情,尤其是民族服饰、婚嫁习俗、山歌等。

九鲤溪景区位于太姥山景区西南侧,面积25 km²,由九鲤溪、溪口瀑布、龙

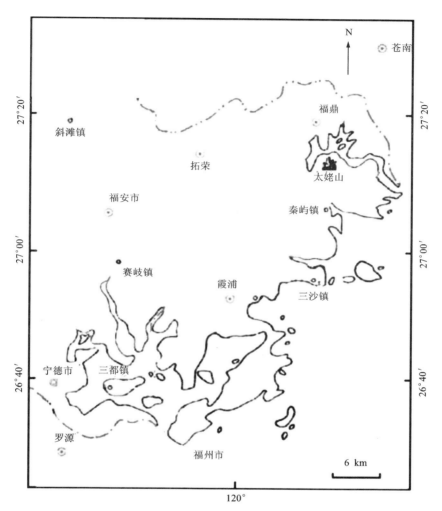

图1 宁德世界地质公园太姥山园区研究区域的地理位置

(本书收录此文时对原图审查后略有修改)

亭瀑布组成。九鲤溪长25.86 km，汇集13条支流，下游延伸至霞浦县境内杨家溪，注入东海。上游河床多急流跌水，下游河床比较和缓，水流平稳，水面宽达50~60 m。景区内边滩以砾石为主，约150 m²，磨圆度较好，粒度较大。景区内地质遗迹资源主要是心滩、边滩以及河流阶地等。

牛郎岗景区位于福鼎市秦屿镇东南方，依山面海，与嵛山岛隔海相望。景区内有大量海蚀地貌景观，主要地质遗迹资源有辉绿岩岩脉、捕虏体，以及海滩、海蚀洞及其他海蚀地貌。

277

嵛山岛景区面积约 25 万 km²，海水对海岸岩石长年累月不断地侵蚀形成的海蚀陡崖、海湾、海蚀洞、海蚀凹地等海蚀景观成为景区的主要地质景观特色。此外，景区内淡水资源充足，在海拔 400 m 的岛上，有大小两个天湖，湖水终年不涸，天湖四周的万亩草场，绿草如茵。

2.3 发展概况

宁德世界地质公园太姥山园区于 1988 年被评为"国家风景名胜区"，2004 年被评为"国家地质公园"，2008 年成为"国家 AAAA 级景区"，2010 年 10 月入选"世界地质公园"。随着太姥山知名度的不断提高，太姥山地质公园年游客量大幅增长、旅游收入不断增加。据初步统计，在 2004 年到 2009 年 6 年时间里，游客量增长了 1.5 倍（表 1），旅游收入增加了将近 1.7 倍（表 2）。

表 1   2004—2009 年太姥山园区游客量

年份	游客量/万人	同比增长率/%
2004	66.00	—
2005	78.00	18.0
2006	93.42	19.7
2007	115.50	23.6
2008	137.00	15.7
2009	166.20	21.3

表 2   2004—2009 年太姥山园区旅游收入

年份	旅游收入/亿元	同比增长率/%
2004	2.70	—
2005	3.20	18.5
2006	3.91	22.2
2007	4.78	22.2
2008	6.00	25.5
2009	7.30	21.7

数据来源：福鼎市太姥山管理委员会。

游客量的增长和旅游收入的增加为太姥山园区的长远发展打下坚实的基础，

同时也为园区下一步发展带来新的挑战。福鼎市现在正积极投身到申请"国家AAAAA级景区"的工作中，随着太姥山园区"身价"的不断升高，福鼎市面临着如何正确处理日益增长的旅游者、当地居民的需求与旅游资源承载力的关系，如何充分发挥太姥山园区的品牌效应，真正实现太姥山园区乃至福鼎市旅游的可持续发展等问题。

3　旅游环境容量测算

旅游环境容量是评判地质公园承载力的基本参数，是体现公园发展潜力和可持续发展能力的重要指标。通常是指在可接受的环境质量和游客体验不会下降的情况下，一个旅游地所能容纳的最大的游客数（Mathieson et al.，1982）。它给地质公园提供一个合理利用资源的参考量，便于规划或管理时将游客量控制在参考量的范围内，避免出现旅游环境的超载，从而实现地质公园的可持续发展。旅游环境容量的测算通常有三种方法：面积法、游线法和卡口法，由于太姥山园区面积大、地势起伏、景点分布不均，本文采用游线法对太姥山园区的环境容量进行测算。

3.1　太姥山园区日旅游环境容量

游线法日容量计算公式：

$$C_i = M_i/L \cdot P_i$$

式中：C_i 为景区日容量，人；M_i 为可游路线长度，km；P_i 为日周转次数；L 为人均指标，即每位游客占合理旅游线路的长度，km/人。

根据游线法公式和太姥山园区各景区已有的数据，得出表 3。

表 3　太姥山园区日容量

景区名称	计算路线	可游路线长度 M_i/km	人均指标 L/(km·人$^{-1}$)	瞬时容量/人	日周转次数 P_i	日容量 C_i/人
太姥山景区	路线 1：国兴寺—观鲤亭—片瓦—将军洞—停车场	4500	10/1	450	15	6750
	路线 2：国兴寺—天门寺—乌龙岗—龙潭湖	5200	10/1	520	15	7800
	翠郊古民居	1500	10/1	150	10	1500
九鲤溪景区	九鲤溪漂流	5400	10/1	540	20	10800

续表3

景区名称	计算路线	可游路线长度 M_i/km	人均指标 L/(km·人$^{-1}$)	瞬时容量/人	日周转次数 P_i	日容量 C_i/人
牛郎岗景区	牛郎岗	10000	10/1	1000	10	10000
崳山岛景区	青福寺—大天湖—小天湖—洋鼓尾	5600	10/1	560	5	2800

数据来源：《宁德世界地质公园总体规划》。

3.2 太姥山园区年旅游环境容量

（1）年容量计算公式：

$$C_{年} = \sum C_i \cdot D_i$$

式中：$C_{年}$ 为年容量，人；D_i 为可游览的天数，$i = 1、2、3、4$；C_i 为太姥山园区日容量，其中 C_1 为太姥山景区日容量；C_2 为九鲤溪景区日容量；C_3 为崳山岛景区日容量；C_4 为牛郎岗景区日容量。

（2）据气象资料统计，全年雨日为198天。考虑其中非全日雨和微雨等因素，按70%为适宜游览天数，则全年适宜（可游览）天数为：

365天−198天×（100%−70%）= 305.6天（取整数按300天计）

崳山岛考虑台风海潮的影响，全年可游天数取250天。考虑潮水涨落、气候、水温变化等因素，沙滩、游泳场全年可游天数按100天计。

$C_1 = (6750 + 7800 + 1500) \times 300 = 4815000$；

$C_2 = 10800 \times 300 = 3240000$；

$C_3 = 10000 \times 100 = 1000000$；$C_4 = 2800 \times 250 = 700000$

$C_{年} = 4815000 + 3240000 + 1000000 + 700000 = 9755000$

即太姥山园区年旅游环境容量为9755000人。为了保证太姥山园区的可持续发展，在不考虑其他影响因素的情况下，园区的年游客量都应低于9755000人，同时各景区的年游客量都应低于景区年旅游环境容量。

4 太姥山园区游客量预测分析

通过对研究区游客量的预测结果和旅游环境容量的测算结果进行比较，可以反映地质公园发展的现状和前景。由于旅游地游客量的预测容易受到各种不定因素（如经济、气候、交通等）的影响，通常采用灰色系统理论建立模型进行预测

（汤孟平等，1997）。本文采用 GM（1，1）模型对太姥山园区未来 5 年的游客量进行预测。

4.1　福鼎市未来 5 年游客量预测

由表 1 可以看出，2004 年至 2009 年，福鼎市的游客人数呈逐年增加的趋势，并且增长率也在不断增加，2008 年由于经济危机，游客增长率有所降低，但 2009 年增长率又继续上升。鉴于近年来旅客数量变化的特点，取 2004 年至 2009 年游客人数进行统计分析，得到的预测模型为：

$$X_{(2004)} = 66.00；（t = 2004）$$
$$X_{(t)} = 375.4451e^{0.18838 \times (t-2004)} - 375.4451e^{0.18838 \times (t-2005)}$$

式中：X 为游客量预测值；t 为年份（2005，2006，……，2014 年）。

根据上述预测模型得到 2010—2014 年的预测值（表 4）。

表 4　2004—2014 年福鼎市游客量实际值与灰色系统预测对比（万人）

年份	2004	2005	2006	2007	2008	2009	2010	2011	2012	2013	2014
真实值	66.00	78.00	93.42	115.50	137.00	166.2					
预测值	66.00	77.83	93.96	113.44	136.96	165.35	199.62	241.00	290.96	351.28	424.10
残差	0	0.17156	−0.542	2.06	0.044292	0.85386					
相对误差	0	0.0021995	−0.0058018	0.017836	0.0003233	0.0051375					

根据表 4 及图 2、图 3 可以看出，预测值与真实值的相对误差值非常小，而且预测值和真实值都很接近，由此可知，根据灰色理论建立的 GM（1，1）预测模型效果非常好。

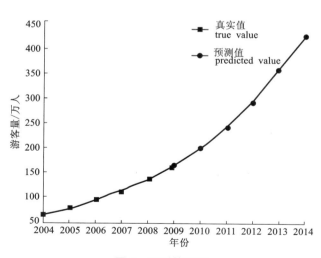

图 2　预测效果图

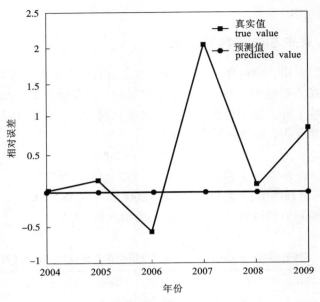

图3 预测值与真实值的相对误差图

4.2 旅游环境容量测算结果和游客量预测结果的分析

根据对太姥山园区旅游环境容量的测算和未来5年游客量的预测，2010年预测游客量仅占旅游环境容量的20%左右，2014年游客量将占旅游环境容量的40%左右，预示太姥山地质公园旅游具有极大的发展空间。近年来福鼎市提出"旅游兴市"的战略思想，凸显出旅游业在福鼎经济的重要位置，研究结果支持了政府的决策。但是，如何科学地挖掘太姥山园区的资源潜力，并真正转化为拉动福鼎市旅游业的核心动力，是实现福鼎市"旅游兴市"战略的关键。我们认为，要实现这一目标，完全取决于太姥山园区能否可持续发展。福鼎市必须把太姥山地质公园放在地区旅游发展的核心地位，发挥地质公园发展的连动效应，创造太姥山地质公园的品牌，形成以太姥山世界地质公园为主体、低碳旅游为理念的福鼎旅游产业体系，实现太姥山地质公园可持续发展。

5 太姥山园区可持续发展的途径

5.1 树立低碳旅游新理念

5.1.1 低碳旅游

低碳旅游是低碳经济在旅游业发展中的延伸理念，是指在碳排放量最小的情况下，实现旅游生产的经济效益、社会效益和生态效益。具体而言是指在旅游生产过程中，包括旅游基础设施建设、旅游产品开发、旅游服务提供等以及在旅游消费过程中包括旅游者在目的地从事的食、住、行、游、购、娱的每一个环节都能够降低碳排放量从而节约能源、降低污染（丁红玲等，2010）。旅游业虽然是碳消耗量较少的行业，但根据 UNWTO（世界旅游组织）的报告，在人类活动引起的气候变化中，全球旅游业的贡献率预计到 2050 年会达到 7%，其他旅游交通、住宿和相关活动造成的二氧化碳排放占总排放量的 1%~3%（Echtner，1999）。同时随着旅游产业的形成，越来越多的行业，如交通业、娱乐业、农业、轻工业、文物、通讯、零售业等融入到旅游业中，但由于一些行业的粗放式生产经营，能源消耗严重，为旅游业带来负面影响，因此旅游业及旅游相关行业应将低碳旅游的理念渗透到生产和经营中。

5.1.2 低碳旅游在太姥山地质公园中的实施

我国一些发展成熟的世界地质公园已经认识到低碳旅游的重要性，比如：黄山世界地质公园积极创建和申报绿色饭店等级，保持和提升绿色饭店水平，狠抓星级旅游景区景点环境保护（陶秋月等，2010）；云台山世界地质公园购置 150 辆尾气排放达到欧Ⅲ标准的绿色观光巴士，减少巴士的碳排放量。福鼎市的旅游经济现在处于上升期，旅游产业处于初期建设状态，城市的环境、太姥山地质公园的生态建设都保护得很好，此时将低碳旅游作为福鼎旅游发展的理念，同时与地质公园建设相结合，可以打造出具有特色地质遗迹保护和新型旅游方式融合的旅游品牌。

低碳旅游在太姥山地质公园的实现可从旅游生产、旅游消费、当地居民消费三个角度考虑。旅游生产方面，鼓励旅游业及其他旅游相关行业进行低碳生产和管理；在地质公园的基础设施建设、旅游产品开发中引进智能化技术，提高运行效率，使用节能减排技术，购置环保材料，降低能源消耗；充分利用自然资源，减少人工造景；完善交通系统，在四个景区和市、县之间有地质公园绿色巴士线路，减少私家车的碳排放量；创建绿色酒店，减少现有餐饮住宿业的能源浪费现象。在旅游消费方面，应积极引导旅游者的低碳旅游意识，在旅游集散地、酒店及其他公共场所设立有关节能环保提示和倡议，倡导绿色消费、适度消费理念。在当地居民消费方面，可以通过政府低碳补偿的方式，将低碳技术应用于居民的日常生活；重视城市、乡镇的环境建设，努力打造低碳城市环境。

目前低碳旅游理念在我国旅游地甚至地质公园的建设中还属于摸索阶段，国内尚无典型的低碳旅游景区，太姥山地质公园如在发展初期就能树立起低碳理念，并融入到低碳旅游的行业中，积极探索，努力用这种新型时尚的旅游理念打造低碳地质公园，创造旅游品牌，在发展概念、发展模式、发展方式和发展效益上为其他地质公园摸索出成功的经验，成为我国低碳旅游行业的探路者和引领者。

5.2 建立以地质公园为主题的旅游产业体系

5.2.1 旅游产业体系

传统的旅游业发展是重视景区景点资源开发建设，建立旅游配套服务设施，旅游业独立于区域的其他行业生存发展。但随着国民消费结构的调整、经济结构的变化，旅游业不但发展迅速，并逐渐渗透到其他行业，带动相关行业的发展；同时相关行业的发展也对旅游业带来影响。因此福鼎太姥山地质公园的发展不能只局限于地质公园的建设，应开拓思路，将视野放在建立福鼎旅游产业体系的框架内，为地质公园的可持续发展营造良好的外围发展环境。旅游业涉及吃、住、行、游、娱、购、学七个方面，每个方面的扩展都会涉及到其他行业的内容。

根据董锁成等（2009）对旅游体系结构的描述，本文根据福鼎市实际情况做出福鼎市旅游产业体系结构图（图4）。

如图4所示，在这个体系中，通过以地质公园为主体的旅游主导产业、旅游核心产业、旅游辅助产业之间互相促进发展，形成国民经济增长、就业增加、城市化进程加快等效益链，从而推动旅游产业体系的循环发展。

5.2.2 福鼎旅游产业体系的建立

突出政府管理的主导性，发挥太姥山管理委员会和地质公园管理局的行政职能作用。在旅游产业体系的发展前期，地质公园管理者应首先做好两件事，一是开展地质公园中地质遗迹和其他旅游资源的详细调查，摸清家底；二是要做好地质公园规划，谋划好今后发展的目标和任务。之后，管理者应发挥自身在资源、资金整合等方面的优势，提高地质公园旅游产品的质量和信誉、高效地开拓旅游市场、对旅游行业进行规划和管理。充分协调旅游产业体系中各行业的关系，企业、政府和当地居民的关系，同时加强对其他旅游参与行业的指导、监督和控制，引导旅游产业向规范、科学的方向发展。旅游产业体系建设成熟时，地质公园管理者应适当采取政企分开的制度，鼓励旅游企业自主管理。

重点建设旅游核心产业部分。将福鼎市所有旅游资源整合起来，充分发挥资源优势，建立多元化投融资机制，发动民间力量，鼓励私营企业和个体经营者积

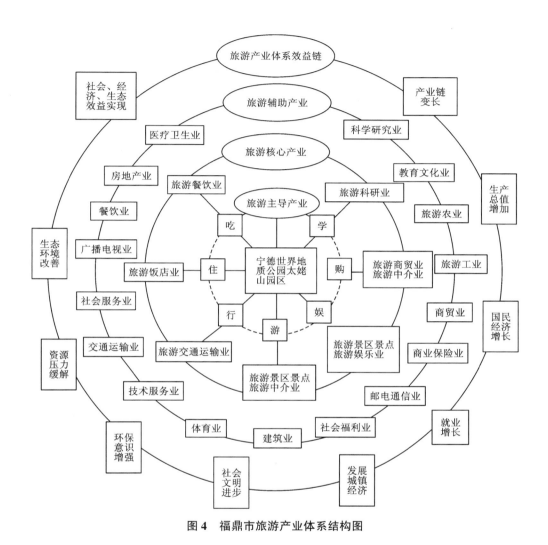

图 4　福鼎市旅游产业体系结构图

极参与旅游项目的开发建设，建设品味高、质量好、效益高的高端项目。根据各旅游行业的发展情况，建立行业体系链，逐步形成旅游产业圈。充分发挥行业协会的作用，通过行业协会之间的交流合作，使"食、住、行、游、购、娱、学"各环节之间联系更紧密而顺畅，通过行业内部的对话协商和监管协作，整合优势资源、共同开拓市场（周义龙，2010）。

促进旅游辅助产业联动效应。福鼎市旅游业对旅游相关行业产生影响在逐渐扩大，通过加快旅游业的发展，带动金融、信息、商贸、房地产等旅游辅助行业的发展，提高第三产业在经济中的比重，促进旅游城镇建设，积极响应福鼎市的"工业立市，旅游兴市、海洋强市"的战略思想。

5.3 提高旅游业对社会发展的贡献度

5.3.1 提高旅游业在 GDP 的比重

福鼎市 2004 年到 2009 年的旅游收入和全市 GDP 见图 5。

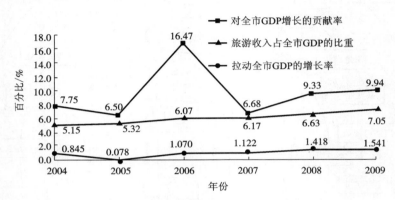

图 5 福鼎市旅游业对全市 GDP 的影响

数据来源：福鼎市统计调查信息网和历年福鼎市国民经济和社会发展统计公报

如图 5 所示：福鼎市旅游业在 2004 年到 2009 年期间，旅游收入占 GDP 的比重稳步增长；旅游业对全市 GDP 增长的贡献率，总体增长。2005 年福鼎市第二产业快速发展导致 GDP 总量增加，旅游业的增长贡献率相对较弱，而 2006 年第一产业 GDP 下降，导致总值降低，旅游业对全市 GDP 增长的贡献率相对较高；旅游业拉动全市 GDP 增长率呈不断上升状态。

根据 2009 年福鼎市国民经济和社会发展统计公报中的数据，福鼎市第一产业占 25.6%，第二产业占 41.9%，第三产业占 32.5%，旅游收入占了 GDP 总量的 7.05%，拉动经济增长 1.541%，反映福鼎市产业结构不合理，第一产业比重偏大，第三产业比重明显偏小。目前福鼎市旅游业并不是福鼎市经济增长主要动力，旅游业产生的经济效益还没有完全体现，这与"旅游兴市"的目标还有很大距离，主要原因是旅游品牌尚未形成、旅游产业体系并不完善，旅游业还没有成为制造经济增长点的综合行业。因此福鼎市应抓住成功申报世界地质公园的机遇，统筹利用自然旅游资源，建立以地质公园为主体的旅游产业体系，促进旅游业全面发展，调整福鼎市的产业结构，快速提升第三产业比重，使旅游业成为拉动全市 GDP 增长的龙头。

5.3.2 增加就业

旅游业是一个有综合效益的产业，它不仅带来经济效益，同时能带来大量就业机会，极大地缓解就业压力。有关研究表明，旅游部门每增加 1 个就业人员，社会就能增加 5 个就业机会(张圣玲，2006)。按照旅游产业体系的构成，旅游业的发展创造的就业岗位应分布在景区、宾馆、旅行社、科研机构、餐饮业、娱乐业、交通业、商贸业等各个部门。就业岗位增长点一般考虑在劳动资源集中的行业，比如餐饮业、住宿业、娱乐业，同时素质较高的就业岗位一般较多分布在科研机构、商贸业、旅行社等。

福鼎市 2009 年旅行社、宾馆、景区从业人员数为 3000 人，而根据焦作修武县的统计，2006 年云台山世界地质公园旅游从业人员达到 25300 人，旅游业已经成为云台山世界地公园乃至焦作市增加就业的重要渠道。两个地质公园的发展在带动就业程度上悬殊较大，福鼎市旅游业应拓宽思路，推动产业体系的形成，增加就业岗位。目前福鼎市有 20 多家旅行社、10 家星级宾馆，其中五星级宾馆 1 家、四星级宾馆 1 家。福鼎住宿业还没有形成品牌体系，数量少，质量良莠不齐；各个行业还处于"各自为政"的状态，旅游业对其他行业的渗透还不够，创造的就业岗位不多。按照预测客流量增长趋势，2014 年游客达 424 万人次，相当于 2009 年的 2.5 倍，最低增加 10000 人就业机会。福鼎市若能像焦作市全面发展旅游业的话，增加更多的就业机会完全可能。福鼎市在建立旅游产业体系的同时逐步建立就业体系，完善就业结构，创造就业机会，缓解福鼎市就业压力，同时注重就业人员的素质培训，引导下岗人员、失业人员的再就业，使旅游业成为增加就业的主渠道。

5.3.3 地质公园的可持续发展

建立以宁德世界地质公园太姥山园区为主体、低碳旅游为理念的福鼎旅游产业体系，根本目的在于实现福鼎旅游业的社会效益、经济效益和生态效益平衡发展，保障太姥山园区的可持续发展。低碳旅游是地质公园实现可持续发展的一种理念和方式，通过增强和规范地质公园管理者、规划者、旅游者及当地居民的环保意识和旅游行为，对地质公园内的地质遗迹资源及其他生态资源进行合理开发和科学保护。高效、科学、完善的旅游产业体系有利于太姥山地质公园外围经济、社会环境的形成，增加旅游业在 GDP 总值的比重，旅游收入的再分配利于政府及科研机构加强对地质遗迹保护、科普教育和研究。同时可以提高旅游者和当地居民的素质，增加旅游者的科学文化知识，自觉维护生态环境，增强当地居民对地质公园的自豪感，增加他们对地学知识普及和旅游民间咨询的参与度，形成良好的旅游文化氛围，实现地质公园可持续发展的良性循环。

6 结语

本文根据宁德世界地质公园太姥山园区现有的数据，计算出旅游环境容量

9755000 人，并利用 2004—2009 年园区游客量的数据预测出未来 5 年的游客量，得出预测的 2010 年游客量占旅游环境容量的 20% 左右，而按照这样的趋势，2014 年游客量将占旅游环境容量的 40% 左右，太姥山园区的发展前景非常广阔。根据未来的发展前景，本文提出将宁德世界地质公园太姥山园区的可持续发展推广到地区旅游可持续发展中的建议，并针对宁德世界地质公园太姥山园区和福鼎旅游发展现状，从以低碳旅游为理念、建立旅游产业体系、提高旅游对社会发展贡献度三个层面提出建议，为福鼎市实现宁德世界地质公园太姥山园区可持续发展提供新思路。

国家地质公园管理体制与运营模式探究
——以内蒙古赤峰市地质(矿山)公园为例

王彦洁[1]　武法东[1]　于延龙[1]　韩术合[1, 2]

1. 中国地质大学(北京)地球科学与资源学院, 北京, 100083;
2. 赤峰市国土资源局, 内蒙古赤峰, 024000

摘要:国家地质公园发展速度迅速,近年来暴露出其管理体制和运营模式存在多处不足。通过对内蒙古赤峰市地质(矿山)公园管理体制与建设现状调研,分析赤峰市域范围内所有地质(矿山)公园在公园管理、资金使用、运营等方面的问题,提出适合其长远发展的管理及运营建议。在此基础上,尝试性地探究了适合国家地质公园发展的管理及运营模式。

关键词:地质公园;管理体制;运营模式;内蒙古赤峰市

自 1985 年"国家地质公园"一词出现以来,我国的国家地质公园发展迅速。截至 2014 年 5 月,全国范围内共有国家地质公园 241 家,其中正式批准命名的有 186 家,国家地质公园的申报、审批程序基本成熟。虽然我国的地质公园数量较多,规模较大,但尚未形成独有的管理模式。目前仅有部分法律对开发和保护地质遗迹作了规定,而对如何管理地质公园没有统一要求。因此,探寻一种适合我国国家地质公园管理的模式对国家地质公园的发展具有十分重要的促进意义。在此基础上,野外调研了赤峰市的地质(矿山)公园,理顺其管理制度体系,以期为进一步推进国家地质(矿山)公园的建设提供理论和实践借鉴。

1　国家地质公园管理现状

国家地质公园虽无统一的管理模式,但基本上其管理体制和模式可以归纳为两种:①综合管理与分部门管理相结合,即地质公园管理机构管理公园内部事务,涉及林业、水利、建设、旅游等方面,需要与相关部门单独进行协调;②根据级别由地方政府领导。

第一种模式易导致"多头管理、条块分割"等问题,在该模式下,因公园内某些景点分属地方林业、农业、水利、文化等部门管理,实际工作中便会出现政令不畅、内部利益冲突等问题,严重影响地质公园工作的开展。第二种模式是我国绝大多数地质公园的管理模式,管理机构属事业单位,员工工资来源于财政,与

本文发表于《国土资源科技管理》,2015,32(02):64-68。

企业的收益没有直接联系,故存在运营积极性不足的问题。虽然有些地质公园在积极改变,进行体制改革,但成效并不明显。

2 赤峰市地质(矿山)公园管理现状

2.1 公园特征及现状

赤峰市的地质(矿山)公园共计 6 个,分别为克什克腾世界地质公园、宁城国家地质公园、林西大井国家矿山公园、巴林石国家矿山公园、七锅山自治区级地质公园和翁牛特自治区级地质公园(图 1)。赤峰市地质/矿山公园数量在全国同

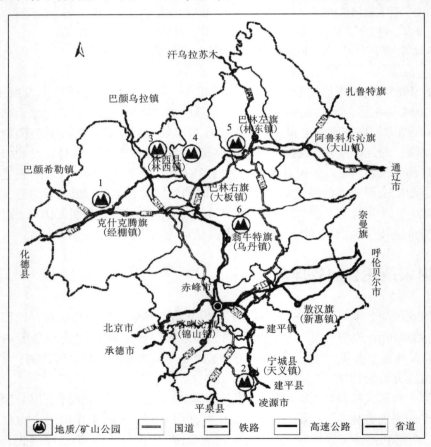

图 1 赤峰市地质(矿山)公园分布

1—克什克腾世界地质公园;2—林西大井国家矿山公园;3—巴林石国家矿山公园;

4—七锅山自治区级地质公园;5—翁牛特自治区级地质公园;6—宁城国家地质公园

级市中名列前茅，在自治区范围内数量也最多。赤峰市地处草原与山地，牧区与农业区、林业区，干旱与半干旱气候区，黄土与沙漠区的过渡地带。特殊的地质、地理环境条件，形成了异常丰富的地质遗迹，在全国范围内具有典型性和稀有性。市域范围内地质(矿山)公园特征总体表现为资源多样、不可再生、人文资源丰富、科学性与观赏性兼具等特征。

2.2 管理存在的问题

2.2.1 机构及体制问题

赤峰市地质(矿山)公园管理机构层次不一，差距较大，各公园管理机构设置情况见表1，可归纳为3类：①管理机构直属赤峰市，委托公园所在地政府代管；②成立了管理机构，有名无实，人员分工及职责不明确；③机构尚未落实。

表1 赤峰市地质(矿山)公园机构设置情况

公园名称	机构名称	编办批文	级别	人员编制	隶属关系
克什克腾世界地质公园	克什克腾世界地质公园管理局	内机编发〔2007〕68号	处级	32名	隶属赤峰市人民政府
林西大井国家矿山公园	大井国家矿山公园管理中心	林编发〔2011〕47号	—	3名	隶属林西县政府
巴林石国家矿山公园	巴林石国家矿山公园管理局	—	—	—	—
七锅山自治区级地质公园	巴林左旗地质公园管理局	—	—	—	—
翁牛特自治区级地质公园	翁牛特自治区地质公园管理局	翁机编发〔2012〕21号	正科(级别文件中未标明)	暂无	隶属翁牛特旗国土资源局
宁城国家地质公园	赤峰市宁城国家地质公园管理局	内机编发〔2011〕78号	副处级	12名	隶属赤峰市人民政府

就赤峰市公园管理机构目前状况而言，其管理运行模式可划分为3类：①管理机构主导对公园的管理，委托企业进行开发运营；②管理机构承担对公园管理和运营的全部工作；③将公园的管理与运营权交给企业，管理机构仅参与协调工作。赤峰市地质(矿山)公园具体运营模式见表2。

表2 赤峰市地质(矿山)公园运营模式

公园名称	运营机构及模式
克什克腾世界地质公园	克什克腾世界地质公园管理局主导,委托旅游开发公司开发运营
林西大井国家矿山公园	大井国家矿山公园管理中心自主管理与运营
巴林石国家矿山公园	巴林石集团有限责任公司自主经营为主,巴林石国家矿山公园管理局协调
巴林左旗七锅山自治区级地质公园	巴林左旗国土资源局筹备下的地质公园管理局自主管理与运营
翁牛特自治区级地质公园	委托旅游开发企业自主经营为主,国土资源局主导协调工作
宁城国家地质公园	宁城国家地质公园管理局主导,委托旅游开发公司开发运营

实践证明,第一种管理模式基本可行,但仍存在体制运行不畅的问题,存在部门间沟通、协调障碍等问题;第二种管理模式导致政企与事企难分,在工作进行过程中积极性不足,严重导致工作推进困难;第三种管理模式问题较为突出,最为明显的是出现了对地质遗迹保护和公园建设监管缺位的问题。企业对地质公园的管理运营实际上是以企业的根本利益为前提,以利益最大化为导向,这与公园的公益性导向互相冲突,从而使得资源在保护与开发中产生了内在矛盾。企业为追求利益最大化过度开发资源,易导致资源受损,违背了申报地质公园的初衷。

赤峰市大部分地质(矿山)公园存在体制运行不畅的问题。地质遗迹保护项目的承担单位一般为国土资源局,具体实施单位为地质公园管理机构。该种运营模式下,地质公园建设、地质遗迹保护设计的编写、招标、资金拨付及项目验收等方面存在诸多不便。在具体工作实施过程中,地质公园管理机构与所在行政县(旗)国土资源局之间,市级国土资源局与旗(县)级国土资源局之间,以及市国土资源局与地质公园管理局之间,在文件下发、手续签批、工作推进、检查验收等诸多方面存在行文不畅、运转较慢、工作效率低等问题。部分公园虽然机构已经落实,但人员配备、详细职责尚未落到实处,导致公园内人员短缺,工作推进缓慢。

2.2.2 资金问题

赤峰市地质(矿山)公园自申报以来,均不同程度地获得国土资源部门所拨付的地质遗迹保护资金。其资金来源包括:①国家地质遗迹保护项目资金;②内蒙古自治区地质遗迹保护项目资金；③地方政府或企业自筹资金。三方面的资金来源中，国家和自治区的地质遗迹保护资金有限，公园自身的运营维护仍需地方政府自行解决。

根据公园目前的资金投入状况，基本可将其划分为 3 类：①投资量大，建设基本较好；②少量投资，建设差距较大；③少量投资，仅有少量建设。公园在其发展过程中的基础设施建设、地质旅游产品开发、旅游宣传推广及公园日常管理等方面所需资金甚多，若仅靠自治区或国家专项保护经费，仅靠地方政府财政支持，或靠贷款或者招商引资等，都存在资金不足或经费使用受限的巨大压力。如何为各公园解决保证公园正常运行的资金问题，协助其实现公园的可持续发展，是目前亟需解决的重要问题之一。

2.2.3 相关法律法规欠缺问题

目前，赤峰市地质（矿山）公园的地质遗迹保护主要参照国务院颁布的《地质灾害防治条例》《古生物化石保护条例》和地质矿产部发布的《地质遗迹保护管理规定》，以及国土资源部地质环境司出版的《国家地质公园总体规划工作指南》。除克什克腾旗人大常委会发布的《克什克腾世界地质公园保护管理办法》外，其他公园无针对本公园的保护及管理办法，而旗县发布的法规缺乏法律效力。因此，当出现滥挖化石、破坏地质遗迹等现象时，公园自身没有对破坏者进行执法的权力，目前依靠其他执法部门也不能完全解决问题，导致地质遗迹的保护工作出现困难。

3 管理模式构建

3.1 赤峰市地质（矿山）公园

3.1.1 管理体制

现行体制下，同级政府部门的各个管理部门（旅游部门、林业部门、环保部门、国土部门及各保护区的管理部门等）出现"多头管理，条块分割"的现象。为解决上述问题，应增强管理机构的权威性和管理的统一性，建议成立"赤峰市地质公园管理局"（当国家公园相关政策出台后再更名为"赤峰市公园管理局"，隶属赤峰市国土资源局，其主要职责是通过对本市各旗县地质（矿山）公园管理机构实行对公园的统一管理，实现对人员、项目申报、项目验收、地质公园建设、地质遗迹保护等的管理。具体管理机构流程见图 2。

建议成立的赤峰市地质公园管理局，承担地质（矿山）公园的服务、监督职责，但不参与地质（矿山）公园的运营活动。纵向上，市地质公园管理局直接面向

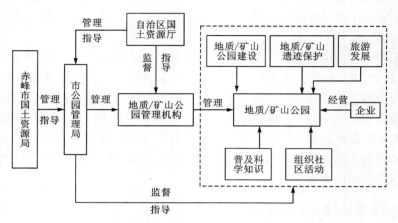

图2　赤峰市地质(矿山)公园管理模式流程

市域范围内各旗县的地质(矿山)公园管理机构,协同推进公园的建设与发展。

3.1.2　资金保障

提高公园自身的发展能力,增强公园的"造血"功能,必须克服"公园要发展,国家或地方政府就必须要投入的"思想。建议赤峰市国土资源局从地方拨款和国土资源补偿费中,适当列支部分资金作为地质(矿山)公园专项资金,参照内蒙古自治区国土资源厅和财政厅地质遗迹保护专项资金的使用办法,并适当放宽资金使用范围,从而保证各旗县公园的运营,以减轻公园发展自身遇到的资金困难问题。同时,寻求一种新型市场运营模式以规避目前公园运行中资金短缺的弊端。

3.1.3　法律法规

本着经济效益、社会效益和生态效益协调,政府主导与社会参与并举,责权统一,科学研究、科普教育及旅游发展同步等原则,出台专门针对地质(矿山)公园管理的法规(办法),使市域范围内的地质(矿山)公园在运营过程中真正做到有法可依。

3.2　国家地质公园管理模式探讨

以赤峰市地质(矿山)公园为例,借鉴其在管理、运营方面的经验,寻求一种新的地质公园管理、运营模式以利于国家地质公园的长远发展。

3.2.1　管理机构

在较高的层面上成立国家地质公园管理局,统一管理地质公园。借鉴美国国家公园的管理运营经验,国家地质公园管理局定位于服务者的位置,仅对地质公园进行管理和维护,但其管理一定要全面,涉及多个方面,在市场的多个层面发挥作用。同时，该管理机构又具有相对独立性，自成体系，与其他政府部门平等，保证管理的权威性，从而实现保护的目的。

3.2.2 运营模式

就公园自身发展而言，建议将公园的所有权、管理权和经营权适当分离，构建"国家所有、政府管理、政府和企业共同经营"的运营模式，以确保公园的持续发展。在国家、省（自治区）、市（县）国土资源局多级别项目支持的基础上，公园也需增强自身造血功能，以实现持续发展。为此，寻求一种新型市场运营模式是十分必要的。鼓励推广有利的公园运营模式，如公园的所有权归代表国家的地方政府，由代表政府的公园管理机构行使管理权，经营权则由政府和企业协商或共同行使，其中部分经营利润要用于公园自身的建设和发展。这种运营模式可以在一定程度上克服目前地质公园运行中资金短缺的困难，有利于公园的持续发展和地质遗迹的保护与开发。

主管部门要意识到地质公园之间的差异性，以及同一地质公园内不同景区之间的差异性，根据其不同的经济潜力采取不同的资金供给渠道；或市场，或政府先投入再市场，或政府补贴。

3.2.3 法律法规体系建设

国家地质公园建设与管理迫切需要完善的法律法规体系。我国的国家地质公园管理与建设应借鉴西方国家先进的经验与模式，出台国家地质公园管理、建设和保护的法律；出台地质遗迹资源管理和保护的行政法规；出台具体的、有针对性的部门规章、地方性法规等，完善国家地质公园法律法规体系，确保国家地质公园运行顺畅。

4 结语

针对赤峰市地质（矿山）公园管理体制及建设等方面存在的问题提出适合其发展的建议。在此基础上，从公园的管理机构、运营模式和法律法规体系建设等方面尝试性提出适合当前国情下国家地质公园管理与发展的模式。国家地质公园的顺畅运行需要权威的、多层面的管理机构，需要适合地方经济形势的运营模式以保障地质公园自身的"造血"功能，更需要完善的法律法规体系来确保一切顺利运行。

河南王屋山—黛眉山世界地质公园地质旅游开发探析

颜丽虹[1,2]　田明中[1]

1. 中国地质大学(北京)地球科学与资源学院, 北京, 100083;
2. 桂林理工大学旅游学院, 广西桂林, 541004

摘要: 地质旅游是一种新兴的高端旅游产品, 但近些年各地掀起的申报地质公园热使地质公园旅游开发进入了盲目无序状态并相继出现了一系列的问题。2006年9月18日, 联合国教科文组织宣布王屋山—黛眉山成为世界地质公园, 但2010年7月世界地质公园中评估评审被要求黄牌整改, 由此引发的地质公园开发建设问题受到了高度关注。从河南地质公园与地质旅游开发现状着手, 选取王屋山—黛眉山世界地质公园为典型案例, 分析其地质旅游资源与开发利用现状, 探讨开发过程中存在的问题, 并提出了相应的解决措施。

关键词: 地质公园; 地质旅游; 开发; 河南

地质旅游是一种新兴的专项旅游, 以游览观赏、科普教育、学术考察为主要活动, 具有高端旅游的特点。一般是以地质公园为基本载体, 对地质公园的主要地质事件和地质演化历史认识、追索、探究的旅游过程。20世纪80年代以来, 地质旅游开发不仅增加了经济效益, 而且在提高全民科技文化素质和保护环境方面发挥了重要作用, 使地质旅游开发逐渐成为了旅游开发与研究的热点之一, 受到了旅游部门和社会各界以及相关研究人员的高度重视与关注, 成为了地质公园建设的主要内容。

1　地质公园建设与地质旅游发展

地质遗迹有着极为重要的科学价值和观赏价值, 在研究生物演化及人类生存发展中的地位日益重要。以地质遗迹为依托建设地质公园, 能够通过对地质遗迹景观资源、其他自然景观资源和历史文化景观资源的挖掘和整理, 为游客创造良好的旅游环境与条件, 提供丰富的旅游产品与项目, 促进旅游经济发展。地质公园通过对游客普及地学知识, 提高游客保护地质遗迹的意识, 有利于地质遗迹保护工作更好地开展, 遏制地质遗迹破坏势头。同时, 地质公园建设特别是世界地质公园建设有利于提高当地知名度和国际影响力, 提高对地质遗迹资源保护重要

本文发表于《资源与产业》, 2012, 14(03): 112-117。

性的认识，促进地质景观资源与文化生态协调发展。

地质公园以具有稀有自然属性和较高美学观赏价值的地质遗迹景观为主体，并融合其他自然景观与人文景观，而成为了高端旅游发展的重要区域。目前，随着经济社会发展和旅游产业转型升级，地质旅游将会成为重要的旅游形式。原因如下：

1)经济与社会的发展是一个不可逆转的进步过程。创造社会财富的速度加快，必将使人们的休闲时间增加。旅游是一种以休闲为主的活动，它必将成为一种与生产活动相并列的社会活动。有专家预测，到2015年前后，人类社会将进入一个崭新的时代——休闲时代。

2)旅游活动和人们的旅游心理正不断发生着变化。一个清晰的脉络已经出现，即人文游—自然游—科技游。这一变化过程，符合马斯洛关于人类需求层次的理论，而原汁原味的地质旅游正符合人们的回归自然、追求知识、完美人生的自我完善的需要，将自然的和谐与人生的感受相互印证，促进良好生活观的形成。

3)我国地质公园的建设可以说是如火如荼。各地以目前的自然景区为基础，积极向有关组织申报，我国政府组织有关专家、教授进行评审，逐步形成了世界地质公园、国家地质公园和省级地质公园3级评审体系。地质公园的建设逐渐成为政府和民间资金的投资热点。

2 河南地质公园与地质旅游开发现状

河南不仅是中华民族最重要的发祥地和发源地、华夏历史文明传承创新区，也是我国地质遗迹富集区，具有"五代同堂""地质博物馆"之称。典型的地质遗迹有：地质构造研究圣地嵩山；太行山大峡谷、落差具全国之冠的大瀑布焦作云台山；危崖耸天、云飞雾卷的林虑山；山泉争流、翠山竞秀的平顶山石人山；径石林立、有"中原盆景"之誉的嶂峪山；举世罕见的西峡恐龙蛋化石群；神农山的中华绝岭——鱼脊岭；狮子坪的天然石壁画廊等(表1)。

独特丰富的地质遗迹景观资源为河南地质公园建设和地质旅游开发奠定了基础。已建成的6个国家地质公园，分别是河南内乡宝天幔国家地质公园、驻马店嶂峪山国家地质公园、洛宁神灵寨国家地质公园、信阳金刚台国家地质公园、关山国家地质公园和黄河国家地质公园；正在建设的第5批国家地质公园有小秦岭国家地质公园、红旗渠—林虑山国家地质公园；省区内还有为数众多的省级地质公园。地质公园建设极大地提高了河南省在全球的知名度，其中4个世界地质公园(云台山、嵩山、王屋山—黛眉山、伏牛山世界地质公园)被联合国教科文组织确认为世界级品牌，提高了河南省地质科学研究与地学知识普及的影响力。

表1 河南省世界级和国家级地质公园情况一览表

级别	地质公园名称	批次时间	所在地	面积/km²	地质资源特色
世界地质公园	云台山世界地质公园	第一批 2004.06	焦作市修武县	556	水动力作用形成的典型峡谷地貌景观
	嵩山世界地质公园	第一批 2004.06	登封市北部	464	36亿年来完整的地球历史石头书，被誉为"天然地质博物馆""地学百科全书"
	王屋山—黛眉山世界地质公园	第三批 2006.09	济源市洛阳市新安县	986	硅化木和铁化木地质遗迹、小浪底大坝、方山地貌、千层崖、"天然波痕博物馆"
	西峡伏牛山世界地质公园	第三批 2006.09	西峡县	954.35	恐龙蛋化石群、地质遗迹保存最为系统完整的区域
国家地质公园	内乡宝天幔国家地质公园	第二批 2002.02	内乡县福山寨至马山口一线以北	1087.5	囊括秦岭造山带华北陆块南缘30亿年来所有的地层层序和构造形迹；中原地带唯一保存完整的过渡带综合性森林生态区
	驻马店嶂岈山国家地质公园	第三批 2004.03	驻马店市遂平县西部	147.3	1亿多年前的燕山期花岗岩风化形成的奇峰和象形石地质地貌景观，被誉为"中原盆景""江北石林"和"汉代壁垒山城"
	洛宁神灵寨国家地质公园	第四批 2005.08	洛宁县	209	我国最大的石瀑群
	黄河国家地质公园	第四批 2005.08	郑州市北郊	200	3条代表性的第四纪黄土地层剖面，晚更新世马兰黄土的厚度堪称世界之最
	信阳金刚台国家地质公园	第四批 2005.08	信阳市商城县东南	276	火山地貌、国内典型的同源岩浆演化花岗岩体
	关山国家地质公园	第四批 2005.08	辉县市上八里镇	169	南太行地区最大的古崩塌地貌

注：根据河南省国土资源厅网站资源整理。

河南这些地质遗迹有着极为重要的科学价值和观赏价值，在研究生物演化及人类生存发展中的地位十分重要。丰富珍贵的地质遗迹旅游资源和旖旎秀美的山水风光，为地质公园建立和地质旅游发展提供了优越的地理条件。从旅游业发展的自身看，河南的历史文化，人文景观已挖掘得相当充分，而丰富多彩的自然景观，还有许多"养在深闺人未识"，发展大山水地质旅游有着广阔的潜力和空间，是盘活河南旅游资源的有效途径。地质遗迹作为一种旅游资源，可被开发利用转变为社会效益和经济效益，但是不适当的开发往往会造成资源破坏，王屋山—黛眉山世界地质公园正是由于不适当的旅游开发被挂黄牌强制进行整改。关于地质公园旅游开发的得失问题开始成为大家亟待认真思考的问题，而探析王屋山—黛眉山世界地质公园旅游开发，如果能从中吸取经验教训，这对今后河南地质公园建设与地质旅游开发不无裨益，既能促进地质景观资源与文化生态协调发展，也能更好地提升河南在中国和世界地质景观保护与研究中的地位。

3 王屋山—黛眉山世界地质公园概况

王屋山—黛眉山世界地质公园位于太行山南麓，分别位于济源市和洛阳市新安县境内（图1）。景区总面积986 km²，核心区面积273 km²，由王屋山、黛眉山和黄河三峡3个地貌单元组成，在空间上形成了一个自然整体，是一座以裂谷构造、地质工程景观为主，以典型地质剖面、古生物化石景观、地质地貌景观为辅，与生态人文相互辉映为特色的综合型地质公园。园内地质类型齐全，地质内涵丰富，地貌景观独特，从地球的形成到新构造运动，从古老的裂谷演变到如今的地貌景观，从黄河、济河的形成到二者之间相互的袭夺，都在王屋山—黛眉山地质公园里留下了独特的印迹，是一部记录于石头上的"天然地质史书"，其丰富的地质景观和独特的地质遗迹使其进入了世界地质公园的行列。

图1 王屋山—黛眉山世界地质公园地理位置图

3.1 王屋山概况

王屋山位于河南省济源市西北 40 km 处，总面积 867 km²，分为天坛山、黑龙峡、三峡和西滩 4 大园区，主峰天坛山海拔 1715 m。区内峰峦叠翠，气势雄壮，宫观林立，人文荟萃，泉瀑争流，树古石奇。誉满中外的《愚公移山》的故事就发生在这里，是中国古代九大名山之一，汉魏时列为道教十大洞天之首，为"天下第一洞"。天主峰天坛山海拔 1715 m，是中华民族祖先轩辕黄帝设坛祭天之所，世称"太行之脊""擎天之柱"。景区内五龙口温泉、小浪底水利枢纽工程以及道教文化是主要的看点。

公园核心区依山就势建设了一座以穿越地球时空为主题的地质博物馆，展厅与广场相结合，展示了地球演化、生命进化和王屋山地质历史。王屋山清晰地保存着距今 25 亿年、18 亿年、14.5 亿年、8.5 亿年前的 4 次前寒武纪造山、造陆运动所形成的不整合接触界面及构造形态遗迹。复杂的地质地理背景、系统的地质构造和古生物化石、丰富的矿产资源、生态资源和人文资源，使王屋山成为储存地质信息的"数据库"，是地质科研、科普教育和旅游资源的巨大宝库。

3.2 黛眉山概况

洛阳黛眉山世界地质公园位于秦岭与太行山的过渡地带，黄河小浪底水库上游南岸，行政区划隶属洛阳市新安县管辖，分为龙潭峡、荆紫山、黛眉山、青要山和万山湖 5 大景区，面积约 328 km²，是一座以沉积构造遗迹和地质地貌景观为主，与地质灾害遗迹、典型矿产和水体景观等相互辉映为特色的综合型地质公园。12 亿年前的中元古界，黛眉山地区成为大海的滨海地带，沉积了一种独特的紫红色石英砂岩，距今 3.2 亿年前的海侵，形成了我国北方重要的含煤建造。

龙潭峡景区是黛眉山世界地质公园的主要景区，是世界罕见的 U 型峡谷，联合国教科文组织专家评价其为"世界上最美丽的峡谷"。黛眉山中的黛眉峡、龙潭峡是典型的红岩嶂谷，发育在中元古界汝阳群红色石英砂岩中。黛眉峡长达40 km，龙潭峡长约 5 km，谷内嶂谷、隘谷呈串珠状分布，波痕绝壁构成中原地区罕见的山水画廊。

4 王屋山—黛眉山世界地质公园的旅游开发

4.1 旅游资源分析

王屋山—黛眉山世界地质公园分别位于济源市和洛阳市新安县境内。济源市地处河南省西北隅，北依太行山，西接山西省，南临黄河，自古有"古玉川福地，豫西北门户"之称，在区位上是沟通晋豫两省、连接中西部地区的枢纽。新安在秦时置县，迄今已有2200年的历史，历来为古都洛阳的畿辅之地，积累了丰厚的文化底蕴，再加上地处丝绸之路，被纳入河南省"三点一线"黄金旅游线，国道、高速公路、陇海铁路四通八达，让黛眉山世界地质公园占尽地利。

王屋山—黛眉山世界地质公园是一座地质构造、生态和人文景观相映成辉的世界级地质公园，有着丰富的人文、地质和生态等旅游资源。

1)人文景观。王屋山钟灵毓秀，有"盘古开天""黄帝祭天""女娲补天""愚公移山"等众多的美丽传说；是茶仙卢仝、山水画宗师井浩等的故里；魏晋以来，随着道教的发展，道教的青睐使王屋山成为道教十大洞天之首，被誉为"道教第一洞天"。新安是河洛文化的主要发祥地之一，境内有北方地区少有的上百平方公里的万山湖广阔水域，有着以千唐志斋博物馆、汉函谷关为代表的人文景观，还有以北魏石窟、黄河澄泥砚、黄河奇石为代表的黄河文化。

2)地质景观。王屋山受山西板块和华北板块相互挤压和扭动的影响，地质构造复杂，形成山高谷深、大空间、大节奏的壮美景观。黛眉山12亿年前剧烈的地质构造运动形成的天碑、天书等景观奇妙绝伦，厚达800余米的紫红色石英砂岩国内罕见。不同时期形成的波痕、泥裂和大型交错层理会聚一堂，形成天然"沉积构造博物馆"。自嵩阳运动以来的8次造陆、造山运动遗迹，详细地记录了距今25亿年以来华北地区地壳的海陆变迁过程。距今500万年至260万年之间，新构造运动复活的封门口断裂和黄河断裂，使得封门口断层以北抬升着王屋山，黄河大断层以南抬升成黛眉山，两条断层之间沉陷为黄河谷地。早期的黄河沿黄河谷地溯源侵蚀贯通，形成黄河八里峡。八里峡是黄河贯通事件中一个重要节点，随着黄河的贯通入海，两岸夷平面上的流水沿节理裂隙追踪下切，形成了一系列开口向黄河，呈"之"字形展布的峡谷景观。

3)生态景观。景区内地理条件十分复杂，高低起伏，有海拔400~1700 m不等的高山，相对高度差别明显，导致气候植被垂直变化大。这里植物种类繁多，过渡性强，由于受人类干预较少，保留了大面积的天然野生林，其中王屋山是"天然动植物资源库"，是研究动植物分类学、生态学、地理学的理想科研基地和教学基地。

4.2　旅游开发问题诊断及对策分析

4.2.1　地质公园的特有属性埋没在开发中，急需深度提炼、优先展示

王屋山—黛眉山世界地质公园的旅游活动一直没有突出"地质"特色，对地质遗迹属性的提炼不够，主打品牌一直集中在中原文化、道教文化、小浪底大坝、峡谷瀑布上，对于硅化木和铁化木地质遗迹、方山地貌、崩塌岩块的波痕等没有强调和突出。

根据地质公园的实际情况，应该在地质博物馆建设、地质科普展示、地质遗迹知识推介上更上层次。比如，加强与高等院校和科研机构的合作，提高地质公园的科学研究程度，丰富地质科学内容，开发科技含量高的旅游景点和科技项目，形成系统的科技旅游开发成果，面向学生和社会公众，加大科普推广力度，普及地球科学知识；聘请有关专家做指导，参与建设保护开发工作的决策。

4.2.2 地质遗迹景观保护要与区域文化和生态环境深度融合协调发展

世界地质公园不仅包含地质景观，还包括区域文化、生态环境等，要将其有机结合起来。王屋山—黛眉山世界地质公园在开发形式上要尊重地质遗迹的原生态，要彻底抑制破坏性开发，开发强度在传统休闲线路开发设计上要仅限于修筑游览步道、观景台，密度和容量控制在极小范围内；开发特点上坚持原始性、生态化、乡土化，不搞特定的人工项目，以保护地质古迹的完整性。王屋山—黛眉山景区不仅有着丰富的地质遗迹，更是有着深刻的区域文化，历史长河的文化脉络深深地根植在这片土地上，更加高端的文化与地质景观的深度挖掘与融合是地质公园合理开发的主要取向，高端线路开发设计要尽量保持其原始性、探索性特征。必须尊重自然，本着可持续的发展原则，遵循生态景观、人文景观、自然景观及生态经济带相结合的开发原则。要进行严格的区域开发分级，要划分出地质区、居住区、旅游区的界线，以促进人与自然和谐相处、经济社会与环境建设协调发展。要进行有效的区域旅游资源整合，除了基本成型的"三点一线"沿黄河区域旅游线路外，还要联合豫北、豫西北的焦作、济源、安阳等区域旅游资源，以此为基础，融入自然景观、森林生态、古文化遗址、古建筑、文物、宗教、民风民俗等资源，开展综合性旅游，不断丰富地质旅游的内容。另外，应充分利用这些地质公园建立全省地质旅游网络，协调区域组合滚团发展。

4.2.3 行政区划与公园产权界定要明晰，专属的管理机构设置迫在眉睫

王屋山开发较早，管理经验较丰富，但黛眉山开发时间短，管理较为混乱，而且王屋山和黛眉山分属不同的城市，分地而治，难以在行政管理上达成共识。特别是黛眉山地质公园内的地质旅游资源，分属3个不同的乡镇，没有整合到一个统一的平台上，致使产权混乱，给统一开发和管理造成了障碍。各自为政，孤立规划，无形中削弱了以王屋山—黛眉山为整体开发的旅游实力，有挂羊头卖狗肉之嫌。因此，要确保地质公园的利益分配达到最合理，应该明确地质公园的产权归属，其管理权应由多个都有管辖权的行政区的一级政府所有，利益由政府按照资源贡献率额度进行统一分配，并设置相应的部门分口管理。

4.2.4 地质公园开发缺乏详细规划，亟待高端规划团队有序引导其地质公园建设

在地质公司的开发过程中，应该向伏牛山世界地质公园学习，其制定的《中国·南阳伏牛山世界地质公园详细规划》顺利通过专家组评审，这也是全国现有

世界地质公园中唯一的制定了详细规划并通过评审的世界地质公园。伏牛山地质公园提出的 4 大环线的公园路网设计以及 5 条地质科考线给其他地质公园做了很好的示范榜样。地质公园规划文本不能只停留在总体规划的层面上，要做到详细规划的层次，明确指出地质公园建设的每一步怎么走，且实施方案的可操作性、执行力度要强，只有这样地质公园建设才能进入有序的系统的开发轨道上。

王屋山—黛眉山首先要解决的是组建一个好的规划团队，团队成员必须要具有良好的地质专业背景，熟练掌握 3S 技术，有旅游营销策划及线路设计经验等。在设计过程中，要重点考虑王屋山与黛眉山两个景区如何联动，路网设计如何相连是最佳路径，景点筛选组合成的地质科考线有没有突出的主题意识。

5 结论建议

王屋山—黛眉山世界地质公园作为河南地质公园开发的缩影，从不同角度诠释了这种新的旅游资源开发的得与失。地质公园如何在保护中开发，如何在开发中充分体现其科普性、互动性和协调性，是未来进行地质公园建设和发展的核心主题。近几年来，以中部崛起为背景，其旅游活动的开发获得了蓬勃的发展，把地质公园作为一种高端旅游资源整合到不同的旅游资源中，把地质公园旅游融入到中原旅游区的旅游环线之中，以区域合作为载体，把旅游产业作为一项综合性的产业开发，集中打造地质景观、生态、文化、休闲旅游品牌，这样既能把地质旅游提升到一个新的高度，又能体现河南旅游资源的多元性，满足不同旅游者的需求。

黄山世界地质公园资源保护及可持续发展对策

韩晋芳[1]　武法东[1]　田明中[1]　李维[2]　江泳[3]

1. 中国地质大学(北京)地球科学与资源学院, 北京, 100083;

2. 黄山地质公园管理办公室, 安徽黄山, 245800;

3. 山东省临沂市国土资源局, 山东临沂, 276001

摘要：黄山以花岗岩峰林地貌为主, 其独特的资源禀赋给黄山发展带来了强劲的动力, 同时也给黄山地质遗迹、世界遗产的管理和保护带来了一定挑战, 因此在可持续发展的基础上的开发和保护显得尤为重要。近年来, 黄山世界地质公园的建设和管理都取得了较快发展, 在资源保护和开发方面积累了宝贵的经验和做法。本文选取黄山世界地质公园作为研究对象, 分别从地质多样性、生物多样性、文化多样性三个方面, 总结了黄山世界地质公园资源保护和管理的办法和措施, 进而为该公园的可持续发展提出了对策建议：一是建立投融资机制, 二是保护和继承非物质文化遗产, 三是尝试设立地学研究中心并配套相应研究基金。

关键词：黄山；世界地质公园, 资源保护；多样性；可持续发展

可持续发展是指既满足当代人的需求, 又不损害后代人满足其需求的发展。21世纪初, 《千禧宣言》以《联合国宪章》为指导, 从经济发展、社会发展和环境保护等三方面确定了可持续发展的原则和条约。如今, 越来越多的人意识到人类已经深深改变了地球, 一些过去未知的环境问题逐渐凸显出来, 可持续发展也被进一步理解为"一种将来比过去和现在更好、更健康的理念"。

地质公园是以具有特殊地质科学意义, 稀有的自然属性、较高的美学观赏价值, 具有一定规模和分布范围的地质遗迹景观为主体, 并融合考古、生态、历史和文化价值而构成的一种独特的自然区域。地质公园既为人们提供具有较高科学品位的观光旅游、度假休闲、保健疗养、文化娱乐的场所, 又是地质遗迹景观和生态环境的重点保护区, 地质科学研究与普及的基地。1996年在北京召开的第30届国际地质大会上, 作为对可持续发展和环境保护理念的响应, 地质公园的概念第一次被提出, 其目的是保护和促进欧洲地质遗迹和当地经济可持续发展。地质公园相对于风景名胜区, 概念不同, 功能不同, 愿景也不相同, 地质公园更多关注区域可持续发展问题。世界地质公园是由联合国教科文组织组织专家桌面讨论、实地考察, 并经专家组评审通过, 经联合国教科文组织批准的地质公园。2015年11月17日, 在联合国教科文组织第38届大会上, 联合国教科文组织将1974年开始实施的"国际地质对比计划(IGCP)"与世界地质公园网络(GGN)合

本文发表于《中国人口·资源与环境》, 2016, 26(S2)：292-295。

并，正式批准了"国际地球科学与地质公园计划（IGGP）"及有关章程和指南，并将全球现有的 120 个"世界地质公园"统一更名为"联合国教科文组织世界地质公园"，从此，世界地质公园拥有了和世界遗产、生物圈保护区一样的地位。截至2015 年 9 月，全球已经建立了 120 个世界地质公园，遍布 35 个国家，其中中国 33个。

1 黄山世界地质公园概况

黄山世界地质公园，位于中国安徽省黄山市境内，地理坐标为东经 118°01′~118°17′，北纬 30°01′~30°18′，海拔高度为 440~1864.8 m。公园以花岗岩峰林地貌为主要特征，兼有丰富的生物资源和人文景观，地貌独特、生态良好。公园面积 160.6 km²，其中花岗岩出露面积 107 km²。

黄山地质公园不仅有以奇松、怪石、温泉、云海、冬雪为代表的自然奇观，而且文化源远流长，底蕴深厚。黄山文化包含了遗存、书画、文学、传说、名人等多个领域，是中华文明的重要组成部分，既反映了中华民族传统文化的精华，又具有浓厚的地方特色，是全球化背景下文化交流的重要纽带和黄山旅游国际化的重要资源。

除了具有极高的美学价值，黄山地质公园还有地球科学等多个领域的科研价值，是开展花岗岩地质地貌科学考察的极佳场所，是基础地质学知识普及的天然课堂，是进行地质旅游的绝好去处。同时，黄山近 40 年来资源保护和旅游经济发展所取得的成就，也为现代自然地理学和旅游地学的研究提供了一系列生动的案例，具有极高的科学研究、科普宣传和旅游经济价值。

2 黄山世界地质公园的资源保护

2.1 地质多样性保护

地质多样性是生物多样性、文化多样性的基础。地质多样性通过构成生物多样性的土壤、矿物、岩石、化石、自然过程等与各类景观和人类及社会文化之间相互联系、相互作用。目前，影响黄山地质公园地质多样性的主要因素是大气污染、水土流失、山洪、崩塌、雷电等自然灾害。

2.1.1 大气污染和水土流失防治

大气污染，特别是酸雨，对岩石、景观和土壤会有很大的危害。在公园内和公园与大中型城市之间建立大气环境自动监测系统，鼓励自驾游客换乘景区生态环保观光车，园区内（包括缓冲区）禁止建立环境污染厂矿企业等都有效地防止了空气污染。黄山地质公园内的土壤多为抗蚀性弱的成土母质风化而成，土壤土质松散，团聚性、抗碱性差，可蚀性、产沙力强，极易引发水土流失。地质公园通过植树造林等手段加强水土保持，目前公园森林覆盖率和植物覆盖率分别为98.29%和98.53%。

2.1.2 山洪和崩塌防治

黄山是以花岗岩地貌为主的山岳型地质公园，相对高差较大，在雨量集中的七、八月份，容易引发洪灾。针对山洪灾害突发性强、防御难度大等特点，公园气象和地质灾害防治部门认真研究山洪灾害发生的特点和规律，科学、合理地谋划防治对策、方案以及防御应急预案，科学防御突发性的自然灾害。受花岗岩节理发育、球状风化显著等因素影响，园内局部存在大量孤石，客观上为崩塌提供了落石源。为了减少崩塌带来的影响，公园不定期组织地质、规划、国土、建设、环保等部门对主要旅游步道沿线进行检查，并及时对危岩采取锚固与挂网喷护、支撑加固等防护措施。公园护林员和巡逻队每天沿游步道排查，及时清除岩缝内杂草，以防生物风化引起的花岗岩崩塌。

2.1.3 雷电防治

黄山地形高低起伏，岩性以中细粒斑状花岗岩为主，土壤电阻率很高，这种特殊的地质地貌类型很容易遭到雷电袭击导致岩石爆裂、剥落飞贱、护栏游道受损。在保护资源原真性的前提下，黄山地质公园管委会采用多点布置的方案对雷电进行拦截，主要采用由法国生产商依据黄山特点专门量身定做的避雷设施和国内目前最成熟的技术进行资源保护。目前，预警防雷范围覆盖核心景区内的主要景点和游道。

2.2 生物多样性保护

黄山地质公园森林植被群落具有乔、灌、草三层完整结构，还有多种古树名木和珍稀花卉，是野生动物栖息繁衍的良好场所，生态系统稳定平衡，生物物种多种多样。凭借其生物多样性，黄山入选世界自然保护联盟（IUCN）全球108个分布中心之一。根据生物多样性调查，黄山世界地质公园内分布有1805种高等植物，其中国家重点保护植物37种，分布有323种脊椎动物，其中国家重点保护动物28种。目前发现的全球唯一具有超声波通讯功能的非哺乳类脊椎动物——黄山特有的凹耳蛙（*Rana tormotus*），具有巨大的潜在科研价值。生物多样性资源保护是可持续发展的重要组成部分。但是诸如栖息地破坏、外来物种侵入、气候变化、过度开发等因素都会引发生物多样性危机。针对生物多样性，尤其物种多样性保护，黄山地质公园主要采取就地保护措施来应对自然灾害和游客活动的冲击。

2.2.1 生态环境保护

公园组织编制了生态环境保护规划等多个专项规划,建立了 ISO14001 环境管理认证体系并成功创建 ISO14000 国家示范区,首创了景点封闭轮休制度,建立专门机构,整合资金资源和技术力量,在全国同类公园率先实现了"污水统管"。在完成生态环境背景值调查的基础上,2015 年 6 月,黄山地质公园管委会与复旦大学、复凌科技有限公司(联合体)联合启动生态环境监测体系建设项目。为减少旅游活动对生态环境的影响和破坏,公园每隔 3~5 年轮流封闭部分热点园区,以促进生物多样性的自我修复和保护,并在每年的动物繁殖期、迁徙期等敏感时期停止开展生态游览活动,以减少旅游对动物繁衍的干扰,确保种群数量的稳定。

2.2.2 生物资源保护

公园长期坚持封山育林和禁止狩猎,禁止开山采石和挖沙取土,主要从防火、防虫、防极端气候三方面下功夫,确保资源安全。首先通过建立"全山、全员、全年"的防火机制、在核心景区建设高山防火水网、严格野外用火管理、加强与周边地区护林联防等,实现了连续 34 年无森林火灾;其次环绕公园建成了 3 万 hm² 的无松属植物生物隔离带,在公园三个入口建设了检验检疫站,配备 20 多名专职人员,购置高科技检测设备,对进入公园的木制品及外来植物进行严格检查,严防松材线虫病传入公园,有效保护了包括国宝迎客松在内的黄山生物资源,公园还开发了浮溪猴谷,对国家二级保护动物黄山短尾猴进行科学驯化、保护和研究。

2.2.3 古树名木保护

园内登记建档的古树名木已有 110 株,其中 54 株被列入世界自然遗产名录。针对这些名贵树木,公园组织由多学科知名专家组成的"黄山古树名木保护专家组"定期开展全面调查、会诊,并采取综合措施进行防治和保护;建立了古树名木的"一树一策、一树一册"保护方案和数据库管理系统及分级保护制度,并配备了先进仪器设备实施监控。构建完成古树名木"日常监测、专家咨询、安全守护、应急应对"的综合保护体系。

2.3 文化多样性保护

地质遗迹是组成地质公园不可或缺的部分,但地质公园既不是地质主题公园也不是地质露天博物馆,公园范围内的自然、文化、历史都是地质公园的有机组成部分。建立地质公园的目的之一就是探索、开发、弘扬并保护地质遗迹和区域内的其他自然、文化和非物质文化遗产以及他们之间的联系。

"黄山文化"这一命题被正式提出应在 1989 年,当时来自 IUCN 的专家 Jim Thorsell 赴黄山进行世界自然遗产申报的现场评估工作,考察之后他认为,除了自然遗产,黄山还拥有丰富的"文化遗产",继而建议申遗部门进一步补充文化遗产方面的相关资料，以突出其文化多样性。1990 年 12 月，黄山入选世界自然和文化遗产。黄山的文化多样性体现在黄山经济发展的历史、政治沿革的情况、地质构造演化的历史、人文建（构）筑的遗址及其演变、风土人情、宗教和旅游文化，以及建筑、石刻、绘画等。

2.3.1 保护策略

根据中国国土资源部正在制定的《国家地质公园管理办法》，结合自身实际，黄山也在制定《黄山地质公园管理办法》，以期通过立法形式对文化等资源加以保护；其次通过旅游开发，构建和发展旅游新业态，一方面传播、弘扬公园自身文化，另一方面为保护文化多样性筹集到更多的资金。

2.3.2 保护措施

一是开展公园文物普查、建立文物数据库；二是及时修缮公园内的古建筑并定期题刻出新的石刻拓片；三是建立专门的场所用于书画艺术交流，黄山艺术展览中心自 2012 年竣工以来，吸引了大量来自世界各地的艺术家，提供了一流的创作、交流和展示平台；四是鼓励新闻出版、广播电视、互联网等媒体，应用教材、视频、邮票、互动游戏、专题展览、旅游纪念品等形式，对黄山文化多样性及其保护工作进行宣传展示，普及保护知识，培养保护意识，努力在全社会形成共识。

3 可持续发展建议对策

3.1 建立投融资机制

像中国其他旅游目的地一样，门票在地质公园的发展中也起着重要的作用。在黄山地质公园，门票收入主要用于遗产保护、旅游环境的全面改善和基础设施的建设维护。2011 年，黄山门票收入约 5.63 亿元，而保护性支出就达 4.13 亿元，占门票收入 73.6%。然而，过度依赖门票会降低公园的可持续发展能力。一般来说，自然灾害、疾病爆发、政治动荡等不可控事件均会对旅游目的地带来负面影响，进而影响游客数量和门票收入。因此，努力建立投融资机制，鼓励国内外资金参与旅游开发，鼓励社会和个人捐赠等都不失为减少公园对门票经济依赖的措施。

3.2 保护和继承非物质文化遗产

非物质文化遗产是对自然和文化遗产的补充，是旅游开发和利用的基础。只有地区的、民族的文化原生态得到有效保护，才能谈得上对其文化资源的永续利用。黄山地质公园内非物质文化遗产丰富，有国家级非物质文化遗产，如徽剧、徽州四雕（木雕、石雕、竹雕、砖雕）；省级非物质文化遗产，如徽州楹联、石刻、民歌、徽派建筑、绿茶制作技能、汤口火腿制作技能等等，这些非物质文化遗产都需要得到进一步保护和继承。一些景点名称及其相关故事、神话、传说等，这也是黄山文化的一部分，也应该有选择地宣传和继承，而非全盘被科学解释代替。

3.3　尝试设立地学研究中心并配套相应研究基金

开展科研和科普活动是地质公园区别于其他旅游目的特征之一。相对于生物多样性、文化多样性的研究，黄山在地学方面的研究有待进一步加强。一方面，公园多年来先后所招地学类硕士研究生未能发挥其专业所长，做到人尽其才；另一方面，黄山地质公园博物馆因为没有科研做后盾，其科普功能也日渐丧失，一度沦为游客接待中心，成为游客休息、集结的场所。如果能在公园博物馆内设立专门的地学研究中心并提供相应的配套研究基金，一方面可以弥补博物馆科研能力几乎为零的尴尬，另一方面可以吸引对地质科学、地质公园感兴趣的国内外学者，为地质公园可持续发展不断提供理论科学依据。

基于 ArcIMS 的地质公园旅游信息系统的设计与实现
——以泰山世界地质公园为例

张国庆[1, 2]　　田明中[1]　　郭福生[2]　　王同文[1]　　孙洪艳[1]

1. 中国地质大学(北京)地球科学与资源学院, 北京, 100083;

2. 东华理工大学地球科学与测绘工程学院, 江西抚州, 344000

摘要：在地质公园保护、开发、管理的过程中, 利用 GIS 技术可以提高管理的效率和质量, 更好地为广大游客服务。本文以泰山世界地质公园为例, 对旅游信息系统设计的原则、目标、建立的流程图、数据库的设计进行了详细的介绍。将系统划分为概况子系统、地质遗迹管理子系统、多媒体子系统、景区规划子系统、旅游咨询子系统、旅游统计分析子系统、系统维护子系统共 7 大子系统, 并对各子系统的功能逐一进行了描述, 最后对基于 ArcIMS 的体系结构和实现的方法做了分析和介绍。基本上实现了泰山世界地质公园旅游信息系统的构建。

关键词：ArcIMS；地质公园；旅游信息系统；泰山

引言

　　地质遗迹是指地质历史时期保存遗留下来, 可用来追索地球演化历史的重要地质现象。地质公园是以具有特殊科学意义、稀有性和美学观赏价值的地质遗迹为主体, 并融合其他自然景观、人文景观组合而成的一个特殊地区, 是以保护地质遗迹, 开展科学旅游、普及地球科学知识, 促进当地经济、文化和自然资源的可持续发展为宗旨而建立的一种自然公园。通过规划建设, 可以形成地质遗迹的保护区, 地质科学的研究基地, 地质教学的实习基地、科学普及的重要场所。同时, 以其优美的地质生态环境和引人入胜的自然景观及不可再生的稀世遗迹, 为人们提供休闲度假的场所和健康娱乐的区域, 还可增加旅游内容, 提高科技含量, 为当地居民提供新的就业机会, 促进地方经济的可持续发展。地质公园建设的核心任务是保护好地质遗迹资源。

　　GIS 不同于一般的信息系统, GIS 具有可视化空间和非空间数据的能力。GIS 作为一个空间信息系统, 可以应用在不同的领域, 被应用在旅游业中时, 可作为一个有用的工具应用于一些特别问题的调查, 如旅游开发过程中旅游区的位置、地区状况、趋向和变化、旅游路线及有关开发模式等。同时, 有人研究将 GIS 应

本文发表于《水土保持研究》, 2008(05)：61-64。

用于旅游规划和通过网络发布旅游信息。美国国家公园服务部门通过 WebGIS 站点（如 http：//www. nps. gov/gis/index. html）允许游客查询和了解一些关于公园的旅游信息。著名的 ESRI（Environmental Systems Research Institute）专门为一些地区开通了 WebGIS 旅游站点（如 http：//maps. esri. com）。随着 GIS 的发展，将会给旅游业的发展带来更多、更有效的帮助。地质公园旅游信息系统不同于一般的旅游信息系统，必须将地质公园所具有的独特的地质景观、人文景观、民族风情、科学研究、科普知识、休闲娱乐等表现出来，通过遥感图像、DEM、图片、多媒体、文字、信息查询等信息展示给游客。泰山地质公园在太古宙科马提岩、前寒武纪多期次侵入岩、寒武系标准剖面、新构造运动与地貌等方面，都具有全国和世界意义的巨大地学价值，是一个天然的地学博物馆，并于 2006 年被联合国教科文组织批准为世界地质公园。本文以泰山世界地质公园为主要案例，对基于 ArcIMS 的地质公园旅游信息系统设计与实现的方法做了详细的介绍。

1 系统设计的原则与目标

通过对泰山世界地质公园的考察、资料收集，根据公园自身特点，结合当前 GIS 技术发展现状，系统设计时必须按照系统界面友好、可扩充性强、系统开发标准化与规范化、集娱乐性与知识性于一体、经济性、系统安全可靠 6 条原则进行。在突出地质公园所具备的科学研究、科普教育功能的基础上，利用网络优势，将泰山的旅游资源面向国内外广泛宣传，增强泰山地质公园对旅游需求的响应。以多媒体的形式显示文字、符号、地图、图像和声音等多种形式的数据，生动形象地把泰山世界地质公园的地质景观、人文景观、科普知识、休闲娱乐等有机结合起来介绍给游客，方便游客查询有关旅游信息。

能具体、有效地培训各类旅游管理人员和服务人员，使他们在较短的时间内熟悉公园的各种旅游政策、旅游法规、旅游项目和旅游设施等情况，提高培训的质量和效率。

2 系统建立的流程图

建立地质公园旅游信息系统，首先需从地矿部门、测绘部门、旅游部门、交通部门、环保部门等收集大量的地质图、遥感影像、DEM 等地学数据以及图片、声音、图像、文档等多媒体数据，然后将空间信息、属性描述信息和景点图片、声音、图像等多媒体信息分别进行处理，对这些信息的处理精度进行控制，以保证入库信息的准确性、完整性和一致性。将处理后的分类信息分别入库，通过二次开发技术，整合数据，完成系统开发。系统开发流程如图 1 所示。

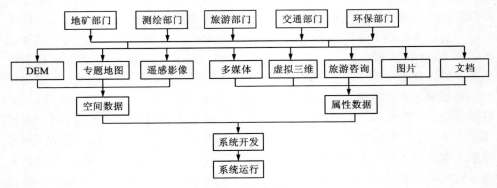

图 1 系统开发流程图

3 数据库的设计

数据库的建设是整个系统建设的核心。一般而言,地理信息系统数据库的建设占整个系统建设投资的 70%或更多,所以必须按一定的方法步骤进行设计建设,一般通过需求分析→概念模型设计→逻辑模型设计→物理模型设计 4 个阶段,最终实现数据库的设计和建设。根据地质公园的建设内容和系统数据库建设的基本原则和要求,泰山世界地质公园旅游信息系统的数据库结构如图 2 所示。

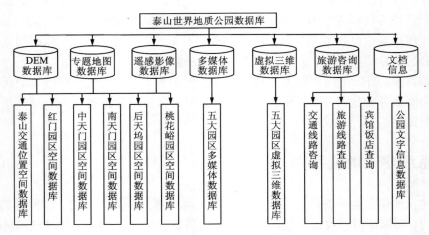

图 2 泰山世界地质公园数据库组织结构图

将空间数据和属性数据按照 Geodatabase 的数据组织模型进行一体化存储,空间数据按要素类存储到数据库中,属性数据直接存储为二维表,同时数据库中还存储多媒体数据及相关元数据，底层数据库采用 Oracle 9i 作为底层物理存储，可保证具有足够空间，同时数据安全性更可靠。

4 系统功能设计

根据泰山世界地质公园本身的特点，从系统实用性和技术角度考虑，泰山世界地质公园旅游信息系统主要划分为概况子系统、地质遗迹管理子系统、多媒体子系统、景区规划子系统、旅游咨询子系统、旅游系统分析子系统、系统维护子系统。如图 3 所示。

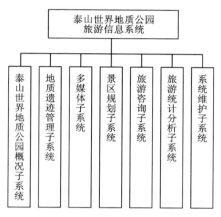

图 3 泰山世界地质公园功能模块规划图

（1）公园概况子系统。可以对地质遗迹和地质公园的概念、建立地质公园的目的做一些简单的描述，使人们能对地质公园有一个初步的了解。对泰山世界地质公园的自然地理概况、区域地质概况、人文历史概况，各景点旅游资源概况、地质公园区近年来科研成果以图片和文字的形式做详细的介绍。展示地质公园内每一处地质遗产的地理位置、地学背景资料，包括其地质环境、时代和形成历史等信息。使人们对地质公园这个天然的地学博物馆有一个科学的认识，增强游客的浏览兴趣。

（2）地质遗迹管理子系统。泰山地质公园实行分级管理，分为 4 级保护区，即核心保护区、一级保护区、二级保护区、三级保护区。用信息系统对各级保护区进行监控管理。

（3）多媒体子系统。将每个景区的地质景观、人文景观、风土人情，用文字、图像、声音、色彩、动画等技术，以最直观、形象的方式展现给游客。同时建设数字地质公园博物馆，将公园区各种地质资源直观地介绍给游客。

（4）景区规划子系统。借助 GIS 的空间分析功能，进行旅游规划与设计。利用 GIS 的拓扑叠加功能，通过环境层（地形、地质、气候等）与旅游资源评价图叠加，分析优先发展区域；利用 GIS 的网络分析功能，分析旅游路线布局；利用 GIS 的缓冲区功能可以确定景区的保护区域、道路红线等。

（5）旅游咨询子系统。包括地质科研科普路线选择；旅游线路选择；景点门票和开放时间；宾馆、饭店情况；旅游费用分析。

（6）旅游统计分析子系统。根据游客输入的景区、日期信息进行统计分析。可统计各景区的日接待人数、多年同期对比情况、当日饭店和宾馆出租率等信息。分析结果以统计图或表格形式展现给用户。根据数据库中历史数据分析并预测各景区指定日期的旅游相关信息，以辅助用户决策。

（7）系统维护子系统。①用户权限与维护。考虑系统数据的安全性，管理人员在登录时，须输入用户名和密码，系统验证通过后，方可进入。用户权限的设定：一般人员可使用地图的一般操作功能，空间查询功能，浏览输出功能；中级人员，可进一步使用空间分析、统计功能；高级管理员在中级人员的基础上，可使用旅游资源输入编辑功能，数据的载入、删除功能及规划、管理功能。②数据库维护。包括数据使用权限设置、数据备份、数据库更新、数据库恢复等。

5 系统的实现

ArcIMS 是美国 ESRI 公司推出的第二代基于 Internet 的地理信息系统（GIS），能够支持基于网络的地图服务。应用了 Java Applet，Java Servlet，XML 等技术，在数据传输和浏览器端地图操作等方面优于同类其他产品，是目前应用最广泛的 WebGIS 产品之一。

ArcIMS 的体系结构总体上由 3 部分组成，即表示层、事务逻辑层和数据层（图4）。各层的功能分别为：①表示层（客户端）就是指 ArcIMS Viewer。Viewer 包括 3 种类型：ArcXML 客户端，HTML Viewers 和 Java Viewers。根据用户选择定制或开发方式的不同，又可以分为基于 Html 方式开发的 Viewer（Html）、基于 Java 方式的 Java Viewer 及基于 ASP 开发的 Viewer 等。②ArcIMS 的核心在它的事务逻辑层。该层包含 Web 服务器、ArcIMS 应用服务器、应用服务连接器和空间服务器等部件。这些部件用于处理请求和响应并运行地图服务。当请求传来，首先由 Web 服务器处理，然后通过与 Viewer 相对应的应用服务连接器传递给 ArcIMS 应用服务器。应用服务器再根据客户端的具体请求提交给相应的 ArcIMS 空间服务器去读取数据集并将地图和数据处理成适当的格式，而后将数据返回给客户端。服务器端各组成部分之间依赖 TCP/IP 协议通讯，各个部分的通讯是通过 ArcXML 语句格式来传递。③ArcIMS 数据层则为事务层提供数据源。根据 ArcIMS 地图服务类型的不同，数据源可以为不同的数据格式。

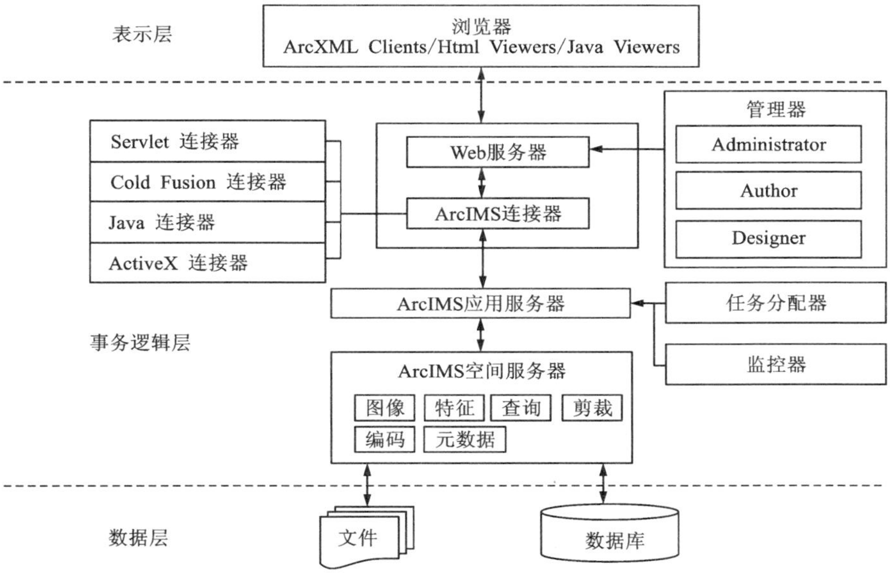

图 4　ArcIMS 的体系结构图

该系统采用基于 ArcIMS 平台，通过 ArcSDE 访问旅游专题空间数据库，采用标准三层体系结构，客户端采用 Web 浏览器，应用服务器（ArcIMS 服务器）利用 ArcXML 定制扩展模块，空间数据库服务器（ArcSDE 服务器）以 Orecle 数据库为基准高效地存储管理旅游专题空间数据库。系统服务器采用 Microsoft Windows 2003 Server，开发平台为 ArcIMS 9.0，采用 ArcSDE 9.0+Oracle 9i 建立空间基础数据库，开发语言为 Java。用户只要在浏览器中输入正确的 URL 地址就可以实现空间图形数据显示、数据定位与查询、专题图的生成、GIS 分析等功能。

6　结语

在泰山世界地质公园考察的基础上，根据公园实际情况，利用 WebGIS 技术，构建了基于 ArcIMS 泰山世界地质公园旅游信息系统，为旅游管理和规划人员，在泰山地质公园的管理、资源分析、评价、预测和辅助决策等方面起到一定的作用，改变了原有传统的、静态的管理模式，实现了直观的、动态的规划、管理。同时为广大游客提供旅游景点信息的查询、最佳路径的分析、旅游咨询等服务，从而加快地质公园网络化、信息化建设进程。随着地质公园数据信息不断充实和系统深入开发，该系统将为广大游客提供更好的服务。

基于 GIS 的地质公园信息管理系统设计与实现

韩术合　田明中　武斌　杜战朝

中国地质大学（北京）地球科学与资源学院，北京，100083

摘要：应用 GIS 技术辅助地质公园的保护、开发和管理，逐渐成为地质公园发展的全新阶段。以阿拉善沙漠世界地质公园为例，详细介绍了地质公园信息管理系统的设计原则、目标、数据库设计、功能设计等内容。采用 ArcGIS 作为二次开发平台，以 C/S 与 B/S 相结合的方式，基本实现了阿拉善沙漠世界地质公园信息管理系统的构建。

关键词：GIS；地质公园；信息管理系统；阿拉善

地质遗迹是自然环境的重要组成部分，是在地球演化的漫长地质历史时期，由于地球内外动力的地质作用，形成、发展并遗留下来的珍贵的、不可再生的地质自然遗产，是可用来追索地球演化历史的重要地质现象。而地质公园自从其诞生之日起，就始终担负着三大重要任务：保护地质遗迹、支持经济发展、促进科普教育，其中保护地质遗迹为其首要工作内容。我国的地质遗迹资源比较丰富，分布区域较为广阔，种类比较齐全，各级地质公园也雨后春笋般在全国各地建立起来。在建设地质公园开展地质遗迹保护工作中，具有强大数据管理、空间分析、辅助决策等功能的地理信息系统（GIS），发挥了不可替代的重要作用。应用GIS 技术建立地质公园地理信息系统，已经成为诸多公园未来建设发展的必然工作内容。国土资源部 2008 年印发了《国家地质公园规划修编技术要求》，要求各公园要用现代科技完善公园的信息化建设，加强地质公园数据库、监测系统、网络系统的建设。

阿拉善沙漠地质公园是世界三大以沙漠为主题的地质公园之一，于 2005 年 9 月通过评审晋升为国家地质公园，并于 2009 年 8 月通过联合国教科文组织世界地质公园网络执行局会议上的评审，正式成为世界地质公园。随着地质公园建设不断深入，公园内部数据量的不断增加，传统的数据管理方式已经跟不上公园的发展需求。此时，急需建立地质遗迹数据库和基于 GIS 的信息管理系统，来对公园内的数据进行采集、整合、存储和管理，从而实现对地质公园相关的海量数据的高效管理，为后续地质公园建设提供第一手资料，同时为地质公园的管理、保

本文发表于《中国矿业》，2010，19（S1）：180-182。

护规划提供科学依据。本文以阿拉善沙漠世界地质公园为例，对基于 GIS 的地质公园信息管理系统设计与实现方法进行探讨。

1　系统设计原则与目标

标准的 GIS 系统的设计，一般遵循标准化、先进性、实用性、可扩充性等原则。本系统的设计在遵循以上原则以外，还注重达到以下目标：

（1）系统稳定性

在系统的每个功能模块中，加入完善的容错机制与错误处理机制，在系统逻辑性合理的前提下，保证系统稳定。由于误操作或网络硬件等情况造成的问题，在系统中进行错误处理的基础上，采用日志的方式记录系统的运行过程与问题。

（2）数据安全性

在系统设计时，从多个层次来控制基础数据库的安全性。从系统用户的可用功能、系统用户的访问权限、数据库等各个层次，对数据的安全性进行管理，充分保证数据的安全性。

（3）系统与运行参数的独立性

系统的运行功能与系统的配置信息独立存储，在数据库或硬件地址等信息变更的情况下，只需修改系统运行所需的参数即可，不需要对程序做任何修改，便可以体现到系统中。这样可保证系统维护的方便，以及将来随着数据库位置、ftp 位置等参数的改变而将需要做的工作量降到最低。

（4）系统满足业务工作的需要

系统界面简洁美观，易于使用，更新和维护简单，系统稳定、可靠，用户界面友好，功能清晰明了，执行效率高，能完成数据管理、查询检索、显示下载等功能。尤其是能满足数据服务的需要，充分保证数据服务的准确性、安全性、合理性、可统计、可查询等操作。

2　数据库设计

数据库的建立是系统建设的先决条件，通常来讲，数据库要经过需求分析—概念模型设计—逻辑模型设计—物理模型设计，最终完成数据库的建设。阿拉善沙漠世界地质公园信息管理系统数据库，分为属性数据库（文档库）和空间数据库（地图库）两部分。属性数据库采用 Oraclelog 关系型数据库，自定义二维关系表进行文档数据、用户信息、图片、音频、视频等资料的存储，并实现同系统数据的连接和交换。空间数据库采用 Geodatabase 的数据组织模型，进行空间数据的一体化存储和管理。为便于存储和编码，将数据进行分层管理，具体分为行政区划层、交通层(包括公路和铁路)、水系层、注记层和园区景区景点规划层等。本系统数据库遵循前述数据库建立的一般流程进行建设,具体的数据库结构见图1。

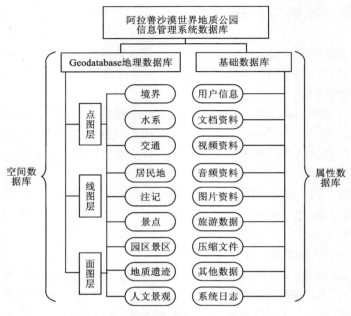

图1 系统数据库组织结构图

3 系统功能设计

系统主要由综合信息查询展示子系统、三维电子沙盘展示子系统、数据库管理维护子系统、公园信息网络发布子系统四部分组成(图2)。

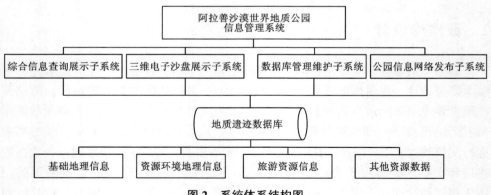

图2 系统体系结构图

3.1　综合信息查询展示子系统

此子系统主要提供给游客或公园工作人员一系列的信息查询和展示工具，形象直观地表达当前公园信息。通过简洁美观的用户界面，对基础数据库进行检索、分析，高效提供用户所需信息。主要包括以下几个功能模块：文本资料展示模块、科普教育模块、文档浏览模块、地图浏览模块、多媒体资料展示模块和综合查询模块。文本资料展示模块对公园相关的文本资料进行展示，其中包括：阿拉善简介、公园简介、公园园区简介、历史文化、生态环境等基本信息；科普教育模块主要介绍地质知识、地质公园知识，进行大众地学科普知识的普及教育；文档浏览模块主要用来实现对数据库中的所有文档的浏览、查询、下载等操作，是信息管理系统较为重要的模块之一，可对 word、pdf 等格式的各种电子文档进行相关管理操作，方便管理员及用户对地质公园的相关资料进行归类与整理；地图浏览模块对公园范围内的电子地图、矢量数据、影像数据进行浏览、查询；多媒体资料展示模块对基础数据库中，公园内的多媒体资料进行检索，并对检索出的资料进行查阅、下载；综合查询模块的功能，主要对数据库内所有与检索关键词有关的景区、景点、服务设施、文本资料、多媒体文件等进行检索。

3.2　三维电子沙盘展示子系统

该子系统通过加载 DEM 数据，模拟公园范围内的三维地形，在此基础上叠加建筑物三维模型，实现公园景区内的三维模拟，实现三维飞行、查询等功能。它主要包括三维模型显示模块、三维场景缩放模块、三维场景漫游模块及三维飞行模块。三维模型显示模块支持立体显示阿拉善范围内三维 DEM、DOM 场景，同时还能显示任意点经纬度坐标；三维场景缩放模块允许用户通过鼠标缩放、推进到三维 DEM、DOM 场景；三维场景漫游模块允许用户拖拽、旋转三维场景，实现三维场景漫游；三维飞行模块支持手动飞行，即系统根据用户设定执行飞行模拟功能，用户可以不断调整视野及飞行路线来查看地形地貌。

3.3　数据库管理维护子系统

该子系统主要用于公园工作人员日常维护公园基础数据库，在系统权限严格管理的前提下，对基础数据进行录入、更新、删除、查询、统计等操作。主要有用户管理模块和数据管理模块。用户管理模块将系统用户按照权限分为超级管理员、一般管理员、游客三个级别。超级管理员只有一个，可以管理其他所有的用户；数据管理模块主要对数据库中的数据（文档、图片、多媒体、矢量等）进行增加、删除、查询和更新等操作。

3.4 公园信息网络发布子系统

此子系统是基于 B/S 架构的,独立于 C/S 架构的信息管理系统而存在的。它以基础信息管理系统数据库作为数据源,从数据库中提取必要内容向外发布信息,包括园区、景区、景点、博物馆、陈列馆、地学知识、阿拉善文化、旅游路线、服务设施、旅游咨询及公园风光等地质公园相关信息,从而方便游客及其他用户查询、浏览、咨询、学习、制订旅游科考计划等。

4 系统实现

阿拉善沙漠世界地质公园信息管理系统属 GIS 应用范畴,在系统的设计和研发时,需要选择一款 GIS 软件作为二次开发平台。在充分考虑系统界面及菜单设计的自主性、系统制定高度灵活性、数据开放性、操作灵活性以及提供基本 GIS 功能等因素后,综合比较各软件的特点,本系统采用 ESRI 公司的 ArcGIS 作为二次开发平台。

系统采用"原型法"和"结构化生命周期法"相结合的 GIS 设计方法,以关系型数据库系统 Oraclelog 和空间数据库系统 Geodatabase 为基础,以空间数据和属性数据管理为核心,在 ArcGIS Engine 组件及 Microsoft 的. NET 框架支持下,应用 C++编程语言,在 Microsoft Visual Studio 集成开发环境中进行系统的设计和研发。

系统采用 C/S 和 B/S 两种架构进行实现:

①C/S 架构下,主要实现综合信息查询展示子系统、三维电子沙盘展示子系统、数据库管理维护平台的子系统。②B/S 架构下,主要实现公园信息网络发布子系统(即网站)。

基于 C/S 架构下的客户端通过局域网与数据库服务器进行交互,用户登陆系统后根据权限访问、浏览数据,高级用户可根据需要录入、修改数据,一般用户只能浏览数据。管理人员可从数据库中提取必要的信息,通过 B/S 架构下的公园信息网络发布子系统进行网络发布。游客等用户可通过网络客户端,如 Internet Explorer、搜狗浏览器、360 浏览器等,对网站中的内容进行浏览查询等操作,获取必要信息。

5 结语

在对阿拉善沙漠世界地质公园科学考察的基础上,根据公园实际情况,建立了基于 GIS 的阿拉善沙漠世界地质公园信息管理系统,有效地集成了 MIS 的数据管理功能和 GIS 的空间分析功能。并用 COM 组件技术,提高系统可用性、安全性和可扩充性。此系统的构建，改变了原有传统的、静态的信息管理模式，全面整合了地质公园的数据，辅助地质公园的管理、保护与建设。同时，可以对公园进行有效宣传，提高公园知名度，并方便游客查询公园信息，提升公园服务水平，推进阿拉善沙漠世界地质公园的信息化建设。当然，此系统的建设还存在一定的不足之处。B/S 架构下的公园信息网络发布子系统，独立于 C/S 系统而存在，只是将 C/S 系统数据库中的部分内容发布到网络中，没有实现二者的完全结合。另外，B/S 公园信息网络发布子系统，不具有 GIS 功能，这是下一步工作中需要改进和加强的重心。

基于空间结构分析的我国世界地质公园网络
建设可持续发展研究

王彦沽　武法东　曾鹏　李秀明　于延龙

中国地质大学(北京)地球科学与资源学院，北京，100083

摘要：截至 2015 年 10 月，我国已经建立 33 家世界地质公园，其分布条件主要受地质构造分布带的影响，且集中在经济较发达、交通多便利的区域。本文应用最邻近点指数、地理不平衡指数和基尼系数，全面分析了我国世界地质公园的分布特征，结果表明世界地质公园在我国呈现明显的凝聚型分布，其空间分布的结构形态主要表现为带状和区状共同分布的特点。在此基础上，提出我国应通过协同开发不同地区、不同类型地质遗迹来开发和建设世界地质公园；指出世界地质公园的发展方向为在经济发展与环境保护之间寻求最佳平衡，以实现可持续发展。

关键词：世界地质公园网络；空间分布；建设；可持续发展

中国幅员辽阔，地质遗迹资源丰富，为建立地质公园提供了得天独厚的条件。现阶段，我国的地质公园空间分布特征因级别不同而大相径庭。众多学者通过不同方式、不同元素，对地质公园的空间分布特征、结构形态进行了研究，认为地质公园空间分布与大地构造和区域城市发展水平有一定的联系。研究世界级地质公园的空间分布特征，可以更好地指导我国地质公园的申报、审批、建设和发展。

1　我国的世界地质公园概况

自联合国教科文组织(UNESCO)于 1999 年提出建立地质公园计划开始，到2015 年 9 月底，世界地质公园网络(GGN)已有成员 120 个。我国积极响应联合国教科文组织建立地质公园的计划，并于 2001 年首次批准成立国家地质公园，截至目前，我国已授牌国家地质公园 185 个，其中，被批准成为 GGN 成员的有 33 处(表 1)，占全球世界地质公园成员总数的 27.5%。

根据对我国 33 处世界地质公园的地质遗迹特征类型统计分析，可以看出，我国世界地质公园的地质遗迹类型以地貌景观类为主，以古生物、地质(体、层)剖面和地质构造类为辅。其中，地貌景观大类占比达到 78.8%。

本文发表于《国土资源科技管理》，2015，32(06)：143-148。

表 1   中国的世界地质公园地质遗迹类型一览表

序号	名称	主要地质遗迹类型	
		大类	类
1	安徽黄山世界地质公园	地貌景观	岩石（花岗岩地貌）、冰川地貌景观
2	黑龙江五大连池世界地质公园	地貌景观	火山地貌景观
3	江西庐山世界地质公园	地貌景观	冰川、构造地貌景观
4	河南云台世界地质公园	地貌景观	岩石（可溶岩地貌）、构造地貌景观
5	河南嵩山世界地质公园	地貌景观	构造形迹
6	湖南张家界砂岩峰林世界地质公园	地貌景观	岩石（砂岩地貌）地貌景观
7	广东丹霞山世界地质公园	地貌景观	岩石（丹霞地貌）地貌景观
8	云南石林世界地质公园	地貌景观	岩石（可溶岩地貌）地貌景观
9	内蒙古克什克腾世界地质公园	地貌景观	岩石（花岗岩地貌）、火山、冰川地貌景观
10	浙江雁荡山世界地质公园	地貌景观	火山、流水、构造地貌景观
11	福建泰宁世界地质公园	地貌景观	岩石（丹霞地貌）、构造地貌景观
12	四川兴文世界地质公园	地貌景观	岩石（可溶岩地貌）地貌景观
13	山东泰山世界地质公园	地质（体、层）剖面	地层、岩浆岩（体）剖面
14	河南王屋山—黛眉山世界地质公园	地质（体、层）剖面	地层剖面
15	河南伏牛山世界地质公园	古生物	古人类、古动物、古生物遗迹
16	雷琼世界地质公园	地貌景观	火山地貌景观
17	房山世界地质公园	地貌景观	岩石（可溶岩地貌）、构造地貌景观
18	黑龙江镜泊湖世界地质公园	地貌景观	火山、构造地貌景观
19	江西龙虎山世界地质公园	地貌景观	岩石（丹霞地貌）、构造、火山地貌景观
20	四川自贡世界地质公园	古生物	古动物、古植物
21	内蒙古阿拉善世界地质公园	地貌景观	岩石、流水、构造地貌景观
22	陕西终南山世界地质公园	地貌景观	构造形迹
23	广西乐业—凤山世界地质公园	地貌景观	岩石（可溶岩地貌）地貌景观
24	福建宁德世界地质公园	地貌景观	岩石（花岗岩地貌）、海蚀海积地貌景观

续表1

序号	名称	主要地质遗迹类型	
		大类	类
25	安徽天柱山世界地质公园	地貌景观	岩石(花岗岩地貌)地貌景观
26	香港世界地质公园	地貌景观	火山、海蚀海积地貌景观
27	江西三清山世界地质公园	地貌景观	岩石(花岗岩地貌)、流水地貌景观
28	湖北神农架世界地质公园	地貌景观	岩石(可溶岩地貌)、冰川、构造地貌景观
29	北京延庆世界地质公园	古生物	古生物遗迹、古植物、岩溶地貌景观
30	大理苍山世界地质公园	地貌景观	冰川地貌、构造形迹
31	昆仑山世界地质公园	地貌景观	地震遗迹、冰川地貌
32	敦煌世界地质公园	地貌景观	雅丹地貌、沙漠、戈壁景观
33	织金洞世界地质公园	地貌景观	岩石(可溶岩地貌)地貌景观

2 地理分布特征

我国的 33 处世界地质公园分布于 22 个省区,多集中在中、东部地区(表 1)。其空间分布与地质构造带具有明显的吻合关系,尤其是与我国大地构造的纬向构造带、新华夏构造体系和环太平洋构造带等有重要的空间关系。

大地构造的纬向构造带,以祁连山—秦岭—大别山带、阴山带、南岭带为主,这些地区都是地质构造运动活动强烈、褶皱带发育区,建立了如阿拉善、终南山、伏牛山、天柱山、克什克腾、丹霞山等世界地质公园;新华夏构造体系由近南北向 3 条巨大隆起带和 3 条巨大沉降带构成,经历了不同时期的造山运动,世界地质公园主要分布在大兴安岭—太行山—巫山—雪峰山带、武夷山带等,建成了如五大连池、延庆、房山、云台山、富山、神农架、张家界、龙虎山、泰宁、宁德等众多的世界地质公园;我国作为环太平洋火山构造带的一部分,东部沿海大部分地区遭受了多次不同程度火山活动影响,为地质公园的建立提供了很好的条件,如镜泊湖、泰宁、宁德、雁荡山、香港、雷琼等世界地质公园。

我国世界地质公园的空间分布与我国区域经济发展水平亦有一定的联系(表 2)。国民生产总值占 57.79% 的东部地区,经济最发达,世界地质公园数量不足二分之一;而中部地区国民生产总值不足三分之一,世界地质公园数量超过 50%。但总体而言,世界地质公园多分布在中东部地区,经济发展水平相对发达,交通也相对便利。因而，世界地质公园的建设，除了需要丰富的地质遗迹，还和当地经济发展水平有一定关系。

表2　中国三大经济区世界地质公园网络成员分布数量与经济发展水平的关系

区域	世界地质公园数量/个（比例/%）	各区域国民生产总值/亿元（比例/%）
东部经济区	9（29.032）	363714.54（57.732）
中部经济区	15（48.387）	171502.40（27.222）
西部经济区	6（19.355）	94792.40（15.046）

注：数据来源于中国统计年鉴（2013）；港、澳、台地区缺少数据且经济结构与内地差异较大，不纳入统计。

3　空间结构分析

3.1　空间结构类型

宏观尺度上，世界地质公园在中国的版图上呈点状分布。点状要素的空间分布类型可以概括为均匀型、随机型和凝聚型3种类型，因此可用表示点状事物在地理空间中相互邻近程度的地理指标——最邻近点指数进行分析，其计算公式定义为

$$R = \frac{\overline{d}}{d_E} = 2\sqrt{D}\,\overline{d} \tag{1}$$

式中：$\overline{d}$ 为最邻近点之间的距离的平均值；d_E 为理论最邻近距离；D 为点密度。当 R 为1时，$\overline{d}=d_E$，分布呈随机型，当 $R>1$ 时，$\overline{d}>d_E$，趋于均匀分布，当 $R<1$ 时，$\overline{d}<d_E$，趋于凝聚分布。其中 d_E 用下列公式计算：

$$d_E = \frac{1}{2}\sqrt{\frac{A}{n}} = \frac{1}{2\sqrt{D}} \tag{2}$$

式中：A 为区域面积（中国国土的陆地面积为 $960\times10^4\ km^2$）；n 为点数33。根据公式（2），可计算出我国世界地质公园理想随机分布的最邻近距离值约为269.7 km。

根据数据地图，将33处世界地质公园抽象为点，在ArcGIS中求得33个点的最邻近距离的平均值为253.8 km，根据最邻近点指数公式，计算得到最邻近点指数值 R 为0.938，比丁华等的统计结果0.9稍大，这表明我国的世界地质公园在空间分布上仍趋于凝聚分布，呈带状和区状，有向均匀分布发展的趋势。从表1

也可以看出，世界地质公园明显多分布于中东部，西部地区相对较少。

3.2 空间分布差异

世界地质公园空间分布差异表现在区域分布数量的差异，并引用反应对象在不同区域分布均衡程度的地理不平衡指数(S)来表示世界地质公园在不同地理区域的分布差异，其计算公式为：

$$S = \frac{\sum_{i=1}^{n} Y_i - 50(n+1)}{100n - 50(n+1)} \tag{3}$$

式中：n 为省区个数且 $n=34$；Y_i 为第 i 个省区世界地质公园数量占总数的累计比重，从大到小排列第 i 位的累计百分比值（表3）。S 值介于 0~1，如果 $S=0$，表明世界地质公园均匀分布各个省区，$S=1$，则世界地质公园全部集中分布在某一个省区，数值越接近1，则表示世界地质公园的分布越不均匀。

表 3 我国各省区世界地质公园网络成员分布比重

省区市	地质公园数量/个	比重/%	累计比重/%	省区市	地质公园数量/个	比重/%	累计比重/%
河南	4	12.12	12.12	香港	1	3.03	90.91
江西	3	9.09	21.21	青海	1	3.03	93.94
北京①	2	6.06	27.27	甘肃	1	3.03	96.97
四川	2	6.06	33.33	贵州	1	3.03	100
内蒙古	2	6.06	39.39	上海	0	0	100
黑龙江	2	6.06	45.99	古林	0	0	100
安徽	2	6.06	52.05	辽宁	0	0	100
福建	2	6.06	58.11	河北	0	0	100
云南	2	6.06	63.63	山西	0	0	100
山东	1	3.03	66.66	澳门	0	0	100
陕西	1	3.03	69.69	重庆	0	0	100
湖北	1	3.03	72.72	新疆	0	0	100
湖南	1	3.03	75.75	西藏	0	0	100
浙江	1	3.03	78.78	江苏	0	0	100
广东	1	3.03	81.81	天津	0	0	100

续表3

省区市	地质公园数量/个	比重/%	累计比重/%	省区市	地质公园数量/个	比重/%	累计比重/%
广西	1	3.03	84.84	宁夏	0	0	100
海南②	1	3.03	87.87	台湾	0	0	100

注：①房山世界地质公园在地理位置上位于北京、河北两省区，本文按北京处理；②雷琼世界地质公园在地理位置上位于海南、广东两省，本文按海南处理。

对表3数据分析计算后，得出不平衡指数 $S=0.593$，表明世界地质公园在我国34个省区的分布较不均衡。比照我国各省区世界地质公园数量变化的洛伦茨曲线(图1)，可以发现，仅豫、赣、京、川、蒙、黑、皖、闽、云等9个省区的世界地质公园数量就达到了63.63%，而余下的25个省区仅为36.37%。这一结果，与最邻近点指数所反映的世界地质公园分布特征基本一致。

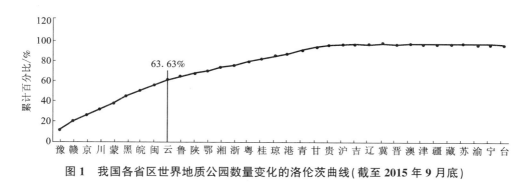

图1 我国各省区世界地质公园数量变化的洛伦茨曲线(截至2015年9月底)

3.3 空间分布密度

基尼系数(Gini Coefficient)在地理学中，是用来描述离散区域空间分布的常用方法，可以刻画空间要素分布的集中程度，也可对多个空间要素的分布进行对比。理论上，基尼系数介于0与1之间，值越大表明地理要素的空间分布集中度越高。基尼系数 G 计算公式为：

$$G = \frac{-\sum_{i=1}^{N} P_i \ln P_i}{\ln N} \tag{4}$$

$$C = 1 - G \tag{5}$$

式中：G 为基尼系数；C 为分布均匀程度；N 为分区个数；P_i 为空间要素在各分区

中所占百分比。

通常情况下,全国分为八大地理分区:东北区(黑、吉、辽);华北区(京、津、冀、蒙、晋);华东区(沪、鲁、皖、赣、苏、浙);华中区(豫、鄂、湘);华南区(闽、粤、琼),西南区(川、云、贵、渝、桂);西北区(新、陕、甘、宁);青藏区(青、藏)。本文在分析时,将港、澳、台也划入华南区,得到各区域世界地质公园分布数量,及比重从大到小的排列如表4所示。

表4 中国世界地质公园网络成员区域范围内空间分布数量及比重

地理区域	省区数量/个	地质公园数量/个	比重/%	累计比重/%
华东区	6	7	21.22	21.22
华中区	3	6	18.18	39.40
西南区	5	6	18.18	57.58
华南区	6	5	15.15	72.73
华北区	5	4	12.12	84.85
东北区	3	2	6.06	90.91
西北区	4	2	6.06	96.97
青藏区	2	1	3.03	100
合计	34	33	100	—

经计算,我国世界地质公园的基尼系数 G 值为 0.931,分布均匀程度为 0.069,表明我国的世界地质公园在八大地理分区中表现出很高的集中程度,仅华东、华中、西南、华南 4 个地区的分布比例就达到 72.72%。

4 可持续发展对策

根据上述分析结果,我国的世界地质公园现阶段空间分布呈现集中、地质遗迹资源类型不均衡的特征。在未来开发、建设过程中,需要区域协同开发,尽量平衡东西部地质公园数量,重点开发地质遗迹资源丰富的西北、青藏地区;同时,开发不同地质遗迹资源类型的地质公园,如环境地质遗迹景观、矿物与矿床等类型的世界地质公园。

4.1 协调开发世界地质公园的数量

导致目前世界地质公园分布不均衡的原因有多种,主要包括地质遗迹资源、开发条件(资金、环境等)、相关部门偏好与积极性等因素的影响。在后续的世界地质公园申报过程中,应重点向地质公园发展欠发达的省区偏移,尤其是西北、青藏地区;同时,控制部分省区的世界地质公园数量增长,重点转向公园的建设和可持续发展。在实现地质公园的三大功能的过程中,将国内丰富的地质遗迹推向世界,在提升品位的同时促进地质遗迹的可持续开发利用。

4.2 平衡不同地质遗迹类型的地质公园数量

我国世界地质公园地质遗迹类型上分布的不均衡受地质构造环境、地理格局的影响,主要表现在地貌景观大类占绝对主导,其中又以可溶岩、花岗岩、构造等地貌类型占大多数。目前我国多数世界地质公园形成以某一种地质遗迹资源类型为主、多种遗迹资源类型为补充的格局,因此,在未来的世界地质公园开发过程中,应侧重协调开发不同的资源类型以提高我国世界地质公园类型的多样性,如环境地质遗迹景观、矿物与矿床以及地质(体、层)剖面、古生物等大类的世界地质公园;同时还要多开发一些独具特色的地貌类型,如戈壁、沙漠、海岸地貌等。

4.3 世界地质公园的发展方向

世界地质公园不仅仅是一个独立的个体存在,它的发展不但需要缔结友好的姊妹公园,还需要同其他领域,如历史文化遗迹、环境保护、自然资源等领域开展包括基础科学研究、旅游资源共享等多种形式的合作,共同促进地区经济发展,形成良性的竞争和合作环境。其建设与发展应将保护地质遗迹和生态环境的功能高度契合,以未来人类的继续发展为着眼点,开展生态旅游,在经济发展与环境保护之间达到最佳平衡,从而实现生态文明建设良好发展。

5 结论

将最邻近点指数、地理不平衡指数和基尼系数应用到我国世界地质公园分布的统计中,结果显示我国的世界地质公园空间分布表现为凝聚型、集中、不均衡等特征,大部分分布于华东区、华中区和华南区,但有向均匀型发展的趋势。在此基础上,本文提出世界地质公园网络建设的可持续发展对策,新公园的发展以欠发达的西部地区为主,并综合开发各种类型的地质遗迹,而中东部应以提高世界地质公园的建设层次为主,从而在环境保护与经济发展之间寻求最佳平衡,实现世界地质公园网络建设良性发展。

庐山世界地质公园旅游可持续发展策略探讨

花国红[1,3]　田明中[1]　李明路[2]

1. 中国地质大学, 北京, 100083; 2. 国土资源部地质环境司, 北京, 100812;

3. 北京自然博物馆, 北京, 100050

摘要: 庐山以悠久的历史文化、独特的地学价值和优美的生态环境闻名于世, 先后被评为中国唯一的"世界文化景观"、首批"世界地质公园"和"联合国优秀生态旅游景区", 是一座文化名山、生态名山、科学名山。科学有效地保护和管理庐山的重要的自然资源和生态环境, 对于进一步打造庐山生态旅游品牌, 扩大庐山的国际知名度, 特别是促进庐山旅游经济可持续发展具有重要的现实意义。

关键词: 地质公园; 生态环境; 保护; 庐山

1　概述

庐山位于中国长江中下游分界处的江西省北部, 地理坐标界于北纬 29°26′~29°41′, 东经 115°52′~116°08′。北部边界距长江仅 4 km, 东临鄱阳湖的西部边缘, 大江(长江)、大湖(鄱阳湖)、名山(庐山)融为一体, 地理区位条件十分优越。

庐山山体呈长椭圆形, 由西南向东北方向倾斜、延伸, 长约 29 km, 宽约 16 km, 总面积约 302 km²。庐山的最高峰——大汉阳峰, 海拔 1483.6 m。庐山集深厚的历史文化底蕴与丰富的生态环境、多样的科学景观于一体, 复合地貌景观、变幻的自然气候现象与植被和生物多样性一起构成了一幅雄、奇、险、秀的绚丽画卷, 形成了庐山"春如梦、夏如滴、秋如醉、冬如玉"之美景。自然美加上人类的创造, 使庐山成为人与自然极为和谐的"天人合一"的佳作。

1.1　世界文化景观

庐山是自然与人类的共同作品, 是中国传统文化的深厚积淀的代表, 庐山文化不仅与传统的中国文化一脉相承, 而且与西方文化合璧交融, 赢得了联合国世界遗产委员会的高度评价: 庐山的历史遗迹以其独特的方式, 融会在具有突出价

本文发表于《东华理工大学学报(社会科学版)》, 2009, 28(01): 29-32。

值的自然美之中，形成了具有极高美学价值的、与中华民族精神和文化生活紧密相联的文化景观。1996 年 12 月 7 日，庐山以"世界文化景观"列入《世界遗产名录》。

1.2　世界地质公园

庐山别具一格的地质地貌景观、独特的地质构造特征，特别是第四纪冰川遗迹现象受到国内外地学界的高度关注。这种断块构造地貌景观、冰蚀地貌景观、流水地貌景观互相叠加而成的复合地貌景观，孕育了奇特而丰富的生态环境，实为罕见，不但有着重要的地质科学意义，而且还有着极高的美学价值和观光旅游价值。2004 年 2 月 13 日，联合国教科文组织世界地质公园评审委员会批准庐山为首批"世界地质公园"。

1.3　联合国优秀生态旅游景区

庐山地处中亚热带北部，亚热带季风气候是决定庐山生态特征的主导因素，从山麓到山顶依次划分为亚热带、暖温带、温带。基带为亚热带常绿阔叶林带，庐山垂直带就是在此基础上形成和发展起来的。由于庐山海拔不超过 1500 m，相对高度只有 1400 m 左右，生态自下而上为：亚热带常绿阔叶林，山地温带常绿、落叶阔叶混交林，山地温带落叶阔叶、针叶混交林，灌木林，是研究我国生态环境和植被的重要地区。

虽然庐山开发较早，但半个世纪来由于严禁乱砍滥伐，亚热带常绿阔叶林带被作为重点生态保护地区，保留了很多的珍贵和稀有的乡土树种，林下的灌木、藤木及草本植物都得到了保存。同时由于禁止污水排入各类水体，水体生态也得到了保护，相应的各种动物也有了良好的栖息与繁殖的场所。庐山良好的生态环境，为庐山生物多样性提供了保障。整个庐山万木森森，气候湿润凉爽，蓄积了大量的地下水，瀑布清泉长流，蜂飞蝶舞，鸟鸣幽谷，因此成为生态环境保护示范区和普及生态科学的重要基地，也是开展生态旅游的最佳休闲场所。2005 年 5月庐山被评为"联合国优秀生态旅游景区"。

2　建立地质公园的意义

2.1　有利于保护丰富、重要的地质遗迹资源及自然景观

庐山不仅是中国第四纪冰川地质学说的诞生地，而且火成岩、沉积岩、变质岩三类岩石在庐山一同出露，这是其他地方少见的。庐山还是中国东部第四纪中纬度山区海洋性山麓冰川地质遗迹最典型最发育的地区，冰蚀地貌各类齐全而配

套、冰斗、角峰、刃脊、U形谷、悬谷、冰窖遗迹，尚可辨认，冰川运作学证据较为充分，冰溜面、冰川擦痕、冰川条痕石、表皮构造、漂砾远扬现象较普遍。冰川堆碛地貌之侧碛垄、终碛垄较为发育，冰碛物较为典型，常见冰碛物与冰水沉积物互相混杂。

庐山的第四纪冰川地质学特征与阿尔卑斯地区的第四纪冰川地质学特征可对比性较强，但又有一定的差别，对于第四纪冰川地质学的研究有着极其重要的科学意义和国际对比意义。尤其是对认识更新世中国东部及青藏高原的古地理、古气候、古环境的演化规律极为重要。

庐山通过建立世界地质公园，对旅游资源进行了充分的挖掘和整合，丰富了旅游资源的科学内涵，揭示了旅游资源的科学价值，在"严格保护，统一管理，合理开发，永续利用"方针的指导下，使重要的地质遗迹等资源得到了有效的保护。

2.2 有利于生态环境的保护

地质公园属于自然环境保护的组成部分，也是保护生态环境和生物多样性的有效方式。地质遗迹通过一定的物质、现象、形迹、形态或景观等形式反映地壳或地表演化，是地质历史和地质环境变迁的见证，所记录的地质信息反映的地质现象在一定的区域内是特有或独有的，生态环境和地质遗迹的资源一旦遭到破坏就意味着永远失去，造成无法挽回和不可估量的损失。随着工业生产的发展，环境污染、旅游活动、工程活动等各种人为因素对珍贵的地质遗产和生态环境的破坏日趋严重，经济建设与生态环境保护的矛盾日益突出。地质公园的建立，将使得以上问题得以缓解。

庐山是中国最早建立的国家自然保护区之一，庐山的生物种类多，植物和昆虫都在 2000 种以上。属国家重点保护野生植物达 45 种，其中列为一级保护的 11 种，列入二级保护的 34 种。此外，兽类中有 2 种属国家一级保护，9 种属省级重点保护，两栖类有 2 种属国家一级保护，4 种属省级重点保护；爬行类有 9 种省级重点保护。

这些属国家重点保护的物种中，有的是濒危物种。如国家二级保护植物香果树（*Emmenopterys henryi*）为第三纪古热带植物区系的孑遗植物，极为稀少；又如鹅掌楸（*Liriklendsn chinense*）也属第三纪古热带植物区系的孑遗种，被称为"活化石"；被列为一级保护的豹（*Panthera pardus*）、云豹（*Neofelis nebujosa*）已极稀有；鸟类有黑卷尾（*Picnims macrocercus*）、红尾伯劳（*Lancius cristatus*）等 9 种，在庐山已稀有。

野生植物和动物是自然生态系统中重要组成部分，对维护生态平衡具有重要作用，也是人类预测自身生存环境变化的指示物。庐山地质公园内这些受保护或濒危物种，极具重要性，也是庐山生物多样性的重要标志，已受到应有的重视和保护。丰富的物种资源，良好的生态环境，是生物多样性主要研究基地，也是众多学科的教学与研究的重要基地。许多学科的专家学者都曾先后来庐山从事第四纪冰川地质学、地壳发展史、地壳运动性质、古地理环境变迁、生物多样性的保存、植物分类学、植物化学、药物学、候鸟、自然保护、高山花卉、云雾微观物理、山地气候与健康等学科的教学与研究。例如庐山植物园每年有 20~30 所大专院校的学生来实习。它还被科技部、中宣部、教育部、中国科协评为"全国青少年科普教育基地"，被同济医科大学定为教育基地，被华中农业大学生物专业点定为教学实习基地。

庐山世界地质公园的建立，已逐步使当地政府和居民认识到保护这些地质遗迹资源和地质环境的重要性，有越来越多的普通民众自觉参与到这些活动中来，一个爱护地质遗迹、爱护地质环境的良好社会风气正在形成。居民们自觉起来保护林木和地质遗迹，他们不允许任何人乱伐乱采，保护这些珍贵的地质遗迹资源和优美的自然环境已经蔚然成风。这些积极的因素，对于增加新景区，扩大老旅游区的游客容量也十分有意义。

2.3   有利于扩大国际知名度

中国是积极参与推动联合国教科文组织"地质公园计划"的国家之一，从地质遗迹保护到地质公园建立一直与 UNESCO 密切合作，走在了世界前列。2002 年，UNESCO 副干事长和地学部主任在巴黎 IGCP 执行局会议上听完中国代表团关于中国地质公园情况的介绍后评价说："中国对地质公园工作起到了很大推动作用。"我国 UNESCO 常驻团大使张学忠说："这是我国对联合国教科文组织的贡献。"原对地质公园建立持异议或有怀疑的与会委员都被中国地质公园建立及其产生的积极效果所折服。他们称赞道："在发展中国家建立地质公园是保护地质遗迹的有效途径。"

地质公园的建立，是庐山继"世界文化景观"之后的又一块世界级金牌，进一步提高了在世界的美誉度。庐山社会各界都越来越清楚地认识到，世界地质公园的建设不仅可以保护地质遗迹，优化地质环境，推进科学普及，提高旅游科学知识含量，同时也有益于地方经济发展和增加当地居民的就业机会，是实现地质工作服务社会经济可持续发展的具体措施。

2 4   有利于促进地方旅游经济的可持续发展

地质公园是一种新的旅游产品。有了地质遗迹作载体，有了良好的地质环境作依托，地方政府把地学旅游作为本地经济发展的增长点，减轻了地方财政保护地质遗迹开支的负担，提高了收入，同时，也增加了当地的就业机会。

1895 年，牯岭开辟后，庐山成为避暑胜地，中外游人纷纷前来休闲观光，并成为闻名中外的旅游胜地。新中国成立后，庐山成为疗（休）养胜地，旅游成为其中的一个重要组成部分，旅游业约占庐山国民经济总收入的90%以上。从20世纪80年代初起，旅游人数持续增长，2002年旅游人数达到127.5万人次。

庐山成为首批世界地质公园后，按照联合国教科文组织（UNESCO）的要求，庐山已成为传播科学知识、开展科普的基地。在地质公园的建设中，对景点解说词的编写、说明牌制定、旅游路线安排、导游资料的编印、导游人员的培训以及博物馆的陈设等大都增添了地球科学知识、气象科学知识、动物学知识、植物学知识等方面的内容，减少解说词中想象和传说的色彩，寓科普教育于游览，寓知识传播于休闲。庐山现已完成导游词、说明牌、旅游路线设置、景点开发的科学内容补充，特别是以地学知识为主要陈设内容的博物馆的建设，从而使庐山地质公园成为群众性科普活动的基地。同时地质公园的建设也极大地推动了庐山旅游经济的发展。庐山的各项经济指标稳步上升。2005年庐山生产总值达到4亿元，来庐山旅游的总人数达到150万人，其中入境游客4.5万人次。门票收入1.3亿元，旅游总收入7.2亿元。社会消费品零售总额1.25亿元。2006年1—9月，游客较2005年同期增长10.23%；门票收入较2005年同期增长9.74%；财政预算总收入同比增长29.5%

3 强化管理，严格保护，实现旅游资源的可持续发展

3.1 科学规划，珍贵生态资源得到有效保护

为了保持庐山的自然风貌，使各种资源得到有效保护和可持续利用，庐山制定了风景旅游资源专项保护规划和行动计划，明确划定了"核心保护区""风景旅游区""特级保护区""一级保护区""二级保护区""三级保护区""外围保护地带"，划出了核心保护区图与分级保护区图，在核心景区内严格禁止与保护无关的各种工程建设。同时根据联合国《保护世界文化和自然遗产公约》，对文化景观、历史文化遗产和自然遗产，严格保护其原真性。对庐山的文物古迹实行严格的保护措施，对近代建筑实行分区分级保护。在庐山牯岭地区，按近代建筑的历史文化价值、现状，分为核心保护区、建设控制区、环境协调区。在集中地东谷，实行整体保护，对东谷地区的环境、道路、公园等全面进行保护，使历史风貌得以保存。目前庐山的600余栋近代别墅得到了较好的保护。建立了监管信息中心，对整个风景区的建设进行监控，制止了多处违章建设和开山采石活动。

3.2 优化生态环境，科学合理利用资源

只有加强地质遗迹和生态环境的保护，才能为自然资源的可持续利用提供有

力保障，也才能为旅游业可持续发展创造条件。

为了优化生态环境，庐山运行了 ISO14001 环境管理体系，并连续 2 年通过 ISO14001 环境管理体系监督审核，成为全国国家级风景区唯一通过 ISO14001 环境管理体系监督审核的风景区。从保护环境、发展经济出发，全面实施以大气污染防治为重点的蓝天工程，居民取暖推行以电代煤与以电代油，对机动车尾气进行监测，严格控制出租车数量。同时，建设游览步行道，倡导步行。实施以防治水污染为重点的碧水工程，通过源头控制、总量控制、末端治理等管理措施，改善和保护水体环境质量。实施以控制噪声为重点的宁静工程和以改善环境卫生面貌为重点的洁净工程，这使庐山在旅游经济持续增长的同时，环境污染得到有效控制，生态环境得到有效保护。

3.3 优质的服务，促进旅游的可持续发展

环境是人类赖以生存的基础，只有实现人与自然和谐共处，才能促进经济社会、自然生态环境的可持续发展，同时还要不断提高旅游区的管理水平，为游客提供文明的、特色的、温馨的、人性化的、诚信的服务，实现游客与旅游区的友好融洽。

庐山世界地质公园采取有效措施保护地质遗迹，在保护的基础上进行科学合理开发利用，带动了地方经济发展。真正把建立地质公园与地区经济发展有机地结合起来，通过建立地质公园推动旅游业的发展，使地质遗迹等自然资源成为地方经济发展新的增长点，促进地方经济发展和增加居民就业，提高当地群众的生活水平，进而让当地居民自觉参与到地质遗迹保护工作中，形成保护—开发—保护的良性循环，从而达到保护地质遗迹等自然资源的目的。

地质公园建立的意义在庐山得到了充分的体现。由于旅游收入的增加，庐山在加强资源保护、风景区建设和管理等方面投入的资金不断加大，这为生态环境的良性循环奠定了基础，同时又促进了旅游经济大发展。

煤矿类矿山公园地质灾害防治与
地质环境保护对策探讨
——以唐山开滦为例

杜青松　武法东　张志光

中国地质大学(北京)地球科学与资源学院，北京，100083

摘要：建立矿山公园是地质环境保护的一项创新举措，但在建设过程中由于缺乏对典型动力地质现象的特别保护；同时由于煤矿自身属性相对特殊，煤炭开发诱发了一系列地质环境问题及其负面效应，对公园的后续建设留下了地质灾害隐患。开滦国家矿山公园及其周边区域地质环境条件复杂，曾发生过震灾、岩溶和采空塌陷等地质灾害。近年来，开滦因地制宜地实施塌陷区治理、土地复垦和矿井水合理利用等，明显改善了矿区的地质环境，着力从根本上减少灾害的发生。但是那些潜在的、突发性的和人为引发的地质灾害不容忽视。

关键词：矿山公园；地质灾害防治；地质环境保护；可持续发展；开滦

1　引言

随着地质科技的进步，现代经济发展领域不断扩展，人类对地质环境的依赖加强，可持续发展理念和环境建设的联系越来越密切。近年来，我国矿山地质环境得到了较大改善，人为活动引发的地质灾害有所减少。毋庸置疑，我国率先建立的矿山公园体系保护和抢救了现存的珍贵矿业遗迹，促进了资源枯竭的矿山企业向绿色矿企转型，同时还推动了传统城市向新型低碳环保节能方向更新与复兴。已评审通过的两批61处国家矿山公园中有开滦国家矿山公园等18家以煤矿开发遗迹为主体景观，这与我国是采煤大国的地位相吻合。与此同时，我们应该清醒地意识到，矿山公园因其前身特殊的性质，建立之初就应比其他类别旅游景区更加重视灾害防治。曾经的矿业活动正是公园生态系统健康的影响因素和潜在的威胁之一。

2　区域地质概况

唐山是一座因煤而建、缘煤而兴的沿海重工业城市，位于环渤海中心地带，

本文发表于《资源与产业》，2011，13(04)：127-132。

是连接华北和东北地区的咽喉和走廊。开滦国家矿山公园坐落在唐山市中心，是在开滦现役生产主力矿井唐山矿区域内划出一定范围作为矿业开采特色区进行旅游开发(图1)。唐山矿位于开平煤田西南端，而开平煤田位于华北地台北缘，处于中朝准地台燕山褶皱带东南缘与华北拗陷区黄骅拗陷的交界地带，属于纬向构造体系、新华夏构造体系和祁吕贺山字型构造东翼反射弧三者的交汇部位，基底构造复杂。开平煤田的主体构造为开平向斜，向斜轴向西倾伏，其他构造受主体构造的影响和控制。主要构造形式是褶曲，但断裂也十分发育，多密集在强烈褶曲的翼部。受多期构造作用叠加，自煤系地层形成以来，至少经历燕山期近 SN 向挤压和喜山期近 EW 向水平压应力作用，强烈的构造分异使矿区的构造格局更加复杂(图2)。新近纪以来，由于北部继承性上升，南部继承性下降，全区发育许多活动性强的断裂。受动力地质作用和沉积不连续影响，石炭系中统唐山组直接覆盖于奥陶系中统马家沟石灰岩之上。自第四纪以来，大量的冲洪积物直接覆盖在二叠系上统古冶组基岩上，多呈沙层、黏土层和砾石层等松散型多层结构。而唐山矿区属于厚冲积层掩盖下的隐状煤田，煤系基底奥陶系灰岩逆掩于可采煤层之上，造成奥陶系灰岩下压煤的特殊水文地质条件。

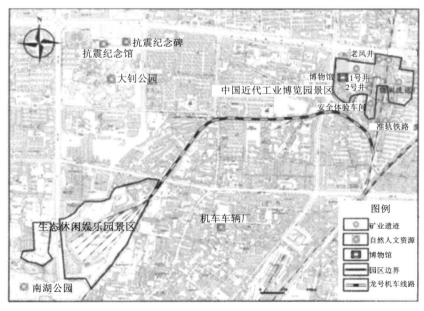

图1 开滦国家矿山公园区位示意图

注：图中界线为权宜画法，不作为法律定界依据

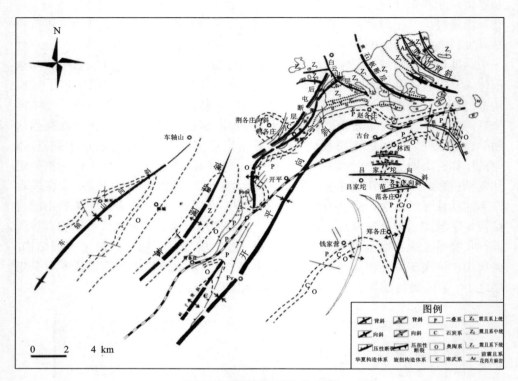

图 2　开平煤田地质构造略图

注：据《唐山矿矿井地质报告》（1989—1998）

3　主要潜在地质灾害类型及其防治

　　唐山市是一个以地震灾害为主，伴有岩溶塌陷、采空塌陷等多种地质灾害的城市。煤矿地下开采活动诱发的地质灾害还有矿震、突水和地下水系被破坏等，多数灾害现象相伴而生，对矿山公园带来的安全隐患值得探讨。矿山公园因其建立在曾经开采过或尚在开采的煤矿区域，所发生的地质灾害与矿山地质灾害有其共性的一面，如群发性、衍生性、区域性、不可避免性和可防御性。即使一些矿井已经停采，但一些突发性和渐发性地质灾害将随着时间的推移，直接和间接的后续影响也会不断显现。

3.1　地震和矿震及其防治

　　唐山市位于华北平原地震带的唐山断裂带上，该断裂带主要分布于所在背斜的东南翼和开平向斜的西北翼，由一系列相互平行的 NNE—NE 向断裂组成，控制着本区的地震与地质构造活动。伴随着出现次级断裂，由 F1~F5 断层组成（图3），其中 F2、F3 距离唐山矿较近，在其东侧约 0.25~1.0 km。唐山于 1976 年 7月 28 日发生里氏 7.8 级地震的发震构造主要为 F5 断裂，位于唐山矿东 3.75 km。大地震导致开滦 6579 名职工死亡，2153 名职工受重伤，地面 367 万 m² 内的工业和民用建筑几乎全部倒塌，7 个生产矿井的主要生产水平全部被淹，生产系统全部瘫痪……时至今日弱震仍有发生。由于地震效应，使该原区采空塌陷进一步扩大加深，并新增许多地面塌陷区。矿震是矿山岩层冲击式破坏的一种表现形式，与煤矿开采密切相关，随着开采的加深与强度加大而明显增强，其基本活动水平表现出与人为开采深度和强度的高度一致性。实践证明，矿震具有许多天然地震的特征，并与近邻区域的较大天然地震存在一定的关系。

在目前乃至今后一段时期内要完全避免震灾是不可能的。但随着研究的深入、经验的积累，依靠科技进步进行监测、预警和积极治理，实现对灾害的控制，减轻灾害损失是可以实现的。这就要求园内正开采的煤矿井必须进行地震安全性评价，并根据地震安全性评价结果，确定抗震设防要求。矿山公园的新建、扩建和改建工程应达到抗震设防要求。唐山矿一号井、特大型井巷工程遗迹等有文物价值和纪念意义的建筑物、构筑物，应当按照国家有关规定进行抗震性能鉴定，并采取必要的抗震加固措施。整个园区最终实现地震监测、地震灾害防御、地震应急救援以及震后恢复重建 4 个环节全面发展。

3.2 岩溶塌陷、采空塌陷及其防治

伴随地下采矿规模的不断扩大，可溶性碳酸盐地层发育有溶洞、溶蚀带，且部分被厚厚的第四纪沉积物覆盖，无法准确监测，在地下水等因素长期作用下，唐山市区发生了日益严重的岩溶塌陷活动。岩溶塌陷具有一定的分布规律，主要分布于水位下降漏斗范围内的碳酸盐岩浅埋区及构造断裂带附近，设有液流管道和排水暗沟的马路两侧及地表水体沿边最为常见。唐山市的岩溶塌陷主要分布在处于繁华地段的新华道和北新道的中东部两侧以及大钊公园—凤凰山一带。开滦已有 130 多年的开采历史，其中唐山矿的塌陷区面积达到了 18 km²，几十年的沉降过程使这里成了人迹罕见的废弃地，市区排放的雨水、污水、各种垃圾以及电厂的粉煤灰都集中到这里。中心城区随着采煤的继续，每年的塌陷区还将增加约1.3 km²。因采煤造成的地表下沉（含波及区）总面积达 2.08 万 hm²，形成大小沉陷积水坑 53 个，积水坑总面积达 2093 hm²，南湖公园是其中较大的沉降区域。更为严重的是，岩溶塌陷、采空塌陷和地裂缝可能在多年以后才发生。而且塌陷发生前一般无明显征兆，具有突发性特点。

煤矿引发的地质环境问题中，以塌陷危害最为严重。可在煤矿开采范围内建

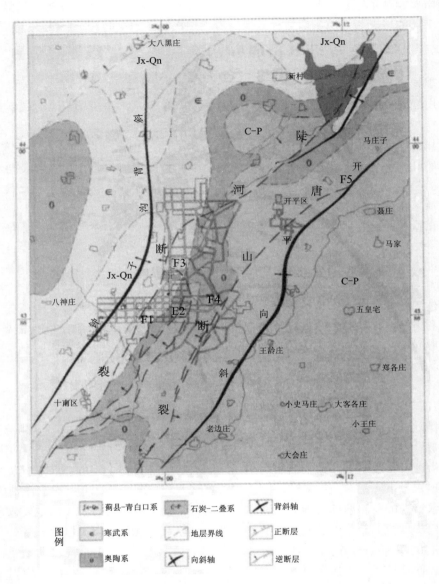

图例

Jx-Qn 蓟县-青白口系	C-P 石炭-二叠系	背斜轴
ε 寒武系	地层界线	正断层
O 奥陶系	向斜轴	逆断层

图3　唐山市区域地质图

注：据《唐山市地质环境监测报告》（1996—2000）

立地面观测网，监测地面沉降变形情况，找出地面沉降的规律。为进一步减少开采活动对公园的损害，可采用刚柔结合的抗变形结构和采前加固采后维护的措施，建立以强化建筑物自身结构为核心的防护技术，抵抗地表变形。在该区建设过程中，还应充分考虑沉降区的地质特点，明确划定禁建、限建和宜建范围。对已发生的塌陷区，可以综合利用多学科技术，利用生态系统理论，因地制宜地搞立体开发。还可以利用煤矸石和覆岩离层等充填后，进行土地复垦或二次开发。对正在形成塌陷的地区，应设置警示牌，采取围网封闭等措施。程度严重的还要进行居民搬迁，危房拆除等综合治理工程。

3.3 矿井突水、冒顶及其防治

唐山矿区不仅具备含水量充沛的冲积层孔隙水，而且拥有基岩裂隙水、奥陶系灰岩和喀斯特岩溶水的充水矿井，此外矿区典型的向斜构造及大量发育的断裂构造和岩溶洞穴更加强了各含水层之间的水力联系及补给条件。煤矿区复杂的水文地质条件，特别是井下开采时常会遇到地表水、潜水、承压水、老窑水以及断裂水的威胁，易引起矿坑突水的灾害事故。矿井突水这一现象的发生与发展表现快慢不一。1984 年开滦范各庄矿发生了世界采矿史上罕见的特大突水事故，致使 3 座大型机械化矿井短期被淹没，经计算高峰期的平均突水量达 1053 m^3/min。冒顶是由于井巷围岩顶板遭到破坏而引起的陷落现象。如果断层、裂隙带中岩层破碎，岩石力学性质极差，则更可能发生冒顶灾害。值得注意的是，开滦部分地区矿井开拓深度接近甚至超过 1 km，要提防奥陶系灰岩水压大于底板隔水岩柱的极限抗压能力。

为防止河流和洪水灌入井下，避免地面和井下遗迹被淹的危险，要在矿区井口等重要地段设置防水闸墙和防汛库并构筑防洪沟，建筑物的高程应高于当地历年最高洪水位。防治井下水灾必须先查明矿井水源和可能涌水的通道，摸清不同地段断层含水和导水性。尤其遇到老窑区和积水区时，做到"有疑必探，先探后掘"，提前探放老塘水，严格防水煤柱的管理。通过有计划地采取疏放水、截水和注浆堵水等措施，实现对公园井巷工程遗址妥善保护，必要地段须建井口永久性防水闸门、泵房密闭门和井下避灾路线指示牌。另外，为了防止冒顶事故的发生，可根据统计规律分析影响顶板冒落稳定性指标，对支护质量与顶板进行动态监测，还要经常检查巷道支护情况，严禁放炮等操作，避免使废弃巷道隐患加大或形成危害。

4 矿山公园地质环境保护的对策

建设矿山公园是地质环境保护的手段之一，是使不可再生的重要矿业遗迹资源得到保护和持续利用的有效途径。针对地质灾害防治工作，应当坚持"预防为主、避让与治理相结合和全面规划、突出重点"的原则，依据地理、地质条件和各种地质灾害发生的特点而采取有针对性的措施，争取使矿山公园地质灾害发生的风险降至最低。目前，地质灾害调查与区划工作仍相对滞后，这与地质灾害本身特点和自然诱因有一定关系，但人为因素也不容忽视。

1) 建立健全工作机构，完善灾害防治的责任机制。为了有组织、有计划地开展景区地质灾害防控工作，实现游览安全有序的目标，公园管委会协同国土资源部门对园区的地质灾害防治工作实行统一管理，建设、水利、交通、林业以及景区各个职能部门要按照各自职责分工，切实做好本部门的地质灾害防治工作，并加强日常检查和监测工作。多发区和易发区的监测和防治任务要层层签订责任书，落实到具体单位、个人。合理区分灾害防治责任的同时，也要注重发挥园区灾害防治的整体效能，建立与有关部门协调和联动机制和有效的群测群防体系，提高景区防灾减灾能力。开展典型矿山地质环境监测关键技术研究，争取实现监测的自动化、系统化、网络化。

2) 加大矿山地质环境的执法和监管力度。在矿山设计或矿产资源开发利用方案中，须有地质灾害防治方案。按照"谁受益，谁治理，谁破坏，谁负责"的原则，政府部门运用法制、行政、经济等手段，在加大矿山地质环境监管力度的同时，应加强新建矿山、生产矿山和闭坑矿山地质环境影响的评估工作，包括直接影响和间接影响、明显影响和潜在影响、当前影响和长期影响，促进企业采取有效措施从各个阶段控制、减轻煤矿开发的负面影响。对诱发地质灾害及影响国土安全和生态安全的行为依法查处，对逾期不能实现治理目标的矿山企业，实行停产或依法关闭。严肃查处有法不依、执法不严的行为，努力为地质环境保护营造好的条件。

3) 编制地质灾害防治规划，并纳入城市总体规划。矿山公园协同有关部门开展地质灾害调查和排查，查清景区地质灾害现状，掌握地质灾害的发育、分布规律，划定地质灾害易发区、危险区，确定重点防范区域，明确划定禁建、限建和宜建范围，编制地质灾害预防规划。在对矿业遗迹开展保护时，要多方面考虑矿山的属性特征，如井下开采型的层理结构、危险矿段的比例与布局和矿山所处的生命周期特征等，从而因地制宜地进行公园现场规划设计。为保证生产安全有序进行但又不失游客现场感受，可设立观景台(廊)等安全隔离带。为了降低矿井生产带来的地质灾害隐患，生产区与景区之间应设置一部分缓冲区和生态保护带。依据地质灾害防治规划，还要拟订年度地质灾害防治方案，加强地质灾害预测预报工作。地质环境保护与恢复治理的要求和目标要与"城市规划"保持一致，并与"土地利用总体规划""地下水开发利用规划"和"环境保护规划"等相衔接。

4) 提高防灾减灾意识，促进地质环境保护。随着计算机信息技术的发展，除利用网站、电视台、电台、报纸和书籍以及博物馆等平台开展群众性认灾、报险、躲灾知识的宣传外，矿山公园还可运用安全模拟和安全仿真学技术再现事故现场，进一步解释瓦斯、水灾、火灾和冒顶等煤矿灾害的成因，让更多人了解煤矿开采的安全防灾技术，增强人们抗御和规避灾害的信心与能力。还可巧妙地利用保存完好的井下废弃工程，向游客展示从原始采煤到现代采煤的历史演变进程，让游客在井下亲历生动的煤炭生产场景的同时，参与到煤矿井下自然灾害模拟和实战演练中。还要加大对矿山公园及周边地区矿业地质遗迹保护的宣传力度，作为矿山地质环境的重要组成部分，它们是在漫长地质历史时期中形成、发展并保存下来的珍贵的、不可再生的遗产，对研究矿区环境治理、旅游开发和地质灾害警示作用等都有重要意义。

5）加强游客安全管理，发挥地质灾害保险制度作用。公园要从景区维护的投入、教育培训和现场管理等多方面入手，努力提高安全管理水平和员工素质。还要制定游客和员工安全规章，编制和散发安全游览手册，争取人人树立"安全第一"的思想。为减少意外事故的发生，考虑在门票中加入人身意外保险，制订安全事故应急处理方案。各景区和信息中心保持全天候的信息传递，一旦发生险情和事故，在第一时间启动急救系统，及时调动力量组织救援。在旅游高峰期，各景区在游览时间、路线及景点的选择上，要注意避开地质灾害的易发期和隐患地段。管理机构灵活运用时间尺度和空间尺度，合理规划与安排旅游流量，以便实现公园安全管理和游客旅行体验最优化的经营原则。对于有条件的单位，可以将地质灾害调查监测、预警预报、风险评估、防治体系与保险体系相衔接，积极促使保险公司在地质灾害保险制度建设中发挥应有的作用。

6）建立财政与市场相结合的多元投入机制。矿山公园的建设是一个长期的过程，灾害的防范需要投入大量人力和财力。然而，灾害防治通常并无直接经济产出，这就造成了人们长期以来宁愿灾后治理也不愿预先防范的恶性循环。为最大限度地降低灾害带来的不良影响和危害，建议矿山公园采取多元化投资。除政府设立矿山地质环境治理恢复专项资金外，采矿权人应当依照国家有关规定，缴存矿山地质环境治理恢复保证金，且缴存数额不得低于矿山地质环境治理恢复所需费用，做到"企业所有、政府监管、专户储存、专款专用"。同时，在保证矿山地质环境治理的前提下，制定矿山公园建设的优惠政策，引导社会各界广泛参与，以解决在矿山公园建设中存在的资金"瓶颈"。当然，由于人为因素造成矿山地质环境破坏的，应采取相应的惩罚措施，督促其恢复治理。

5 结语

煤炭资源型城市大多受地裂缝、采空（岩溶）塌陷、矿（地）震、储煤场脏乱差、矸石堆积如山且自燃、地下水污染和下降漏斗崩塌、滑坡和泥石流等环境地质问题困扰。开滦无论在灾害防治还是资源综合利用方面都取得了累累硕果，探索出了煤矿区地质环境保护新模式，如矿山公园所在区域南湖生态城，因地制宜地将废弃的采煤沉陷区改造成城市湿地公园，并被联合国授予"迪拜国际改善居住环境最佳范例奖"。然而，潜在的地质灾害一定程度上制约了该地区经济和社会的发展，给矿山公园的建设带来一系列亟待解决的问题。需坚持"在保护中开发，在开发中保护"的方针，通过采用综合模式、多专业联合投入以及高科技指导等方式，保护和治理矿山地质环境，促进区域生态系统进化和产业结构优化，维系社会利益，发展循环经济，实现土地更新利用，将矿山废弃地真正"化腐朽为神奇"。争取把矿山公园建成一种兼具休闲娱乐和安全避难双重功能的防灾公园形式，平灾结合，提高防灾减灾功效，建设既能改善人居环境又符合我国国情的综合性公园仍是今后工作的重点。

内蒙古清水河老牛湾地质公园环境容量研究

王剑昆　　田明中　　王浩

中国地质大学(北京)地球科学与资源学院, 北京, 100083

摘要：随着国内地质公园建设的迅猛发展, 公园的管理与规划成为了一项重要课题, 预测地质公园的年环境容量具有重要意义。文章在总结国内外环境容量研究现状的基础上, 应用线状及面状总量模型从空间环境容量、生态容量、经济容量和心理容量4个方面对内蒙古清水河老牛湾地质公园环境容量进行了综合研究, 并根据"木桶原理"得出日环境容量在旺季为1385人, 淡季为554人, 年环境容量为263150人。结果表明, 老牛湾地质公园环境容量的瓶颈主要来自于空间容量。根据研究结果, 提出有针对性的调整措施, 为老牛湾地质公园的持续发展提供参考。

关键词：环境容量；线状模型；面状模型；清水河老牛湾地质公园

引言

旅游环境容量的概念首先是由西方一批地理学、旅游学和环境学工作者提出的, 后经过逐渐的发展, 形成了较为清晰的释义。Mathieson 和 Wall 在 1982 年提出, 旅游环境容量(TECC)是指在确保可接受的环境质量以及游客体验不会下降的情况下, 一个旅游地区所能容纳的最大游客量。其大、小与旅游地的规模、旅游资源的质量和数量、自然条件、基础服务设施、人口组成、活动类别等因素有密切关系, 其主要组成部分分为旅游资源空间容量(TRBC)、旅游生态容量(TEBC)、旅游经济容量(TDBC)及旅游心理容量(TPBC)。

近年来, 随着旅游业的快速发展, 我国的很多风景名胜区都出现了一系列因游客严重超载而产生的环境问题。因此, 环境容量的有关研究也随之受到重视, 越来越多的环境容量理论及实证分析研究也相继涌现。从国内相关的研究来看, 早期有大量论文对旅游环境容量的定义进行了阐述。环境容量的概念在国内的应用主要来源于赵红红以苏州为例对旅游环境容量进行的实证剖析, 随后刘振礼、保继刚等人分别对不同区域的环境容量进行了详细的分析与研究。近年来, 环境容量的理论和方法的研究得到了快速发展, 大量论文对旅游环境容量的计算方法

本文发表于《资源与产业》, 2014, 16(03)：37-43。

进行了探讨，其中包括对计算公式的修改、对计算方法的改进，并且引入行为分析、景观生态学、动态模型、边际满意度、区域竞争等众多相关学科理论，对公式和模型进行了修正。但是，我国专门针对地质公园旅游环境容量的研究比较少，案例研究型的论文中，对既是地质公园同时又是著名旅游目的地的研究对象论述较多，却没有充分强调研究区域作为地质公园的属性。截至目前，只有李同德在其专著《地质公园规划概论》中对地质环境容量规划的线状模型进行了较为系统的分析。

详细、系统、有针对性的环境容量计算与分析，是一个地质公园规划的重要组成部分，也是地质公园持续稳定发展的重要前提。本文应用环境容量静态模型，对清水河老牛湾地质公园的环境容量进行了测算，根据最终所得的综合值分析出公园在环境容量方面的问题，并提出相应对策，以达到合理保护老牛湾地质公园地质遗迹和生态环境的目的。

1 研究区概况

内蒙古清水河老牛湾地质公园位于内蒙古自治区中部，地处黄河晋陕大峡谷最北端的蒙晋交界处，地理位置为39°38′20″~39°41′19″N；111°25′07″~111°29′27″E，总面积28.54 km²，处于清水河县单台子乡最南端，是黄河、长城的唯一交汇处（图1）。

清水河老牛湾地质公园地处华北台块、山西台背斜与鄂尔多斯台向斜的接壤处，以黄河西岸为界，发育着台背斜和台向斜的构造发展特征，区域内为地台型构造特征。根据公园内的地质记录，该区共经历了前震旦纪构造运动、加里东构造运动、华力西—印支构造运动、燕山构造运动以及喜马拉雅运动。

公园地处黄河中上游黄土丘陵区，是内蒙古高原和山陕黄土高原中间地带，黄土沟谷地貌较为发育，经流水侵蚀的作用，形成了千沟万壑的地貌景观。黄河自清水河县喇嘛湾镇开始进入晋陕大峡谷，晋陕峡谷作为黄河重要的组成部分，其形成和演化对鄂尔多斯盆地新构造运动有重要的指示作用，同时晋陕峡谷作为典型的流水侵蚀地貌，对研究河流地貌的演化有着重要意义。

公园内地层发育比较完全，产状平缓或近于水平，构造变动比较微弱，这些地层记录了地球沧海桑田的变化。奥陶系在清水河地区出露较广，包括治理组、亮甲山组、马家沟组。寒武系地层也广泛分布，且寒武系与奥陶系为连续沉积，其中该区奥陶系下统发育最为良好，这对解决寒武—奥陶系分界问题有极大的帮助。同时，区域内发现的三叶虫、笔石和头足类等生物化石，在局部之岩性组合、生物群特征等方面，显示出地方性色彩，而且还是解决寒武—奥陶系分界较为理想的地区。

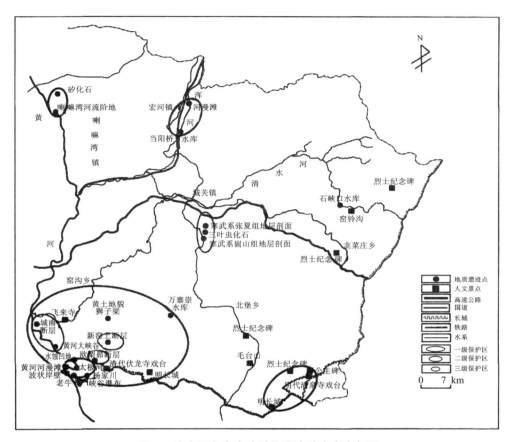

图 1　清水河老牛湾地质公园地质遗迹分布图

　　特殊的地理位置、漫长的地质作用造就了老牛湾地质公园内规模壮观、交错纵横的峡谷景观，灵动丰沛的瀑布景观，典型的地质构造和地貌景观，华北北缘最完整的古生代地层系统，真实地记录了地球十几亿年的海陆变迁历史。

　　清水河历史悠久，早在新石器时期就有人类居住在此。在几千年的历史文化进程中，清水河逐步形成了以汉文化为主体，以蒙文化为有益补充的文化体系，形成内蒙古草原文化和中原汉文化之间的过渡地带。白泥窑子原始社会石器时代遗址、明长城遗址、四公主碑以及草原文化，都是清水河人文历史价值的最好体现。

　　为了有效地保护和开发利用清水河独特的地质遗迹，2012 年 12 月经内蒙古国土资源厅批准建立了自治区级地质公园，现申报国家级地质公园；2013 年 7 月 16 日，内蒙古清水河老牛湾自治区级地质公园顺利揭碑开园。

2 数据来源与研究方法

2.1 数据来源

本文中老牛湾地质公园的线路长度和景点面积数据是通过实地测量及计算所得，植被覆盖率、住宿床位、交通容量等数据来源于"清水河老牛湾地质公园综合考察报告""清水河老牛湾地质公园规划"等。

2.2 旅游资源空间容量（TRBC）

资源空间容量是指在保证旅游资源质量的前提下，在一定时期内旅游资源所能容纳的游客活动量。它反映了旅游地资源空间承载力的规模，是旅游业发展的前提。

2.2.1 面状总量模型

面状总量模型适用于一个空间质量均匀的旅游区，其景点均匀分布，游客可以在区内随意运动，进行无规则行走。其游客总量的计算公式为

$$Dm = S/d \tag{1}$$
$$Da = Dm \times (T/t) \tag{2}$$

式中：Dm 为旅游区内瞬时游客容量，人；Da 为日游客容量；S 为旅游区内可游览面积，m^2；d 为游客活动最佳密度，$m^2/$人；t 为游客游览一次平均所需的时间；T 为游客每天游览的有效时间。

2.2.2 线状总量模型

线状总量模型适用于一个旅游区内，以若干景点为交点，以既定的游览线路为通道连接成网络系统，游客可按照既定的线路游览。其游客总量的计算公式为：

$$Dm = L/d' \tag{3}$$
$$Da = Dm \times (T/t) \tag{4}$$

式中：Dm 为旅游区内瞬时游客容量，人；Da 为日游客容量；L 为游览区内旅游道路总长，m；d' 为游览道路上游客的合理间距，m；t 为游客游览一次平均所需的时间；T 为游客每天游览的有效时间。

2.3 旅游生态容量（TEBC）

旅游生态容量测算模型

$$TEBC = \max(TEBC, TEBC_2, \cdots, TEBC_i) \tag{5}$$

式中：$TEBC_1$ 为公园内景观保护可容纳的游客密度；$TEBC_2$ 在自然净化以及人工

处理各种污染物的状况下可容纳的游客密度；$TEBC_3$ 为游客因对个人空间有所需求而可接受的心理密度。上述各项指标内容可以因旅游地性质不同而有所差别。

2.4 旅游经济容量（TDBC）

$$TDBC = \min(TDBC_1, TDBC_2, \cdots, TDBC_i) \qquad (6)$$

$$TDBC_i = S_i / D_i \qquad (7)$$

式中：$TDBC$ 为旅游经济可承载的游客容量，人/天；$TDBC_i$ 为第 i 种经济因子所形成的经济承载容量；S_i 为第 i 种因子的日供给量；D_i 为第 i 种因子的人均日需求量。根据国内旅游研究的实践，一般取电力供给、水资源供给、宾馆床位供给等因子。

2.5 旅游心理容量（TPBC）

$$TPBC = A \times Pa \qquad (8)$$

式中：A 为公园或其依托的居民点面积，hm^2；Pa 为旅游地居民对游客数量不产生反感的密度最大值，人/hm^2。

2.6 旅游环境容量综合值

根据"木桶原理"，当游客数量超过公园内任一因子的承载力时，都将对环境容量各要素之间的协调产生影响，从而对公园的可持续发展产生影响。因此，旅游环境容量的综合值应取所有分容量的最小值：

$$TEVBC = \min(TRBC, TEBC, TDBC, TPBC) \qquad (9)$$

3 清水河老牛湾地质公园环境容量测算

3.1 资源空间容量

清水河老牛湾地质公园景点不多，并以景点为交点，以既定的游览线路为通道，建立网络系统，游客基本按照旅游线路游览，可以从游览线路的角度测算旅游资源空间容量。另外，地质公园内园区道路通畅，无险要地形，因此也可以采用面积计算法测其空间环境容量。

3.1.1 线状总量模型

参与模型计算的主要参数有：1）长度 L。老牛湾园区内旅游步行道路总长约为 3.5 km。2）合理间距 d。旅游道路所处的游览区为地质遗迹重点保护区，因此应严格控制游客数量，旺季时游客合理间距为 5 m，淡季时为 8 m。3）游览所需时间 t。老牛湾园区线路旅游所需要的总时间大约为 4 h。4）开放时间 T。旺季公园每天开放 10 h，淡季为 8 h。

根据公式（3）可以计算线状瞬时容量：旺季 $Dm = 3500/5 = 700$ 人，淡季 $Dm = 3500/8 = 437.5$ 人。

根据公式（4）可以计算线状最大日容量：旺季 $Da = 700×10/4 = 1750$ 人，淡季 $Da = 437.5×8/4 = 875$ 人。

另外，由于老牛湾地质公园的成立时间比较晚，现阶段园区内部各个景点的可进入度有限，机动车的交通容量也是公园环境容量的一大限制因素。同时，公园内暂时没有建立足够面积的停车场，这更加造成园区内旺季拥挤，容量限制的现象。根据已知资料与数据，老牛湾地质公园内的旅游交通道路总长约 8 km，由于停车场缺失的限制，要保证公园在不拥挤的情况下正常运行，所以控制交通容量同样重要。旺季时车辆同一时间合理间距为 150 m，淡季为 300 m。根据资料统计到老牛湾地质公园进行游览的游人乘坐私家车的比例在 60% 左右，平均每辆车游客数量为 4 人，乘坐旅游大巴车的 40% 左右，平均每辆大巴的游客数量为 20 人，因此平均每辆车的人数为 $4×60\%+20×40\% = 10.4$ 人。

根据公式（3）可以计算线状交通瞬时容量：旺季 $Dm = 8000/150×10.4 = 554$ 人，淡季 $Dm = 8000/300×10.4 = 277$ 人。

根据公式（4）可以计算线状最大交通日容量：旺季 $Da = 554×10/4 = 1385$ 人，淡季 $Da = 277×8/4 = 554$ 人。

3.1.2 面状总量模型

参与模型计算的主要参数有：1）游览区面积 S。老牛湾景点、太极湾景点、杨家川峡谷景点以及其他自然人文景点的可游览总面积约为 1.42 km^2。2）游人最佳活动间距 d。地质公园内可游览面积中大部分由于属于地质遗迹重点保护，又属于核心景区，因此应严格控制游人数量，旺季间距为 1000 m^2/人，淡季为 2000 m^2/人。3）游览所需时间 t。老牛湾园区游览所需要的总时间大约为 4 h。4）开放时间 T。旺季公园每天开放 10 h，淡季为 8 h。

根据公式（1）可以计算面状瞬时容量：旺季 $Dm = 1420000/1000 = 1420$ 人，淡季 $Dm = 1420000/2000 = 710$ 人。

根据公式（2）可以计算面状最大日容量：旺季 $Da = 1420×10/4 = 3550$ 人，淡季 $Da = 710×8/4 = 1420$ 人。

3.1.3 空间总容量

根据"木桶原理"，空间总容量为测算出的线状总容量和面状总容量中较小的计算结果。

最大日容量为：旺季 $Da = \min(1750, 1385, 3550) = 1385$ 人，淡季 $Da = \min(875, 554, 1420) = 554$ 人。

3.2 生态容量

老牛湾园区以流水地貌景观为主,园区内分散有当地居民,小型农家旅馆等,因此污水来源主要为餐饮、居民生活所产生的废水。由于园区内居民居住点分散稀疏,且园区内没有规划酒店,因此,居民及酒店所产生的污水量很少,可不做考虑。

园区内大气污染来源主要为机动车尾气排放和当地居民的生活废气排放等。由于园区内植被的覆盖率较低,对园区大气的净化能力不强。考虑到清水河脆弱的生态环境和稀疏的植被覆盖,其植被承受的最低标准为人均 800 m^2/天,游览区面积约为 1.42 km^2,则可计算出其植被生态环境最大日容量为 1775 人/天。

老牛湾园区内垃圾桶分布规律,垃圾日产日清,同时可以通过高效率的污染物人工处理系统去处理,因此对公园游人容量影响不大。

3.3 经济容量

旅游经济容量是指在一定时间以及一定区域范围内,经济发展的程度所决定的可接纳的游客活动量。主要指地质公园承受游客的基本生活需要如食、住、行、游、购、娱等消费活动的能力。

清水河老牛湾地质公园的水源以井水为主,水库水源为辅,同时其地下水补给丰富,且地理位置优越(黄河河畔),因此对游客的供水量充足。在供电设施方面,公园已在区域发达、人口密度较大的地区内进行电网供电;在老牛湾、杨家川峡谷等地带,远离供电网,电力供应相对薄弱,但这些区域人口密度低,风能、太阳能等发电设施的供电量亦可以满足日常游客的需求。

因公园位置较偏,距离县城较远,且园区面积有限,一天内便可游完,所以游客基本不会在公园内或周围留宿。据不完全统计,清水河县的宾馆、酒店和社会旅店共 85 家,总床位约 2878 张。就其数量和规模都基本满足未来旅游接待的需要。少部分游客会在公园内就餐,园区内部有少量的家庭客栈及家庭餐馆可供其选择,足可以满足其用餐量。因此,老牛湾地质公园的基础设施承载容量对其旅游发展基本不会构成约束。

3.4 心理容量

心理容量主要包括当地居民的心理容量和游客的心理容量。当地居民的心理容量主要是指在不对当地居民正常生活产生影响的前提下,不会引起当地居民反感的最大游客容量。游客的心理容量主要是指在旅游过程中不对游客旅游质量产生影响的前提下的最大游客容量。

清水河老牛湾地质公园主要位于清水河县内,旅游业的发展会为当地居民带来一定的经济效益，可以将剩余劳动力转移到旅游行业。因此可以假定当地居民可接受的游客容量趋向无穷大。

游客的心理容量与地区、景观类型、旅游者的特点有关。心理容量分为线路心理容量和面积心理容量。通常，在旅游景点的游客最佳线状活动密度为 20 m/人。从前述的空间容量分析中可以看出，公园内主要景点呈面状分布，考虑到地质遗迹保护的独特性，最佳面状活动密度按 1500 m^2/人计算。

因此，游客的心理容量旺季为：旅游线路长度/最佳线状活动密度×周转率+可游览区总面积/最佳面状活动密度×周转率，即

旺季 = $3500/20 \times (10/4) + 1420000/1500 \times (10/4) \approx 2804$ 人；

淡季 = $3500/20 \times (8/4) + 1420000/1500 \times (8/4) \approx 2243$ 人。

3.5 公园环境容量综合值

根据公式（9）可测算，老牛湾地质公园日环境容量综合值为：旺季 = min（1385，1775，2878，2804）= 1385 人；淡季 = min（554，1775，2878，2243）= 554 人。

清水河老牛湾地质公园开放时间为每年 4—11 月，旅游旺季为 6—10 月，淡季为 4、5、11 月。分别计算公园年淡、旺季的环境容量，然后相加则为公园的环境年容量。

一年中可游览的天数为旺季 150 天，淡季 100 天，因此，年环境容量综合值 = $1385 \times 150 + 554 \times 100 = 263150$ 人。

4 存在的问题与对策

4.1 存在的问题

1）通过上述计算可以看出，老牛湾地质公园环境容量的瓶颈主要来自于空间容量。由于缺少停车场等公共设施，且已建设的交通道路及旅游道路有限，致使公园整体上的可进入性差，从而导致环境容量有限。

2）由于清水河县经济水平不够发达，生态环境较差，且老牛湾公园内的基础设施不够完善，缺少如餐饮、休息区、住宿等游客必备公共设施，这也造成了公园内的环境容量比较有限。

3）清水河老牛湾地质公园作为一个未来的国家级地质公园，拥有典型的地质遗迹景观和历史人文景观，旅游资源极为丰富。但目前公园的旅游资源开发不足，可游览面积小，不能完全满足游客的观赏需求。

4）老牛湾地质公园在国内外的知名度还不高，2012 年实际游客数量仅为

8 万人，与计算出的年环境容量相差甚远，这也说明了公园宣传力度的不足。

4.2 具体对策

1）建设地质公园停车场，增加公园内的旅游道路建设。

停车场的重要性对于一个旅游景区来说不言而喻。地质公园内修建停车场，需要在公园的入口处及主要地质遗迹、人文景观附近选址，要求地形较平坦，面积为 5000～8000 m²，以满足私家车辆以及旅游大巴的停车需求。同时，加大资金投入，尽快增加园区内的旅游道路，包括旅游交通道路及游客步行道路，扩大地质公园整体上的可进入性，从根本上提高旅游资源空间容量。

2）加强地质公园内的基础设施建设。

充分利用土地资源，在不影响地质遗迹保护的基础上，加强公园内旅游基础设施的建设。在游客聚集较多的地点，如老牛湾观赏点、杨家川峡谷入口处、明长城遗址保存完好处，增建生态卫生间、综合休息区、餐厅等游客服务设施；在公园内地质遗迹景观稀少且便于通行处，或者地质公园周边建立不同等级的住宿设施，如农家院、星级酒店等，以满足过夜游客的住宿需求；在公园外围设置商业区，满足游客的购物娱乐需求。

3）进一步开发地质遗迹景观及人文景观。

老牛湾园区内的主要地质遗迹有老牛湾、太极湾、黄河大峡谷、杨家川峡谷、地层剖面、黄土地貌等，但现今开发比较全面的只有老牛湾及黄河大峡谷，其他地质遗迹点开发有限，不能达到游客环境容量的最大值。人文景观方面，只有明长城遗址、毛台山寺、四公主功德碑等比较被游客熟知，但其开发保护的现状也不容乐观。而其他人文景观，如古人类遗址、三跳昂壁画墓、革命纪念碑等几乎处于未开发状态。景观开发程度较低，严重影响了地质公园旅游经济的发展。公园管理部门应多方筹集资金，加大投入力度，加快公园开发建设，多方扩大资源空间容量。多利用自身资源优势，抓住旅游市场机遇，积极运用政府主导机制，与有关单位、部门联合开发，力图达到规划效果。

4）加大地质公园宣传力度，增加地质公园知名度。

老牛湾地质公园需要专业的宣传营销战略规划，打造出独属于清水河的旅游品牌，通过有效宣传手段达到一定的文化效应。公园管理部门与政府相关部门应加大资金的投入，在平面媒体上刊登地质公园的广告，在移动媒体以及电视媒体上播放地质公园的风光片；举办具有特色的旅游活动，使公园各个季节都有旅游亮点，提高其旅游吸引力；前往北上广等大型城市举办展览活动，扩大客源市场；积极参加国内举办的地质公园相关会议，树立公园良好形象。

5 结论

确定地质公园的环境容量，并不是限制游客数量，而是应该通过合理的规划建设、严格的管理制度来调节不同区域的游客密度，从而来确保公园内的旅游环境。本文基于四种环境容量的模型，通过"木桶原理"计算出老牛湾地质公园的环境容量综合值，即地质公园合理的环境容量为旺季1385人／日，淡季为554人／日，年环境容量为263150人。在确定了环境容量的基础上，分析地质公园的环境容量限制，得出其存在的具体问题，并从公园可进入性建设、基础设施建设、旅游资源进一步开发以及公园宣传营销四个方面提出建议措施，以打破地质公园环境容量瓶颈，使公园健康发展。由于清水河老牛湾地质公园尚处于成立初期，开发建设早期，因此本文所得出的环境容量对其初期的建设有一定的指导作用。随着清水河地区旅游业的发展，老牛湾地质公园知名度的扩大，基础设施和管理体制的不断完善，公园实际的环境容量还会逐渐扩大。届时，还应对地质公园的生态环境进行检测，对地质遗迹进行保护与科学研究，以期老牛湾地质公园可持续发展。

泰山的科学价值与地质公园建设

王同文[1,2]　田明中[1]　张建平[1]　武法东[1]

1. 中国地质大学(北京)地球科学与资源学院，北京，100083；

2. 河南理工大学，河南焦作，454000

摘要： 泰山历经近30亿年的自然演化，地质构造作用复杂，造就了浑厚雄伟的山体，保存着丰富、完整的地质遗迹资源，特别是在科马提岩、太古宙至元古宙多期次侵入岩以及寒武纪地层标准剖面等方面，具有重要的国际性地学意义。泰山是典型的地质遗迹、优美的自然景观与无与伦比的历史文化遗存的完美结合体，具备了建设世界地质公园的条件。

关键词： 泰山；地质公园；地质遗迹；世界地质公园

　　泰山，古称岱山、岱宗，位于山东省泰安市，交通条件非常便利，区位优势明显。泰山拥有5000年的文化历史，保存着众多的历史文化古迹，是中华民族的精神家园，自古就是名扬天下的旅游胜地，是中国首例世界自然与文化双遗产，是首批国家重点风景名胜区。在2005年全国十大风景名胜区评比中，泰山以满分的成绩排名第一。泰山是全国重要的科研基地和教学实习基地，建设地质公园使泰山又成为科学普及的基地。

　　近两年来，笔者在泰山国家地质公园和世界地质公园的申报与建设过程中，对泰山在地质遗迹资源、自然景观资源、历史文化等方面的科学价值进行了系统分析研究。在2005年8月的国家地质公园评审和10月的世界地质公园推荐中，均取得了骄人的成绩。2006年8月，在联合国教科文组织的考察评估中，泰山得到了两位德国专家的高度评价。2006年9月，联合国教科文组织在爱尔兰召开第二届世界地质公园大会，对12个候选地进行评审，泰山成功晋升为世界地质公园。这也是对泰山的科学价值尤其是国际性地学价值的充分肯定。

1　泰山的地学价值

　　泰山地质公园已经拥有130多年的地质研究历史，曾被第30届国际地质大会和第15届国际矿物学大会选定为野外地质考察路线。诸多重要的地学问题，如古老的科马提岩、太古宙至古元古代多期次的侵入岩、经典的华北寒武系标准

本文发表于《山东科技大学学报(自然科学版)》，2006(04)：22-24。

剖面、新构造运动与泰山的形成等，至今仍然是学术界研究与探讨的核心问题。泰山众多重要而典型的地质遗迹，完整地记录了地球近30亿年的演化历史，具有系统性、完整性和典型性，具有极高的科学研究价值，是一座具有世界意义的天然地学博物馆。

1.1 泰山的地质遗迹特征

1.1.1 前寒武纪地质

前寒武纪地质研究是当前国际地学前沿和热点。泰山是我国前寒武纪地质研究的窗口和经典地区，也是国际前寒武纪地质研究的知名地区。

泰山新太古代早期形成的表壳岩系泰山岩群，是华北地区最古老的地层之一，年龄为27亿~29亿年，是地球早期原始陆壳的记录。

泰山前寒武纪岩浆侵入活动的多期次特征非常明显，可划分出望府山期、大众桥期、傲徕山期、中天门期、摩天岭期和红门期共6期15个岩体。众多侵入岩体是泰山分布最广且又极为重要的地质体。泰山前寒武纪的变质作用普遍，多期性特征明显，至少经历了三期区域变质作用和四期动力变质作用，形成了著名的"泰山杂岩"。泰山前寒武纪构造变形作用十分复杂，可划分出5期构造变形作用和4期剪切变形作用，发育有多期的褶皱、断裂和韧性剪切带等。泰山多期次的岩浆活动、多期次的构造变形和变质作用及其演化的研究，对揭示中国东部前寒武纪陆壳裂解、拼合、焊接的机制以及地球动力学过程有着重要的科学价值。

此外，泰山中元古代的辉绿玲岩以及与之伴生的正长花岗岩，是指示构造旋回变化的关键性地质事件。其中发育的国内外罕见的"桶状构造"，具有很高的科学研究价值和观赏价值。

1.1.2 新构造运动与泰山的形成

泰山的形成，经历了太古宙、元古宙、古生代、中生代和新生代等五个地质历史阶段的改造，新构造运动则对泰山的山势和地形起伏起着控制作用，造就了泰山拔地通天的雄伟山姿，并发育有三选瀑布、三级阶地、三层溶洞、扇中扇、三级夷平面等地貌特征。因此，泰山是研究新构造运动的理想地区，其形成演变模式对研究类似山系的形成有很大的指导意义。

1.2 泰山的国际性地学意义

泰山岩群是中国保存最好、发育最完整的典型新太古代绿岩带。泰山岩群中的科马提岩是迄今中国唯一公认的具有鬣刺结构的太古宙超基性喷出岩，对揭示地球早期热构造状态有着重要的科学价值。目前，科马提岩已经引起国内外地质学家的高度关注，美国、香港大学、北京大学及中国前寒武纪地质研究中心等国内外的地质学家已在这里开始了新一轮的研究工作。

泰山有多期次古老的岩浆活动，出露大规模不同岩性的太古宙至元古宙早期的深成侵入体，是国际地层委员会提出的太古宙向元古宙转换的珍贵地质记录。特别是泰山保存了大规模的、多期次岩浆活动的原始侵入接触关系，时代如此之老，侵入关系如此清晰，原始状态保存如此良好，实属国内外罕见。这是泰山最具魅力和最具国际特色的地学内容之一。因此，泰山为探索太古宙巨量和多期次深成侵入体的成因及动力学机制，构筑了一座天然实验室。

值得特别指出的是，在泰山的栗航水库旁出露的露头保留了望府山期英云闪长片麻岩和傲徕山期二长花岗岩良好的侵入接触关系，它是泰山前寒武纪地质演化的缩影和精髓。由于望府山英云闪长片麻岩是 27 亿年前新太古代早期深部岩浆活动的产物，经历了深熔作用和强烈变形，而傲徕山二长花岗岩则形成于 25 亿年前左右，没有经历深熔作用和强烈变形。这种侵入关系可能预示地球演化过程中一次里程碑式的转变，极有可能是地球系统从太古宙向元古宙转变过程中深部地质作用的反映，因此具有重要的国际性研究价值和地学意义。

位于泰山北侧的张夏寒武系标准剖面，是华北地区地球历史演化早古生代阶段的代表性模式，是国际寒武纪地层对比的主要依据，在世界地质学史上占有重要的地位。

2　泰山的自然与文化价值

2.1　雄浑奇特的自然景观

在泰山的诸多自然景观中，其雄伟壮丽、气势磅礴，是泰山最主要而又显著的特征，也是区别于其他名山的标志。泰山主峰玉皇顶海拔 1545 m，拔起于神州大陆的东方，具有通天拔地、雄风盖世的气派。从泰城仰望岱顶，在不到 10 km 的水平距离内，高差达 1400 m，登上岱顶，更有"登泰山而小天下"的气魄。

泰山是国家森林公园，动植物资源非常丰富，具有良好的生态环境。泰山古树名木繁多，被誉为"活文物、活化石"，具有很高的历史价值和观赏价值。泰山特殊的地质构造，形成了河溪、瀑布、裂隙泉等独特的水体景观。如龙潭飞瀑、三潭迭瀑、云步桥飞瀑等，构成泰山"山高水也高、清泉随山长"的壮丽景象。

泰山作为中华民族的精神家园，经过历代精心营造，留下了大量的人文景观，进一步烘托和渲染了泰山的万千气象。

2.2　无与伦比的历史文化积淀

中国人常用泰山来比喻事物的崇高、伟大，因为它是中华民族的象征和灵魂。

泰山历史悠久，文化灿烂，精神崇高，文物古迹众多，被称为"中华民族文化的缩影"，是中华民族"国泰民安"的象征。在汉代创立"五岳制"时，泰山被封为东岳，位居五岳之首。由此，"五岳独尊"的泰山逐渐演变为中华民族的象征，成为中华儿女心目中的神山和圣山。

由于古代君王先后多次到泰山举行封禅活动，从秦始皇开始，先后有12位帝王到泰山封禅祭祀，形成了世界上独一无二的精神文化现象。泰山的古建筑以宋天祝殿为代表，融绘画、雕刻、山石、林木为一体，具有特殊的艺术魅力，堪称中国建筑史上的杰作。

3　泰山是地质遗迹与历史文化遗存的完美结合体

构成泰山主体95%以上的前寒武纪侵入岩，历经漫长的地质演化，构造作用复杂，其断裂、断层、岩体的节理面非常发育，为石刻、碑碣等艺术创造了得天独厚的条件，为历代文人墨客纵情书画、题词抒情提供了天然的石材，孕育了独特的泰山文化。泰山多期次的侵入岩，为泰山大规模的古建筑提供了良好的天然建筑材料，历经历史的沧桑，记录了泰山几千年以来的文化发育过程。

泰山众多独特的微型地质地貌景观，如醉心石、仙人桥、拱北石、扇子崖等，在被赋予文化的内涵后，成为地质遗迹与文化景观的有机统一体。

岱顶作为泰山地质公园的核心，不仅是泰山自然风光和文化景观的精华所在，而且浓缩了众多典型的地质遗迹，成为珍贵的地质遗迹、优美的自然风光与丰富的人文景观完美结合的典范。而南天门、中天门和一天门三大台阶式的地貌景观，则给人以崇高、稳重、向上、永恒之感。泰安城因山而设、依山而建、城中见山、浑然一体，使泰山的人文景观与泰山的雄伟气势、地质地貌、环境格调和谐统一，达到了人与自然的有机交融。

4　泰山建设世界地质公园的条件

经过多年的发展与建设，泰山的规划系统而完整，基础设施、服务设施非常完善，管理体制合理，为世界地质公园的申报与建设打下了坚实的基础。在申报世界地质公园过程中，将泰安市旅游地质资源进行了整合，将徂徕山、莲花山、陶山等作为外围地质遗迹景区，使得泰山地质公园的科学内涵更加丰富。

泰山按照世界地质公园申报的要求，高质量地完成了地质公园规定的博物馆、景点解释牌、标示系统以及导游员培训、科普知识宣传册、演示系统等一系列软硬件建设，并于2005年9月25日进行了国家地质公园的揭碑开园。目前，泰山在晋升为世界地质公园之后，正在按照联合国教科文组织提出的世界地质公园建设要求，积极筹备世界地质公园的相关建设工作。泰山有着悠久的研究历史和丰硕的科研成果，并且还有更多科学问题需要去发掘和探索。泰山世界地质公园的建设，将使泰山成为中国和全球的新太古代深成侵入岩和地壳演化研究的一个经典地区。开展长期的、追踪性的"立典性"研究，可以充分发挥世界地质公园所应有的作用，为世界地质公园建设探索出一个崭新的模式。

5　结语

泰山典型的地质遗迹、悠久的历史文化与优美的自然景观自然和谐地结合在一起，共同构成了一本巨厚的泰山百科全书。在中国乃至世界上，很少有象泰山这样将人和自然万物完美地融为一体，其资源价值，当之无愧地成为人类的宝贵遗产。

沂蒙山地质公园地学旅游体系构建与发展探讨

闫远方[1]　武法东[1]　张婷婷[2]　韩晋芳[1]　储浩[1]

1.中国地质大学(北京)地球科学与资源学院, 北京, 100083;

2.青海省环境地质勘查局, 西宁, 810007

摘要：本文详细介绍了沂蒙山地质公园的地学旅游资源——典型的地质遗迹、丰富的自然资源和独具特色的人文资源, 其中发育鬣刺结构的科马提岩、太古宙至古元古代多期次的侵入岩、蒙阴常马庄金刚石矿和岱崮地貌为世界级地质遗迹。依据《国家地质公园建设标准》和联合国教科文组织世界地质公园理念, 提出构建沂蒙山地质公园地学旅游体系框架, 包括健全科普解说系统、开展科普活动、开发特色地学旅游产品、提高地质公园显示度。最后提出开展沂蒙山地质公园地学旅游建议, 以期为公园的合理开发和地质遗迹保护提供理论依据。

关键词：地学旅游；地质遗迹；科学普及；沂蒙山地质公园

地学旅游是将旅游观光与地学科普教育有机结合的特色旅游。地学旅游的概念最初由英国学者提出和定义, 1995 年首次正式使用。我国地学旅游经历了 1988 年的萌芽阶段和 1988—1998 年的重点发展阶段。1999 年以来, 随着旅游业的发展和"科学旅游"的兴起, 地学旅游迎来了发展的"黄金期", 进入快速增长和全面发展阶段。

1999 年联合国教科文组织(United Nantions Educational, Scientific and Cultural Organization, UNESCO)提出"世界地质公园计划", 同年 12 月, 我国国土资源部提出并启动"中国地质公园计划"。截至 2017 年 2 月, 已经批准命名的国家地质公园共 201 处, 联合国教科文组织世界地质公园 35 处。地质公园在促进地质遗迹保护、科普教育方面起到了积极作用, 并为地学旅游开辟了全新的发展领域。沂蒙山地质公园获准参加 2018 年联合国教科文组织世界地质公园的评审, 现正在全力进行各方面的准备。本文在对沂蒙山地质公园主要地学旅游资源进行详细阐述的基础上, 提出了构建沂蒙山地质公园地质旅游体系框架和地学旅游发展建议, 这将对沂蒙山地质公园发展地学旅游和世界地质公园的评审准备工作具有一定的指导意义。

1　沂蒙山地质公园地学旅游资源

沂蒙山地质公园位于山东省临沂市境内, 地处沂沭断裂带以西的鲁西地块

本文发表于《资源与产业》, 2017, 19(02): 37–42。

上，由蒙山园区、钻石园区、岱崮园区、孟良崮园区、云蒙湖园区组成，总面积 1405.6 km²（图1）。地质公园的地学旅游资源主要包括以下几种类型。

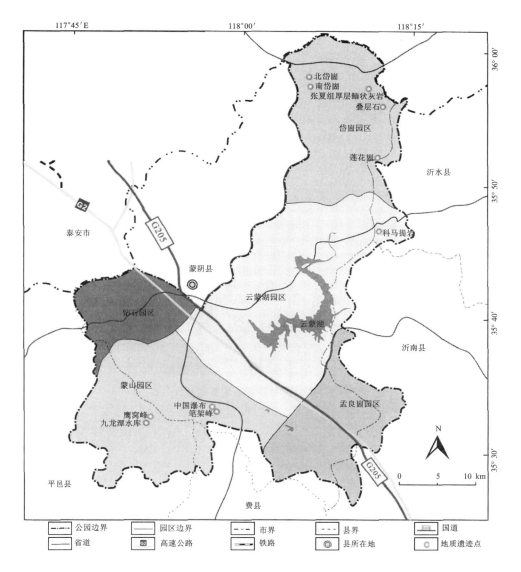

图1 沂蒙山地质公园位置及范围

（本书收录此文时对原图审查后略有修改）

1）世所罕见的地质遗迹。依据《国家地质公园规划编制技术要求》（国土资发〔2016〕83号），沂蒙山地质公园主要地质遗迹可划分为地层、岩石、地质构造、古生物、珍稀矿物与矿床、地貌景观和水体景观 7 大类，其中发育鬣刺结构的古老科马提岩、太古宙至古元古代多期次的侵入岩、蒙阴常马庄金刚石矿和岱崮地貌为世界级地质遗迹。

a. 中国最古老的地层。公园内分布有太古界泰山岩群，是经角闪岩相—绿片岩相变质作用形成的变质岩系，形成于新太古代早期，自下而上分为雁翎关组、山草峪组和柳杭组，岩石类型主要为细粒斜长角闪岩、黑云变粒岩。泰山岩群是华北地区最古老的地层之一，对还原鲁西新太古代的地质演化过程具有重要意义。蒙阴苏家沟附近的绿岩带中发育有科马提岩(图 2)，多呈透镜状残留体赋存于前寒武纪花岗质岩石中，是迄今我国唯一公认的具有鬣刺结构的太古宙超基性喷出岩。

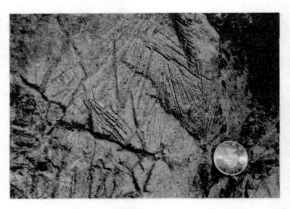

图 2　科马提岩及其中的鬣刺结构

b. 反映地壳早期形成过程的多期侵入岩。公园范围内的岩石遗迹以侵入岩为主且具有多旋回、多期次的活动特征。四期大规模的岩浆侵入使部分先期岩体重熔，形成了条带状英云闪长岩、片麻状花岗闪长岩和二长花岗岩等侵入岩系。公园内这些大规模发育的花岗质岩石为探索太古宙巨量花岗岩的成因提供了重要的实证材料，对于建立早前寒武纪地质构造格架具有重大科学价值。云蒙景区出露的中元古代四堡期牛岚辉绿岩是我国该期侵入岩的命名地，牛岚辉绿岩的侵位标志着鲁西前寒武纪结晶基底的形成。

c. 我国第一座金伯利岩型原生金刚石矿。钻石园区(图 3)是我国第一个金伯利岩型原生金刚石产区，也是我国乃至亚洲金刚石储量和开采规模最大的金刚石矿，是名符其实的"中国金刚石之都"。目前，我国发现的最大的 3 颗钻石——蒙山 1 号钻石、金鸡钻石、常林钻石——均产自这里及其附近。钻石园区保存了大量的金刚石采矿遗址和遗迹，见证了我国金伯利岩型原生金刚石矿的发现、开采和发展历史。

图 3　金刚石矿露天采坑

d. 地貌景观。蒙山山体发育节理和不同规模的断层,它们把岩体切割成大小不等的岩块,在长期的风化侵蚀作用下形成了各类象形石,妙趣天成、栩栩如生。著名景点有神龟探海(图 4)、百鸟朝凤、老虎石等。岱崮园区是我国崮形地貌的典型发育区,也是"岱崮地貌"的命名地,它的形成与地层岩性、构造运动和风化剥蚀作用有关,其典型特征为:外表呈圆形,顶部平展,周围峭壁如削,峭壁下坡度由陡到缓。岱崮地貌(图 5)不仅具有强烈的地方性地貌特点,更具有国内外地貌学研究和对比意义。

图 4　神龟探海

图 5 桃乡岱崮

2）神奇秀美的自然风光。沂蒙山地质公园森林覆盖率平均为85%，共有植物1100 余种，列入国家保护名录的有 25 种，堪称天然植物园和中草药植物资源宝库。多类动物在这里栖息繁衍，区内现有国家一级保护动物金雕、林麝和马麝等。岱崮园区依托独特的地理优势，是久负盛名的"中华蜜桃第一镇"。初春时节，漫山桃花盛开，成为沂蒙山最亮丽的风景。天然的地质地貌造就了蒙山绮丽的山水。酷似中国版图的中国瀑布（图6），烟波浩渺的云蒙湖，如蛟龙出水的九龙潭瀑布，使地质公园兼具北国山水之雄奇和江南水乡之灵秀。

图 6 中国瀑布

3）厚重深邃的历史文化。沂蒙山是中华文明的发祥地、东夷文化的中心。夏商时期，始祖伏羲后裔在此建立颛臾国，拜祭天地，独辟拜山文化；春秋末期，孔子登顶蒙山，留下"登东山而小鲁"的慨叹；璀璨的文明在书圣王羲之、智圣诸葛亮、宗圣曾子等圣哲先贤身上闪现得光彩夺目，断裂构造和节理发育的石壁成为书法家的天然"纸张"。

蒙山文化扎根于中华文化，延伸于齐鲁文化，融道教、佛教、儒教于一体。新时代沂蒙精神在这里绽放异彩。沂蒙山是重要的革命传统和爱国主义教育基地。抗日战争和解放战争时期，沂蒙儿女在这片土地上谱写了"沂蒙英雄六姐妹""孟良崮战役奋勇支前"等可歌可泣的动人篇章。

2 地学旅游体系的构建

地学旅游促进地方经济的发展和居民生活水平的提高，契合地质公园可持续发展理念。沂蒙山地质公园拥有典型的地质遗迹，丰富的自然和人文资源，具备开展地学旅游的资源优势。根据《国家地质公园建设标准》，沂蒙山地质公园地学旅游体系框架的构建主要包括以下几个方面。

1）健全科普解说体系。开展区域地学旅游资源调查、评价和科学研究，深度挖掘景观的地球科学和历史文化信息，是地质公园发展地学旅游的动力之源。因此，沂蒙山地质公园应健全多类的科普解说系统，包括完善的地质公园博物馆、陈列室和科普影视厅，设置景点科学解说牌，编写适合不同年龄层次对象的科普读物，介绍地质公园及相关地学知识，增强游客对地质遗迹的保护意识。此外，还应录制反映地质公园科学内涵、优美风光的光盘，编制画册、导游手册和各种宣传册等。

2）开展科普活动，加强教育推广。开展形势多样的科普活动、加强科学知识教育推广是构建沂蒙山地质公园地学旅游体系的重要内容。如组织中小学生游览、开展地质科普夏令营活动，向学生们介绍象形石的形成、岱崮地貌的演化、鲁西地区的古地理和古气候等地学科普知识，使地质公园成为青少年平时和假期学习的课堂。同时，应加强与周边高校、科研机构的合作，增设教学实习基地。并通过张贴画报、发放宣传资料等形式开展科普宣传进社区活动，引导当地居民了解地质公园、保护地质遗迹，自觉参与到地质公园的地学旅游活动中。

3）开发特色地学旅游产品。地学旅游产品是宣传和推广地质公园的重要组成部分。沂蒙山地质公园有着丰富的地学资源和鲜明的区域特色，因此，其旅游产品的开发应充分整合各类资源，加强地质遗迹景观与人文景观的结合，注重产品的科学品味和地域文化特色。如孟良崮园区打造以红色旅游为主题的爱国主义教育基地，钻石园区建设集矿业遗迹展示、钻石加工和婚庆度假于一体的科普观光园，蒙山园区则突出休闲养生，打造旅游度假目的地等。

4）提高地质公园显示度。为游客提供获取地质公园信息的便捷渠道、大力宣传地质特色是提高地质公园显示度的关键。因此，地质公园应建立专门网站向游客展示地质公园。充分利用微博、微信公众号等手机电子平台展示地质公园的旅游资源，提供地质公园餐饮、购物、住宿和服务等信息，为游客提供种类多样、主题鲜明的游览路线。此外，还应设计地质公园自身的标徽，并在官方网站、景点解说牌、科普读物、宣传册、地质公园旅游纪念品上明显地标识出来，以提升品牌形象。

5）完善基础服务设施。完善交通道路、餐饮住宿、水电及通讯等基础服务设施。沂蒙山地质公园部分旅游设施还不健全，旅游服务的软硬件档次还不高。因此，地质公园应加快园区内外道路的修建，打造连接各园区、各景点的旅游线路。同时，依据规划重点加强公园及周边各类服务设施的建设，为游客提供丰富的特色饮食和娱乐项目，实现地质公园旅游设施人性化、食宿设施个性化、购娱设施特色化的目标。

3　沂蒙山地质公园地学旅游发展建议

1）申报世界地质公园，提升地学旅游品质。2015 年 11 月，联合国"国际地球科学和地质公园计划"（International Geoscience and Geoparks Programme，IGGP）的通过，意味着世界地质公园的地位提升到与世界自然文化遗产相同的高度，彰显了联合国教科文组织对具有国际地质意义的遗产进行保护和可持续利用的重视。临沂市人民政府充分认识到地质公园在保护地质遗迹、提升旅游品质和促进地方经济等方面的综合作用，于 2015 年启动了沂蒙山世界地质公园的申报工作，并成功入选我国第九批世界地质公园推荐名单，将于 2018 年参加联合国教科文组织对地质公园的评估。沂蒙山地质公园有望成为世界地质公园成员，这将成为临沂市第一块高含金量的世界品牌，也是临沂市迈出国门走向世界的第一步。因此，沂蒙山地质公园应进一步加强对地质遗迹资源的保护与管理，提升地学旅游品质，加快走向世界地质公园的步伐。

2）加强培训，提高导游员素质。导游员是地质公园与游客之间的媒介，他们的地学知识水平和素质直接关系到地质公园科学知识的传播水平和质量。但目前公园的导游解说仍以神话传说、象形比拟为主，欠缺地质成因的科学解释。因此，沂蒙山地质公园必须强化导游员地学专业能力和职业技能的培训，使导游员具备一定的地学知识、了解地质公园的理念和沂蒙山地质公园的地质概况，能为游客进行深入浅出的科学讲解。

3）加强社区融合，带动经济发展。通过地学旅游带动区域经济发展体现了地质公园可持续发展的理念。地质公园可通过开发与地学旅游相关的纪念品发展家庭手工业和传统工艺制品业，也可以鼓励居民开展农家乐，创造就业机会、提高收入。同时，应提高居民对地质遗迹重要性和不可再生性的认识，增强其对属地的自豪感和认同感，使居民自觉参与到地质公园的保护和建设中来。

4）健全管理机构，加强宣传力度。健全地质公园管理机构，实现公园管理的规范化和制度化是地学旅游长期发展的保障。地质公园遵循"自下而上"的管理方式，所有区域内的利益相关者和管理者，包括土地所有者、社区团体、旅游服务供应商和当地居民都应参与其中。跨行政区域的地质公园必须建立能够切实对公园实行管理的机构。此外，沂蒙山地质公园应加大宣传力度，通过积极参加、筹办地学交流会，并在会上展现区内丰富的地学资源提高知名度；同时，可以与周边地质公园联合开展旅游推介，扩大地质公园的旅游市场规模。

5）启动体验式地学旅游模式。目前，地质公园的科普大多采用图片展示、文字描述和标本陈列等静态形式，但由于内容过于专业，在提升公众科学素质上收效不大。沂蒙山地质公园可以开展"体验式"地学旅游，借助虚拟现实（VR）、增强现实（AV）和3D动画等科技手段，通过设计一系列的创意活动和项目，内容可包括地学影视文化园、地学文化主题酒店和地学文化美食园等，将科普与娱乐有机结合，增强游客的参与感和互动体验，这也是地学旅游的发展趋势。

4 结语

沂蒙山地质公园拥有优美的自然环境和悠久的人文历史，保存了中国最古老的地层、反映地壳早期演化阶段的多期侵入岩，有我国首次发现且规模最大的金伯利岩型金刚石原生矿以及特征地貌景观，形成了独一无二的地学旅游资源。以此为基础，从健全科普解说体系、加强科普教育、提高地质公园显示度等方面入手，来构建沂蒙山地学旅游体系的框架，从而实现沂蒙山地质公园地学旅游的可持续发展。

中国国家地质公园总体规划修编若干问题探讨

刘斯文　田明中

中国地质大学(北京)地球科学与资源学院, 北京, 100083

摘要: 国家地质公园总体规划修编是中国地质公园发展的阶段性总结, 旨在完善规划的体系和内容, 解决总体规划中存在的现实问题, 它对国家地质公园的可持续发展具有深远的意义。在分析国家地质公园总体规划的实质和修编内容变动的基础上, 讨论了总体规划修编的重点, 从学术的角度探讨了总体规划修编中涉及的地质公园属性确定, 地质公园建设、管理和发展规划中存在的问题, 并提出了相应的对策, 旨在为中国国家地质公园的总体规划修编提供参考。

关键词: 国家地质公园; 总体规划修编; 问题及对策

1　引言

2000年以来, 中国已先后建立了138座国家地质公园(National Geoparks of China), 其中20座已成为UNESCO世界地质公园网络(GGN, Global Geoparks Network)成员, 为全球地质遗产保护做出了杰出贡献。国家地质公园总体规划在地质公园的建设和发展中发挥了举足轻重的作用, 它通过法规条文的形式明确规定了地质公园内地质遗迹保护、经济、社会发展和科普教育的方向和目标, 为其可持续发展提供了保障。然而, 我国国家地质公园建设、发展仍处在探索阶段, 加之规划经验不足和社会经济快速发展, 总体规划面临很多现实问题, 如公园规划面积过大或过小, 地质遗迹保护规划不力与地方经济、社会发展规划相冲突, 科普规划滞后等。这些问题引起了国家地质公园相关管理部门的高度重视。2008年4月, 国土资源部地质环境司在北京召开"国家地质公园总体规划修编及申报办法修订讨论会", 专门对其进行了商讨。

本文在分析了该规划的实质和修编内容变动的基础上, 讨论了修编的重点及存在的问题, 并提出了相应的对策。

本文发表于《资源开发与市场》, 2009, 25(03): 255-258。

2 国家地质公园总体规划的实质和内容

2.1 国家地质公园总体规划的实质

国家地质公园总体规划(National Geopark Master Planning)是指在一定时期内地质公园设立、管理、建设和发展政策的条款化和系统化,由政府批准实施,具有法律效力,实质是地质公园的"宪法"。除具有自然保护区和风景名胜区等总体规划的一般特征外,其以地学资源为主体,独特的保护、教育和资源可持续利用政策是它最大的特色。系统科学的国家地质公园总体规划应着力于解决四个基本问题,即公园是什么,如何建设公园、如何管理公园和如何发展公园。总体规划制定的过程就是围绕上述问题,识别公园所在区域的地质遗迹资源价值,并基于价值特征进行空间管理和资源分配的系统过程。

2.2 国家地质公园总体规划修编的性质

国家地质公园总体规划修编是在原有规划体系的基础之上,阶段性地总结地质公园近年发展的经验、教训,使它的体系更加系统和完善,在实践中更具可操作性。最为重要的是,突出地质公园总体规划中的地学特色,使其对国家地质公园的发展更具有指导性。

2.3 国家地质公园总体规划的内容

修编前后内容变动　目前,国家地质公园总体规划的编制参照国土资源部办公厅 2000 年 9 月 22 日下发 77 号文件中的《国家地质公园总体规划工作指南(试行)》而进行的。此次总体规划修订,在《指南》大纲的基础上,结构和内容变动如下:①总体规划由原先的"规划报告书""规划图纸""附件"3 部分调整为"总体规划文本"和"总体规划说明书"两部分。②总体规划大纲内容由原先的 12 章 42 节完善为 18 章 61 条。新增 4 章内容,分别是科学研究规划(第 8 章)、解说系统规划(第 9 章)、信息化建设(第 12 章)和附则(第 18 章)。突出和强化了 4 章内容,分别是地质公园性质与发展目标(第 2 章)、其他景观资源及评价(第 4 章)、生态环境与人文景观保护规划(第 7 章)和地质公园人才规划(第 15 章)。③新增并完善了附图,总体规划中的附图由原先的 6 幅细化为 16 幅,并对其相应的比例尺提出了详细的要求。

修编后的结构和内容　国家地质公园总体规划修编后,内容大致由地质公园属性描述评价、管理、建设、发展规划和附则 5 个部分组成,各部分的详细内容见表 1。

表 1　国家地质公园总体规划的结构、内容与相关附图

主要内容	具体内容	章节	附图
属性	名称、位置、范围、边界、面积	第 1 章	公园位置及交通图、范围和边界图
	区域背景描述及地质遗迹和其他资源评价	第 3、4 章	区域地质图、地貌图、遥感影像图、地质遗迹分布图、旅游资源分布图、资源评价图
管理	公园性质及管理目标	第 2 章	
	机构、组织与人员配备	第 16 章	
	地质遗迹及其他资源和环境保护	第 6、7 章	地质遗迹资源保护规划图
	人才及培训	第 15 章	
	财务及项目安排	第 17 章	
建设	总体布局与功能分区	第 5 章	总体规划图、园区（景区）功能分区图
	解说、科普系统	第 9、10 章	解说系统及环境教育设施规划图
	基础设施与服务设施	第 13 章	旅游服务设施规划图
	信息化	第 12 章	监测点及网络节点规划图
发展	地学旅游	第 11 章	科学导游图、科学考察旅游路线图
	科学研究	第 8 章	
	土地利用与社会调控	第 14 章	
附则	法律效力	第 18 章	

3　国家地质公园总体规划修编的重点

　　全国 138 座国家地质公园总体规划存在的问题各不相同，但从近年的发展来看却面临着着一些共同的问题，解决这些普遍存在的问题便是修编的重点，主要包括：①科学合理确定地质公园的属性。主要包括：勘定地质公园的边界和范围，合理调整地质公园面积；国家地质公园性质、特色的确定以及地质遗迹的调查、登录、评价和保护区的科学规划。②协调公园规划与其他相关规划及利益体的关系。包括协调地质公园总体规划同当地城乡发展总体规划、矿产水电资源开

发利用规划、基础设施建设规划以及区域土地利用规划之间的关系；协调与风景区、自然保护区和森林公园等相重叠的关系；协调与居民区、牧区、林区、工矿区、渔区之间的利益关系。③突出地质公园地学特色的建设规划。包括国家地质公园的解说系统规划、科学普及教育规划和信息化建设规划。④地质公园管理和长远发展的保障、支持因素规划。主要包括国家地质公园管理体制规划，不仅涉及机构、职能规划，还包括国家地质公园长远发展的支持性因素——科学研究和人才配置、培训规划。

4 国家地质公园总体规划修编若干问题

国家地质公园总体规划修编内容的调整更加突出了地质公园总体规划自身的地学特色，为更好地理解总体规划修编，解决总体规划中遇到的问题。本文将从学术角度对总体规划修编过程中的几处关键问题进行分析并提出解决的对策。

4.1 地质公园边界、范围的确定

地质公园的边界(border)、范围(extend)和面积(area)是决定地质公园"是什么"的重要因素。地质公园的范围、边界和面积必须是确定的，因为：①国家地质公园属于国家"十一五"规划中的禁止开发区，该类区域内禁止与主题无关的任何开发，公园边界、面积一旦确定将难以更改。②公园边界关系到多方利益。③国家地质公园在申报世界地质公园过程中，联合国教科文组织评估要求所申请公园的边界和面积必须是确定的。公园范围、面积划定不合理，过大或过小，不但要增加管理成本，而且使地质遗迹不能得到有效的保护。同时，由于边界不明确，相关的利益争执较多，限制了地质遗迹保护和当地经济的发展。

公园范围和面积的确定要以有效保护公园内地质遗迹为根本出发点：①在综合考虑地质遗迹完整性、公园管理能力和区域经济结构等因素的基础上进行合理调整；避免公园面积过大或过小，同时也尽量避免与矿产、水利、农牧业以及当地居民的冲突。②为更好地保护地质公园的环境，在地质公园的范围之内、边界之外，科学合理地划定环境保护带(缓冲带)。③调整后的地质公园边界及地质遗迹保护区界线必须准确勘定，并确立重要拐点坐标；建立地质公园的边界档案，同时要在边界处设立界碑、界桩及界牌等明确的边界标志。

4.2 地质公园总体规划与其他规划的关系

地质公园总体规划与其他相关规划相冲突的根源在于：①规划主体和相关利益者对地质公园的概念理解存在偏差；②规划团队内的学科分歧，对总体规划究竟涵盖哪些内容存在分歧；③规划中对社会、经济相关规划研究不到位。

在总体规划制定过程中协调与其他规划之间的关系需要：①明确地质公园"是什么"。地质公园是一个有确定边界的综合实体，它的主要功能在于保护地球遗产及环境、促进科普和教育和地方经济和文化的振兴。它同自然遗产、风景名胜区、森林公园等有相同之处，但以地质遗迹保护和科学普及教育为主的发展理念是它区别于上述几类自然遗产地的主要特征。②明确地质公园总体规划是"做什么"的。地质公园总体规划是地质公园发展的"宪法"。它的作用在于明确公园内地质遗迹及其他人文、自然资源的现状，合理分配公园的资源。③多方合作，厘清各方利益及相关关系。在规划制定过程中尽量召开与公园利益者相关会议，确定解决方案。同时，规划承担单位要采取多元化的工作团队，内部沟通，加强对地质公园理念的认同与理解。

4.3　地质公园中地质遗迹的保护管理

地质遗迹是地质公园的重要组成部分，地质遗迹保护规划不仅仅是单纯的管理问题，它与公园的科学研究、信息化建设和科普教育密切相关。在总体规划中，这方面存在的问题主要表现在：①地质遗迹调查、评价和保护利用没有相关的规范（standard）和标准（criteria），评价结果无可比性，实际意义不大。②地质遗迹评价的深度不够，仅停留在浅层的景观和公园尺度的评价上，地质遗迹单点对比评价和国际对比评价不足。③公园地质遗迹保护区等级和划分随意性太大，且无确定的控制面积。④地质遗迹保护措施及方法过于笼统。

地质遗迹保护管理规划修编应当考虑从以下几个方面入手：①基于公园科学研究和其自身的独特地质现象应进行地质遗迹分类、分级的修订。②依照公园自身的实际情况确定地质遗迹规划评价的方法、指标，要注重地质遗迹单点评价和国际对比评价，还要重视地质遗迹的定量评价，评价结果要成图标示。③公园地质遗迹保护区的划定要建立在公园地学多样性评价（evaluation of geodiversity）或其他评价，如敏感度评价（evaluation of sensitivity）的基础之上。④在总结公园地质科学研究的基础上，详细规划各级各类保护对象的相应保护措施和方法。⑤加强对地质公园内的其他自然和人文资源保护的规划。

4.4　地质公园管理体制与人才规划

地质公园的管理体制是保障公园地质遗迹能否得到良好保护及其他功能能否正常发挥的关键。管理体制规划是否合理关系到未来管理结构的合理性及其运作效率，而这一项也正是联合国教科文组织对申报世界地质公园的重要考核指标。地质公园人才及培训规划是此次修编需要着重强调的内容，它关系到地质公园的长远与可持续发展。地质公园总体规划中的管理体制及人才规划修订需注意以下几个关键因素：①分析地质公园的管理体制现状，设定合理的管理机构级别、人员编制和职能说明。②将地质公园管理结构的优化和改进纳入总体规划之中。③合理规划管理机构的使命、发展方向和目标。④形成合理的人才培养和流动机制。⑤针对管理层和员工规划不同层次和内容的培训。

4.5 地质公园解说系统规划

地质公园解说系统规划是此次总体规划大纲中新增的章节，本章节是总体规划中体现地质公园地学特色的重要组成部分，但也是最为薄弱的环节。地质公园解说系统尚不完善，主要表现在：①未建立起完整系统的地质公园解说体系，规划要素多零星地分布在其他章节。②地质公园解说语言的科学性、通俗性尺度始终未能解决。③地质公园英文解说不规范，多语言解说亟需纳入总体规划之中。④地质公园解说牌、标示牌以及宣传栏的规格、风格未纳入总体规划之中，导致目前公园解说系统标示混乱。⑤地质公园出版物及宣传材料缺乏相对长远和系统的规划，缺乏内容更新规划。

地质公园在总体规划修编过程中需要从以下几个方面对解说系统规划进行详细的分析：①解说系统包含的要素分析，完整的地质公园解说系统应当包含展示和标示系统两个部分；展示系统又可分为户外、室内、纸质、电子和人员展示。②与地质公园科学研究紧密结合，按照解说对象的年龄、文化程度设立多层次的语言解说深度。③规范地质公园的英文解说，并结合区域的文化历史状况制定相关的多语言解说规划。④规划展示和标示的系统规格、材质、文字等，应形成具有公园特色、风格统一的标牌系统。⑤制定长远的出版规划和宣传材料更新计划，将地质公园的电子和网络解说纳入规划日程表。

4.6 地质公园科学研究规划

地质公园科学研究是地质公园发展的"引擎"，它持续地为公园的解说、科普和信息化建设提供素材和科学支持。提高地质公园科学研究在总体规划中的地位，有利于科学研究成果的转化和解说、科普体系内容的完善和提高，对地质公园的信息化建设和长远的可持续发展具有战略意义。在制订地质公园的科学研究规划过程中，需要考虑以下关键要素：①地质公园科学研究的选题规划；②分期编制地质公园的科学研究题材；③近期科学研究的行动计划；④主要研究经费的来源和持续性；⑤公园科研成果的形式及知识产权规划等。

4.7 地质公园科学普及规划

地质公园科学普及规划是地质公园总体规划的特色。然而，目前我国地质公园在发展过程中对科普问题的认识还不到位，同时由于客观条件的限制，科学普及功能始终未能合理规划并发挥其应有的作用。地质公园科学普及规划存在的问题主要是：①科普规划层次不分，缺乏对儿童、青少年、大学生以及普通游客的分类科普规划；②科普设备先进，但缺乏科普内容和更新规划；③科普渠道和内容规划过于单一，未形成完善的科普规划体系，网站科普规划内容不足。

在总体规划制定过程中可尝试以下方法，突出国家地质公园总体规划的地学特色：①科普内容应当按照一定的标准进行分类、分级规划，具体问题要进行具体分析。针对乡土教育、实习教学和普通游客应设计不同的科普产品；②加强科普和科研的结合，充实科普内容；③支持地质公园编写和出版科普读物，制订地质公园长远的学术资源向科普资源转化的计划；④加强网络科普规划，制订地质公园的"网上科普走廊"计划。

4.8 地质公园信息化建设规划

如果说地质公园科学研究规划是地质公园的发展"引擎"，那么信息化建设规划就是为能量"传输"建立的便捷、高效的"通道"。目前，信息化建设规划存在的问题主要在于：①规划程度低；②与科学研究规划和科普教育规划以及管理规划相脱节；③数据标准和格式尚未形成。

地质公园信息化建设规划应当关注：①引入适合地质公园具体情况的信息化规划理念；②整合规划，将地质公园信息化建设与地质公园科学研究、管理以及科普教育规划有机地结合起来；③建立公园兼容性较强的数据结构及格式。

5 结语

中国国家地质公园是一项新生事物，地质公园的总体规划在其成长和发展过程中起着重要的保障和指导作用。在经历了8年的建设和发展之后，阶段性地总结国家地质公园发展的经验和教训，对地质公园的长远可持续发展具有深远的意义。文章在总结以往地质公园总体规划中的问题的基础上，提出在新一轮总体规划修订中应解决公园属性不确定、地学特色不突出等问题的对策，将为国家地质公园的建设和发展提供有益的决策参考。

中国山地型世界地质公园地质旅游的主要区域效益

王雷　田明中　孙洪艳

中国地质大学(北京)地球科学与资源学院, 北京, 100083

摘要: 我国是世界地质公园快速发展和建设的中心之一。通过地质旅游的开展, 积极地推动了地质公园所在地区的社会经济发展。根据中国的 7 处山地型世界地质公园所在地区的 2000 年、2004 年、2008 年和 2012 年度的旅游统计, 采用游客接待量、年综合收入、就业人数和相关行业发展四个发展指标, 分析了在地质公园建设前后, 大力发展地质旅游给所在地区带来的社会经济效益的变化, 以及对社会经济产生不同影响的旅游地生命周期阶段、地质旅游资源类型和地理区位等 3 个因素。结果表明: ①地质旅游的开展使得四个发展指标均有明显的增长, 给当地山区带来区域社会经济效益; ②处于旅游地生命周期不同阶段的地质公园所带来的效益也不同; ③具有美学价值功能或科教和美学价值功能兼有的地质旅游资源对游客的吸引力大于科教价值功能为主的地质旅游资源; ④具有地理区位优势的地质公园利于地质旅游的开展。针对上述结论, 提出建议以促进中国山地型世界地质公园的良性发展。

关键词: 世界地质公园; 山地; 地质旅游; 区域效益中

　　地质公园是以具有特殊地质科学意义、稀有的自然属性、较高的美学观赏价值, 具有一定规模和分布范围的地质景观为主体、并融合其他自然景观与人文景观而构成的一种独特的自然区域。既为人们提供具有较高科学品位的观光游览、度假休闲、保健疗养、文化娱乐的场所, 又是地质遗迹景观、生态环境的重点保护区和地质科学研究与普及的基地。截至 2014 年 10 月, 全球共有 111 个世界地质公园, 分布在 32 个国家和地区。

　　地质公园的建立是以保护地质遗迹资源、促进社会经济的可持续发展为宗旨, 遵循"在保护中开发, 在开发中保护"的原则, 依据国土资源部《地质遗迹保护管理规定》, 在政府有关部门指导下开展工作。建立地质公园有三大意义: 保护地质遗迹; 普及地球科学知识; 推动社会经济发展。建立地质公园, 可以改变传统的生产方式和资源利用方式, 在社会可持续发展的框架内, 大力发展地质旅游业, 制造具有地质特色的旅游产品。同时, 建设地质公园还可以带动其他行业发展, 提高居民的就业率, 改善当地群众的生活水平。近年来, 国内外许多学者对地质公园的建立带来良好的社会经济效益做了相关的研究。Farsani 等人探讨

本文发表于《山地学报》, 2015, 33(06): 733-741。

了国外的 25 处地质公园对当地社会发展的影响，尤其是在农村地区开发地质公园，其地质旅游产业是社会经济可持续发展的新战略；Halim 等人通过研究马来西亚的浮罗交怡岛世界地质公园的社会参与，反映了社会发展的涓滴效应。由于旅游资源、社会基础设施的可及性以及科学、教育、技术的进步，地质公园的建设会使当地贫困地区的弱势群体受益。Wójtowicz 等人从社会经济发展的角度认为波兰的地质公园开展地质旅游不仅仅是资金的额外来源，也是社区发展的良好契机；张志光等人从游客量、收入、就业等方面简要分析了 2010 年世界地质公园网络中国成员的经济效益；曹养同等人从旅游收入等方面分析了国家地质公园对旅游业发展的意义；郝俊卿探讨了洛川黄土国家地质公园与当地经济的互动发展，探索一条两者之间的可持续发展之路；何永斌等人分析了石林世界地质公园的开发建设对区域经济社会的影响；杨爱荣等人研究认为云台山世界地质公园的开发与建设，促使焦作区域经济、修武县域经济发生重大变化，推动了百年煤城向旅游新城的跨越。

本文借鉴以上研究成果，从游客量、旅游收入、就业状况等角度，分析中国的山地型世界地质公园地质旅游的区域社会经济效益，并分析其影响因素。

1 中国的山地型世界地质公园概述

联合国教科文组织于 2004—2014 年（除 2007 年外）分 10 批将 184 个中国国家地质公园中的 31 处上升为世界地质公园，占我国国家地质公园的 17%，占全球世界地质公园的 30%。在这 31 处世界地质公园中，有多达 29 处是以山地为主要载体或包括山地园区的（除阿拉善沙漠世界地质公园和香港世界地质公园外），它们（笔者称之为山地型世界地质公园）是中国地质公园建设和发展的主力军。因此，在很大程度上，中国山地型世界地质公园的建设代表了中国地质公园的发展现状。

1.1 分布

我国的 31 处世界地质公园分布在 8 个地理区域、20 个省和 1 个特别行政区，集中在中部和东部的山区（表 1）。其中，华中数量最多，西北最少。按地理单元分区划分，中国的世界地质公园主要位于三级阶梯的结合部位和第三级阶梯上。阶梯的结合部位是地质构造复杂，活动性大，地形变化较大的地区；第二级阶梯的沿海区域则是属于环太平洋火山带，在地质历史时期，火山活动剧烈，形成众多的火山地貌和花岗岩地貌。从小范围上来看，中国的世界地质公园大多是山地型的，例如神农架世界地质公园、昆仑山世界地质公园等，公园建立之前当地社会经济发展较慢。

表 1　世界地质公园地理位置分布

名称	地理位置
黄山世界地质公园	华中地区安徽省
庐山世界地质公园	华中地区江西省
云台山世界地质公园	华中地区河南省
石林世界地质公园	西南地区云南省
丹霞山世界地质公园	华南地区广东省
张家界砂岩峰林世界地质公园	华中地区湖南省
五大连池世界地质公园	东北地区黑龙江省
嵩山世界地质公园	华中地区河南省
雁荡山世界地质公园	华东地区浙江省
泰宁世界地质公园	东南地区福建省
克什克腾世界地质公园	华北地区内蒙古自治区
兴文世界地质公园	西南地区四川省
泰山世界地质公园	华东地区山东省
王屋山—黛眉山世界地质公园	华中地区河南省
雷琼世界地质公园	华南地区广东省—海南省
房山世界地质公园	华北地区北京市—河北省
镜泊湖世界地质公园	东北地区黑龙江省
伏牛山世界地质公园	华中地区河南省
龙虎山世界地质公园	华中地区江西省
自贡世界地质公园	西南地区四川省
秦岭终南山世界地质公园	西北地区陕西省
阿拉善沙漠世界地质公园	华北地区内蒙古自治区
乐业—凤山世界地质公园	西南地区广西壮族自治区
宁德世界地质公园	东南地区福建省
天柱山世界地质公园	华中地区安徽省
香港世界地质公园	华南地区香港特别行政区
神农架世界地质公园	华中地区湖北省
大理苍山世界地质公园	西南地区云南省

续表1

名称	地理位置
三清山世界地质公园	华中地区江西省
延庆世界地质公园	华北地区北京市
昆仑山世界地质公园	西北地区青海省

1.2 地质遗迹特征

中国的山地型世界地质公园具有独特的地质遗迹特征，这正是世界地质公园作为学习旅游之地吸引游客的最主要要素。除此之外，地质公园辅以其他人文景观，以达到自然和人文的完美结合。表2列举了其中7处山地型世界地质公园。这7处世界地质公园所处的地理区域不同，具体的地质遗迹景观类型不同，包括花岗岩、砂岩、丹霞、喀斯特、冰川、风成地貌以及构造和古生物地质遗迹，而且他们成为世界地质公园网络成员的时间跨度较大，从2004年的第1批到2011年的第7批，同时，他们也享有其他的荣誉。

表2 7处山地型世界地质公园概况

名称	主要地质遗迹景观	主要人文景观	成为世界地质公园时间	其他荣誉
黄山世界地质公园	花岗岩地貌	历代名人踪迹	第1批，2004年	世界文化与自然遗产、中国十大风景名胜区、国家5A级旅游景区、全国文明风景旅游区等
云台山世界地质公园	河流地质地貌、云台山地貌	竹林七贤居地、寺、塔、古树	第1批，2004年	国家级风景名胜区，国家5A级旅游景区等
丹霞山世界地质公园	丹霞地貌	丹霞传说，佛教文化，瑶族风情	第1批，2004年	世界自然遗产、国家级风景名胜区、国家自然保护区、国家5A级旅游景区等
张家界砂岩峰林世界地质公园	石英砂岩峰林地貌、喀斯特洞穴	土家族风情	第1批，2004年	世界自然遗产、国家5A级旅游景区、国家森林公园、国家自然保护区等
克什克腾世界地质公园	花岗岩地貌、第四纪冰川地貌	蒙古族风情、岩画	第2批，2005年	国家级风景名胜区、国家森林公园、国有自然保护区、国家4A级旅游景区等

续表2

名称	主要地质遗迹景观	主要人文景观	成为世界地质公园时间	其他荣誉
伏牛山世界地质公园	恐龙蛋化石群、秦岭造山带、独山玉	南阳"四圣"	第3批，2006年	国家森林公园、国家自然保护区、国家4A级旅游景区等
天柱山世界地质公园	花岗岩地貌	古戏楼、古文化遗址	第7批，2011年	国家重点风景名胜区、国家森林公园、国家5A级旅游景区等

2 区域效益

截止到2014年10月，中国的世界地质公园的开发与建设取得了飞速的发展。从地质公园的建立意义来说，保护地质遗迹资源，为以后的地质研究、资源开发和利用提供了重要场所和物质基础，同时在促进地质科学传播和推动社会经济可持续发展方面都有明显的进展和可喜的成就。

在知识经济时代，人们不仅仅追求传统的观光型旅游，而且越来越多地崇尚学习型旅游。在充分保护地质遗迹的基础上，将建立地质公园和地区旅游经济发展相结合，把地质公园打造成为新的旅游产品，使地质遗迹资源成为地方经济发展新的增长点，带动旅游业的发展。

世界地质公园的区域社会经济效益主要体现在公园所在地区游客接待量、公园所在地区年综合收入、就业人数、相关行业发展等方面。

2.1 公园所在地区游客接待量

表3及图1为7处世界地质公园所在地区的年游客接待量的年增长情况，其中的黄山、云台山、丹霞山和张家界在2004年第1批列入为世界地质公园；克什克腾、伏牛山和天柱山分别是在2005年第2批、2006年第3批和2011年第7批列入为世界地质公园。这些世界地质公园的建设在提高社会经济效益方面体现出相当重要的作用。从"公园所在地区游客接待量"这一指标来看，各世界地质公园自从建设以来，所在地区在2004年、2008年和2012年的年游客接待量较前4年均有大于30%的增长率，有些甚至大于200%，反映出整体上是一个持续增长的发展态势。

表3　公园所在地区游客接待量/万人

公园名	2000年	2004年	2008年	2012年
黄山(黄山市)	555	817	1801.30	3641.30
云台山(焦作市)	—	692.90	1452	2605.18
丹霞山(韶关市)	306	546.31	1044.25	2117.90
张家界(张家界市)	—	1269	1679.13	3590.10
克什克腾(赤峰市)	—	310	472.10	720
伏牛山(南阳市)	—	356	1080	2960
天柱山(安庆市)	—	838	1204.50	3100

注：表内数据来自各市国民经济和社会发展统计公报(年鉴)。"—"表示为缺数据。

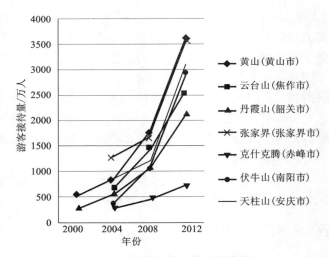

图1　公园所在地区游客接待量

注：图内数据来自各市国民经济和社会发展统计公报(年鉴)

2.2　公园所在地区旅游年综合收入(亿元)

鉴于世界地质公园的蓬勃发展，政府主导大力投资旅游行业，广泛开展休闲科普项目和大型宣介活动，通过各种形式的宣传给公园带来旅游收入，并且宣传推广投入越多，游客越多，旅游收入就越多。同地区游客接待量一样，7处世界地质公园的所在地区旅游年综合收入都有所增长(表4，图2)，但是增长幅度有大有小。2004年、2008年和2012年的年游客接待量较前4年的增长大都超过

100%，有些甚至大于 200%。但是各个公园的具体情况不同，受到外界的影响也不同，最终导致增长幅度加快或减缓。如张家界砂岩峰林世界地质公园在 2008 年遭受了雨雪灾害，导致当年旅游人数和旅游年收入相应减少。

表 4　公园所在地区旅游年综合收入/万元

公园名	2000 年	2004 年	2008 年	2012 年
黄山(黄山市)	17.72	50	140.9	303
云台山(焦作市)	—	38.86	112.7	200.28
丹霞山(韶关市)	12.58	24.42	52.6	155.9
张家界(张家界市)	—	55.21	83.49	208.72
克什克腾(赤峰市)	—	12.9	50.1	110
伏牛山(南阳市)	—	20.1	56.1	152
天柱山(安庆市)	—	34.77	78	248

注：表内数据来自各市国民经济和社会发展统计公报(年鉴)。"—"表示为缺数据。

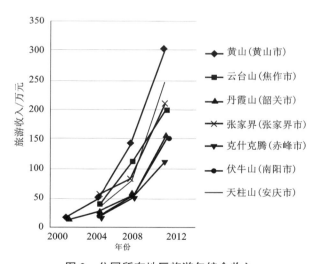

图 2　公园所在地区旅游年综合收入

注：图内数据来自各市国民经济和社会发展统计公报(年鉴)

2.3　就业人数

　　旅游业是多个产业边缘组合产业，涉及餐饮、交通、住宿等多个行业。旅游产业的后向联系较强,对旅游相关产业产生较强的刺激作用。地质旅游业的迅速发展,创造了大量的直接和间接的就业机会,尤其是导游和后勤服务人员的增加,因此,提高了社会就业率。

表 5 焦作市旅游业从业人员数量   单位:万人

年份	直接从业人数	间接从业人数
1999	从业人数不足 0.3	
2004	2.2	20
2009	4.5	22.3

注:表内数据来自焦作市国民经济和社会发展统计公报(年鉴)。

对山地型世界地质公园而言,由于多处于农村地区,公园的建设对当地富余劳动力的转移起到了重要作用。以云台山世界地质公园为例,表 5 显示了云台山所属的焦作市的旅游业从业人员,从 1999 年的不足 3 千人发展到 2009 年的拥有 4.5 万人的直接从业人员和 22.3 万人的间接从业人员。云台山地质公园的职工人数,从 2000 年的 69 名发展到 2010 年的 1580 名。

2.4 旅游相关行业的发展

为配套地质公园的建设,地质公园所在的当地政府加大投资力度,优化旅游规划,完善配套设施,整合旅游资源,拓宽宣传渠道,推动旅游相关行业的发展。云台山 2004 年成为世界地质公园,当年,所在的焦作市有国际和国内旅行社 59 家,星级宾馆 19 家,获得经营许可证的旅游景区(点)13 家。经过不断发展,到 2012 年,全市的具有独立法人的旅行社达 115 家,星级酒店 33 家;星级旅游景区 19 处,其中 2A 级旅游景区 1 处,3A 级旅游景区 3 处,4A 级旅游景区 3 处,5A 级旅游景区 3 处。南阳市在 2005 年拥有星级饭店 33 家,旅行社 52 家。随着伏牛山 2006 年被列入世界地质公园后的迅速发展,全市在 2012 年拥有星级酒店 80 家,旅行社 121 家。地质公园的建设对相关行业的带动作用尤为体现在公园所在山区乡镇。旅游业使得石林当地的各族人民以各种不同的方式参与到旅游开发中来,彝族的服饰、歌曲、蜡染等民族文化在石林旅游业的发展中发扬光大,走向世界。

3 影响山地型世界地质公园区域社会经济效益的三个要素

中国的山地型世界地质公园所在地区的游客接待量、公园所在地区年综合收入、就业人数、相关行业等方面都有了明显的增长和发展，但是也呈现出差异性，这主要是由于各公园之间的具体情况不同。根据影响名山旅游地空间竞争的主要因素：地位级别、功能和可进入性，结合中国山地型世界地质公园地质旅游特色，笔者认为旅游地生命周期阶段、地质旅游资源类型和地理区位是影响公园的发展和所在地区社会经济效益实现的三个重要因素。

3.1 旅游地生命周期阶段

加拿大地理学家 Butler 提出 S 型旅游地生命周期理论，一般经历探索阶段、参与阶段、发展阶段、巩固阶段、停滞阶段、衰落阶段或复苏阶段，他们均有各自的特点。以黄山为例，黄山是一个重要的旅游地，世界地质公园这一项荣誉是在2004 年授予黄山景区，实际上，在此之前，黄山已经是众人皆知。黄山的探索和参与阶段较早，到了 20 世纪 70、80 年代，黄山凭借其壮美的花岗岩地貌景观吸引了大量游客，旅游人数增长迅猛，随后，黄山景区的旅游发展状况也出现了波动，但是黄山不断开拓新的客源市场，加大宣传力度，因此，仍然保持着很强的吸引力。目前，黄山世界地质公园是一个相对成熟的景点，正处于巩固阶段，所带来的社会经济效益也有着稳步的增长（图 1、图 2）。世界地质公园是黄山的荣誉之一，黄山景区不断优化旅游产品结构，有针对性地创造出新的地质旅游产品，开发出新的地质旅游路线，宣传的不仅仅是单纯的观光旅游，而是加入了与地质主题相关的科考旅游、科普旅游，例如：开发地质游览路线，像第四纪冰川遗迹游览路线，建设黄山地质博物馆等，以此来发展黄山的地学文化。

与黄山这样成熟的世界地质公园不同的是，新兴的地质公园代表——云台山世界地质公园则保持着强劲的发展势头。云台山凭借其独特的"云台"地貌，于2004 年被授予世界地质公园的称号。多种地质遗迹资源组合是云台山旅游的特色，包括"之"字形、线形、环形、台阶状长崖、翁谷、深切障谷和悬谷等。相比于成熟的黄山旅游，云台山的地质旅游可谓是后起之秀。虽然年接待游客数量和年综合旅游收入不及黄山，但现正处于发展阶段的云台山大力宣传自己的地质遗迹资源特色，通过各种途径和方式打造具有世界级的地质旅游。云台山在全国的一些大城市甚至国外建立了办事处或旅游服务中心，并多次前往国内主要城市和韩国、泰国等地举办旅游展览会，推广"焦作山水""云台山"等旅游品牌。其社会经济效益是明显的，国内和国外的大批知名企业，像日本东芝，中国铝业等，进驻焦作，投资旅游或其他行业，仅 2009 年外商投资 1.98 亿元，比上年增长 253%，实际利用市场外资金 331.28 亿元，较上年增长 25.4%。从游客接待量和旅游年综合收入两项指标来看（图 1、图 2），处于发展阶段的世界地质公园（伏牛山、克什克腾等）虽不及成熟的世界地质公园（黄山、张家界等），但是可喜的是他们通过成功的规划和建设，已经取得了显著的区域社会经济效益。因此，中国的山地型世界地质公园的旅游发展是一个长期的过程，各地质公园需要清楚所处阶段，从整体上进行地质旅游规划和建设，推动其健康稳定发展。

3.2　地质旅游资源类型

　　中国的世界地质公园的地质遗迹类型较为齐全，地质资源丰富。从地质景观的角度来看，地质公园大致可以分为4类，地质构造、古生物、环境地质现象和风景地貌景观，其中地貌景观分为喀斯特、花岗岩、丹霞、沙积、砂岩峰林、火山和冰川地貌。虽然中国每个山地型世界地质公园具有不同的地质遗迹组合，但是有一种或几种是占主体地位的（表2）。

　　从旅游价值和功能角度来看，地质公园分为科研教育型（主要为地质构造类和古生物类）、美学欣赏型（主要为环境地质现象类和风景地貌类）和科研教育与美学欣赏兼有型。具有不同类型地质遗迹和旅游价值功能的世界地质公园对游客的吸引力大小是不同的，因此所带来的区域社会经济效益也有所差距。以同为山地型世界地质公园张家界砂岩峰林和伏牛山为例进行对比，分析其影响程度。张家界世界地质公园是世界上唯一一处以砂岩峰林景观为主，以喀斯特地貌景观为辅，兼有地质剖面和夷平面等构成地质遗迹景观组合的地质旅游目的地，具有很高的旅游观赏价值功能，属于美学欣赏型。张家界世界地质公园的多数旅游者由于"浅度认知"模式影响，较多关注张家界的自然风光美学价值，再加上近年来以科考为目的的旅游者，张家界的旅游人数总体上不断增加，并带动地区社会经济的发展。伏牛山世界地质公园是一个以恐龙蛋地质遗迹为主，兼有其他类型地质遗迹的山地型世界地质公园，属于科研教育型。恐龙蛋地质遗迹是公园吸引游客的主要景点，但是对大量追求美学欣赏的旅游者来说，吸引力似乎不大（表3）。因此以古生物和地质构造剖面为主的山地型世界地质公园的旅游接待量，普遍少于美学欣赏型的和两者兼有型的公园（表3）。对于具有不同地质遗迹资源类型的山地型世界地质公园，深度挖掘潜在的地质旅游价值，适当增加旅游功能和开发旅游产品，是提高地质公园知名度和影响力的有效举措。

3.3　地理区位

　　地理区位会直接影响到山地型世界地质公园的竞争力。这涉及公园的地理位置和公园所在地的交通条件，即可进入性。结合表1和表3可以看出，位于华中和华南地区的世界地质公园接待游客数量普遍较多，而数量相对较少的世界地质公园多位于边疆省份。这很大程度上体现出华中、华南地区具有明显的区位优势，而且已开发的中国的山地型世界地质公园呈凝聚分布，华中、华南地区的地质旅游资源集群状况明显优于其他地区。游客在相对小的半径内欣赏到多处地质遗迹，从而有利于地质旅游的发展。而且，华中、华南地区的交通通达性较好，形成四通八达的综合交通运输体系，构成了地质旅游发展的良好基础。虽然山地型世界地质公园的地理位置不能改变，但是随着交通条件的不断改善，位于边疆省份和偏远山区的山地型世界地质公园将吸引更多的游客。

4 存在问题和规划建设

提高社会经济效益是地质公园建设的一个方面，但是在公园的开发与建设中，不能只重经济而轻保护。2013年初，我国三处首批山地型世界地质公园被联合国教科文组织给予黄牌警告，原因是旅游设施泛滥，而更为重要的是遗迹保护和科学普及却有所放松和懈怠。一些世界地质公园的门票持续走高，且公园的过度商业化给地质公园带来负面影响。因此，在地质公园的建设中要进行理性的权衡和规划，努力实现地质公园建设的三重意义。

世界地质公园是联合国教科文组织世界级名录中极为重要的一类，在此名录中要彰显其特殊地位，就必须打造过硬的品牌，将PPF理念，即"过去—现在—将来"充分贯彻到实际的世界地质公园的建设中。要给游客提供一个从时间维度和空间维度感知地球演化的全新方式，以突出其地质特色，使地质公园在世界名录中独树一帜。从理论上来说，可持续发展理论和土地的社会生态经济多元复合理论，将得到不断深化和应用；从内容上说，由物质规划逐步转向社会发展规划，综合考虑生态因素和社会因素；从方法上来说，地质公园的规划者、利益相关者以及决策者之间充分协商与交流，完善和优化地质公园的规划；从具体手段上来说，地质公园的建设可以适当地进行地质景观设计和地质旅游产品设计，这也是地质旅游者能够亲身感知和体验的。地质景观的设计要明确和分析地质公园的地质遗迹的典型特征、科学意义和研究价值，从环保和科普的角度，运用各种技巧，突出典型地质景观，弥补不足，使得整体效果处于最佳状态，最终获得最佳社会和经济效益。旅游纪念品要从市场经济学理论、消费者行为理论和可持续发展理论的角度出发，遵循地质科普性、审美性、价格适当性、便携性等原则，开发出具有山地地质特色的旅游纪念品，包括原石类、仿原石类、工艺品、玉石类等其他特产。例如：五大连池世界地质公园利用当地的气孔状火山岩制造出按摩石，用火山喷发后形成的特殊土质雕琢出火山黑陶，还用泉水酿造矿泉酒，给游客提供温泉疗养等服务。公园所设计的地质科技旅游是地质公园发展过程中一项极重要的举措，设计地质旅游路线是吸引旅游者的其中一个产品。每个世界地质公园几乎都有自己独特的地质旅游路线。游客在欣赏地质美景的同时，也能够收获地质知识，从而推动山地型世界地质公园区域社会经济效益的实现。

5 结语

在联合国教科文组织和中国政府的大力支持下，中国的山地型世界地质公园自2004—2014年10年间，已经取得了跨越式的发展，具有特色的地质旅游成为旅游产业新的热点。年接待游客量和年综合旅游收入都有明显的增长，并带动旅游相关行业的共同发展，增加了山区地方收入和就业机会，产生出巨大的区域社会经济效益，加快了山区人民脱贫致富的步伐，为地区社会经济的可持续发展做出了贡献。虽然各山地型世界地质公园的具体情况不同，使得发展速度和质量也有所不同，但是，随着国家政府财政以及社会投资的增加，公园不断完善规划，加快基础设施和地质博物馆建设，优化科普读物和宣传资料，创造具有地质特色的旅游产品，开展地质主题的相关活动，促进中国山地型世界地质公园的地质遗迹保护和社会经济发展的良性循环，世界地质公园的明天将会更加辉煌。

四、旅游地学建设与发展

地质学(旅游地学方向)本科专业建设探讨

张绪教　程捷　孙洪艳　昝立宏　田明中　武法东

中国地质大学(北京)地球科学与资源学院, 北京, 100083

摘要：联合国教科文组织提出的地质公园"保护地质遗迹、科学普及、可持续的经济发展"三大功能,以及我国旅游业尤其是地质公园迅猛发展而导致的对地质旅游规划、开发与管理人才更高要求,是开设地学(旅游地学)本科专业的必要条件。本文通过分析对比国内高校开办的相关专业的特点及该专业应具有的特色,确定了该专业的培养目标及课程设置的基本原则。地质学(旅游地学)专业课程设置的指导思想是：地学知识是基础、地质公园是特色、旅游管理是拓展和延伸,教学应以夯实(地质)基础、突出(地质公园)特色、塑造(旅游地学)精品为目标,集合地质学课程、地质公园规划与管理课程、旅游管理课程"三位一体"理念设置课程。

关键词：旅游地学；地质学；学科建设；地质公园

　　旅游地学(tourism earth-science)是在中国地质学会科普委员会的倡导下,于1985年4月在北京召开的首届全国旅游地学讨论会议筹备过程中,由陈安泽(时任科普委员会主任)和李维信(时任科普委员会秘书长)首次提出来的,目的是为了体现整个地学界为旅游服务的精神。旅游地学的名词诞生虽然已经整整30年了,但作为一个独立的学科的形成及学科体系的逐步完善经历了将近20年的时间。任何一个学科的建设,除了相关课程的开设、教材的编纂外,还需要有本科专业建设的支撑才能显示其生机及活力,才能在专业人才的培养过程中不断地完善学科体系和实践学科理论。作为旅游地学学科支撑的旅游地学本科专业的建设和发展是近10年的事,目前多所高校在地学领域设置了旅游地学(地质遗迹调查与评价)硕士、博士研究方向,但近年来开办此本科专业的仅有中国地质大学(武汉)、长安大学、陕西师范大学等高校。

　　2014年10月,中国地质科学院研究员、中国地质学会旅游地学与地质公园研究分会副会长陈安泽,中国地质科学院研究员、中国科学院李廷栋院士,中国地质大学(北京)田明中教授,从我国地质公园及国家公园建设的现状及其对旅游地学人才的迫切需求出发,联名提出在中国地质大学(北京)开设"旅游地学"本科专业的建议。笔者通过对我国其他高校开办的与地质学(旅游地学方向)相关

本文发表于《中国地质教育》, 2015, 24(04)：77-82。

专业的学科建设情况的调研，并结合本校办学理念及办学特色，对地质学(旅游地学方向)专业开办的必要性及可行性进行了详细研究，最终提出在中国地质大学(北京)地球科学与资源学院地质学一级学科下设立地质学(旅游地学方向)专业的方案，被学校采纳并列入中国地质大学(北京)2015年全国普通高等学校招生目录，已面向全国招收该专业本科生25名。

本文旨在阐明地质学(旅游地学方向)专业的专业特色、专业定位、培养目标、课程设置及其依据，以指导今后本专业各方面教学工作的顺利开展。

1 地质学(旅游地学方向)本科专业开设的必要性

我国地质公园建设迅猛发展激发的地质旅游业的兴起而导致的对旅游地学人才的需求，是地质学(旅游地学)专业开设的前提和必要条件。随着我国国民经济的发展和人们生活水平的不断提高，旅游已成为大众生活不可或缺的一部分。为了适应我国的旅游发展和当地经济的振兴需要，我国各地推出了以自然景观为特色的地质旅游与生态旅游，吸引了大量的国内外游客。为提高旅游的品质、丰富旅游的内涵，需要一批与地质旅游相关的高级人才对地质旅游资源进行深入的研究、规划和保护。

联合国教科文组织提出的地质公园的"保护地质遗迹、科学普及、可持续的经济发展"三大功能，以及我国地质公园的迅猛发展对地质旅游规划、开发与管理人才的更高要求，也决定了开设地质学(旅游地学)专业的必要性。我国以自然景观为主的旅游景点，大多与地质景观和地质遗迹相关，是在地质公园的基础上发展起来的。近些年来我国的地质公园建设发展迅速，截至2015年10月，联合国教科文组织批准的120处世界地质公园中，中国占了将近1/3，我国共有33个世界地质公园，另外国家级地质公园还有185个。以各种地质景观和遗迹为特色的地质公园成为我国目前非常重要的旅游资源，原来的名山大川、旅游胜地，通过近10年的建设，基本都成为了世界地质公园或者国家地质公园，地质公园在旅游市场占据了半壁江山。目前，我国正在酝酿建设的国家公园，包含了更多的自然景观，同时这些公园的建设、规划、开发利用以及地质遗迹、生态环境保护等方面需要更多数量、更加专业的人才。

而目前的现状却是，各地质公园缺少既懂地质学知识又了解旅游规划和管理的人才。在地质公园旅游路线的安排、内容的介绍、导游的专业素质等方面存在一些问题，为此国土资源部相关部门委托我校对国内及香港地质公园的导游及相关人员开展过多次地质学基础知识的培训。但是，这样的培训不能解决根本问题，需要的是地质学专业人才的充实。对这些自然景观，尤其是地质内容比较丰富的旅游资源的合理开发和规划，更深层次旅游内容的挖掘，给游客更美的享受和科学知识的获得，需要更高层次的专业人才。本专业培养的人才就能满足他们的需求。

因此，在此背景下开办地质学（旅游地学方向）本科专业，能为我国众多的地质公园、国家公园等旅游机构以及相关的管理部门输送这方面的专业人才，进而提高地质旅游的品位和管理水平，使游客在欣赏大自然美好风光的同时，不仅陶冶了情操，而且还能学到一定的地学知识，了解地质景观的形成过程，感受地球的神奇与魅力。

2 国内相关专业的现状

在国内与旅游和旅游地学最为相关的专业为旅游管理专业。旅游管理专业面向现代旅游业，重点培养掌握从事导游、旅行社、旅游景点景区、旅游购物商店、酒店等领域实际工作的学生，就业的单位主要为各级旅游行政管理部门、旅游企事业单位等，从事的主要工作也为旅游管理。这与旅游地学专业的培养目标有一定的差距，并不能完全满足地质公园、国家公园的旅游资源的规划、开发、保护、管理等要求，也满足不了国土资源管理部门对人才的需求。

目前国内有 300 余所高校开设了旅游管理专业，办学水平排前 10 名的有中山大学、复旦大学、南开大学、四川大学、浙江大学、北方交通大学、厦门大学、东南大学、华南理工大学、南京农业大学等。各校培养的目标、课程设置的侧重点各不相同，但总体都以旅游管理类课程为主，前几名的学校还把经济学课程作为主要专业课程，突出自己学校的特色和学科优势。学生主要学习旅游管理方面的基本理论和基本知识，接受旅游经营管理方面的基本训练，具有分析和解决问题的基本能力。

各学校旅游管理专业的主要课程包括旅游学概论、旅游管理学、旅游政策与法规、旅行社业务、旅行社管理、旅游地理学、旅游心理学、旅游经济学、旅行社经营与管理、旅游市场营销、旅游英语、旅游会计学、酒店管理学、酒店餐饮学、旅游文化学、旅游资源开发管理、景点规划与管理、旅游安全学、旅游企业人力资源管理、生态旅游、旅游客源、地区概况、旅游财务管理、旅游项目管理、旅游信息系统、微观经济学等（表 1）。一般专业主干课的学时都在 800 学时左右，占总学时的 35% ~ 45%。

综合分析来看，复旦大学的课程设置最全面，西北大学与其基本一致。其他学校各有侧重。中国地质大学（武汉）办有旅游管理专业，也有自己明显的特色，但在课程设置里没有旅游资源评价、规划与开发的课程。

表1　各高校开设的主要专业课和主干课程

课程名称	中山大学	复旦大学	南开大学	北京林业大学	首都师范大学	西北大学	中国地质大学(武汉)
管理学(原理)	√	√			√		√
统计学	√	√				√	√
会计学(原理)	√	√				√	√
微观经济学	√	√				√	√
宏观经济学	√	√				√	√
财务管理		√				√	
管理信息系统					√		√
旅游学概(导)论	√	√	√	√		√	
旅游地(理)学							
旅游心理学	√		√	√	√	√	√
导游基础知识(导游学)				√	√	√	√
饭(酒)店管理	√			√	√	√	√
旅行社管理		√	√		√	√	√
旅游(景)区规划与管理				√	√	√	√
旅游(产业)经济学	√	√			√	√	
旅游法规			√	√			
旅游市场营销	√			√	√	√	
旅游资源评价			√	√			
旅游(资源)规划与开发		√	√	√		√	
旅游文化					√	√	
生态旅游					√		

　　各校设置的主要实践性教学环节包括旅游行业调查和旅游企业业务实习,一般安排10~12周。各高校还有相应的实践教学和实习的安排,如与旅游景点、酒店的合作,参与教师的科研项目或者是校企合作,有些高校还建立了专业的景区实习基地,通过参与旅游活动,培养和提高学生独立分析问题、解决问题的能力。

　　旅游管理专业毕业生的主要就业方向为旅游业相关的旅游管理、规划、城乡建设、环境保护等行政管理部门(如北京毕业生可以去北京市旅游局、北京市规划委员会、北京人文景观规划设计研究院、北京中国风景园林规划设计研究中心等)、旅行社、媒体、酒店，以及旅游学校等企事业单位。此外，可以考取各高校及其他科研院所相关专业的硕士研究生，如北京大学，中山大学，北京师范大学，浙江大学等。

3 我校相关专业的过去与现状

我校与旅游地学相关的专业为旅游资源管理和地质学，地质学专业属于国家一级学科，由地球科学与资源学院主办；旅游资源管理属于管理类一级学科，由人文经管学院 2002 年创办，共招收两届学生，2006 年停办。因此，旅游地学专业的创办，既可借鉴我校旅游资源管理专业的经验，又可充分利用我校地质学专业学科优势，通过不同院系、不同专业的取长补短，使地学与旅游管理学这一交叉学科——旅游地学更具生命力，由此预测旅游地学未来的发展应该是不错的。

把旅游地学专业设置于地质学一级学科之下，主要考虑两方面的因素：其一，地质学是我校传统优势专业，也是教育部理科基地班专业，有着悠久的学科发展历史、良好的发展现状；其二，近 10 年的传统就业率一直位居我校各专业前茅，在全国各专业就业率统计里也位居前 10 名，有着广阔的就业前景，因此，从旅游地学专业的学科基础及该专业毕业生今后的就业两方面来看，其前景应该是值得憧憬的。

地球科学与资源学院是中国地质大学(北京)的主体学院，也是我校特色专业和优势学科学院，开办有地质学、地球化学、资源勘查等本科专业，具有丰富的培养本科生的教学经验。目前，我们学院有不少教师从事与地质旅游、旅游规划、导游培训等相关的教学和研究，如香港和国内的地质公园导游培训，"旅游地质学""人居环境"等课程的教学，并编写了相关教材，为本专业开设奠定了一定的教学基础。

我院具有培养与旅游地学相关的地质遗迹评价与规划硕士、地质景观(遗迹)评价与规划方向博士的教研基础，为旅游地学本科专业的开办创造了良好的条件。为顺应我国地质公园迅速发展的态势，地球科学与资源学院近 10 年来一直在第四纪地质学专业下招收"地质景观(遗迹)评价与规划"研究方向的硕士及博士研究生，制定有相关的培养目标、方案和课程设置，为旅游地学本科专业的开设，提供了可以借鉴的材料及经验，从课程设置到专业方向的培养、专业实习及就业方向等方面，较好地保证旅游地学本科专业今后的健康发展。

自 2001 年以来，以地球科学与资源学院第四纪地质教研室为主体的多名教师一直从事地质公园的申报、规划和建设工作，先后成功申报世界地质公园 8 处，国家地质公园 21 处，还有多个省级地质公园，指导的近 10 个世界地质公园均通过联合国教科文组织的评估。我校的地质公园研究在国内具有较高的知名度，创建了我国地质公园规划建设的品牌。通过地质公园的申报、建设和研究，我们更深入地了解了地质公园乃至国家公园旅游资源的开发、保护和深度挖掘的现状及发展方向，以及管理人员、导游的知识结构所存在的问题。这为本专业的培养目标、培养计划的制订提供了很好的参考。

我校与房山世界地质公园、延庆世界地质公园、云台山世界地质公园、克什克腾世界地质公园、阿拉善沙漠世界地质公园等建立了良好的合作关系，在这些地质公园均建设了教学基地。并协助国土资源部管理部门举办了多次地质公园规划培训、导游培训。为香港世界地质公园进行了多次旅游地质导赏员的培训，取得了很好的教学效果。

4 专业定位、培养目标及专业特色

近些年来，地球科学与资源学院教师在参与地质公园申报、规划及建设及导游培训过程中，充分了解到地质公园及国土部门对旅游地学人才的需求以及拓展知识结构的要求，这为地质学（旅游地学方向）本科专业的专业定位、培养目标及专业特色的制定提供了思路。

根据目前我国的旅游资源现状和今后发展的趋势，以及就业市场的需求，确定地质学（旅游地学）本科专业的定位是：以地质学为主导的、地质学与旅游管理相交叉的理科专业，主要培养掌握地质学专业基础的旅游资源研究、规划、开发和管理的人才；主要服务对象是各级各类地质公园、国家公园、旅游机构及国土管理部门。

培养目标的确定基于以下几点考虑：（1）目前我国多个高校开设有培养旅游管理专门人才的专业，这些高校培养出来的人才侧重于旅游的规划和行政管理，而对自然景观更深层次的知识，如地质地貌景观的形成、演化、特色、形美与内在因素等方面的知识掌握甚少。（2）目前我国建设了大量的地质公园，今后还将建设国家公园，这些公园的自然景观涉及大量的地质学知识，这就需要懂地质学知识的人才对旅游资源进行研究及合理的开发、规划和保护。（3）目前旅游部门或地质公园、国家公园并不缺少从事旅游管理的人才，而缺少的是懂地质学知识的旅游管理人才。（4）我们培养的人才在就业上能适合更多的领域，既可以在地质部门、国土部门，也可在旅游部门工作，因此在就业上学生可进可退，更为灵活。

依据专业的定位，将地质学（旅游地学）培养目标确定为：培养思想品德优良，身体健康，具有较扎实的数、理、化、外语基础和扎实的地质学基础，掌握地质地貌景观的研究方法，懂地质公园规划、旅游管理以及生态环境保护等知识的高级专业人才。

本专业的培养目标既不同于地质学专业，也不同于旅游管理专业，是地质学专业的一个旅游地学方向。我们培养目标的侧重点是：懂地质学的旅游资源规划、开发研究和管理的高级人才，在掌握了扎实的地质学基础知识基础上，向旅游管理方向扩展，非培养旅游管理的专门人才。

通过对我国高校开办的与地质学（旅游地学方向）相关专业的学科建设情况的调研，并结合本校办学理念及办学特色的分析，笔者认为地质学（旅游地学方向）专业的特色，既不是纯地质学专业，也不是旅游管理专业，而是基于地质学专业的基础，结合旅游管理专业的相关内容，把旅游管理的部分内容融合到地质学专业中，培养具有扎实的地质学基础、又懂旅游管理知识的高级人才。正是本专业的特色，才能为学生就业提供更广阔的空间。

5 本专业的课程设置及与地质学、旅游管理对比及特色

地质学（旅游地学）课程设置的指导思想是：夯实（地质）基础、突出（地质公园）特色、塑造（旅游地学）精品。

课程设置的基本原则：以地学知识为主导，辅以地质公园规划及旅游管理相关课程，集合地质学课程、地质公园规划与管理课程、旅游管理课程"三位一体"的指导思想，进行本专业的课程设置。地学知识是基础，地质公园是特色，旅游管理是拓展和延伸。

5.1 地质学（旅游地学方向）专业课程设置

依据以上指导思想及基本原则，地质学（旅游地学方向）专业的课程设置应该在地质学一级学科的课程基础上，结合地质公园的规划与管理、地质旅游开发与管理的特点来进行，尤其要充分考虑地质公园的特色来设置课程。

旅游地学专业课程设置分为：通识基础课程、学科基础课程、专业基础课程、专业主干课程、教学实践共 5 个部分。通识基础课程、学科基础课程部分按照教育部及我校相关规定设置即可。该设置方案在涵盖地质学专业基础课的同时，增加了与旅游地学关系密切的专业课程，二者兼顾，既保持了地学基础，又突出了旅游地学的特色。

（1）专业基础课。地质学（旅游地学方向）专业一共设置 8 门专业基础课（表 2），专业基础课程在地质学专业 7 门课程基础上，考虑该专业知识体系的合理性及今后发展的需要，把古生物学、地史学两门课程合二为一，去掉了晶体光学与造岩矿物学，将地质学专业的第四纪地质学与地貌学、矿床学基础、地球化学 B 这三门专业主干课，设置为本专业基础课。

表 2 地质学（旅游地学方向）专业课程设置对比

课程类别		地质学（旅游地学方向）	地质学	旅游管理（旅游地学）（长安大学）
通识基础课程		按照教育部及学校规定设置	按照教育部及学校规定设置	按照教育部及学校规定设置
学科基础课程		按照教育部及学校规定设置	按照教育部及学校规定设置	按照教育部及学校规定设置
专业基础课程		地球科学概论 B 结晶学与矿物学 古生物学与地史学 第四纪地质与地貌 岩石学 构造地质学 地球化学 B 矿床学基础	地球科学概论 B 结晶学与矿物学 晶体光学与造岩矿物 古生物学 地史学 岩石学 构造地质学	基础地质学 旅游地学概论 旅游地理学 地貌学 旅游资源学 自然地理学 专业英语 地质遗迹保护 生态旅游学
专业主干课程	地学主干课程	地理信息系统 遥感地质学 自然地理与人文地理学 地质学专业英语 应用第四纪地质学 生态学概论 计算机地质制图	第四纪地质与地貌 地球化学 B 沉积学与古地理学 矿床学基础 大地构造学 地质学专业英语 地球物理学 B	
	地质公园规划与开发课程	国家公园概论 区域分析与规划 B 旅游规划与策划		地质公园规划与管理 地质公园及保护区规划
	旅游资源管理与开发课程	旅游地学概论 景观美学与鉴赏		旅游经济学 旅游规划学 旅游市场营销 旅游环境学 旅游消费学 景观生态学

续表2

课程类别		地质学(旅游地学方向)	地质学	旅游管理(旅游地学)(长安大学)
实践教学环节	地质认识实习	北戴河地质认识实习	北戴河地质认识实习	旅游认识实习
	地质教学实习	周口店地质教学实习	周口店地质教学实习	旅游专业模块实习
	生产实习	地质公园实习	根据所选模块方向实习	旅游综合实习及设计
	毕业论文	地质公园规划与管理	地质学相关	旅游管理相关

(2)专业主干课。共设置了12门主干课程，并将其一分为三：地学主干课程、地质公园规划与开发课程、旅游资源管理与开发课程。选择与旅游地学专业关系密切的地理信息系统、遥感地质学、自然地理与人文地理、应用第四纪地质学、生态学概论、计算机制图、专业英语等7门作为专业主干课程中的地学主干课程。

增加了国家公园概论、区域分析与规划B、旅游规划与策划3门与地质公园相关的课程，以及旅游地学概论、景观美学与鉴赏等2门与旅游资源管理与开发相关，且能满足地质公园规划建设需要而设置的实用性课程为专业主干课程。

(3)教学实践。为了加强本专业学生的地学基础，大一和大二的地质认识实习和教学实习，与地质学专业的实习内容及要求完全相同，大三的生产实习深入我国各地质公园进行，为毕业论文(设计)收集相关资料和数据，最终完成与地质公园规划管理及旅游开发相关的毕业论义。

5.2　旅游地学课程设置与地质学、旅游管理的对比

将旅游地学专业的课程设置与其密切相关的地质学、旅游管理学专业的课程进行了对比(表2)。通过对比，能更好地把握该新开专业课程设置的指导思想及对学生的培养目标。通过三者对比具有如下特点：

(1)传承了地质学专业的地学基础。

将地质学专业的7门专业基础课中的6门纳入地质学(旅游地学方向)专业基础课程中来，将地质学专业的7门专业主干课的4门，纳入新的专业。以此夯实本专业学生的地质基础，为拓宽毕业生今后的就业方向创造良好的条件。

(2)增加了地质公园的相关实用课程。

在专业主干课模块中增加了地质公园规划与开发模块和旅游资源管理与开发模块，增加了国家公园概论、旅游地学概论、旅游规划与策划、景观美学与鉴赏、自然地理与人文地理学、生态学概论等与地质公园相关的课程。与旅游管理(旅

游地学)专业相比,强化地质学基础的同时,增加了国家公园概论、景观美学与鉴赏、生态学概论等三门课程,旅游地学特色更加鲜明。

(3)相对弱化了旅游管理学的相关课程。

旅游地学专业是以地学为基础、以地质公园为特色的专业,应该与旅游管理专业有一定的区别,不能把地质学(旅游地学方向)办成纯粹的旅游管理专业,因此,在课程设置时,将旅游管理专业的一些相关课程进行了精简,缩减了旅游经济学、旅游环境学、旅游市场营销、旅游规划学、旅游消费学等课程。

(4)教学环节更具特色。

地质学(旅游地学方向)专业的教学及生产实习特色鲜明。与旅游管理(旅游地学)专业不同的是,新开办的地质学(旅游地学方向)专业的大一和大二实习设置与地质学专业实习内容、时间及地点完全一样,藉此打好学生的地质学基础。但同时也考虑了其与地质学专业的不同,在大三时安排学生去各类地质公园进行毕业实习,最终完成地质公园规划与管理方面的本科毕业论议。中国地质大学(北京)与全国近 10 家地质公园建立了产学研实习基地,为本专业的毕业生实习创造了很好的外部条件。

6 专业建设及今后教学中应该注意的问题

任何一个新专业的创办及建设都需要时间的检验和积淀,地质学(旅游地学方向)也不例外。该专业自 2014 年 10 月开始调研,2015 年 9 月开始招生,目前还处于专业建设的初级阶段,没有现成的经验可以借鉴,因此其专业定位、培养目标、课程设置上不可能一蹴而就,可能还存在各种问题和不足,需要通过今后各个教学环节的实践,不断进行修改及完善。今后教学中应注意以下几个问题:

第一,用人单位对旅游地学人才知识结构的要求与本专业的课程设置能否匹配得上。本专业的课程基本上是以地学专业作为主体来设置的,能够给本专业毕业生搭建良好的地质学知识框架,体现出我校的地质学科优势,但可能容易把该专业办成了地质学专业,而忽视了旅游地学的特色,这个度的把握需要在今后的教学中加以重视。

第二,教师在进行地质学和旅游管理学课程教学过程中,如何将旅游地学的知识点和地质专业知识有机结合,使得学生在学习过程中能把两个不同专业方向的知识融为一体,为今后走向工作岗位奠定良好的基础。该专业因涉及地质学、旅游规划及管理完全不同体系的课程,需要不同院系、不同专业的教师参与教学,如何让专业课教师在授课过程中,突出地学知识、使旅游地学及旅游管理相互渗透,是值得探讨的。否则可能出现知识结构的脱节和地质学知识与旅游管理知识"两张皮"现象,不利于高质量的旅游地学人才的培养。

第三，教学实践环节的设计可能需要适当地拓展。本专业设计了三次主要的教学实践环节，大一和大二暑假安排了北戴河地质认识实习和周口店地质教学实习，大三安排学生去我校与国内各地质公园共建的产学研实习基地进行旅游地学的生产实习，毕业论文（设计）也主要围绕地质公园的规划、开发及建设进行选题，这样的设计既充分考虑了学生野外地质实践能力的培养，同时也兼顾了旅游地学的实践。但同时需要注意的是，旅游地学专业涵盖的范围应该不仅仅局限于地质公园，应该有更大的实用空间，因此，在进行大三生产实习过程中，应该注意适当拓展，也可以安排学生到其他旅游管理部门或者旅游景区进行生产实习，以利于学生的全面发展和就业的需要，成为名副其实的高层次的旅游地学人才。

新办地质学(旅游地学)专业大三综合实习的规划
——以中国地质大学(北京)为例

张绪教　武法东　程捷　孙洪艳　王璐琳　昝立宏　田明中

中国地质大学(北京)地球科学与资源学院, 北京, 100083

摘要：我校 2016 年新版本科培养方案中首次增加了地质学专业的综合实习,以衔接大二周口店地质教学实习与大三生产实习、提高学生野外科研工作能力。根据旅游地学专业既涉及地学又涉及人文、管理学科、与地质公园关系密切等特点,确定了综合实习的地点、制定了教学大纲、明确了实习的具体内容及要求。选择地质遗迹资源及人文景观资源丰富的河北秦皇岛柳江国家地质公园及北戴河旅游区作为实习地点,在此进行地学旅游资源调查、地质公园解说与导游能力培养的综合实习。旅游地学专业大三综合实习的设计与规划,对办好旅游地学本科专业具有重要的意义,也可以为其他拟办此专业的高校提供一定的借鉴。

关键词：旅游地学；地质公园；学科建设；综合实习；秦皇岛

中国地质大学(北京)于 2015 年在国内乃至国际率先创办地质学(旅游地学)专业,开创了该专业学科建设的先河,也给其他高校提供了可供借鉴的范例,是我校践行党的十八大提出的"绿水青山就是金山银山"科学论断以及党的十九大提出的"建设美丽中国"目标的具体举措。2019 年 6 月我校第一届旅游地学专业 20 名本科生顺利毕业,对旅游地学专业四年来的建设经验及教学过程进行系统回顾和总结很有必要。

我校新办地质学(旅游地学)专业是地质学与旅游学相结合的理科专业,隶属于地质学一级学科,以"地质学为基础、地质公园为主体、地学旅游为拓展与延伸"为办学理念。旅游地学是运用地质学、地理学、旅游学、美学的知识,为地学旅游资源的调查、评价、规划、开发与保护工作服务的一门新兴边缘学科。旅游地学专业课程设置应该考虑地学与旅游两大领域的相关课程和延伸课程,因此综合实习内容相应地也应该涵盖这两个大的方面。

该专业是我校新办特色专业、实践性和应用性非常强,旅游地学学科建设离不开学科基地的建设,综合实习是对学生综合科研能力培养的重要教学环节,因此,进行科学的设计及规划显得尤为重要。综合实习地点的选择、实习内容及大纲的确定等,对该专业学生的全方位的培养,尤其是科研实践能力的提高甚至毕业论文的完成都极为重要。

本文发表于《中国地质教育》, 2019, 28(04)：59-62。

1 大三综合实习设立的依据及其重要意义

为凸显我校办学优势和育人特色，坚持理论教学与实践教学相结合、知识传授与能力培养相结合、共性培养与个性发展相结合的教育观，教务处于2016年修编各专业培养方案时，明确提出了"坚持加强实践教学与创新能力培养的原则"。要求新的培养方案必须强化实践教学环节，在现有学时学分框架内，增加实践教学比重，强化实践育人效果。地球科学与资源学院作为我校教学工作的排头兵，根据学校总体部署，在对地质学、地质学（基地班）、地质学（旅游地学）、地质学（地质地球物理复合）、地球化学、资源勘查工程等6个专业的培养方案进行修订时，尤其强调必须加强实践环节。不仅把基础地质教学实习时间从5周增加为6周，而且要求各专业增加60学时（2周）的专业综合实习，以此衔接大二基础地质教学实习和大三生产（毕业）实习。

综合实习是在大三学生参加不同导师科研项目之前，根据不同专业选择不同的实习地点，对学生进行本专业（方向）科研工作方法的全方位培训，以提高学生科研工作能力和系统掌握本专业的野外工作方法。因此，该实习与大二的地质教学实习和传统的大三生产实习，无论从实习方式还是实习内容上都存在较大的差异，实习地点的选择也更加灵活。我院地质类本科专业的实习，以往基本上是按照大一北戴河地质认识实习、大二周口店基础地质教学实习、大三生产实习（毕业实习）的模式来设置的。不同专业的学生在大三学年里，才真正开始学习本专业（方向）的专业课，然后跟随不同专业的导师参加生产（毕业）实习以完成各自的学位论文。由于不同教师从事的专业不同，各自的研究方向、野外工作方法相差也较大，而且不同导师带学生野外实习的时间也有限，因此，在学生跟随不同导师生产实习前，先进行本专业的综合实习，有针对性地教会学生本专业的野外科研工作的方法，为学生更好地完成生产（毕业）实习奠定基础。

大三综合实习，本质上属于各不同专业的科研方法的教学实习，实习内容更专业，针对性也更强，因此不同于传统的综合教学实习。设立大三综合实习的重要意义：一是加强实践性教学、提高大学生科研创新能力，二是衔接大二周口店实习和大三生产（毕业）实习、完成毕业论文的撰写。因此，该实习是全面培养本科生实际动手能力尤其是野外科研工作能力、保证毕业论文顺利完成的重要举措。

2 地质学（旅游地学）专业综合实习大纲的制定

关于地质学（旅游地学）专业的实践教学，新修订的2016年版培养方案明确指出："为了加强本专业学生的地质学基础，大一和大二暑期分别参加北戴河地质认识实习和周口店基础地质教学实习，两次实习的内容及要求与地质学专业完全相同；另外，根据本专业的培养目标及特色，在大三暑期生产实习前安排两周的科研综合实习，然后再安排学生跟随不同导师深入我国各地质公园，进行毕业论文（设计）相关资料和数据的收集，最终完成与地质公园规划管理及地学旅游开发相关的毕业论文。"

大三综合实习大纲的制定，首先应遵循培养方案所提出的培养目标。我校旅游地学专业的培养目标是为国土资源管理、各级各类地质公园、国家公园、旅游机构等部门及行业，培养思想品德优良、身体健康、既有较扎实的地质学基础和数理化及外语基础，又掌握地质旅游相关知识，尤其是地质公园的规划、开发及管理的基本知识和能力，同时具有较高的科学素养及在科研机构、高校从事旅游地学研究或教学的能力的地学与旅游学相结合的专门人才。

根据我校"旅游地学"专业的定位、培养理念、培养目标和实践性教学内容及要求，制定了大三综合实习的教学大纲，并对实习的具体内容及报告编写提纲进行了初步拟定。综合实习以"地质遗迹资源调查、地质公园解说系统与地学旅游的导游教学"为主体、以已学的旅游地学核心课程为基础、以典型的地质公园及旅游景区为实习地点；通过野外地质遗迹的认识和成因解释、地质公园建设现状的考察，进一步加强对课堂所学旅游地学专业知识的理解；通过地质公园解说词的编写以及地学旅游导游的实践，掌握如何把传统的观光旅游与地学旅游有机结合的方法及途径。通过综合实习这个实践环节，进一步提高旅游地学专业的学生从事旅游地学科研工作的能力。

3 旅游地学专业综合实习地点的选择

确定好实习教学大纲后，对综合实习地点的选择至关重要，新增加的大三综合实习要充分利用已有的实习基地和校内外各种资源，同时结合旅游地学专业与地质公园密切相关的特点。实习地点的选择主要考虑三个基本原则：一是立足我校已有的实习基地，主要从后勤保障、生产实习教学成本的降低等方面考虑；二是依托已建的各级各类地质公园，满足旅游地学专业特色的需求和专业基本技能的培训；三是坚持"地学·地质公园·旅游管理"三位一体的专业培养理念。满足这三个条件的初步候选地点包括中国房山世界地质公园、河北秦皇岛柳江国家地质公园。

中国房山世界地质公园是 2006 年我国第三批获得联合国教科文组织批准的世界地质公园，包含北京猿人遗址园区、石花洞园区、十渡园区、上方山云居寺园区、圣莲山园区、百花山白草畔园区、野三坡园区、白石山园区共 8 大园区，各类地质遗迹资源及人文景观资源非常丰富。作为我校的地质教学实习基地，生活及后勤等各方面条件能够满足旅游地学专业大三综合实习的需求。河北秦皇岛柳江国家地质公园于2002年2月获批建立，地质公园以柳江盆地为中心，地质遗迹完整且系统地记录了华北地区从元古代至今的20多亿年的地壳和生物演化史，被誉为"华北地区地质演化的教科书"。秦皇岛人文旅游资源也很丰富，北戴河、南戴河、山海关、老龙头、祖山、长寿山、燕塞湖等都是旅游胜地。因此，在此开展旅游地学专业以"地质遗迹资源调查、地质公园解说系统与地学旅游的导游教学"为主题的大三综合实习，也是非常适合的。

从旅游地学专业大三综合实习所涉及的地质遗迹资源及人文旅游资源、后勤及生活保障这两方面考虑，北京房山世界地质公园和河北秦皇岛柳江国家地质公园都可以作为旅游地学专业大三综合实习地点。但须考虑避免与旅游地学专业不同课程的课间实习的重复，以及地质公园的拓展性及创新性。由于2016年新修订的培养方案中旅游地学其他专业课的课间实习学时大大增加，且实习地点基本安排在北京周边的世界地质公园内。因此，如果把大三的综合实习再安排在北京周边，会出现教学内容及路线的重复。

尽管河北秦皇岛柳江国家地质公园尚不是世界地质公园，但当地政府及国土部门已有动议即将开启联合国教科文组织世界地质公园的申报工作，这样给今后将从事地质公园相关工作的旅游地学专业的学生，提供了参与联合国教科文组织世界地质公园申报的良好机遇。若在大三综合实习过程中，能结合河北秦皇岛柳江国家地质公园的申报工作开展实习，能让学生学以致用为秦皇岛地质公园的规划建设以及当地的可持续发展贡献微薄之力，也使大三的综合实习达到一举两得的功效。

通过比选，初步选择河北秦皇岛柳江国家地质公园及北戴河旅游景区作为我校旅游地学专业大三综合实习的地点，以我校北戴河实习基地作为后勤和生活保障、秦皇岛丰富的地质遗迹资源和人文景观资源为教学内容、秦皇岛世界地质公园申报为契机，把旅游地学专业大三综合实习开展好。

4 大三综合实习主要内容的确定

综合实习要求学生在了解实习区域的地质遗迹资源的基础上，开展研究区的地学旅游资源的调查、地质遗迹的科学价值及美学价值的评价、地质公园各类解说及标识系统的考察、地学旅游路线的规划，在此基础上构建该地质公园的解说体系，开展旅游地学导游的实践。具体实习内容确定如下：

（1）地质公园背景的学习和了解。作为教学实习的基础，通过多种渠道了解秦皇岛柳江国家地质公园的背景资料，包括自然地理、地质地貌、文化历史、地质公园规划及开发、地学旅游及传统旅游业的发展等方面，为下一步的实习奠定基础。

（2）地质公园典型地质遗迹的认识。在大一北戴河地质认识实习的基础上，进一步对秦皇岛柳江国家地质公园内主要地质遗迹进行野外实地调查，总结地质遗迹的主要类型及特征并分析地质遗迹的成因，为地质遗迹的科学解释及价值评价奠定基础。

（3）地质遗迹的成因解释及美学价值的挖掘。在野外地质调查的基础上，根据科学、通俗、有趣的基本原则，编写地质公园园区内重要地质遗迹点的科学解释内容，并对地质遗迹的美学价值进行评价及挖掘。

（4）地质公园解说、标识系统的考察。全面考察地质公园范围内的各类解说、标识系统，包括标识牌的形式、内容，博物馆的内容与形式，查漏补缺，完善秦皇岛柳江国家地质公园的解说、标识系统。

（5）地质公园解说体系的构建。按类型分别写出地质遗迹景点解说牌、公园综合介绍牌、景区介绍牌、地质公园博物馆（陈列厅）的部分解说内容，并进行小组讨论和修改完善。

（6）地学旅游导游实践。按地质公园景区或园区对学生进行分工，每人写出一条地学旅游路线或博物馆部分展厅的导游讲解词，并进行反复提炼、实地演练，做到讲解自如流畅。以一名旅游地学导游的身份，面对旅游团体进行实际导游解说，体会真实导游的感受。

（7）综合实习报告的编写。按照实习报告编写的具体要求，对本次教学实习进行全面总结，着重总结收获、体会、不足和对于旅游地学和地质公园发展的建议。

（8）野外实习路线初步设计。①柳江盆地地质遗迹调查及标识系统的建立；②长寿山人文景观资源及地质遗迹资源综合调查；③祖山地质遗迹资源调查及地学旅游规划；④北戴河海滨地质遗迹资源调查及解说系统；⑤南戴河地质遗迹资源及旅游资源调查及解说系统；⑥山海关—老龙头人文景观资源调查；⑦柳江地质博物馆讲解实习；⑧长寿山地学旅游导游员实践；⑨燕山东段地貌与人文景观的关联性调查。

5　结语

大三综合实习的规划对于实践性较强的旅游地学专业本科生的培养至关重要，本文从实习大纲的制定、实习内容的确定、地点选择的原则及最终选址、生产实习的内容及要求等方面，对旅游地学专业大三的综合实习进行了详细的规划和研究。通过比选选择河北秦皇岛柳江国家地质公园及北戴河旅游区作为旅游地学专业大三综合实习地点，开展北戴河地学旅游资源调查、地质公园解说与导游的综合实习。大三综合实习的设立及规划，不仅对我校新办旅游地学本科专业的建设及新兴旅游地学学科的发展具有非常积极的作用，同时也可为其他拟办此专业的高校提供借鉴和参考。

我校 2016 级旅游地学专业 20 名学生于 2019 年 7 月，在两位专业教师的带领下，按照规划的综合实习大纲在秦皇岛地区进行了为期两周的综合实习。学生通过实习，对地质遗迹的调查与评价、地质公园的解说系统及博物馆规划建设，尤其是解说词的撰写以及地质旅游的解说等方法，有了全方位了解和掌握，取得了新增综合实习的预期效果。但无论是新规划的实习大纲，还是从实习过程中教师对实习内容的具体把握，都还存在一些需要今后完善和改进的方面。

其一是实习过程中教师对大纲规划的实习内容，应根据综合实习大纲规划的总体要求，在大一北戴河地质认识实习基础上进一步细化。旅游地学的大三综合实习地点虽然也是在秦皇岛地区，一些实习路线与大一的实习路线有些是相同的，但在实习内容上有较大的差别。因此，今后教师在带大三综合实习时，应该重点突出对地质遗迹的特征、分类、评价，才能更好地达到实习的效果。

其二是综合实习大纲规划的实习内容和要求与专业课课程内容衔接的问题。目前我校该专业的课程设置中，地质学的课程偏多，而景观方面的课程偏少，如景观美学、景观设计等，这就妨碍了学生对自然景观的理解和评价，更谈不上上升到一个比较高的层次去理解景观的深层含义和价值。因此，应在今后的大三综合实习过程中适当补充室内课堂教学的不足。